U0900346

21 世纪高等教育工程管理系列规划教材

建筑工程计量与计价

第 2 版

主　编　刘　钦　闫　瑾
副主编　张国兴　赵秀臣
参　编　郭红英　王玉焕　王炳霞　张春志　王　蕾
主　审　杜晓玲

机 械 工 业 出 版 社

本书是以某地区建筑工程预算定额为基本依据，并按照 GB 50500—2013《建设工程工程量清单计价规范》GB 50854—2013《房屋建筑与装饰工程工程量计算规范》的规定编写而成的。全书共分 12 章及附录，主要包括：建设工程计价概述、工程造价的定额计价方法、工程量清单计价方法、建筑面积的计算、土石方工程、桩与地基基础工程、砌筑工程、混凝土及钢筋混凝土工程、屋面及防水工程、装饰工程、房屋建筑与装饰工程措施项目及施工图预算。

本书可作为高等院校工程造价、工程管理、土木工程、房地产开发与管理等专业本科及高职高专的教材，还可供工程设计、施工、管理和咨询等单位的技术及管理人员学习参考。

图书在版编目（CIP）数据

建筑工程计量与计价/刘钦，闫瑾主编. —2 版. —北京：机械工业出版社，2013.11（2017.11 重印）

21 世纪高等教育工程管理系列规划教材

ISBN 978-7-111-44257-8

Ⅰ.①建…　Ⅱ.①刘…　②闫…　Ⅲ.①建筑工程—计量—高等学校—教材　②建筑造价—高等学校—教材　Ⅳ.①TU723.3

中国版本图书馆 CIP 数据核字(2013)第 235380 号

机械工业出版社（北京市百万庄大街 22 号　邮政编码 100037）
策划编辑：冷　彬　责任编辑：冷　彬
版式设计：常天培　责任校对：赵　蕊
封面设计：张　静　责任印制：孙　炜
保定市中画美凯印刷有限公司印刷
2017 年 11 月第 2 版第 5 次印刷
184mm×260mm · 19 印张 · 468 千字
标准书号：ISBN 978-7-111-44257-8
定价：43.00 元

凡购本书，如有缺页、倒页、脱页，由本社发行部调换

电话服务
服务咨询热线：010-88379833
读者购书热线：010-88379649

网络服务
机 工 官 网：www.cmpbook.com
机 工 官 博：weibo.com/cmp1952
教育服务网：www.cmpedu.com
金 书 网：www.golden-book.com

封面无防伪标均为盗版

序

随着21世纪我国建设进程的加快，特别是经济全球化的迅猛发展和我国加入WTO以来，工程建设领域对从事项目决策和全过程管理的复合型高级管理人才的需求逐渐扩大，而这种扩大又主要体现在对应用型人才的需求上，这使得高校工程管理专业人才的教育培养面临新的挑战与机遇。

工程管理专业是教育部将原有本科专业目录中的建筑管理工程、国际工程管理、投资与工程造价管理、房地产经营管理（部分）等专业进行整合后，设置的一个具有较强综合性和较大专业覆盖范围的新专业。应该说，该专业的建设与发展还需要不断地改革与完善。

为了能更有利于推动工程管理专业教育的发展及专业人才的培养，机械工业出版社组织编写了一套该专业的系列教材。鉴于该学科的综合性、交叉性以及近年来工程管理理论与实践知识的快速发展，本套教材本着“概念准确、基础扎实、突出应用、淡化过程”的编写原则，力求做到既能够符合现阶段该专业教学大纲、专业方向设置及课程结构体系改革的基本要求，又可满足目前我国工程管理专业培养应用型人才目标的需要。

本套教材是在总结以往教学经验的基础上编写的，主要突出以下几个特点：

（1）专业的融合性　工程管理专业是个多学科的复合型专业，根据国家提出的“宽口径、厚基础”的高等教育办学思想，本套教材按照该专业指导委员会制定的四个平台课程的结构体系方案，即土木工程技术平台课程及管理学、经济学和法律专业平台课程来规划配套。编写时注意不同的平台课程之间的交叉、融合，不仅有利于形成全面完整的教学体系，同时可以满足不同类型、不同专业背景的院校开办工程管理专业的教学需要。

（2）知识的系统性、完整性　因为所培养的工程管理专业人才是既可以在国内外工程建设、房地产、投资与金融等领域从事相关管理工作，同时可能是在政府、教学和科研单位从事教学、科研和管理工作的复合型高级工程管理人才。所以本套教材所包含的知识点较全面地覆盖了不同行业工作实践中需要掌握的各方面知识，同时在组织和设计上也考虑了与相邻学科有关课程的关联与衔接。

(3) 内容的实用性 教材编写遵循教学规律，避免大量理论问题的分析和讨论，提高可操作性和工程实践性，特别是紧密结合了工程建设领域实行的工程项目管理注册制的内容，与执业人员注册资格培训的要求相吻合，并通过具体的案例分析和独立的案例练习，使学生能够在建筑施工管理、工程项目评价、项目招投标、工程监理、工程建设法规等专业领域获得系统、深入的专业知识和基本训练。

(4) 教材的创新性与时效性 本套教材及时地反映工程管理理论与实践知识的更新，将本学科最新的技术、标准和规范纳入教学内容。同时在法规、相关政策等方面与最新的国家法律法规保持一致。

我们相信，本套系列教材的出版将对工程管理专业教育的发展及高素质的复合型工程管理人才的培养起到积极的作用，同时也为高等院校专业教育资源与机械工业出版社专业的教材出版平台的深入结合，实现相互促进、共同发展的良性循环奠定基础。

第2版前言

本书第1版自2005年出版以来，广受好评，得到广大师生及读者的关注与厚爱，销量稳步上升。第2版是在第1版的基础上，根据最新《建设工程工程量清单计价规范》（GB 50500—2013）及几年来的教材使用反馈意见修订的。这次修订，更加突出了教材的实用性、科学性和可操作性，更加适应应用型本科的人才培养目标及教学需求。

本书由长期从事建筑工程计量与计价教学和工程实践的教师及工程师共同编写。具体的编写分工如下：河南城建学院刘钦编写第二章，河南城建学院闫瑾编写第一章第四节、第六章第四节，河北建筑工程学院张国兴编写第五章、第七章，桂林工学院王蕾编写第八章，河北建筑工程学院赵秀臣编写第十章，河南城建学院郭红英编写第九章、第十二章，平顶山市园林绿化管理处王玉焕编写第六章第一～三节、第十一章，北京建筑工程学院王炳霞编写第一章第一～三节、第四章，平顶山市睿诚建设工程咨询有限公司张春志编写第三章、附录。全书由刘钦、闫瑾担任主编，刘钦负责统稿及定稿工作。

编　者

第1版前言

随着我国市场经济的发展以及加入WTO后建设业的发展与国际惯例接轨的不断深入，我国长期以来的以政府定价为主的工程造价计价模式逐渐被市场定价模式所取代，特别是《建设工程工程量清单计价规范》的颁布和施行，对我国工程造价管理制度产生了深刻的影响。另外在长期的教学实践中我们感到，尽管目前已有很多工程造价方面的图书出版，但对于应用型本科学校而言却无合适的教材可供选择。基于这种考虑，我们紧密结合《建设工程工程量清单计价规范》，并以某企业定额为依据编写了本教材。在“概念准确、基础扎实、突出应用、淡化过程”这一编写原则指导下，注重加强教材的应用性。同时，基于教学实践的考虑，本书在附录中提供了一份完整的施工预算图，可供学生练习使用。

本书由长期从事建筑工程计量计价教学和工程实践的教师及工程师参加编写。具体的编写分工是：河南城建学院闫瑾编写第一章第四节、第二章、第六章第四节、第十章第四节，河北建筑工程学院张国兴编写第五章、第七章，河北工程学院赵秀臣编写第九章、第十一章，北京建筑工程学院王炳霞编写第一章第一～三节、第四章，平顶山市标准定额站魏建平编写第六章第一～三节、第十章第一～三节，桂林工学院王蕾编写第八章，河南城建学院郭红英编写第三章、第十二章、第十三章。附录中的图由平顶山工学院李静芝制图。

由于编者水平有限，书中可能存在缺点和不足之处，希望同行和读者批评指正。

编　者

目　录

1

第一章 建设工程计价概述

第一节　固定资产投资程序

一、固定资产投资程序的概念

固定资产投资程序，是指一个固定资产投资建设项目从决策、设计、施工到竣工验收整个工作过程中各个阶段及其先后次序。固定资产投资涉及面广、环节多，完成一项建设工程，需要进行多方面的工作，其中有些是前后衔接的，有些是左右配合的，有些是互相交叉的。这些工作必须按照一定的程序依次进行，才能达到预期效果。科学的固定资产投资程序，客观地总结了固定资产投资的实践经验，正确地反映了工程建设全过程所固有的先后顺序的客观规律性。

二、固定资产投资程序的内容

一个建设项目，从计划建设到建成投产，一般要经过项目决策、设计、施工和验收等阶段。具体工作内容包括以下各项：

（1）编制项目建议书　投资者根据国民经济的发展，工农业生产和人民生活的需要，拟投资兴建某建设项目、开发某产品，并论证兴建该项目的必要性、可行性以及兴建的目的、要求、计划等内容，写成报告，建议有关部门同意兴建该项目。

（2）可行性研究　根据上级批准的项目建议书，对建设项目进行可行性研究，减少项目决策的盲目性，使建设项目的确定具有切实的可行性。这就需要做确切的资源勘测，工程地质和水文地质勘察，地形测量，地震、气象、环境保护资料的收集。在此基础上，论证建设项目在技术上的可行性和经济上的合理性，并进行多个方案的比较，推荐最佳方案，作为编制设计任务的依据。

（3）编制设计任务书　设计任务书是确定固定资产投资项目、编制设计文件的主要依据。它在固定资产投资程序中起主导作用，一方面把国民经济计划落实到建设项目上，另一方面使项目建设及建成投产后所需要的人、财、物有可靠保证。一切新建、扩建、改造项目，都要根据国家发展计划和要求，按照一定的隶属关系，由主管部门组织计划、设计等单位编制设计任务书。

（4）选择建设地点　建设地点的选择主要解决三个问题：①工程地质、水文地质等自然条件是否可靠；②建设时所需的水、电、运输条件是否落实；③项目建成投产后的原材料、燃料等是否具备。另外，对生产人员的生活条件、居住环境等亦应全面考虑。建设地点的选择，要求在综合研究和进行多方案比较的基础上提出选点报告。

(5) 编制设计文件 建设项目设计任务书和选址报告批准后，建设单位应委托设计单位，按设计任务书的要求编制设计文件。设计文件是安排建设项目和组织工程施工的主要依据。对于一般的大中型项目，一般采用两阶段设计，即初步设计和施工图设计；对于技术上复杂且缺乏设计经验的项目，应增加技术设计阶段。

1）初步设计的目的是确定建设项目在选定的地点、规定期限和拟定的投资数额内进行建设的可能性和合理性，从技术上和经济上对建设项目作出全面规划和合理安排，作出基本技术决定和确定总的建设费用，以便取得最好的经济效益。

2）技术设计是为了研究和决定初步设计所采用的工艺过程、建筑和结构形式等方面的主要技术问题，补充完善初步设计。

3）施工图设计是根据已批准的初步设计，绘制出正确、完整和尽可能详尽的建筑安装图，作为工人进行建设工程建造的依据。施工图设计的深度应能满足设备材料的选择与确定，非标准设备的设计和加工制作，施工图预算的编制，建筑工程施工和安装的要求。

(6) 做好建设准备 要保证施工的顺利进行，就必须做好各项建设的准备工作。建设项目设计文件批准之后，建设单位应根据计划要求的建设进度和工作的实际情况，组织材料、设备订货，办理建设工程质量监督手续，委托工程监理，组织施工招标，择优选定施工企业，办理施工许可证等。

(7) 安排项目年度计划 根据批准的总概算和建设工期，合理安排建设项目的分年度实施计划。年度计划安排的建设内容，要与能取得的投资、材料、设备和劳动力相适应。配套项目要同时安排，相互衔接。

(8) 组织施工 所有建设项目在签订经济承包合同后方可组织施工，并在施工过程中做到计划、设计、施工三个环节互相衔接，以及投资、设计施工图、设备、材料、施工力量五个方面的落实，保证全面完成计划。

(9) 生产准备 固定资产投资的最终目的就是要形成新的生产能力。为保证项目建成后能及时投产，建设单位要根据建设项目的生产技术特点，组织专门的生产班子，尽可能建制成套，抓好生产准备工作。

(10) 竣工验收，交付使用 竣工验收的作用在于：①确定所建工程质量是否合格，解决投产前影响正常生产的问题；②参加建设的各单位分别进行总结，给予必要的奖惩；③移交固定资产，交付生产和使用。

综上所述，固定资产投资程序不是人们主观臆想出来的，它是由建筑生产的技术经济特点，固定资产投资的特殊性、连续性、不可间断性决定的，是工程建设过程客观规律性的反映。

第二节 建设工程造价管理

一、工程造价的计价种类

工程计价、估价或编制工程概预算造价，均属于工程造价的范畴，从广义上讲是指通过编制各类价格文件对拟建工程造价进行的预先测算和确定的过程。建设工程分阶段进行，由初步构想到设计图再到工程建设产品，逐步落实，而以建设工程为主体、为对象的工程造价，也逐步地深化、细化和实现实际造价。所以，工程造价是一个由一系列不同用途、不同层次的各类价格所组成的建设工程造价体系，包括建设项目投资估算、设计概算、施工图预算、合同价、工程结算价、竣工决算价等。

（1）投资估算　投资估算是指在项目建议书和可行性研究阶段，根据投资估算指标、类似工程的造价资料、现行的设备材料价格，并结合工程的实际情况，对拟建工程所需投资预先测算和确定的过程，估算出的价格称为估算造价。投资估算是决策、筹资和控制造价的主要依据。

（2）设计概算　设计概算是指在初步设计阶段，根据初步设计图、概算定额或概算指标，通过编制工程概算文件对拟建工程所需投资预先测算和确定的过程，计算出来的价格称为概算造价。概算造价较估算造价准确，但应在投资估算造价的控制之内，并且是控制拟建项目投资的最高限额。

（3）施工图预算　施工图预算也称为预算造价，它是指在施工图设计阶段，根据施工图以及各种计价依据和有关规定，通过编制造价文件对拟建工程所需投资预先测算和确定的过程，计算出来的价格称为施工图预算造价。施工图预算造价较概算造价更为详尽和准确，它是编制招投标价格和进行工程结算等的重要依据，同样要受概算造价的控制。

（4）合同价　合同价是指在工程承发包阶段，由发包方与承包发方签订工程承包合同时共同协商确定的工程合同价格。合同价是工程结算的依据。

（5）工程结算价　以合同价格为基础，根据设计变更与工程索赔等情况，通过编制工程结算书对已完施工价格进行确定的价格称为工程结算价。结算价是该结算工程部分的实际价格，是支付工程款项的凭据。

（6）竣工决算价　竣工决算是指整个建设工程全部完工并经过验收以后，通过编制竣工决算书计算整个项目从立项到竣工验收、交付使用全过程中实际支付的全部建设费用、核定新增资产和考核投资效果的过程，计算出的价格称为竣工决算价。竣工决算价是整个建设工程的最终实际价格。

从以上内容可以看出，建设工程的计价过程是一个由粗到细、由浅入深，最终确定整个工程实际造价的过程，各计价过程之间是相互联系、相互补充、相互制约的关系，前者制约后者，后者补充前者。

二、工程造价的计价特点

建设工程造价具有单件性计价、多次性计价和按构成的分部组合计价等特点。

（1）单件性计价　建设工程是按照特定使用者的专门用途、在指定地点逐个建造的。每项建筑工程为适应不同使用要求，其面积和体积、造型和结构、装修与设备的标准及数量都会有所不同，而且特定地点的气候、地质、水文、地形等自然条件及当地政治、经济、风俗习惯等因素，必然使建筑产品实物形态千差万别。再加上不同地区构成投资费用的各种生产要素（如人工、材料、机械）的价格差异，最终导致建设工程造价的千差万别。所以，建设工程和建筑产品不可能像工业产品那样统一地成批定价，而只能根据它们各自所需的物化劳动和活劳动消耗量逐项计价，即单件计价。

（2）多次性计价 建设工程造价是一个随着工程不断展开而逐渐深化、逐渐细化和逐渐接近实际造价的动态过程，而不是固定的、唯一的和静止的。工程建设的目的是为了节约投资、获取最大的经济效益，这就要求在整个工程建设的各个阶段依据一定的计价顺序、计价资料和计价方法，分别计算各个阶段的工程造价，并对其进行监督和控制，以防工程费用超支。

（3）分部组合计价 建设工程造价包括从立项到竣工所支出的全部费用，组成内容十分复杂，只有把建设工程分解成能够计算造价的基本组成要素，再逐步汇总，才能准确计算整个工程造价。

三、工程造价管理体制

工程造价管理体制是指对工程造价进行组织和管理的基本制度和方式方法等的总称。它是建筑市场管理体制的重要内容，主要包括有关造价管理主体的确立、各类造价管理制度的制定、各种经济利益关系的处理、工程造价的调控方式、有关造价管理机构的设置及管理权限和管理职责的划分等内容。

市场经济是以市场为基础的资源配置方式，它必须依据价值规律的客观要求，通过市场的价格信号和竞争机制，引导资源合理流动，从而达到资源合理的配置的目的。价格是市场经济中的核心问题，它是商品交换或市场存在的基础，价格管理是最有效的调节手段。价格机制是价格对生产、消费和供求关系等经济活动的自发调节的过程和方式，是市场机制的主要内容。所以，工程造价管理体制是建筑市场运行机制的核心。

我国建设工程造价管理体制的产生和发展过程大体可分为以下几个阶段：

1950~1966年，工程造价管理机构与概预算定额体系的建立阶段。在此阶段，我国引进和吸收了前苏联工程建设的经验，初步建立了我国工程建设领域的概预算制度，工程造价管理体系也逐步建立和完善，对概预算的编制原则、内容、方法和审批、修正办法、程序等作出了明确规定。

1967年~19世纪70年代末期，受“十年动乱”的影响，我国曾一度取消了定额管理机构和工程概预算制度。概预算定额管理工作遭到破坏，概预算和定额管理机构被撤销，大量基础资料被销毁。

20世纪70年代末，工程造价管理机构的恢复和工程造价管理制度的建立阶段。我国首先恢复了工程造价管理机构，并进一步组织制定了工程建设概预算定额、费用标准等。1988年在原建设部增设了标准定额司，各省（直辖市、自治区）、国务院有关部委相继建立了定额管理站，并在全国颁布了一系列推动工程概预算管理和定额管理发展的文件。1990年经建设部同意，成立了第一个也是唯一代表我国工程造价管理行业的行业协会——中国建设工程造价管理协会（简称“中价协”）。在此期间，提出了全过程、全方位进行工程程造价控制和动态管理的思路，这标志着我国工程造价的管理由单一的概预算管理向工程造价全过程管理的转变。

20世纪80年代~20世纪90年代，是我国工程造价管理制度的逐步完善与快速发展的阶段。在此时期，除了继续按照全过程控制和动态管理的思路对工程造价管理进行改革外，在计价依据方面，首次提出了“量”“价”分离的新思想，改变了国家对定额管理的方式，同时，提出了“控制量”、“指导价”、“竞争费”的改革设想。初步建立了“在国家宏观调控下，以市场形成造价为主的价格机制，项目法人对建设项目的全过程负责，充分发挥协会和其他中介组织作用”的具有中国特色的工程造价管理体制。

21 世纪初至今，这是我国市场经济体制下工程管理与计价体制的发展阶段。2003 年，原建设部颁布了 GB 50500—2003《建设工程工程量清单计价规范》，这是建设工程计价依据第一次以国家强制性标准的形式出现，初步实现了从传统的定额计价模式到工程量清单计价模式的转变，同时也进一步确立了建设工程计价依据的法律地位，这标志着一个崭新阶段的开始。

2008 年，在总结经验的基础上，通过进一步完善和补充，又颁布了 GB 50500—2008《建设工程工程量清单计价规范》，该标准自 2008 年 12 月 1 日起实施。2013 年 7 月 1 日最新版的 GB 50500—2013《建设工程工程量清单计价规范》开始使用，GB 50500—2008 废止。

随着我国市场经济体制的逐步确立，工程程造价管理模式发生了一系列的变革。具体的改革主要体现在以下几个方面：

1）重视和加强项目决策阶段的投资估算工作，努力提高政府投资或国有投资的大中型或重点建设项目的可行性研究报告中投资估算的准确度，切实发挥其控制建设项目总造价的作用。

2）进一步明确概预算工作的重要作用。概预算不仅要计算工程造价，更要能动地影响设计、优化设计，从而发挥控制工程造价、促进建设资金合理使用的作用。工程设计人员要进行多方案的技术经济比较，通过优化设计来保证设计的技术经济合理性。

3）推行工程量清单计价模式，以适应我国建筑市场发展的要求和国际市场竞争的需要，逐步与国际惯例接轨。

4）引入竞争机制，通过招标方式择优选定工程承包公司和设备材料供应单位，以促使这些单位改善经营管理，提高应变能力和竞争能力，降低工程造价。

5）提出用“动态”方法研究和管理工程造价。研究如何体现项目投资额的时间价值，要求各地区、各部门工程造价管理机构定期公布各种设备、材料、工资、机械台班的价格指数和各类工程造价指数，尽快建立地区、部门乃至全国的工程造价管理信息系统。

6）提出对工程造价的估算、概算、预算、承包合同价、结算价、竣工决算实行“一体化”管理，并研究如何建立一体化的管理制度，改变过去分段管理的状况。

7）进一步完善和加强对造价工程师执业资格制度的管理，扶持与引导工程造价咨询机构的发展。

我国工程造价管理体制改革的最终目标是：建立市场形成价格的机制，实现工程造价管理市场化，与国际惯例接轨，形成社会化的工程造价咨询服务业。

四、工程造价管理的组织系统

工程造价管理的组织是指为实现工程造价管理的目标而进行的有效组织活动，以及与造价管理功能相关的有机群体。工程造价管理的组织包括政府行政管理系统、企事业单位管理系统、工程造价管理协会和工程造价咨询单位。

1. 政府行政管理系统

政府在工程造价管理中既是宏观管理主体，也是政府投资项目的微观管理主体，工程造价管理始终是各级政府经济工作的重要内容。我国政府有一个十分严密的组织系统对工程造价进行管理，设置了多层管理机构，并规定了管理权限和职责范围。我国现行的工程造价管理的政府行政管理系统如图 1-1 所示。

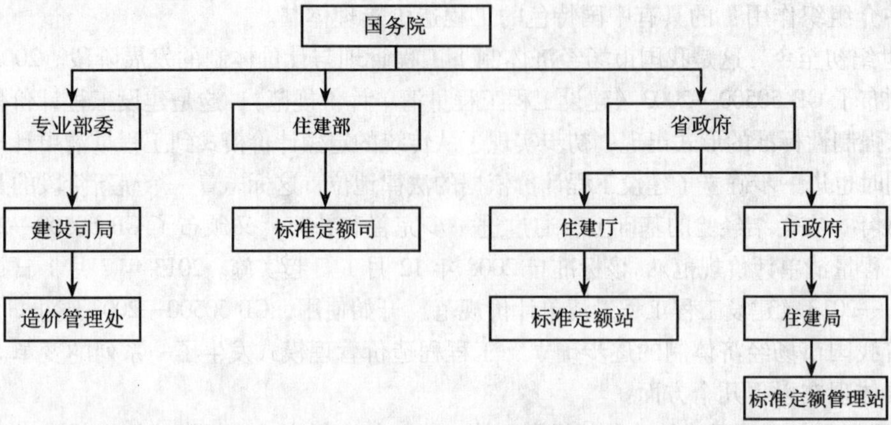

图1-1 我国现行工程造价管理的政府行政管理系统

由图1-1可知，国家建设行政主管部门在全国范围内行使控制管理职能，它在工程造价控制管理工作方面承担的主要职责是：

1）组织制定工程造价管理有关法规、制度并组织贯彻实施。

2）组织制定全国统一的建设工程基础定额和部管行业建设工程定额的制定、修订。

3）监督指导全国统一建设工程基础定额和部管行业建设工程定额的实施。

4）制定工程造价咨询企业的资质标准及管理制度，制定工程造价专业技术人员执业准入资格标准及管理制度。

5）对工程造价咨询企业进行监督管理。

省、自治区、直辖市和行业主管部门的造价管理机构，是在其管辖范围内行使管理职能；省辖市和地区的造价管理部门在所辖地区内行使管理职能。其职责大体和国家建设行政部门的工程造价管理机构相对应，主要负责本地区、本部门有关规章、制度和定额等的组织制定并贯彻执行，调解、仲裁工程造价纠纷，收集和发布有关造价信息等工作。

2. 企事业单位管理系统

企业或事业单位对工程造价的管理属于微观管理的范畴。例如，建设单位在项目的前期估算投资并进行经济评价，实施项目招标并编制标底、进行评标，在施工阶段通过对设计变更、索赔、结算等造价管理和控制工作；设计单位通过限额设计实现造价控制目标；造价管理工作对施工单位尤为重要，要通过市场调查和自我分析、提出工程估价，研究投标策略进行投标报价，强化索赔意识以保护自身权益，加强管理提高竞争力等。工程造价管理是企业管理的重要组成部分，其在企业组织架构中一般均设有专门造价管理的职能机构，参与企业的日常生产经营活动，收集资料、确定造价并进行控制等，以保证企业经济效益的最大化。

3. 工程造价咨询企业

工程造价咨询企业是指接受委托，对建设项目投资、工程造价的确定与控制提供专业服务。工程造价咨询企业应当依法取得工程造价咨询企业资质，并在资质等级许可的范围内从事工程造价咨询活动。工程造价咨询企业依法从事工程造价咨询活动，不受行政区域限制。

工程造价咨询企业资质等级分为甲级和乙级。甲级工程造价咨询企业可以从事各类建设项目的工程造价咨询业务；乙级工程造价咨询企业可以从事工程造价5000万元人民币以下的各类建设项目的工程造价咨询业务。

工程造价咨询企业业务范围包括：

1）建设项目建议书及可行性研究投资估算、项目经济评价报告的编制和审核。

2）建设项目概预算的编制与审核，并配合设计方案比选、优化设计、限额设计等工作进行工程造价分析与控制。

3）建设项目合同价款的确定（包括招标工程工程量清单和招标控制价（或标底）、投标报价的编制和审核）；合同价款的签订与调整（包括工程变更、工程洽商和索赔费用的计算）及工程款支付，工程结算及竣工结（决）算报告的编制与审核等。

4）工程造价经济纠纷的鉴定和仲裁的咨询。

5）提供工程造价信息服务等。

工程造价咨询企业可以对建设项目的组织实施进行全过程或者若干阶段的管理和服务。

4. 中国建设工程造价管理协会

中国建设工程造价管理协会，是由从事工程造价管理与工程造价咨询服务的单位，以及具有造价工程师注册资格的资深的专家、学者自愿组成的，具有社会团体法人资格的全国性社会团体，是对外代表造价工程师和工程造价咨询服务机构的行业性组织。经住建部同意，民政部核准登记，该协会属非营利性社会组织。

该协会的业务范围包括：

1）研究工程造价管理体制改革、行业发展、行业政策、市场准入制度及行为规范等理论和实践问题。

2）探讨提高政府和业主项目投资效益，科学预测和控制工程造价，促进现代化管理技术在工程造价咨询行业的运用，向国家行政部门提供建议。

3）接受国家行政主管部门委托，承担工程造价咨询行业和造价工程师执业资格及职业教育等具体管理工作，研究提出与工程造价有关的规章制度及工程造价咨询行业的资质标准、合同范本、职业道德规范等行业标准，并推动实施。

4）对外代表我国造价工程师组织和工程造价咨询行业与国际组织及各国同行组织建立联系和交往，签订有关协议，为会员开展国际交流与合作等对外业务服务。

5）建立工程造价信息服务系统，编辑、出版有关工程造价方面刊物和参考资料，组织交流和推广先进工程造价咨询经验，举办有关职业培训和国际工程造价咨询业务研讨活动。

6）在国内外工程造价咨询活动中，维护和增进会员的合法权益，协调解决会员和行业间的有关问题，受理关于工程造价咨询执业违规的投诉，配合行政主管部门进行处理，并向政府部门和有关方面反映会员单位和工程造价咨询人员的建议和意见。

7）指导各专业委员会和地方造价协会的业务工作。

8）组织完成政府有关部门和社会各界委托的其他业务。

五、造价工程师

造价工程师是指经全国统一考试合格，取得造价工程师执业资格证书，并经注册从事建设工程造价业务活动的专业技术人员。造价工程师的执业资格是指履行工程造价管理岗位职责和业务的准入资格。造价工程师执业资格制度是工程造价管理的一项基本制度。该制度规定，凡是从事工程建设活动的建设、设计、施工、工程咨询、工程造价管理等单位和部门，必须在相关岗位配备有造价工程师执业资格的专业技术人员。

造价工程师执业资格考试主要包括工程造价管理基础理论相关法规、工程造价计价与控制、建设工程技术与计量和工程造价案例分析四门课程。

1. 造价工程师的执业范围

注册造价工程师执业范围包括：

1）建设项目建议书、可行性研究投资估算的编制和审核，项目经济评价，工程概、预、结算和竣工结（决）算的编制、审核。

2）工程量清单、招标控制价（或标底）、投标报价的编制和审核，工程合同价款的签订，以及变更、调整、工程款支付与工程索赔费用的计算。

3）建设项目管理过程中设计方案的优化、限额设计等工程造价分析与控制，工程保险理赔的核查。

4）工程经济纠纷的鉴定。

2. 造价工程师的职责范围

1）凡需报批或审查的工程造价成果文件，应由造价工程师签字并加盖执业专用章，在注明单位名称和加盖单位公章后方属有效。

2）造价工程师的执业范围不得超越其所在单位的业务范围，并且只能受聘于一个单位执行业务。

3）依法签订聘任合同，依法解除聘任合同。

3. 造价工程师的素质要求

1）思想道德方面的素质。由于造价工程师的工作涉及多方面的经济利益，所以要求其必须具有良好的思想修养和职业道德，应公正、客观地维护有关各方的合理权益，不能以权谋私。

2）文化方面的素质。由于造价工程师的工作涉及自然科学和社会科学的诸多知识领域，所以要求其必须具有深厚的文化基础，并且能够不断充实和完善自己的知识体系。

3）专业方面的素质。造价工程师应具有以专业知识和技能为基础的工程造价管理方面的实际工作能力，即发现问题、分析问题和解决问题的能力，这需要造价工程师具有深厚的专业知识和从事工程造价管理的丰富实践经验。其应掌握的专业知识包括：相关的经济理论，项目投资管理和融资，建筑经济与企业管理，财政税收与金融实务，市场与价格，招投标与合同，工程造价管理，工作方法与动作研究，综合工业技术与建筑技术，建筑制图与识图，施工技术与施工组织，相关法律、法规和政策，计算机应用和信息管理，以及现行各类计价依据等。

4）身体方面的素质。造价工程师应具有健康的身体素质，以适应紧张而繁忙的造价管理工作。

第三节　建设项目的分解及价格的形成

对建设项目而言，虽然在范围和内涵上有很大的不确定性，但每一工程就时间和内容上都构成一个系统工程。为满足工程管理和工程成本经济核算的需要，保证工程造价计价合理确定和有效的控制，可把整体、复杂的系统工程分解成若干个小的、易于管理的组成部分。按照我国对工程造价的有关规定和习惯做法，建设项目按照它的组成内容不同，可以分解为建设项目、单项工程、单位工程、分部工程和分项工程五个层次。

一、建设项目

建设项目是指按照同一个总体设计，在一个或两个以上工地上进行建造的单项工程之和。作为一个建设项目，一般应有独立的设计任务书，行政上是有独立组织建设的管理单位，经济上是进行独立经济核算的法人组织。如一个工厂、一所医院、一所学校等。建设项目的价格，一般是由编制设计总概算或修正概算来确定的。

二、单项工程

单项工程是指具有独立的施工条件和设计文件，建成后能够独立发挥生产能力或工程效益的工程项目。如办公楼、教学楼、食堂、宿舍楼等。它是建设项目的组成部分，其工程产品价格是由编制单项工程综合造价确定的。

三、单位工程

单位工程是具有独立的设计图与施工条件，但建成后不能单独形成生产能力和发挥效益的工程。它是单项工程的组成部分，如土建工程、给水排水工程、电气照明工程、设备安装工程等。单位工程的价格一般可通过编制施工图造价来确定。单位工程的价格是编制设计总概算、单项工程综合造价的依据。

四、分部工程

分部工程是单位工程的组成部分。它是按照建筑物的结构部位或主要的工种划分的工程分项。如基础工程、墙体工程、脚手架工程、楼地面工程、屋面工程、钢筋混凝土工程、装饰工程等。分部工程费用组成单位工程价格，也是按分部工程发包时确定承发包合同价格的基本依据。

五、分项工程

分项工程是分部工程的细分，是构成分部工程的基本项目，又称工程子目或子目，它是通过较为简单的施工过程就可以生产出来，并可用适当计量单位进行计算的建筑工程或安装工程。一般是按照选用的施工方法、所使用的材料、结构构件规格等不同因素划分施工分项。如在砖石工程中可划分为砖基础、砖墙、砖柱、砌块墙、钢筋砖过梁等。在土石方工程中可划分为挖土方、回填土、余土外运等分项工程。这种以适当计量单位进行计量的工程实体数量就是工程量，不同步距的分项工程单价是工程造价最基本的计价单位（即单价）。每一分项工程的费用即为该分项工程的工程量与单价的乘积。

综上所述，对工程造价编制对象进行正确的分项，是有效地计算每个分项工程的工程量，正确编制和套用企业定额，计算每个分项工程的价格，准确可靠地编制工程总造价的一项十分重要的工作。分解建设项目一般是分析它包含几个单项工程，然后按单项工程、单位工程、分部工程、分项工程的顺序逐步细分，即由大项到小项划分。工程造价价格的形成过程，是在正确划分分项工程的基础上，用单价乘以工程量得出分项工程费用，将某一分部工程的所有分项工程费用相加求出该分部工程的费用。同理，再依次计算出单位工程、单项工程、建设项目的工程造价。

第四节 建设工程造价的构成

建设项目总投资由建设投资、建设期利息、固定资产投资方向调节税和流动资金组成。建设项目总投资除流动资金外与建设项目的工程造价在量上相等。工程造价的构成按工程建设项目中各类费用支出或花费的性质、途径等来确定，是通过费用划分和汇集所形成的工程造价的费用分解结构。工程造价基本构成中，包括用于建筑和安装施工所需支出的费用，用于购买工程项目所含设备的费用，用于委托工程勘察设计应支付的费用，用于购置土地所需的费用，也包括建设单位自身进行项目筹建和项目管理所花费的费用。总之，工程造价是工程项目按照确定的建设内容、建设规模、建设标准、功能要求和使用要求等全部建成并验收合格、交付使用所需要的全部费用。我国现行工程造价（建设项目投资）的构成见表1-1。

表1-1 建设项目投资构成表

<table>
<tr><th>投资构成</th><th colspan="5">费用项目</th></tr>
<tr><td rowspan="10">建设项目总投资</td><td rowspan="7">建设投资</td><td rowspan="3">第一部分工程费用</td><td>建筑安装工程费用</td><td colspan="2">直接费
间接费
利润
税金</td></tr>
<tr><td rowspan="2">设备工器具费用</td><td>设备购置费（包括备品备件）</td><td>设备原价
设备运杂费</td></tr>
<tr><td colspan="2">工器具及生产家具购置费</td></tr>
<tr><td colspan="2" rowspan="3">第二部分工程建设其他费用</td><td colspan="2">土地使用费</td></tr>
<tr><td>与项目建设有关的费用</td><td>建设管理费
可行性研究费
勘察设计费
研究试验费
场地准备及临时设施费
环境影响评价费
劳动安全卫生评价费
工程监理费
工程保险费
引进技术和进口设备其他费用
工程承包费</td></tr>
<tr><td>与未来企业生产经营有关的费用</td><td>联合试运转费
生产准备费
办公和生活家具购置费</td></tr>
<tr><td colspan="3">第三部分预备费用</td><td>基本预备费
价差预备费</td></tr>
<tr><td colspan="5">建设期贷款利息</td></tr>
<tr><td colspan="5">固定资产投资方向调节税（暂停征收）</td></tr>
<tr><td colspan="5">流动资金（含经营项目铺底流动资金）</td></tr>
</table>

一、建筑安装工程费用

建筑安装工程费用包括建筑工程费用和安装工程费用两部分。

（1）建筑工程费用　指建设项目设计范围内的建设场地平整、土石方工程费；各类房屋建筑及附属于室内的供水、供热、卫生、电气、燃气、通风空调、弱电、电梯等设备及管线工程费；各类设备基础、地沟、水池、冷却塔、烟囱烟道、水塔、栈桥、管架、挡土墙、围墙、厂区道路、绿化等工程费；铁路专用线、厂外道路、码头等工程费。

（2）安装工程费用　指主要生产、辅助生产、公用等单项工程中需要安装的工艺、电气、自动控制、运输、供热、制冷等设备及装置安装工程费；各种工艺、管道安装及衬里、防腐、保温等工程费；供电、通信、自控等管线电缆的安装工程费。

我国现行建筑安装工程费用构成见表1-2。

表1-2　我国现行建筑安装工程费用构成

<table>
<tr><th colspan="3">费用项目</th><th>参考计算方法</th></tr>
<tr><td rowspan="4">直接费</td><td rowspan="3">直接工程费</td><td>人工费</td><td>Σ（工日消耗量×日工资单价）</td></tr>
<tr><td>材料费</td><td>Σ（材料消耗量×材料基价）+检验试验费</td></tr>
<tr><td>施工机具使用费</td><td>Σ（施工机械台班消耗量×机械台班单价）</td></tr>
<tr><td>措施费</td><td colspan="2">环境保护费，文明施工费，安全施工费，临时设施费，夜间施工增加费，二次搬运费，冬雨季施工增加费，大型机械设备进出场及安拆费，混凝土、钢筋混凝土模板及支架费，脚手架工程费，已完工程及设备保护费，施工排水降水费，工程定位复测费，特殊地区施工增加费</td></tr>
<tr><td rowspan="2">间接费</td><td colspan="2">规费</td><td>工程排污费，社会保险费（养老保险费、失业保险费、医疗保险费、生育保险费、工伤保险费），住房公积金</td></tr>
<tr><td colspan="2">企业管理费</td><td>管理人员工资，办公费，差旅交通费，固定资产使用费，工具用具使用费，劳动保险和职工福利费，劳动保护费，检验试验费，工会经费，职工教育经费，财产保险费，财务费，税金，其他</td></tr>
<tr><td colspan="3">利润</td><td></td></tr>
<tr><td rowspan="3">税金</td><td colspan="2">营业税</td><td rowspan="3">（直接费+间接费+利润）×综合税率（%）</td></tr>
<tr><td colspan="2">城市维护建设税</td></tr>
<tr><td colspan="2">教育费附加（含地方教育费附加）</td></tr>
</table>

（一）直接费

直接费是指直接耗费在该建筑安装工程上的、构成工程实体和有助于工程形成的各项费用之和。

直接费由直接工程费和措施费组成。

1. 直接工程费

在施工过程中耗用的构成工程实体的各项费用，包括人工费、材料费、施工机具使用费。

（1）人工费　人工费是指按工资总额构成规定，支付给从事建筑安装工程施工的生产工人和附属生产单位工人的各项费用。内容包括：

1）计时工资或计件工资。计时工资或计件工资是指按计时工资标准和工作时间或对已做工作按计件单价支付给个人的劳动报酬。

2）奖金。奖金是指对超额劳动和增收节支支付给个人的劳动报酬。如节约奖、劳动竞赛奖等。

3）津贴补贴。津贴补贴是指为了补偿职工特殊或额外的劳动消耗和因其他特殊原因支付给个人的津贴，以及为了保证职工工资水平不受物价影响支付给个人的物价补贴。如流动施工津贴、特殊地区施工津贴、高温（寒）作业临时津贴、高空津贴等。

4）加班加点工资。加班加点工资是指按规定支付的在法定节假日工作的加班工资和在法定日工作时间外延时工作的加点工资。

5）特殊情况下支付的工资。特殊情况下支付的工资是指根据国家法律、法规和政策规定，因病、工伤、产假、计划生育假、婚丧假、事假、探亲假、定期休假、停工学习、执行国家或社会义务等原因按计时工资标准或计时工资标准的一定比例支付的工资。

（2）材料费　施工过程中耗费的构成工程实体的原材料、辅助材料、构配件、零件、半成品或成品、工程设备的费用。具体包括：

1）材料原价。材料、工程设备的出厂价格或商家供应价格。

2）材料运杂费。材料及工程设备自来源地运至工地仓库或指定堆放地点所发生的全部费用。

3）运输损耗费。材料在运输装卸过程中不可避免的损耗。

4）采购及保管费。为组织采购、供应和保管材料及工程设备过程中所需要的各项费用。包括采购费、仓储费、工地保管费、仓储损耗。

工程设备是指构成或计划构成永久工程一部分的机电设备、金属结构设备、仪器装置及其他类似的设备和装置。

（3）施工机具使用费　施工机械作业所发生的施工机械使用费、仪器仪表使用费或其租赁费。施工机械使用费以台班耗用量乘以台班单价表示，施工机械台班单价应由下列七项费用组成：

1）折旧费。施工机械在规定的使用年限内，陆续收回原值及购置资金的时间价值。

2）大修理费。施工机械按规定的大修理间隔台班进行必要的大修理，以恢复其正常功能所需的费用。

3）经常修理费。施工机械除大修理以外的各级保养和临时故障排除所需的费用。包括为保障机械正常运转所需替换设备与随机配备工具附具的摊销和维护费用，机械运转中日常保养所需润滑与擦拭的材料费用，以及机械停滞期间的维护和保养费用等。

4）安拆费及场外运费。施工机械在现场进行安装与拆卸所需的人工、材料、机械和试运转费用，以及机械辅助设施的折旧、搭设、拆除等费用；场外运费指施工机械整体或分体自停放地点运至施工现场或由一施工地点运至另一施工地点的运输、装卸、辅助材料及架线等费用。

5）人工费。机上司机（司炉）和其他操作人员的工作日人工费，以及上述人员在施工机械规定的年工作台班以外的人工费。

6）燃料动力费。施工机械在运转作业中所消耗的固体燃料（煤、木柴）、液体燃料（汽油、柴油）及水、电等。

7）税费。施工机械按照国家规定应缴纳的车船使用税、保险费及年检费等。

仪器仪表使用费是指工程施工所需使用的仪器仪表的摊销及维修费用。

2. 措施费

为完成工程项目施工，发生于该工程施工前和施工过程中非工程实体项目的费用。

内容包括：

（1）环境保护费　施工现场为达到环保部门的要求所需要的各项费用。

（2）文明施工费　施工现场文明施工所需要的各项费用。

（3）安全施工费　施工现场安全施工所需要的各项费用。

（4）临时设施费　施工企业为进行建筑工程施工所必须搭设的生活和生产用的临时建筑物、构筑物和其他临时设施的费用等。临时设施包括临时宿舍、文化福利及公用事业房屋与构筑物，仓库、办公室、加工厂，以及规定范围内的道路、水、电、管线等临时设施和小型临时设施。临时设施费用包括临时设施的搭设、维修、拆除费或摊销费。

（5）夜间施工增加费　因夜间施工所发生的夜班补助费、夜间施工降效、夜间施工照明设备摊销及照明用电等费用。

（6）冬雨季施工增加费　在冬季或雨季施工需增加的临时设施、防滑、排除雨雪，人工及施工机械效率降低等费用。

（7）工程定位复测费　工程施工过程中进行全部施工测量放线和复测工作的费用。

（8）特殊地区施工增加费　工程在沙漠或其边缘地区、高海拔、高寒、原始森林等特殊地区施工增加的费用。

（9）二次搬运费　因施工场地狭小等特殊情况而发生的二次搬运费用。

（10）大型机械设备进出场及安拆费　机械整体或分体自停放场地运至施工现场或由一个施工地点运至另一个施工地点，所发生的机械进出场运输及转移费用，以及机械在施工现场进行安装、拆卸所需的人工费、材料费、机械费、试运转费和安装所需的辅助设施的费用。

（11）混凝土、钢筋混凝土模板及支架费　混凝土施工过程中需要的各种钢模板、木模板、支架等的支、拆、运输费用及模板、支架的摊销（或租赁）费用。

（12）脚手架费　施工需要的各种脚手架搭、拆、运输费用及脚手架的摊销（或租赁）费用。

（13）已完工程及设备保护费　竣工验收前，对已完工程及设备进行保护所需的费用。

（14）施工排水、降水费　为确保工程在正常条件下施工，采取各种排水、降水措施所发生的各种费用。

（二）间接费

间接费是指虽不直接由施工的工艺过程所引起，但却与工程的总体条件有关的，建筑安装企业为组织施工和进行经营管理，以及间接为建筑安装生产服务所产生的各项费用。

间接费由规费、企业管理费组成。

1. 规费

政府和有关权力部门规定必须缴纳的费用（简称规费）。具体包括：

（1）工程排污费　施工现场按规定缴纳的工程排污费。

（2）社会保险费　包括：

1）养老保险费。企业按规定标准为职工缴纳的基本养老保险费。

2）失业保险费。企业按照国家规定标准为职工缴纳的失业保险费。

3）医疗保险费。企业按照规定标准为职工缴纳的基本医疗保险费。

4）生育保险费。企业按照规定标准为职工缴纳的生育保险。

5）工伤保险费。企业按照规定标准为职工缴纳的工伤保险费。

（4）住房公积金 企业按规定标准为职工缴纳的住房公积金。

2. 企业管理费

建筑安装企业组织施工生产和经营管理所需费用。具体内容包括：

（1）管理人员工资 管理人员的计时工资、奖金、津贴补贴、加班加点工资及特殊情况下支付的工资等。

（2）办公费 企业管理办公用的文具、纸张、账表、印刷、邮电、书报、办公软件、现场监控会议、水电、烧水和集体取暖降温（包括现场临时宿舍取暖降温）等费用。

（3）差旅交通费 职工因公出差、调动工作的差旅费、住勤补助费，市内交通费和误餐补助费，职工探亲路费，劳动力招募费，职工离退休、退职一次性路费，工伤人员就医路费，工地转移费，以及管理部门使用的交通工具的油料、燃料等费用。

（4）固定资产使用费 管理和试验部门及附属生产单位使用的属于固定资产的房屋、设备仪器等的折旧、大修、维修或租赁费。

（5）工具用具使用费 企业施工生产和管理使用的不属于固定资产的工具、器具、家具、交通工具和检验、试验、测绘、消防用具等的购置、维修、摊销费。

（6）劳动保险和职工福利费 由企业支付的职工退职金、集体福利费、夏季防暑降温、冬季取暖补贴、上下班交通补贴、按规定支付给离休干部的经费。

（7）劳动保护费 企业按规定发放的劳动保护用品的支出。

（8）检验试验费 对建筑材料、构件和建筑安装物进行一般鉴定、检查所发生的费用，包括自设实验室进行试验所耗用的材料和化学药品等费用，不包括新结构、新材料的试验费和建设单位对具有出厂合格证明的材料进行检验，对构件做破坏性试验及其他特殊要求检验试验的费用。

（9）工会经费 企业按职工工资总额计提的工会经费。

（10）职工教育经费 企业为职工学习先进技术和提高文化水平，按职工工资总额计提的费用。

（11）财产保险费 施工管理用财产、车辆保险。

（12）财务费 企业为施工生产筹集资金或提供预付款担保、履约担保、职工工资支付担保等所发生的各种费用。

（13）税金 企业按规定缴纳的房产税、车船使用税、土地使用税、印花税等。

（14）其他 包括技术转让费、技术开发费、投标费、业务招待费、绿化费、广告费、公证费、法律顾问费、审计费、咨询费、保险费等。

（三）利润与税金

1. 利润

利润是指施工企业完成所承包工程获得的盈利。

2. 税金

按国家税法规定的应计入建筑安装工程造价内的营业税、城市建设维护税、教育费附加和地方教育费附加。

（1）营业税　税法规定以营业收入额为计税依据计算纳税，税率为3%。计算公式为

营业税 = 计税营业额 × 3%

计税营业额是指从事建筑、安装、修缮、装饰及其他工程作业取得的全部收入，还包括建筑、修缮、装饰工程所用原材料及其他物资和动力的价款。当安装的设备价值作为安装工程产值时，亦包括所安装设备的价款。但建筑安装工程总承包方将工程分包给他人的，其营业额中不包括付给分包方的价款。

（2）城市维护建设税　用于城市的公用事业和公共设施的维护建设，是以营业税额为基础计税。因纳税人地点不同，其税率分别为：纳税人所在地为市区，税率为7%；纳税人所在地为县城、建制镇，税率为5%；纳税人所在地不在市区、县城、建制镇，则税率为1%。计算公式为

城市维护建设税 = 营业税额 × 规定税率

（3）教育费附加　建筑安装企业的教育费附加要与其营业税同时缴纳，以营业税额为基础计取，税率为3%。

（4）地方教育附加　地方教育附加是指各省、自治区、直辖市根据国家有关规定，为实施“科教兴省”战略，增加地方教育的资金投入，促进本省、自治区、直辖市教育事业发展，开征的一项地方政府性基金。该收入主要用于各地方的教育经费的投入补充。各省（自治区、直辖市）人民政府根据国家的相关规定和要求，各地统一征收地方教育附加。建设工程的地方教育附加征收标准为营业税额的2%。

将上述四种税率汇总并进行综合税率计算后得到：纳税人所在地在市区者综合税率为3.477%；纳税人所在地在县镇者综合税率为3.413%；纳税人所在地在农村者综合税率为3.284%。

二、设备及工、器具购置费用

设备及工、器具购置费用是由设备购置费和工具、器具及生产家具购置费组成的。在生产性工程建设中，设备及工、器具购置费用占工程造价比重的增大，意味着生产技术的进步和资本有机构成的提高。

1. 设备购置费的构成

1）设备购置费是指为建设项目购置或自制的达到固定资产标准的各种国产或进口设备、工具、器具的购置费用，它由设备原价和设备运杂费组成。

设备购置费 = 设备原价 + 设备运杂费

2）设备原价是指国产设备或进口设备的原价。国产设备原价一般指的是设备制造厂的交货价及出厂价或订货合同价，它一般根据生产厂家或供应商的询价、报价、合同价确定，或采用一定的方法计算确定。国产设备原价分为国产标准设备原价和国产非标准设备原价。

3）设备运杂费是指除设备原价之外的关于设备采购、运输、途中包装及仓库保管等方面支出费用的总和。

2. 工具、器具及生产家具购置费

工具、器具及生产家具购置费是指新建或扩建项目初步设计规定的，保证初期正常生产必须购置的没有达到固定资产标准的设备、仪器、工卡模具、器具、生产家具和备品备件等的购置费用。一般以设备购置费为计算基数，按照相应费率按下式计算

工具、器具及生产家具购置费=设备购置费×定额费率

三、工程建设其他费用

工程建设其他费用是指从工程筹建起到工程竣工验收交付使用止的整个建设期间，除建筑安装工程费用和设备及工、器具购置费用以外的，为保证工程建设顺利完成和交付使用后能够正常发挥效用而发生的各项费用。工程建设其他费用，按其内容大体可分为三类：土地使用费、与工程建设有关的其他费用、与未来企业生产经营有关的其他费用。

1. 土地使用费

建设单位为获得建设用地要取得土地使用权，为此而支付的费用就是土地使用费。土地使用费有两种形式，一是通过划拨方式取得土地使用权而支付的土地征用及拆迁补偿费；二是通过土地使用权出让方取得土地使用权而支付的土地使用权出让金。

2. 与工程建设有关的其他费用

与工程建设有关的其他费用主要包括建设单位管理费、可行性研究费、勘察设计费、研究试验费、场地准备及临时设施费、环境影响评价费，劳动安全卫生评价费、工程监理费、工程保险费、引进技术和进口设备其他费用、工程承包费等。

（1）建设单位管理费　建设单位为了进行建设项目的筹建、建设、试运转、竣工验收和项目后评估等全过程管理所需的各项管理费用。

（2）可行性研究费　可行性研究费是指在建设项目前期工作中，编制和评估项目建议书（或预可行性研究报告）、可行性研究报告所需的费用。此项费用应依据前期研究委托合同计算，或参照《国家计委关于印发<建设项目前期工作咨询收费暂行规定>的通知》的规定计算。

（3）勘察设计费　委托有关咨询单位进行可行性研究、项目评估决策及设计文件等工作，按规定支付的前期工作费用；或委托勘察、设计单位进行勘察、设计工作，按规定支付的勘察设计费用；或在规定的范围内由建设单位自行完成有关的可行性研究或勘察设计工作所需的有关费用。

勘察设计费一般按照国家发改委颁发的有关勘察设计的收费标准和有关规定进行计算，随着勘察设计招投标活动的逐步推行，这项费用也应结合建筑市场的具体情况进行确定。

（4）研究试验费　为建设项目提供和验证设计参数、数据、资料等进行必要试验所需的费用，以及设计规定在施工中必须进行试验和验证所需的费用，主要包括自行或委托其他部门研究试验所需的人工费、材料费、试验设备及仪器使用费等。该项费用一般根据设计单位针对本建设项目需要所提出的研究试验内容和要求进行计算。

（5）场地准备及临时设施费　具体如下：

1）建设项目场地准备费是指建设项目为达到工程开工条件进行的场地平整和对建设场地余留的有碍于施工建设的设施进行拆除清理的费用。

2）建设单位临时设施费是指为满足施工建设需要而供到场地界区的、未列入工程费用的临时水、电、路、气、通信等其他工程费用和建设单位的现场临时建（构）筑物的搭设、维修、拆除、摊销或建设期间租赁费用，以及施工期间专用公路或桥梁的加固、养护、维修等费用。

场地准备及临时设施费的计算方法：

① 场地准备及临时设施应尽量与永久性工程统一考虑。建设场地的大型土石方工程应进入工程费用中的总图运输费用中。

② 新建项目的场地准备和临时设施费应根据实际工程量估算，或按工程费用的比例计算。改扩建项目一般只计拆除清理费。

③ 此项费用不包括已列入建筑安装工程费用中的施工单位临时设施费用。

（6）环境影响评价费　环境影响评价费是指按照《环境保护法》《环境影响评价法》等规定，为全面、详细评价建设项目对环境可能产生的污染或造成的重大影响所需的费用。包括编制环境影响报告书（含大纲）、环境影响报告表，以及对环境影响报告书（含大纲）、环境影响报告表进行评估等所需的费用。此项费用可参照《关于规范环境影响咨询收费有关问题的通知》的规定计算。

（7）劳动安全卫生评价费　劳动安全卫生评价费是指按照劳动部《建设项目（工程）劳动安全卫生监察规定》和《建设项目（工程）劳动安全卫生预评价管理办法》的规定，为预测和分析建设项目存在的职业危险、危害因素的种类和危险危害程度，并提出先进、科学、合理、可行的劳动安全卫生技术和管理对策所需的费用。它包括编制建设项目劳动安全卫生预评价大纲和劳动安全卫生预评价报告书，以及为编制上述文件所进行的工程分析和环境现状调查等所需费用。必须进行劳动安全卫生预评价的项目要根据有关规定确定。

（8）工程监理费　建设单位委托监理单位对工程实施监理工作所需的各项费用。广泛推行建设工程监理制是我国工程建设领域管理体制的重大改革，根据原国家物价局、原建设部《关于发布工程建设监理费用有关规定的通知》等文件规定，选择下列方法之一计算：①一般情况下应按工程建设监理收费标准计算，即按监理工程概算或造价的百分比计算；②对于单工种或临时性项目，可根据参与监理人员的年度平均人数按（3.5～5）万元/（人·年）计算。

（9）工程保险费　建设项目在建设期间根据工程需要实施工程保险所需的费用，一般包括以各种建筑工程及其在施工过程中的物料、机器设备为保险标的的建筑工程一切险，以安装工程中的各种物料、机器设备为保险标的的安装工程一切险，以及机器损坏保险等所支出的保险费用。该项费用一般根据不同的工程类别，按照其建筑安装工程费用乘以相应的建筑安装工程保险费率进行计算。

（10）引进技术和进口设备其他费用　引进技术和进口设备其他费用是指本建设项目因引进技术和进口设备而发生的相关费用，主要包括以下费用：

1）出国人员费用。出国人员费用是指为引进技术和进口设备派出人员在国外培训，还有进行关于设计内容方面的工作联络以及材料、设备检验等的差旅费、服装费、生活费等，一般按照设计规定的出国培训和工作的人数、时间、派往的国家，按财政部和外交部规定的临时出国人员费用开支标准进行计算。

2）国外工程技术人员来华费用。国外工程技术人员来华费用是指为引进国外技术和安装进口设备等聘用国外工程技术人员进行技术指导工作所发生的技术服务费、工资、生活补贴、差旅费、住宿费、招待费等，一般按照签订合同所规定的人数、期限和有关标准进行计算。

3）技术引进费。技术引进费是指引进国外先进技术而支付的专利费、专有技术费、国外设计及技术资料费等，一般按照合同规定的价格进行计算。

4）担保费。担保费指国内金融机构为买方出具保函的担保费，一般按照有关金融机构规定的担保费率进行计算。

5）分期或延期付款利息。分期或延期付款利息是指利用出口信贷引进技术或进口设备时，采取分期或延期付款的办法所支付的利息。

6）进口设备检验鉴定费。进口设备检验鉴定费是指进口设备按规定必须交纳的商品检验部门的进口设备检验鉴定费，一般按照进口设备货价的百分比计算。

（11）工程承包费 工程承包费是指具有工程总承包条件的公司对建设项目从开始到竣工投产全过程进行总承包所需要的管理费用，一般包括组织勘察设计、设备材料采购、非标设备设计制造与销售、施工招标、发包、工程预决算、项目管理、施工质量监督、隐蔽工程检查、工程验收和竣工投产等工作所发生的各项管理费用。该项费用一般按照国家主管部门或各地政府部门规定的工程承包费的取费标准，按照投资估算的百分比进行计算。不实行工程承包的项目不能计算本项费用。

3. 与未来企业生产经营有关的其他费用

该项费用主要包括联合试运转费、生产准备费、办公和生活家具购置费等。

（1）联合试运转费 联合试运转费是指新建或扩建工程项目竣工验收前，按照设计规定应进行有关无负荷和负荷联合试运转所发生的费用支出大于费用收入的差额部分费用。费用支出一般包括试运转所需的原料、燃料及动力费用，机械使用费用，低值易耗品及其他物品的购置费用，施工单位参加联合试运转人员的工资等，但不包括应由设备安装工程费开支的单台设备调试费和试车费用。费用收入一般包括联合试运转所生产合格产品的销售收入和其他收入等。该项费用一般可按照不同性质的项目需要试运转车间工艺设备购置费的百分比进行计算。

（2）生产准备费 生产准备费是指新建或扩建工程项目在竣工验收前为保证竣工交付使用而进行必要的生产准备所发生的有关费用。

（3）办公和生活家具购置费 办公和生活家具购置费是指为保证新建或扩建工程项目初期正常生产、使用和管理所必须购置的办公和生活家具、用具的费用。其范围包括办公室、会议室、资料室、食堂、宿舍、招待所和幼儿园等家具和用具购置费。该项费用一般按照设计定员人数乘以相应的综合指标进行估算。注意：改、扩建工程项目所需的办公和生活家具购置费应低于新建项目。

四、预备费、建设期贷款利息

1. 预备费

预备费包括基本预备费和价差预备费两部分费用。

（1）基本预备费 在初步设计及概算内难以预料的工程费用，主要包括：

① 在批准的初步设计范围内，技术设计、施工图设计及施工过程中所增加的工程费用；设计变更、局部地基处理等增加的费用。

② 一般自然灾害造成的损失和预防自然灾害所采取的措施费用，实行工程保险的工程项目费用应适当降低。

③ 竣工验收时为鉴定工程质量，对隐蔽工程进行必要的挖掘和修复费用。

基本预备费一般用建筑安装工程费用、设备及工器具购置费和工程建设其他费用三者之和乘以基本预备费率进行计算。基本预备费率一般按照国家有关部门的规定执行。

（2）价差预备费　价差预备费是指建设项目在建设期内由于价格等变化引起工程造价变化的预留费用。其费用内容包括：人工、设备、材料和施工机械的价差费，建筑安装工程费及工程建设其他费用的调整，利率、汇率调整等所增加的费用。

2. 建设期贷款利息

建设期贷款利息是指建设项目以负债形式筹集资金在建设期应支付的利息，包括向国内银行和其他非银行金融机构贷款、出口信贷、外国政府贷款、国际商业银行贷款，以及在境内外发行的债券等在建设期内应偿还的借款利息。按照我国计算工程总造价的规定，在建设期支付的贷款利息也构成工程总造价的一部分。

建设期贷款利息一般按下式计算

$$\text{建设期每年应计利息} = (\text{年初借款累计} + \text{当年借款额}/2) \times \text{年利率}$$

五、经营项目铺底流动资金

经营项目铺底流动资金是指经营性建设项目为保证生产和经营正常进行，按规定应列入建设项目总资金的铺底流动资金。它的估算对于项目规模不大且同类资料齐全的可采用分项估算法，其中包括劳动工资、原材料、燃料动力等部分；对于大项目及设计深度浅的可采用指标估算法。如一般加工工业项目多采用产值（或销售收入）进行估算，一些采掘工业项目常采用经营成本（或总成本）资金率进行估算，有些项目（如火电厂）按固定资产价值资金率进行估算。

复　习　题

1. 固定资产投资程序分为哪几个阶段？各阶段包括哪些内容？
2. 建设项目如何进行分解？
3. 简述建设项目的投资构成。
4. 我国现行体制下如何对投资进行管理？
5. 固定资产投资程序的不同阶段和计价内容是如何对应的？

第二章 2

工程造价的定额计价方法

第一节 概 述

工程建设是物质资料的生产活动，一个工程项目的建成，无论是新建、改建、扩建，还是恢复工程，都要消耗大量的人力、物力和资金。在建设工程产品和工程建设生产消费之间存在着客观的、必然的联系。如住宅产品与钢筋、混凝土之间的数量关系等，主要取决于生产力的发展水平；钢筋是手工绑扎还是机械焊接、混凝土是人工浇捣还是机械浇捣等，其生产消耗的质与量都是不同的。一般情况下，生产力发展水平越高，生产消费的性质就越复杂，生产产品的数量就越多，而花在单位产品上的人力和物力耗费则会呈现出一种下降的趋势。要准确计算产品的价格，必须掌握生产和生产消费之间的这种客观规律。工程建设是一项比一般产品生产更复杂的活动，其价格的计算首先要求必须具备能够反映工程建设与生产消费之间的客观规律的基础资料，这种基础资料表现为工程计价的基本依据。

工程计价的依据是指用于计算工程造价的基础资料的总称，它反映了一定时期的社会生产水平，是建设管理科学化的产物，也是进行工程造价科学管理的基础。工程计价的依据主要包括建设工程定额、工程造价指数和工程造价资料等，其中建设工程定额是工程计价的核心依据。

一、定额的概念

定额是人们根据各种不同的需要，对某一事物规定的数量标准，是一种规定的额度。在现代社会经济生活和社会生活中，定额作为一种管理手段被广泛应用。例如分配领域的工资标准、生产和流通领域的原材料消耗标准、技术方面的设计标准等。定额已成为人们对社会经济进行计划、组织、指挥、协调和控制等一系列管理活动的重要依据。

建设工程定额是指在正常的施工条件，以及合理劳动组织、合理使用材料和机械的条件下，完成单位合格产品所必须消耗资源的数量标准，其中的资源主要包括在建设生产过程中所投入的人工、机械、材料和资金等生产要素。建设工程定额反映了工程建设投入与产出的关系，它一般除了规定的数量标准以外，还规定了具体的工作内容、质量标准和安全要求等。

“正常施工条件”是指绝大多数施工企业和施工队、班组，在合理组织施工的条件下所处的施工条件。施工条件一般包括：工人的技术等级是否与工作等级相符、工具与设备的种类和质量、工程机械化程度、材料实际需要量、劳动的组织形式、工资报酬形式、工作地点的组织和其准备工作是否及时、安全技术措施的执行情况、气候条件、劳动竞赛开展情况等。正常施工条件界定定额研究对象的前提条件，因为针对不同的自然、社会、经济和技术条件，完成单位建设工程产品的消耗内容和数量是不同的。正常的施工条件应该符合有关的技术规范；符合正确的施工组织和劳动组织条件；符合已经推广的先进的施工方法、施工技术和操作。它是施工企业和施工队（班组）应该具备也能够具备的施工条件。

"合理劳动组织、合理使用材料和机械"是指应该按照定额规定的劳动组织条件来组织生产（包括人员、设备的配置和质量标准），施工过程中应当遵守国家现行的施工规范、规程和标准等。

"单位合格产品"中的"单位"是指定额子目中所规定的定额计量单位，因定额性质的不同而不同。如预算定额一般以分项工程来划分定额子目，每一子目的计量单位因其性质不同而不同，砖墙、混凝土以"m^3"为单位，钢筋以"t"为单位，门窗多以"m^2"为单位。"合格"是指施工生产所完成的成品或半成品必须符合国家或行业现行的施工验收规范和质量评定标准的要求。"产品"指的是"工程建设产品"，称为工程建设定额的标定对象。不同的工程建设定额有不同的标定对象，所以，它是一个笼统的概念，即工程建设产品是一种假设产品，其含义随不同的定额而改变，它可以指整个工程项目的建设过程，也可以指工程施工中的某个阶段，甚至可以指某个施工作业过程或某个施工工艺环节。

由以上分析可以看出，建设工程定额不仅规定了建设工程投入产出的数量标准，同时还规定了具体的工作内容、质量标准和安全要求。

在理解上述工程建设定额概念时，还必须注意以下两个问题：

第一，工程建设定额属于生产消费定额的性质。在一定生产力水平条件下，完成单位合格产品所必需消耗的人工、材料、机械及资金的数量标准，反映了在一定的社会生产力水平条件下的产品生产和生产消费之间的数量关系。工程建设是物质资料的生产过程，而物质资料的生产过程也是生产的消费过程。一个工程项目的建成，要消耗大量的人力、物力和资金。而工程建设定额所反映的，正是在一定的生产力发展水平条件下，完成工程建设中的某项产品与各种生产消费之间的特定的数量关系。

第二，工程建设定额的定额水平，反映了当时的生产力发展水平。人们一般把定额所反映的资源消耗量的大小称为定额水平。定额水平受一定时期的生产力发展水平的制约。一般来说，生产力发展水平高，则生产效率高，生产过程中的消耗就少，定额所规定的资源消耗量应相应地降低，称为定额水平高；反之，生产力发展水平低，则生产效率低，生产过程中的消耗就多，定额所规定的资源消耗量应相应地提高，称为定额水平低。

二、定额的产生和发展

定额的产生和发展与管理科学的产生和发展有着密切的关系，19 世纪末 20 世纪初，在技术最发达、资本主义发展最快的美国，开始形成了系统的经济管理理论。当时，美国的资本主义正处于上升时期，科学技术虽然发展很快，但是在管理上仍然沿用传统的经验方法，工人的劳动生产效率低，生产能力得不到充分发挥。这不但阻碍了社会经济的进一步发展和繁荣，而且也不利于资本家赚取更多的利润。这样，改善管理就成了生产发展的迫切要求。在这种背景下，泰勒适应了这一客观要求，从 1880 年开始了科学管理的研究，他进行了各种实验，主要着眼于提高劳动生产率和提高工人的劳动效率。他突破了当时传统的管理方法，针对工人的操作方法和工作时间的合理利用进行细致的研究。他把工作时间分成若干组成部分，记录下工人的每一动作及消耗时间，研究制定出工时定额，用工时定额作为评价工人工作的尺度。他把工人完成一项工作的过程分解成若干操作步骤和动作，通过分析研究，取消那些不必要的操作程序，集中各种最有效、最经济的动作，并对工人进行训练，制定出所谓标准的操作方法。为了使工人能达到定额，真正提高工作效率，又制定了工具、机器设备、材料和作业环境的标准化管理，并实行差别计件工资制，对完成定额的工人付给高工资用以激励，对完不成定额的工人处以低工资的惩罚，从而刺激工人采用标准化的工作方法。

1911年，泰勒发表了著名的《科学管理原理》一书，由此他被后人尊称为“科学管理之父”。制定工时定额，采用标准化的操作方法，实行计件工资制，是泰勒制的主要内容。其中，工时定额尤其占有十分重要的位置。较高的定额直接体现了泰勒制的主要目标，即提高工人的劳动效率，降低产品成本，增加企业盈利。而其他方面内容则是为了达到这一主要目标而制定的措施。可见，工时定额产生于科学管理，产生于泰勒制，并且构成泰勒制中不可缺少的内容。

泰勒制的产生和推行，在提高劳动生产率方面取得了显著的效果，也给资本主义企业管理带来了根本性的变革和深远的影响。

继泰勒之后，资本主义的企业管理又有了新的发展，对于定额的制定又有了新的研究。一方面管理科学从操作方法、作业水平的研究向科学组织的研究上扩展，另一方面它也利用现代自然科学和技术科学的新成果——运筹学、系统工程、电子计算机等作为科学管理的手段。20世纪20年代出现的行为科学，从社会学和心理学的角度，对工人在生产中的行为，以及这些行为产生的原因，进行分析研究，强调重视社会环境、人际关系对人的行为的影响。行为科学认为人的行为受动机的支配，只要能给他创造一定条件，他就会希望取得工作成就，努力去达到确定的目标。因此，主张用诱导的办法，鼓励职工发挥主动性和积极性，而不主张对工人进行管束和强制以达到提高生产效率的目的。

行为科学弥补了泰勒等人科学管理理论的某些不足，但它并不能取代科学管理，不能取消定额。因为，就工时定额来说，它不仅是一种强制力量，而且也是一种引导和激励的力量。同时，定额产生的信息，对于计划、组织、指挥、协调、控制等管理活动，以致决策过程都是不可缺少的。所以，定额虽然是管理科学发展初期的产物，但是随着管理科学的发展，定额也有了进一步的发展。制定定额的范围也大大突破了工时定额的内容。20世纪40年代出现的事前工时定额制定标准，以新工艺投产之前就已经选择好的工艺设计和最有效的操作方法为制定基础编制出工时定额，目的是控制和降低单位产品上的工时消耗。这样就把工时定额的制定提前到工艺和操作方法的设计过程之中，以加强预先控制。同时，一些新的管理理论在制定定额中得到运用，20世纪70年代产生的系统论将管理科学和行为科学结合起来，从事物的整体出发进行研究，以实现整体最优，为定额理论提供了更加广阔的发展空间。

综上所述，定额是管理科学的产物，伴随着管理科学的发展而发展。它的广泛应用，将会为现代经济管理作出更大的贡献。

三、定额在现代管理中的地位

定额是管理科学的基础，也是现代管理科学中的重要内容和基本环节。我国要实现工业化和生产的社会化、现代化，就必须积极地吸收和借鉴世界上各发达国家的先进管理经验，必须充分认识定额在社会主义经济管理中的地位。

（1）定额是节约社会劳动、提高劳动生产率的重要手段　降低劳动消耗，提高劳动生产率，是人类社会发展的普遍要求和基本条件。节约劳动时间是最大的节约。定额为生产者和经营管理人员树立了评价劳动成果和经营效益的标准尺度，同时也使广大职工明确了自己在工作中应该达到的具体目标，从而增加责任感和自我完善意识，自觉地节约社会劳动和消耗，努力提高劳动生产率和经济效益。

（2）定额是组织和协调社会化大生产的工具　"一切规模较大的直接社会劳动或共同劳动，都或多或少地需要指挥，以协调个人活动，并执行生产总体的运动……"随着生产力的发展，分工越来越细，生产社会化程度不断提高。任何一件产品都可以说是许多企业、许多劳动者共同完成的社会产品。因此必须借助定额实现生产要素的合理配置；以定额作为组织、指挥、协调社会生产的科学依据和有效手段，从而保证社会生产持续、顺利地发展。

（3）定额是宏观调控的依据　我国社会主义经济是以公有制为主体的，它既要充分发展市场经济，又要有计划的调节。这就需要利用一系列定额，为预测、计划、调节和控制经济发展提供有技术根据的参数，提供出可靠的计量标准。

（4）定额在实现分配、兼顾效率与社会公平方面有巨大的作用　定额作为评价劳动成果和经营效益的尺度，也就成为资源分配中个人消费品分配的依据。

四、我国工程建设定额在工程价格形成中的作用

工程建设定额是经济生活中诸多定额中的一类。它的研究对象是工程建设范围内的生产消费规律，研究固定资产再生产过程中的生产消费定额。定额作为科学管理的产物，它既不是计划经济的产物，也不是与市场经济相悖的体制改革对象。工程建设定额是一种计价依据，既是投资决策依据，又是价格决策依据，能够从这两方面规范市场主体的经济行为，对完善我国固定资产投资市场和建筑市场都能起到作用。

在市场经济中，信息是其中不可或缺的要素，它的可靠性、完备性和灵敏性是市场成熟和市场效率的标志。工程建设定额就是把处理过的工程造价数据积累转化成的一种工程造价信息，它主要是指资源要素消耗量的数据，包括人工、材料、施工机械的消耗量。定额管理是对大量市场信息的加工，也是对大量信息进行市场传递，同时也是市场信息的反馈。

工程造价信息在工程（建筑产品）价格形成中具有重要的作用，如图2-1所示。

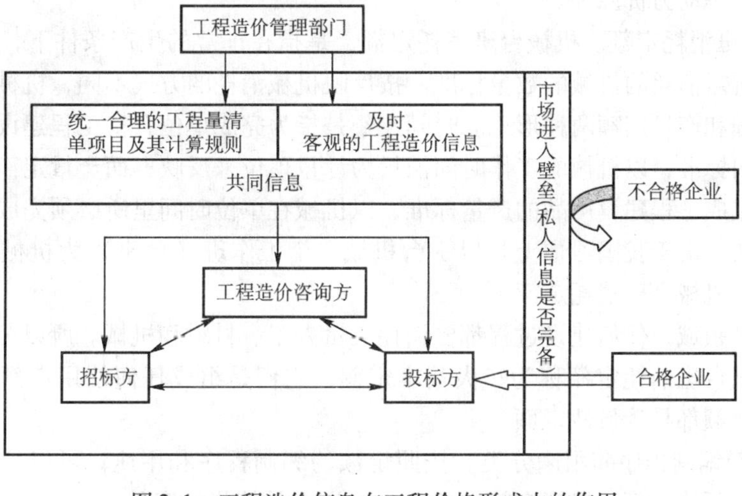

图2-1　工程造价信息在工程价格形成中的作用

在充分竞争的市场条件下，投标人的行为主要取决于私人信息。目前，我国在经济转型时期，工程招投标价格仍处于政府指导价和市场形成价格相结合的状态。目前阶段，无论是工程招标投标还是工程价款的结算，实际确定工程造价时主要应用的有两种方法，一是利用有关建设行政主管部门颁布的各地区定额（也称综合基价）；二是利用本企业内部制定的企业定额，实际上这是少数管理水平较高的企业才能做到的。因此，事实上投标人的报价不仅仅依赖于它的实际生产成本（私人信息），而且与统一的概预算定额（甲乙双方的共同信息）有很大关系。当然，随着市场化水平的增加，私人信息影响加大，共同信息的影响将逐渐减少，最终发展到企业拥有自己的定额，政府有关部门制定的定额只起一个指导作用。因此，为了全书的统一，本书后面章节的举例在讲解时应结合本地区的定额进行。

五、工程建设定额的分类及特点

1. 工程建设定额的分类

工程建设定额是一个综合概念，是工程建设中各类定额的总称。为了对工程建设定额能有一个全面的了解，可以按照不同的原则和方法对它进行科学的分类。按不同的分类方法，工程建设定额可以分成不同的类型，不同类型的定额的作用也不尽相同。

（1）按定额反映的物质消耗性质分类　按定额反映的物质消耗性质，工程建设定额可分为劳动消耗定额、材料消耗定额及机械台班消耗定额三种形式。

1）劳动消耗定额。劳动消耗定额也称“劳动定额”，是指在正常的生产条件下，完成单位合格工程建设产品所需消耗的劳动力的数量标准。劳动定额所反映的是活劳动消耗。按反映活劳动消耗的方式不同，劳动定额有时间定额和产量定额两种形式。时间定额是指为完成单位合格工程建设产品所需消耗生产工人的工作时间标准，以生产工人的工作时间消耗为计量单位来反映；而产量定额是指生产工人在单位时间里必须完成工程建设产品的产量标准，以生产工人在单位时间里所必须完成的工程建设产品的数量来反映。为了便于综合和核算，劳动定额大多采用时间定额的形式。

2）材料消耗定额。材料消耗定额是指在正常的生产条件下，完成单位合格工程建设产品所需材料消耗的数量标准。包括工程建设中使用的原材料、成品、半成品、构配件、燃料，以及水、电等动力资源等。

3）机械台班消耗定额。机械台班消耗定额，是指在正常的生产条件下，完成单位合格工程建设产品所需消耗的机械的数量标准。按反映机械消耗的方式不同，机械台班消耗定额同样有时间定额和产量定额两种形式。时间定额是指为完成单位合格工程建设产品所需消耗机械的工作时间标准，以机械的工作时间消耗为计量单位来反映；而产量定额是指机械在单位时间里必须完成工程建设产品的产量标准，以机械在单位时间里所必须完成的工程建设产品的数量来反映。由于我国习惯上是以一台机械一个工作班（台班）为机械消耗的计量单位，所以又称为机械台班消耗定额。

在工程建设领域，任何建设过程都要消耗大量人工、材料和机械。所以劳动定额、材料消耗定额及机械台班消耗定额称为三大基本定额，它们是组成任何使用定额消耗内容的基础。三大基本定额都是计量性定额。

（2）按定额编制程序和用途分类　按照定额的编制程序和用途，可以把工程建设定额分为施工定额、预算定额、概算定额（概算指标）和估算指标四种。

1）施工定额。施工定额是指在正常施工条件下，具有合理劳动组织的建筑安装工人，为完成单位合格工程建设产品所需人工、机械、材料消耗的数量标准，它是根据专业施工的作业对象和工艺，以同一施工过程为对象制定的，也是一种计量性的定额。

施工定额是施工单位内部管理的定额，是生产、作业性质的定额，属于企业定额的性质。施工定额反映了企业的施工水平、装备水平和管理水平，主要用于编制施工作业计划、施工预算、施工组织设计，签发施工任务单和限额领料单，作为考核施工单位劳动生产率水平、管理水平的标尺和确定工程成本、投标报价的依据。施工定额也是编制预算定额的依据。

2）预算定额。预算定额是指在合理的劳动组织和正常的施工条件下，为完成单位合格工程建设产品所需人工、机械、材料消耗的数量标准。它是将发生在整个施工现场的各项综合操作过程和各项构件的制作过程以分部分项工程为对象制定的。在我国现行的工程造价管理体制下，预算定额是由国家授权部门根据社会平均的生产力发展水平和生产效率水平编制的一种社会标准，它属于社会性定额。它主要用于编制工程价格文件、投资计划、成本计划、财务计划，进行工程结算和竣工决算的依据，是政府工程造价管理部门监督和调控工程造价的手段。预算定额是一种计价性定额，单位工程估价表、企业定额表等都是预算定额的表现形式。从编制程序看，施工定额是预算定额的编制基础，而预算定额则是概算定额（概算指标）的编制基础。

3）概算定额（概算指标）。概算定额（概算指标）是指在一般社会平均生产力发展水平及一般社会平均生产效率条件下，为完成单位合格工程建设产品所需人工、机械、材料消耗的数量标准，它一般是在预算定额的基础上或根据历史的工程预、决算资料和价格变动等资料，以工程的扩大结构构件的制作过程，甚至整个单位工程施工过程为对象制定的，其定额水平一般为社会平均水平。概算定额项目划分很粗，定额标定对象所包括的工程内容很综合，非常概略。概算定额（概算指标）是计价性的定额，主要用于在初步设计阶段进行设计方案技术经济比较，编制设计概算，是投资主体控制建设项目投资的重要依据。概算定额（概算指标）在工程建设的投资管理中发挥着重要作用。

4）估算指标。投资估算指标是比概算定额更为综合、扩大的指标，是以整个房屋或构筑物为标定对象编制的计价性定额。它是在各类实际工程的概预算和决算资料的基础上通过技术分析、统计分析编制而成的，主要用于编制投资估算和设计概算，进行投资项目可行性分析、项目评估和决策，也可进行设计方案的技术经济分析，考核建设成本。

（3）按照投资的费用性质分类　按照投资的费用性质，建设工程定额可分为建筑工程定额、安装工程定额、工器具定额，以及工程建设其他费用定额等。

1）建筑工程定额是建筑工程的施工定额、预算定额、概算定额、概算指标的统称。在我国的固定资产投资中，建筑工程投资占的比例有60%左右，因此，建筑工程定额在整个建设工程定额中所处的地位也就非常重要。

2）安装工程定额是建筑工程的施工定额、预算定额、概算定额、概算指标的统称。在工业性的项目中，机械设备和电气设备安装工程占有重要地位，在非生产性的项目中，随着社会生活和城市设施的日益现代化，设备安装工程量也在不断增加。所以安装工程定额也是整个建设工程定额中的重要组成部分。

3）工器具定额是为新建或扩建项目投产运转首次配备的工器具的数量标准。

4）工程建设其他费用定额是独立于建筑安装工程、设备和工器具购置之外的其他费用开支的标准，它的发生与整个项目的建设密切相关。其他费用定额按各项独立费用分别制定，如建设单位管理费定额、生产职工培训费定额、办公和生活家具购置费定额。

（4）按照管理权限和适用范围分类　按照管理权限和适用范围，建设工程定额可分为全国统一定额、行业统一定额、地区统一定额、企业定额等。

1）全国统一定额指由国家建设行政主管部门制定发布，在全国范围内执行的定额。如全国统一建筑工程基础定额、全国统一安装工程预算定额等。

2）行业统一定额指由国务院行业行政主管部门制定发布的，一般只在本行业范围内使用的定额。如冶金工程定额、水利工程定额、铁路或公路工程定额等均属于行业统一定额。

3）地区统一定额指由省、自治区、直辖市建设行政主管部门制定颁布的，只在规定的地区范围内使用的定额。它一般是考虑各地区不同的气候条件、资源条件和交通运输条件等编制的，如××省建筑装饰工程预算定额、××省安装工程预算定额等。

4）企业定额指由施工企业根据自身的具体情况制定的，只在企业内部范围内使用的定额。企业定额是企业从事生产经营活动的重要依据，也是企业不断提高生产管理水平和市场竞争能力的重要标志。随着我国加入WTO并逐渐与国际惯例接轨，企业定额会显示出越来越重要的作用。

（5）按照专业分类　按照工程项目的专业类别，工程建设定额可以分为：建筑工程定额、安装工程定额、公路工程定额、铁路工程定额、水利工程定额、市政工程定额、园林绿化工程定额等多种专业定额类别。

2. 工程建设定额的特点

（1）科学性　工程建设定额的科学性包括两重含义。一重含义是指工程建设定额和生产力发展水平相适应，反映出工程建设中生产消费的客观规律。另一重含义，是指工程建设定额管理在理论、方法和手段上适应现代科学技术和信息社会发展的需要。

工程建设定额的科学性，首先表现在用科学的态度制定定额上，尊重客观实际，力求定额水平合理；其次表现在制定定额的技术方法上，利用现代科学管理的成就，形成一套系统的、完整的、在实践中行之有效的方法；第三表现在定额制定和贯彻的一体化上。制定定额是为了提供贯彻的依据，贯彻是为了实现管理的目标，也是对定额的信息反馈。

工程建设定额科学性的约束条件主要是生产资料的公有制和社会主义市场经济。前者使定额超脱出资本主义条件下资本家赚取最大利润的局限；后者则使定额受到宏观和微观的两重检验。只有科学的定额才能使宏观调控得以顺利实现，才能适应市场运行机制的需要。

（2）系统性　工程建设定额是相对独立的系统。它是由多种定额结合而成的有机的整体。它的结构复杂，有鲜明的层次，有明确的目标。

工程建设定额的系统性是由工程建设的特点决定的。按照系统论的观点，工程建设就是庞大的实体系统。工程建设定额是为这个实体系统服务的。因而工程建设本身的多种类、多层次就决定了以它为服务对象的工程建设定额的多种类、多层次。从整个国民经济来看，进行固定资产生产和再生产的工程建设，是一个有多项工程集合体的整体。其中包括农林水利、轻纺、机械、煤炭、电力、石油、冶金、化工、建材工业、交通运输、邮电工程，以及商业物资、科学教育文化、卫生体育、社会福利和住宅工程等。这些工程的建设都有严格的项目划分，如建设项目、单项工程、单位工程、分部分项工程；在计划和实施过程中有严密的逻辑阶段，如规划、可行性研究、设计、施工、竣工交付使用，以及投入使用后的维修。与此相适应必然形成工程建设定额的多种类、多层次。

（3）统一性　工程建设定额的统一性，主要是由国家对经济发展的有计划的宏观调控职能决定的。为了使国民经济按照既定的目标发展，就需要借助于某些标准、定额、参数等，对工程建设进行规划、组织、调节、控制。而这些标准、定额、参数必须在一定的范围内是一种统一的尺度，才能实现上述职能，才能利用它对项目的决策、设计方案、投标报价、成本控制进行比选和评价。

工程建设定额的统一性按照其影响力和执行范围来看，有全国统一定额、地区统一定额和行业统一定额等；按照定额的制定、颁布和贯彻使用来看，有统一的程序、统一的原则、统一的要求和统一的用途。

在生产资料私有制的条件下，定额的统一性是很难想象的，充其量也只是工程量计算规则的统一和信息提供。我国工程建设定额的统一性和工程建设本身的巨大投入和巨大产出有关。它对国民经济的影响不仅表现在投资的总规模和全部建设项目的投资效益等方面，而且往往还表现在具体建设项目的投资数额及其投资效益方面。因而需要借助统一的工程建设定额进行社会监督。这一点和工业生产、农业生产中的工时定额、原材料定额也是不同的。

（4）权威性　工程建设定额具有很大权威，这种权威在一些情况下具有经济法规性质。权威性反映统一的意志和统一的要求，也反映信誉和信赖程度，以及反映定额的严肃性。

工程建设定额的权威性的客观基础是定额的科学性。只有科学的定额才具有权威。但是在社会主义市场经济条件下，它必然涉及各有关方面的经济关系和利益关系。赋予工程建设定额以一定的权威性，就意味着在规定的范围内，对于定额的使用者和执行者来说，不论主观上愿意不愿意，都必须按定额的规定执行。在当前市场不规范的情况下，赋予工程建设定额以权威性是十分重要的。但是在竞争机制引入工程建设的情况下，定额的水平必然会受市场供求状况的影响，从而在执行中可能产生定额水平的浮动。

应该指出的是，在社会主义市场经济条件下，对定额的权威性不应该绝对化。定额毕竟是主观对客观的反映，定额的科学性会受到人们认识的局限。与此相关，定额的权威性也就会受到削弱核心的挑战。更为重要的是，随着投资体制的改革和投资主体多元化格局的形成，随着企业经营机制的转换，它们都可以根据市场的变化和自身的情况，自主地调整自己的决策行为。因此在这里，一些与经营决策有关的工程建设定额的权威性特征就弱化了。

（5）稳定性与时效性　工程建设定额中的任何一种都是一定时期技术发展和管理水平的反映，因而在一段时间内都表现出稳定的状态。稳定的时间有长有短，一般在5~10年。保持定额的稳定性是维护定额的权威性所必需的，更是有效的贯彻定额所必要的。如果某种定额处于经常修改变动之中，必然会造成执行中的困难和混乱，使人们感到没有必要去认真对待它，很容易导致定额权威性的丧失。而且，工程建设定额的不稳定也会给定额的编制工作带来极大的困难。

但是工程建设定额的稳定性是相对的。当生产力向前发展了，定额就会与已经发展了的生产力不相适应。这样，它原有的作用就会逐步减弱以致消失，就需要重新编制或修订。

第二节 施工定额

一、施工定额的概念和作用

施工定额是施工企业根据专业施工的作业对象和工艺制定的，用于对工程施工管理的定额，是建筑安装工人或小组在合理的劳动组织和正常的施工条件下，为完成单位合格产品所需消耗的劳动、机械、材料的数量标准。施工定额分为劳动定额、材料消耗定额、机械台班消耗定额三种。

施工定额是施工企业管理工作的基础，也是工程定额体系中的基础性定额。它在施工企业生产管理和内部经济核算工作中发挥着重要作用。

1. 施工定额是施工单位编制施工组织设计和施工作业计划的依据

施工组织设计的基本任务是根据招标文件和合同协议的规定，确定出经济合理的施工方案，在人力和物力、时间与空间、技术和组织上对拟建工程作出最佳的安排。施工组织设计一般包括的内容有：所建工程的资源需要量、施工中实物工程量、使用这些资源的最佳时间安排和施工现场平面规划。确定所建工程的资源需要量，要依据施工定额；施工中实物工程量的计算，要以施工定额的分项和计量单位为依据；甚至排列施工进度计划也要根据施工定额对劳动力和施工机械进行计算。施工进度计划是实现施工计划的具体执行计划，一般包括三部分内容：本月（旬）应完成的施工任务、完成施工计划任务的资源需要量、提高劳动生产率和节约措施计划。编制施工作业计划也要用施工定额提供的数据作为依据。

2. 施工定额是组织和指挥施工生产的有效工具

施工单位组织和指挥施工，应按照施工作业计划下达施工任务书和限额领料单。在施工任务单上，既列明班组应完成的施工任务，也记录班组实际完成任务的情况，并且据以进行班组工人的工资结算。施工任务单上的工程计量单位、产量定额和计件单位，均需取自施工的劳动定额，工资结算也要根据劳动定额的完成情况计算。限额领料单是施工队随施工任务单同时签发的领取材料的凭证，根据施工任务和材料定额填写。其中领料的数量，是班组为完成规定的工程任务消耗材料的最高限额。

3. 施工定额既是计算工人劳动报酬的根据也是激励工人的条件

这种计算是按照劳动的数量和质量、劳动的成果和效益进行分配的。施工定额是衡量工人劳动数量和质量的标准，是计算工人计件工资的基础，也是计算奖励工资的依据。完成定额好，工资报酬就多；达不到定额，工资报酬就少。

4. 施工定额有利于推广先进技术

施工定额属于作业性定额，作业性定额水平建立在已成熟的先进的施工技术和经验之上。工人要达到和超过定额，就必须掌握和运用这些先进技术，注意改进工具和改进技术操作方法，注意原材料的节约，避免浪费。当施工定额明确要求采用某些较先进的施工工具和施工方法时，贯彻作业性定额就意味着推广先进技术。

5. 施工定额是编制施工预算、加强成本管理和经济核算的基础

施工预算是施工单位用以确定单位工程人工、机械、材料和资金需要量的计划文件，它以施工定额为编制基础，既反映设计施工图的要求，也考虑在现实条件下可能采取的节约人工、材料和降低成本的各项具体措施。严格执行施工定额不仅可以起到控制消耗、降低成本和费用的作用，同时为贯彻经济核算制、加强班组核算和增加盈利，创造了良好的条件。由此可见，施工定额在施工单位企业管理的各个环节中都是不可缺少的，施工定额的管理是企业管理的基础性工作，具有不容忽视的作用。

6. 施工定额成为投标报价的基础

随着中国加入 WTO，逐步与国际惯例接轨，建立市场竞争，形成的工程价格机制成为工程造价改革的方向，各投标企业要在统一工程计量的基础上，根据自身的消耗和技术管理水平展开完全的市场价格的竞争，这就要求企业摆脱一直以来依附国家和地区定额的做法，根据本企业的具体条件和可能挖掘的潜力，根据市场的需求和竞争环境，根据国家有关政策、法律、规范、制度，自己编制定额，自行决定定额水平。同类企业与同一地区的企业之间存在施工定额水平的差距，才能在市场上产生竞争。

二、施工过程研究

1. 施工过程的概念

施工过程就是在建设工地范围内所进行的生产过程。其最终目的是要建造、恢复、改建、移动或拆除工业、民用建筑物和构筑物的全部或一部分。施工过程与其他的物质生产过程一样，也包括生产力三要素，即劳动者、劳动对象、劳动工具。劳动者是指不同工种、不同技术等级的建筑安装工人；劳动对象是指建筑材料、半成品、构件、配件等；劳动工具是指手动工具、小型机具和机械等。每个施工过程的结束都会获得一定的建筑产品，该产品可能是改变了劳动对象的外观形象、内部结构或性质（由于制作和加工的结果），也可能改变了劳动对象的空间位置（由于运输和安装的结果）。

2. 施工过程分类

对施工过程的研究，首先是对施工过程进行分类，并对施工过程的组成及其各组成部分的相互关系进行分析。按不同的分类标准，施工过程可以分成不同的类型。

（1）按施工的性质不同分类　可以分为建筑过程和安装过程。

（2）按操作方法不同分类　可以分为手工操作过程、机械化过程和人机并作过程（半机械化过程）。

（3）按施工过程劳动分工的特点不同分类　可以分为个人完成的过程、工人班组完成的过程和施工队完成的过程。

（4）按施工过程组织上的复杂程度分类　可以分为工序、工作过程和综合工作过程。

1）工序。工序是组织上分不开和技术上相同的施工过程。工序的主要特征是：工人编制、工作地点、施工工具和材料均不发生变化。如果其中有一个因素发生了变化，就意味着从一个工序转入了另一个工序。从施工的技术操作和组织的观点看，工序是工艺方面最简单的施工过程。例如，生产工人在工作面上砌筑砖墙这一生产过程，一般可以划分成铺砂浆、砌砖、刮灰缝等工序；现场使用混凝土搅拌机搅拌混凝土，一般可以划分成将材料装入料斗、提升料斗、将材料装入搅拌机鼓筒、开机拌和及料斗返回等工序；钢筋工程一般可以划分成调直、除锈、切断、弯曲、运输和绑扎等工序。

工序又可以分为更小的组成部分——操作和动作。操作是一个动作接一个动作的组合，如钢筋剪切可以划分为到钢筋堆放处取钢筋、把钢筋放到作业台上、操作钢筋剪切机、取下剪切完的钢筋等操作。动作是由每一个操作分解的一系列连续的针对劳动对象所做出的举动，如到钢筋堆放处取钢筋，可以划分为走到钢筋堆放处、弯腰、抓取钢筋、直腰、回到作业台等动作。

将一个施工过程分解成一系列工序的目的，是为了分析、研究各工序在施工过程中的必要性和合理性。测定每个工序的工时消耗，分析各工序之间的关系及其衔接时间，最后测定工序上的时间消耗标准。一般来说，测定定额只分解到工序为止。

2）工作过程。工作过程是由同一工人或同一工人班组所完成的在技术操作上相互有机联系的工序的总和。其特点是，在此过程中生产工人的编制不变、工作地点不变，而材料和工具则可以发生变化。例如，同一组生产工人在工作面上进行铺砂浆、砌砖、刮灰缝等工序的操作，从而完成砌筑砖墙的生产任务。在此过程中生产工人的编制不变、工作地点不变，而材料和工具则发生了变化，由于铺砂浆、砌砖、刮灰缝等工序是砌筑砖墙这一生产过程不可分割的组成部分，它们在技术操作上相互紧密地联系在一起，所以这些工序共同构成一个工作过程。再如，现场生产工人进行装料入斗、提升料斗、材料入鼓、开机拌和及料斗返回等工序的操作，从而完成使用混凝土搅拌机搅拌混凝土这一生产过程的生产任务。所以，上述这些工序共同构成一个工作过程。从施工组织的角度看，工作过程是组成施工过程的基本单元。

3）综合工作过程。综合工作过程是同时进行的、在施工组织上有机地联系在一起的、最终能获得一种产品的工作过程的总和。其范围可大到整个工程或小到某个构件。例如，混凝土构件现场浇筑的生产过程，是由搅拌、运送、浇捣及养护混凝土等一系列工作过程组成的；钢筋混凝土梁、板等构件的生产过程，是由模板工程、钢筋工程和混凝土工程等一系列工作过程组成的；建筑物土建工程，是由土方工程、钢筋混凝土工程、砌筑工程、装饰工程等一系列工作过程组成的。

施工过程的工序或其组成部分，如果以同样次序不断重复，并且每经过一次重复都可以生产同一种产品，则称为循环的施工过程。反之，若施工过程的工序或其组成部分不是以同样的次序重复，或者生产出来的产品各不相同，这种施工过程则称为非循环的施工过程。

在施工过程分类的基础上，对某个工作过程的各个组成部分之间存在的相互关系进行分析，目的是全面地确定工作过程各组成部分在工艺逻辑和组织逻辑上的相互关系，为时间测量创造条件。

施工过程的研究需采用适当的研究方法，对被研究的施工过程展开系统的、逐项的分析、记录和考察、研究，以求得在现有设备技术条件下改进落后和薄弱的工作环节，获得更有效、更经济的施工程序和方法。对于施工过程研究的工作方法主要有模型法和动作分析法等。模型法主要包括实物模型、图式模型和数学模型三种。动作分析法主要包括动作要素研究和动作经济原理研究两方面的内容。

三、时间研究

（一）时间研究的概念

时间研究是在一定的标准测定条件下，确定人们完成作业活动所需时间总量的一套程序和方法。其过程是：将生产过程中的某一项工作（某一项工作过程）按照生产的工艺要求及顺序分解成一系列基本的操作（一般为工序），由若干名有代表性的操作人员把这项基本工序反复进行若干次，观测分析人员用秒表测出每一个工序所需要的时间，并以此为基础，定出该项工序的标准时间。时间研究用于测量完成一项工作所必需的时间，以便建立在一定生产条件下的工人或机械的产量标准。

（二）时间研究的作用

时间研究所产生的数据可以在很多方面加以利用。例如，它可作为编制劳动定额和机械消耗定额的依据，还可用于在施工活动中确定合适的人员或机械的配置水平，组织均衡生产；制定机械利用和生产成果完成标准；为制定奖励目标提供依据；确定标准的生产目标，为费用控制提供依据；检查劳动效率和定额的完成情况；作为优化施工方案的依据等。

（三）工作时间分析

时间研究的主要任务是，确定在既定的标准工作条件下的时间消耗标准，而根据使用上的要求，该时间消耗标准的计量单位一般为“工日”或“台班”，在8h工作制的条件下，所谓“工日”是指一个工人的工作班延续时间，即一个工人在工作岗位8h。所谓“台班”是指一台机械的工作班延续时间，即一台机械装备在施工现场并正常工作8h。为了确定完成工作的时间标准，我们有必要对工人或机械在工作班延续时间内的时间利用情况进行分析。

1. 工人工作时间消耗的分类

工人在工作班延续时间内消耗的工作时间按其消耗的性质分为两大类：必需消耗的时间和损失时间。

（1）必需消耗的工作时间。必需消耗的时间是工人在正常施工条件下，为完成一定数量合格产品所必需消耗的时间。它是制定定额的主要根据。必需消耗的工作时间包括有效工作时间、不可避免的中断时间和休息时间。

1）有效工作时间，是从生产效果来看与产品生产直接有关的时间消耗，其中包括基本工作时间、辅助工作时间、准备与结束工作时间的消耗。

① 基本工作时间，是工人完成基本工作所消耗的时间，是完成一定产品的施工工艺过程所消耗的时间。基本工作时间所包括的内容依工作性质而各不相同。例如，砖瓦工的基本工作时间包括：砌砖拉线时间、铲灰浆时间、砌砖时间、校验时间；抹灰工的基本工作时间包括：准备工作时间、润湿表面时间、抹灰时间、抹平抹光时间。工人操纵机械的时间也属基本工作时间。基本工作时间的长短与工作量大小成正比。

② 辅助工作时间，是为保证基本工作能顺利完成所做的辅助性工作所消耗的时间。在辅助工作时间里，不能使产品的形状大小、性质或位置发生变化。例如施工过程中工具的校正和小修、机械的调整、搭设小型脚手架等所消耗的工作时间等。辅助工作时间的结束，往往是基本工作时间的开始。辅助工作一般是手工操作。但在半机械化的情况下，辅助工作是在机械运转过程中进行的，这时不应再计辅助工作时间的消耗。辅助工作时间的长短与工作量大小有关。

③ 准备与结束工作时间，是执行任务前或任务完成后所消耗的工作时间。例如，工作地点、劳动工具和劳动对象的准备工作时间；工作结束后的整理工作时间等。准备和结束工作时间的长短与所担负的工作量大小无关，但往往与工作内容有关。所以，这项

时间消耗又分为班内的准备和结束工作时间，以及任务的准备和结束工作时间。班内的准备与结束工作时间包括：工人每天从工地仓库领取工具、检查机械、准备和清理工作地点的时间；准备安装设备的时间；机器开动前的观察和试车的时间；交接班时间等。任务的准备和结束工作时间与每个工作日交替无关，但与具体任务有关。例如，接受施工任务书，研究施工详图，接受技术交底，领取完成该任务所需的工具和设备，以及验收、交工等工作所消耗的时间。

2）不可避免的中断时间，是由于施工工艺特点所引起的工作中断所消耗的时间。例如，汽车司机在等待汽车装、卸货时消耗的时间；安装工等待起重机吊预制构件的时间。与施工过程工艺特点有关的工作中断时间应作为必需消耗的时间，但应尽量缩短此项时间消耗。与工艺特点无关的工作中断时间是由于劳动组织不合理引起的，属于损失时间。

3）休息时间，是工人在施工过程中为恢复体力所必需的短暂休息和生理需要的时间消耗。这种时间是为了保证工人精力充沛地进行工作，应作为必需消耗的时间。休息时间的长短与劳动条件有关。在劳动繁重紧张、劳动条件差（高温）的情况下，休息时间需要长一些。

(2) 损失时间。损失时间是与产品生产无关，但与施工组织和技术上的缺点有关，与工人或机械在施工过程的个人过失或某些偶然因素有关的时间消耗。损失时间一般不能作为正常的时间消耗因素，在制定定额时一般不加以考虑。损失时间包括多余和偶然工作、停工、违背劳动纪律所引起的时间损失。

1）多余和偶然工作的时间损失，包括多余工作引起的时间损失和偶然工作引起的时间损失两种情况。

① 多余工作是工人进行了任务以外的而又不能增加产品数量的工作。例如，对质量不合格的墙体返工重砌，对已磨光的水磨石进行多余的磨光等。多余工作的时间损失，一般都是由于工程技术人员和工人的差错而引起的修补废品和多余加工造成的，不是必需消耗的时间。

② 偶然工作是工人在任务外进行的工作，但能够获得一定产品的工作。例如抹灰工不得不补上偶然遗留的墙洞等。从偶然工作的性质看，不应考虑它是必需消耗的时间，但由于偶然工作能获得一定产品，拟定定额时可适当考虑。

2）停工时间是工作班内停止工作造成的时间损失。停工时间按其性质可分为施工本身造成的停工时间和非施工本身造成的停工时间两种。

① 施工本身造成的停工时间，是由于施工组织不善、材料供应不及时、工作面准备工作做得不好等情况引起的停工时间。

② 非施工本身造成的停工时间，是由于气候条件，以及水源、电源中断等引起的停工时间。

施工本身造成的停工时间在拟定定额时不应计算，非施工本身造成的停工时间应给予合理的考虑。

3）违反劳动纪律造成的工作时间损失，是指工人在工作班内的迟到早退、擅自离开工作岗位、工作时间内聊天或办私事等造成的时间损失。由于个别工人违反劳动纪律而影响其他工人无法工作的时间损失也包括在内。此项时间损失不应允许存在，因而定额中不能考虑。

2. 机械工作时间消耗的分类

在机械化施工过程中，对工作时间消耗的分析和研究除了要对工人工作时间的消耗进行分类研究之外，还需要分类研究机械工作时间的消耗。机械工作时间的消耗也分为必需消耗的时间和损失时间。

（1）机械必需消耗的工作时间　机械必需消耗的工作时间，包括有效工作、不可避免的无负荷工作和不可避免的中断三项时间消耗。

1）有效工作时间包括在正常负荷下、有根据地降低负荷下和低负荷下工作的工时消耗。

① 正常负荷下的工作时间，是机械在与机械说明书规定的计算负荷相符的情况下进行工作的时间。

② 有根据地降低负荷下的工作时间，是在个别情况下机械由于技术上的原因在低于其计算负荷下工作的时间。例如，汽车运输重量轻而体积大的货物时，不能充分利用汽车的载重吨位；起重机吊装轻型结构时，不能充分利用其起重能力，因而低于其计算负荷。

③ 低负荷下的工作时间，是由于工人或技术人员的过错所造成的施工机械在降低负荷的情况下工作的时间。例如，工人装车的砂石数量不足、工人装入碎石机轧料口中的石块数量不够引起的汽车和碎石机在降低负荷的情况下工作所延续的时间。此项工作时间不能完全作为必需消耗的时间。

2）不可避免的无负荷工作时间，是由施工过程的特点和机械结构的特点造成的机械无负荷工作时间。例如，载重汽车在工作班时间的单程“放空车”；筑路机在工作区末端调头等。

3）不可避免的中断工作时间是与工艺过程的特点、机械的使用和保养、工人休息有关的不可避免的中断时间。

① 与工艺过程的特点有关的不可避免中断工作时间，有循环的和定期的两种。循环的不可避免中断，是在机械工作的每一个循环中重复一次。例如，汽车装货和卸货时的停车。定期的不可避免中断，是经过一定时期重复一次。例如，把灰浆泵由一个工作地点转移到另一工作地点时的工作中断。

② 与机械有关的不可避免中断工作时间，是由于工人进行准备与结束工作或辅助工作时，机械停止工作而引起的中断工作时间。它是与机械的使用和保养有关的不可避免中断时间。

③ 工人休息时间。要注意的是，应尽量利用与工艺过程有关的和与机械有关的不可避免中断时间进行休息，以充分利用工作时间。

（2）损失的工作时间　在损失的工作时间中，包括多余工作、停工和违反劳动纪律所消耗的工作时间。

1）机械的多余工作时间，是机械进行任务内和工艺过程内未包括的工作而延续的时间。例如，搅拌机搅拌灰浆超过规定而多延续的时间；工人没有及时供料而使机械空运转的时间。

2）机械的停工时间按其性质也可分为施工本身造成和非施工本身造成的停工。前者是由于施工组织得不好而引起的停工现象，例如由于未及时供给机器水、电、燃料而引起的停工；后者是由于气候条件所引起的停工现象，例如暴雨时压路机的停工。

3）违反劳动纪律引起的机械时间损失，是指由于工人迟到、早退或擅离岗位等原因引起的机械停工时间。

把上述有关工人或机械在工作班延续时间内的时间利用情况进行分析并整理汇总，得到反映工人在工作班延续时间内时间利用情况的分析汇总表（见表2-1）和反映机械在工作班延续时间内时间利用情况的分析汇总表（见表2-2）。

表 2-1 工人工作时间分类表

	时间性质	时间分类构成	
工人工作时间	必需消耗的时间	有效工作时间	基本工作时间
			辅助工作时间
			准备与结束工作时间
		不可避免的中断时间	不可避免的中断时间
		休息时间	休息时间
	损失时间	多余和偶然工作时间	多余工作的工作时间
			偶然工作的工作时间
		停工时间	施工本身造成的停工时间
			非施工本身造成的停工时间
		违反劳动纪律损失的时间	违反劳动纪律损失的时间

表 2-2 机械工作时间分类表

	时间性质	时间分类构成	
机械工作时间	必需消耗的时间	有效工作时间	正常负荷的工作时间
			有根据地降低负荷下的工作时间
			低负荷下的工作时间
		不可避免的无负荷工作时间	不可避免的无负荷工作时间
		不可避免的中断时间	与工艺过程特点有关的中断时间
			与机械有关的中断时间
			工人休息时间
	损失时间	多余工作时间	多余工作时间
		停工时间	施工本身造成的停工时间
			非施工本身造成的停工时间
		违反劳动纪律的时间	违反劳动纪律引起的机械停工时间

总结以上两表的内容，可以发现：

对工人的工作时间来说，基本工作时间是生产工人直接对劳动对象进行操作形成产品所消耗的时间，辅助工作时间是为保证基本工作能顺利完成所做的辅助性工作所消耗的时间，因为这两种时间均发生在工序作业上，所以把它们合并成为工序作业时间，它是完成工序作业的基本时间。而其他时间，包括准备和结束工作时间、不可避免的中断时间，以及必要的休息时间等，均为由于受施工技术及施工组织等技术经济因素的制约而在工作班内不可避免的损耗时间，所以称它们为工作班内的时间损耗。制定劳动定额，不仅应考虑完成单位合格工程建设产品所需的基本时间，同时应考虑相应的不可避免的时间损耗。

对机械的工作时间来说，正常负荷下的工作时间，是机械在发挥其额定的生产能力的条件下，直接对操作对象进行操作形成产品所消耗的时间，即机械的基本工作时间，而其他时间，包括有根据地降低负荷下和低负荷下工作的时间、不可避免的无负荷工作时间、不可避免的中断工作时间等，均为由于受施工技术及施工组织等技术经济因素的制约而在工作班内不可避免的损耗时间。制定机械台班消耗定额，不仅应考虑完成单位合格工程建设产品所需机械的基本时间，同时应考虑相应的不可避免的时间损耗。

四、测定时间消耗的基本方法——计时观察法

定额测定是制定定额的一个主要步骤。测定定额是用科学的方法观察、记录、整理、分析施工过程，为制定建筑工程定额提供可靠依据。测定定额通常使用计时观察法。

1. 计时观察法的含义、用途及特点

（1）计时观察法的含义　计时观察法是研究工作时间消耗的一种技术测定方法。它以研究工时消耗为对象，观察测时为手段，通过密集抽样和粗放抽样等技术进行直接的时间研究。计时观察法运用于建筑施工中，是以现场观察为特征，所以也称之为现场观察法。计时观察法适宜用于研究人工手动过程和机手并动过程的工时消耗。

在施工中，运用计时观察法的主要目的：①查明工作时间消耗的性质和数量；②查明和确定各种因素对工作时间消耗数量的影响；③找出工时损失的原因和研究缩短工时、减少损失的可能性。

（2）计时观察法的具体用途　包括以下几方面：

1）取得编制施工的劳动定额和机械定额所需要的基础资料和技术根据。

2）研究先进工作法和先进技术操作对提高劳动生产率的具体影响，并应用、推广先进工作法和先进技术操作。

3）研究减少工时消耗的潜力。

4）研究定额执行情况，包括研究大面积、大幅度超额和达不到定额的原因，积累资料反馈信息。

（3）计时观察法的特点　计时观察法能够把现场工时消耗情况和施工组织技术条件联系起来加以考察。它在施工过程分类和工作时间分类的基础上，利用一整套方法对选定的过程进行全面观察、测时、计量、记录、整理和分析研究，以获得该施工过程的技术组织条件和工时消耗的有技术根据的基础资料，分析出工时消耗的合理性和影响工时消耗的具体因素，以及各个因素对工时消耗影响的程度。所以，它不仅能为制定定额提供基础数据，而且也能为改善施工组织管理、改善工艺过程和操作方法、消除不合理的工时损失和进一步挖掘生产潜力提供技术根据。

计时观察法的局限性是考虑人的因素不够。

我国在工程建设中应用计时观察法，从20世纪50年代初开始，已有30多年的历史，但主要局限于编制定额方面。特别是编制施工定额时，运用这种方法提供确定劳动定额和机械台班定额的计算根据。随着体制改革和企业管理的加强，运用这种方法的领域还会得到进一步扩展。

2. 计时观察前的准备工作

（1）确定需要进行计时观察的施工过程　计时观察之前的第一个准备工作是研究并确定有哪些施工过程需要进行计时观察。对于需要进行计时观察的施工过程要编出详细的目录，拟订工作进度计划，制定组织技术措施，并组织编制定额的专业技术队伍，按计划认真开展工作。

（2）对施工过程进行预研究　对于已确定的施工过程的性质应进行充分的研究，目的

是为了正确地安排计时观察和收集可靠的原始资料。研究的方法，是全面地对各个施工过程及其所处的技术组织条件进行实际调查和分析，以便设计正常的（标准的）施工条件和分析研究测时数据。

1）熟悉与该施工过程有关的现行技术规范和技术标准等文件和资料。

2）了解新采用的工作方法的先进程度，了解已经得到推广的先进施工技术和操作，还应了解施工过程中存在的技术组织方面的缺点和由于某些原因造成的混乱现象。

3）注意系统地收集完成定额的统计资料和经验资料，以便与计时观察所得的资料进行对比分析。

4）把施工过程划分为若干个组成部分（一般划分到工序）。把施工过程划分的目的是为了便于计时观察。如果计时观察法的目的是为了研究先进工作法，或是分析影响劳动生产率提高或降低的因素，则必须将施工过程划分到操作以致动作。

5）确定定时点和施工过程产品的计量单位。所谓定时点，即上、下两个相衔接的组成部分之间的分界点。确定定时点，对于保证计时观察的精确性是不容忽略的因素。确定产品计算单位，要能具体地反映产品的数量，并具有最大限度的稳定性。

（3）选择施工的正常条件　绝大多数企业和施工队、组，在合理组织施工的条件下所处的施工条件，称为施工的正常条件。选择施工的正常条件是技术测定的一项重要内容，也是确定定额的依据。

选择施工的正常条件，应该具体考虑下列问题：

1）所完成的工作和产品的种类，以及对其质量的技术要求。

2）所采用的建筑材料、制品和装配式结构配件的类型。

3）采用的劳动工具和机械的类型。

4）工作的组成，包括施工过程的各个组成部分。

5）工人的组成，包括小组成员的专业、技术等级和人数。

6）施工方法和劳动组织，包括工作地点的组织、工人配备和劳动分工、技术操作过程和完成主要工序的方法等。

（4）选择观察对象　所谓观察对象，就是对其进行计时观察的施工过程和完成该施工过程的工人。选择计时观察对象，必须注意所选择的施工过程要完全符合正常施工条件，所选择的建筑安装工人，应具有与技术等级相符的工作技能和熟练程度，所承担的工作与其技术等级相等，同时应该能够完成或超额完成现行的施工劳动定额。

（5）调查所测定施工过程的影响因素　施工过程的影响因素包括技术、组织及自然因素。例如，产品和材料的特征（规格、质量、性能等）；工具和机械性能、型号；劳动组织和分工；施工技术说明（工作内容、要求等），并附施工简图和工作地点平面布置图。

（6）其他准备工作　除上述工作外，还必须准备好必要的用具和表格。例如，测时用的秒表或电子计时器，测量产品数量的工、器具，记录和整理测时资料用的各种表格等。如果有条件并且也有必要时，还可配备电影摄像和电子记录设备。

3. 计时观察方法的内容与分类

对施工过程进行观察、测时，计算实物和劳务产量，记录施工过程所处的施工条件和确定影响工时消耗的因素，这是计时观察法的三项主要内容和要求。计时观察法种类很多，其中最主要的有三种，如图2-2所示。

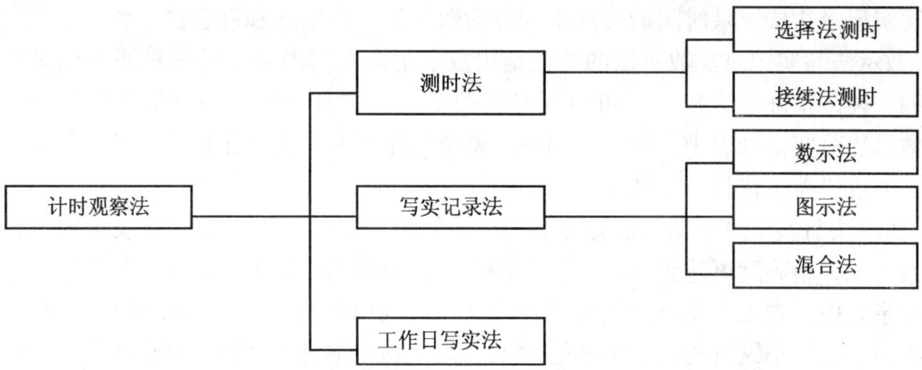

图 2-2　计时观察法的种类

（1）测时法　测时法主要适用于测定那些定时重复的、循环工作的工时消耗，是精确度比较高的一种计时观察法。它可分为选择法和接续法两种。

1）选择法测时。它是间隔选择施工过程中非紧密连接的组成部分（工序或操作）测定工时，精确度达 0. 5s。

选择法测时也称为间隔测时法。采用选择法测时，当被观察的某一循环工作的组成部分开始，观察者立即开动秒表，当该组成部分终止，则立即停止秒表。然后把秒表上指示的延续时间记录到选择法测时记录（循环整理）表上，并把秒针拨回到零点。下一组成部分开始，再开动秒表，如此依次观察，并依次记录下延续时间。

采用选择法测时，应特别注意掌握定时点。记录时间时，仍在进行的工作组成部分应不予观察。当所测定的各工序或操作的延续时间较短时，连续测定比较困难，用选择法测时比较方便而且简单。

2）接续法测时。它是连续测定一个施工过程各工序或操作的延续时间。接续法测时每次要记录各工序或操作的终止时间，并计算出本工序的延续时间。

接续法测时也称作连续法测时。它比选择法测时准确、完善，但观察技术也较之复杂。它的特点是，在工作进行中和非循环组成部分出现之前一直不停止秒表，秒针走动过程中，观察者根据各组成部分之间的定时点，记录它的终止时间。由于这个特点，在观察时，要使用双针秒表，以便使其辅助针停止在某一组成部分的结束时间上。

3）计时观察数据的整理。计时观察次数越多，取得的时间数据越充足，误差就越小。对每一组成部分进行多次测时的记录所形成的数据序列，称为测时数列。对每次计时观察法的资料进行整理之后，要对整个施工过程的观察资料进行研究和整理。整理观察资料的方法基本上是两种，一种是平均修正法，一种是图示整理法。这里主要介绍平均修正法。

平均修正法是一种在对测时数列进行修正的基础上，求出平均值的方法。修正测时数列，就是剔除那些偏高、偏低的不正常的数值，并在此基础上求出算术平均值。测时法记录时间的精确度较高，一般可达到 0. 2 ~15s。

（2）写实记录法　写实记录法是一种研究各种性质的工作时间消耗的方法。采用这种方法，可以获得分析工作时间消耗的全部资料，是一种值得提倡的方法。

写实记录法的观察对象，可以是一个工人，也可以是一个工人小组。测时用普通表进行，详细记录在一段时间内观察对象的各种活动及其时间消耗（起止时间），以及完成的产品量。写实记录法按记录时间的方法不同分为数示法、图示法和混合法三种。

1）数示法写实记录。数示法的特征是用数字记录工时消耗，是三种写实记录法中精确度较高的一种，精确度达到5s，可以同时对两个工人进行观察，观察的工时消耗，记录在专门的数示法写实记录表中。数示法用来对整个工作班或半个工作班进行长时间观察，因此能反映工人或机器工作日全部情况。

2）图示法写实记录。图示法是在规定格式的图表上用时间进度线条表示工时消耗量的一种记录方式，精确度可达到30s，可同时对3个以内的工人进行观察。观察资料记入图示法写实记录表中。观察所得时间消耗资料记录在表的中间部分。表的中部是由60个小纵行组成的格网，每一小纵行相当于1min。观察开始后根据各组成部分的延续时间用横线划出。这段横线必须和该组成部分的开始与结束时间相符合。为便于区分两个以上工人的工作时间消耗，又设一辅助直线，将属于同一个工人的横线段连接起来。观察结束后，再分别计算出每一个工人在各个组成部分上的时间消耗，以及各组成部分的工时总消耗。观察时间内完成的产品数量记入产品数量栏。

3）混合法写实记录。混合法吸取数字和图示两种方法的优点，以时间进度线条表示工序的延续时间，在进度线的上部加写数字表示各时间区段的工人数。混合法适用于3个以上工人的小组工时消耗的测定与分析。记录观察资料的表格仍采用图示法写实记录表。填写表格时，各组成部分延续时间用图示法填写，完成每一组成部分的工人人数，则用数字填写在该组成部分时间线段的上面。

整理混合法的方法是，将表示分钟数的线段与标在线段上面的工人人数相乘，算出每一组成部分的工时消耗，记入图示法写实记录表工分总计栏，然后再将总计垂直相加，计算出工时消耗总数。该总计数应与参加该施工过程的工人人数和观察时间的乘积符合。

对于写实记录的各项观察资料也要在事后加以整理。

（3）工作日写实法　工作日写实法是一种研究整个工作班内的各种工时消耗的方法。

运用工作日写实法主要有两个目的：一是取得编制定额的基础资料；二是检查定额的执行情况，找出缺点，改进工作。当它被用来达到第一个目的时，工作日写实的结果要获得观察对象在工作班内工时消耗的全部情况，以及产品数量和影响工时消耗的影响因素。其中工时消耗应该按工时消耗的性质分类记录。当它被用来达到第二个目的时，通过工作日写实应该做到：查明工时损失量和引起工时损失的原因，制定消除工时损失、改善劳动组织和工作地点组织的措施，查明熟练工人是否能发挥自己的专长，确定合理的小组编制和合理的小组分工；确定机器在时间利用和生产率方面的情况，找出使用不当的原因，定出改善机器使用情况的技术组织措施；计算工人或机器完成定额的实际百分比和可能百分比。

工作日写实法与测时法、写实记录法比较，具有技术简便、费力不多、应用面广和资料全面的优点，在我国是一种采用较广的编制定额的方法。

工作日写实法利用写实记录表记录观察资料，记录方法也与图示法或混合法相同。记录时间时不需要将有效工作时间分为各个组成部分，只需划分适合于技术水平和不适合于技术水平两类。但是工时消耗还需按性质分类记录。

上述计时观察的主要方法，在实际工作中，有时为了减少测时工作量，往往采取某些简化的方法。这在制定一些次要的、补充的和一次性定额时是很可取的。在查明大幅度超额和完不成定额的原因时，采用简化方法也比较经济。简化的最主要途径是合并组成部分的项目。

五、施工定额的编制原则

1. 平均先进水平的原则

在正常的施工条件下，使大多数生产工人经过努力可以达到或超过定额，并促使少数工人认为可赶上或接近的水平。这种水平使先进者有一定压力，使中间水平者感到可望可及，使落后者感到一定危机，使他们认识到必须努力改善施工条件，提高技术水平和管理水平，尽快达到定额水平。

2. 简明适用的原则

劳动定额的内容和项目划分，需满足施工管理的各项要求，例如计件工资的计算、签发任务单、制订计划等。对常用的、主要的工程项目，要求划分粗细适当、简单明了、适用性强。

六、施工定额的编制

（一）劳动定额

1. 劳动定额的概念及表达形式

劳动定额是指在正常施工技术条件和合理劳动组织条件下，为完成单位合格产品的施工任务所需消耗的工作时间，或在一定的工作时间中生产工人必须完成合格产品的施工任务的数量。

（1）时间定额　时间定额是完成单位合格工程建设产品的施工任务所必需消耗的工时数量。它以正常的施工技术和合理的劳动组织为条件，以一定技术等级的工人小组或个人完成质量合格的工程建设产品的施工任务为前提。

时间定额包括准备与结束工作时间、基本工作时间、辅助工作时间、不可避免的中断时间及必需的休息时间等。

时间定额以“工日”为单位，每一工日按 8h 计算。表 2-3 为 LD/T 72.2—2008《建设工程劳动定额》建筑工程分册人工土石方工程中挖土方工程的时间定额表。

表 2-3　人工土方工程——挖土方的时间定额表

工作内容：地面以下挖土、装土、修整底边等全部操作过程。　（单位：m^3）

定额编号		AB0001	AB0002	AB0003	AB0004
项目		挖土方深度/m			
		≤1.5	≤3	≤4.5	≤6
一类土		0.126	0.282	0.343	0.410
二类土		0.197	0.353	0.414	0.481
三类土		0.328	0.484	0.545	0.612
四类土		0.504	0.660	0.721	0.788
淤泥	砂性	0.517	0.673	0.734	0.801
	黏性	0.734	0.890	0.951	1.018

注：表中的数字为时间定额（工日）。例如，人工挖一类土 1.5m 深以内的时间定额为 0.126 工日，即每挖 $1m^3$ 上述条件下的土消耗 0.126 工日的工作时间。

（2）产量定额 产量定额是指在单位时间（1个工日）内必须完成合格产品的施工任务的数量。产量定额同样是要以正常的施工技术和合理的劳动组织为条件，以一定技术等级的工人小组或个人完成质量合格产品的施工任务为前提的。

时间定额与产量定额二者是互为倒数的关系。即：

每工日的产量定额 = 1/单位产品的时间定额（工日）

2. 拟定正常的施工条件

编制劳动定额时正常的施工条件包括：

（1）拟定工作地点的组织 工作地点应清洁、有秩序，工人操作时不受妨碍，施工所需的工具和材料的放置位置应妥当，便于取用，以提高工作效率。

（2）拟定工作组成 将工作过程按劳动分工的可能划分为若干工序，以合理使用工人。

（3）拟定合理的工人编制 即确定小组人数、技术工人配备，以及劳动分工与协作，使每个工人都能发挥作用，均衡地担负工作。

3. 定额消耗量的确定方法

（1）技术测定法 这是指应用前述的时间研究的方法获得工时消耗数据，进而制定劳动消耗定额的方法。其程序如下：

1）根据观察测时资料来确定被选定的工作过程（施工定额标定对象）中各工序的基本工作时间和辅助工作时间。

2）确定不可避免中断时间、准备和结束的工作时间，以及休息时间占工作班延续时间的百分比。在确定不可避免中断时间时，必须注意区别两种不同的情况。一种是由于班组工人所担负的任务不均衡引起的中断，这种工作中断不应计入施工定额的时间消耗中，而应该通过改善班组人员编制、合理进行劳动分工来克服；另一种情况是由工艺特点所引起的不可避免中断，此项工作的时间消耗可以列入工作过程的时间定额。不可避免中断时间根据测时资料通过整理分析获得。由于手动过程中不可避免中断发生较少，加之不易获得充足的资料，也可以根据经验数据，以占工作日的一定百分比确定此项工时消耗的时间定额。

休息时间是工人恢复体力所必需的时间，应列入工作过程时间定额。休息时间应根据工作班作息制度、经验资料、观察测时资料，以及对工作的疲劳程度作全面分析来确定。应考虑尽可能利用不可避免中断时间作为休息时间。

准备和结束工作时间也应通过对工作班的作息制度、经验资料、观察测时资料等进行全面分析来确定。

3）计算各工序的标准时间（包括基本工作和辅助工作）消耗，并按该工作过程中各工序在工艺及组织上的逻辑关系进行综合，把各工序的标准时间综合成工作过程的标准时间消耗，该标准时间消耗即为该工作过程的定额时间。

（2）比较类推法 这是借助一个已精确测定好的典型项目的定额，类推出同类型其他相邻项目的定额的方法。例如，已知架设单排脚手架的时间定额，推算架设双排脚手架的时间定额。比较类推的计算公式为：

$$t = p \times t_0$$

式中 t——比较类推同类相邻定额项目的时间定额；

p——各同类相邻项目耗用工时的比例（典型项目取值为1）；

t_0——典型项目的时间定额。

比较类推法计算简便而准确，但选择典型定额务必恰当而合理，类推计算结果有的需要作一定调整。这种方法适用于制定规格较多的同类型工作过程的劳动定额。

（3）统计分析法　统计分析法是根据记录统计资料，利用统计学原理，将以往施工中所积累的同类型工程项目的工时耗用量加以科学分析及统计，并考虑施工技术与组织变化的因素，经分析研究后制定劳动定额的一种方法。

采用统计分析法符合实际，适用面广，但前提是需有准确的原始记录和统计工作基础，并且选择正常的及一般水平的施工单位、班组，同时还要选择部分先进和落后的施工单位、班组进行分析、比较，为了使定额保持平均先进水平，必须采用从统计资料中求平均先进值的方法。

（4）经验估计法　此法适用于制定那些次要的、消耗量小的、品种规格多的工作过程劳动定额，完全是凭借经验。根据分析设计施工图、现场观察、分解施工工艺、组织条件和操作方法来估计。

采用经验估计法时，必须挑选有丰富经验的、秉公正派的工人和技术人员参加，并且要在充分调查和征求群众意见的基础上进行。在使用中要统计实耗工时，当与所制定的定额比差异幅度较大时，说明所估计的定额不具有合理性，要及时修订。

（二）机械台班使用定额

1. 机械台班使用定额的概念及表达形式

在建筑施工中，有些工程项目是由工人完成的，有些是由机械完成的，有些则是由机械和人工共同完成的。在人工完成的产品中所消耗的时间就是人工时间定额。由机械完成的或由人工和机械共同完成的产品，就有一个完成单位合格产品机械所消耗的工作时间。所以，机械台班使用定额是指在正常的施工条件和合理的使用机械的条件下，完成单位合格产品所必须消耗的机械台班数量的标准。台班是指一台机械工作8h。

（1）机械时间定额　这是指在正常的施工条件和合理的劳动组织的条件下，使用某种规定的机械，完成单位合格产品所必须消耗的台班数量。

（2）机械台班产量定额　这是指在正常的施工条件和合理的劳动组织的条件下，某机械在一个台班时间内必须完成的单位合格产品的数量。

机械的时间定额与机械台班产量定额互为倒数。

（3）机械和人工共同工作时的人工时间定额　这是指在正常的施工条件和合理的劳动组织的条件下，人机每完成一个合格单位产品所消耗的人工工日数量。即：

$$时间定额 = 机械台班内工人的工日数/机械的台班产量$$

2. 拟定正常的施工条件

拟定机械工作正常条件，主要是拟定工作地点的合理组织和合理的工人编制。

1）拟定工作地点的合理组织，就是对施工地点机械和材料的放置位置、工人从事操作的场所，作出科学合理的平面布置和空间安排。它要求施工机械和操纵机械的工人在最小范围内移动，但又不阻碍机械运转和工人操作；应使机械的开关和操纵装置尽可能集中地装置在操纵工人的近旁，以节省工作时间和减轻劳动强度；应最大限度地发挥机械的效能，减少工人的手工操作。

2）拟定合理的工人编制，就是根据施工机械的性能和设计能力，工人的专业分工和劳动工效，合理确定操纵机械的工人和直接参加机械化施工过程的工人编制人数。

拟定合理的工人编制，应要求保持机械的正常生产率和工人正常的劳动工效。

3. 确定机械1h纯工作正常生产率

确定机械正常生产率时，必须首先确定出机械纯工作1h的正常生产效率。

机械纯工作时间就是指机械的必需消耗时间。机械1h纯工作正常生产率，就是在正常施工组织条件下，具有必需的知识和技能的技术工人操纵机械1h的生产率。

根据机械工作特点的不同，机械1h纯工作正常生产率的确定方法，也有所不同。对于循环动作机械，确定机械纯工作1h正常生产率的计算公式为：

$$\text{机械一次循环的正常延续时间}=\sum\left(\text{循环各组成部分正常延续时间}\right)-\text{交叠时间}$$

$$\text{机械纯工作1h循环次数}=\frac{60\times60\ (\text{s})}{\text{一次循环的正常延续时间}}$$

$$\text{机械纯工作1h正常生产数}=\text{机械纯工作1h正常循环次数}\times\text{一次循环生产的产品数量}$$

从公式中可以看到，计算循环机械纯工作1h正常生产率的步骤是：根据现场观察资料和机械说明书确定各循环组成部分的延续时间，将各循环组成部分的延续时间相加，减去各组成部分之间的交叠时间，求出循环过程的正常延续时间；计算机械纯工作1h的正常循环次数；计算循环机械纯工作1h的正常生产率。

对于连续动作机械，确定机械纯工作1h正常生产率要根据机械的类型和结构特征，以及工作过程的特点来进行。计算公式为：

$$\text{连续动作机械纯工作1h正常生产率}=\frac{\text{工作时间内生产的产品的数量}}{\text{工作时间（8h）}}$$

工作时间内的产品数量和工作时间的消耗，要通过多次现场观察和机械说明书来取得数据。

对于同一机械进行作业属于不同的工作过程。例如，挖掘机所挖土壤的类别不同，碎石机所破碎的石块硬度和粒径不同，均需分别确定其纯工作1h的正常生产率。

4. 确定施工机械的正常利用系数

确定施工机械的正常利用系数是指机械在正常工作班内对工作时间的利用率。机械的利用系数与机械在工作班内的工作状况有着密切的关系。所以，要确定机械的正常利用系数，首先要拟定机械工作班的正常工作状况，以保证合理利用工时。

确定机械正常利用系数，要计算工作班正常状况下准备与结束工作，机械启动、机械维护等工作所必须消耗的时间，以及机械有效工作的开始和结束时间。从而进一步计算出机械在工作班内的纯工作时间和机械正常利用系数。机械正常利用系数的计算公式为：

$$\text{机械正常利用系数}=\frac{\text{机械在一个工作班内纯工作时间}}{\text{一个工作班延续时间（8h）}}$$

5. 计算施工机械台班定额

计算施工机械定额是编制机械定额工作的最后一步。在确定了机械工作正常条件、机械1h纯工作正常生产率和机械正常利用系数之后，采用下列公式计算施工机械的产量定额：

$$\text{施工机械台班产量定额}=\text{机械1h纯工作正常生产率}\times\text{工作班纯工作时间}$$

或 $$\frac{\text{施工机械台班产量定额}}{} = \frac{\text{机械 1h 纯工作}}{\text{正常生产率}} \times \frac{\text{工作班延续}}{\text{时间}} \times \frac{\text{机械正常}}{\text{利用系数}}$$

$$\text{施工机械时间定额} = \frac{1}{\text{机械台班产量定额指标}}$$

（三）材料消耗定额

1. 材料消耗定额的概念

材料消耗定额是指在合理和节约使用材料的条件下，生产单位合格产品或完成一定的施工作业过程所必须消耗的一定品种、规格的材料的数量标准，包括各种原材料、辅助材料、零件、半成品、构配件等。定额中材料消耗量包括：材料净用量（直接用于建筑和安装工程的材料）和材料损耗量（主要包括不可避免的施工废料和不可避免的材料损耗）。

在材料消耗定额编制中，直接用于建筑和安装工程的材料可编制材料净用量定额，不可避免的施工废料和材料损耗可编制材料损耗定额。因此：

$$\text{材料消耗量} = \text{材料净用量} + \text{材料损耗量}$$

产品生产中某种材料损耗量的多少，常用损耗率来表示。材料损耗率的计算公式为：

$$\text{材料损耗率} = \frac{\text{材料损耗量}}{\text{材料消耗量}} \times 100\%$$

材料消耗定额是企业确定材料需要量和储备量的依据，是施工队向工人班组签发限额领料单，实行材料核算的标准。

2. 确定材料消耗量的基本方法

确定材料净用量定额和材料损耗定额的计算数据，是通过现场技术测定、实验室试验、现场统计和理论计算等方法获得的。

1）现场技术测定法。主要用于编制材料损耗定额，也可以提供编制材料净用量定额的参考数据。其优点是能通过现场观察、测定，取得产品产量和材料消耗的情况，为编制材料定额提供技术根据。

2）实验室试验法。主要用于编制材料净用量定额。通过试验，能够对材料的结构、化学成分和物理性能，以及按强度等级控制的混凝土、砂浆配比作出科学的结论，给编制材料消耗定额提供出有技术根据的、比较精确的计算数据。用于施工生产时，需加以必要的调整方可作为定额数据。

3）现场统计法。它是通过对现场进料、用料的大量统计资料进行分析计算，获得材料消耗的数据。这种方法由于不能分清材料消耗的性质，因而不能作为确定材料净用量定额和材料损耗定额的依据。

上述三种方法的选择必须符合国家有关标准规范，即材料的产品标准，计量要使用标准容器和称量设备，质量符合施工验收规范要求，以保证获得可靠的定额编制依据。

4）理论计算法。它是运用一定的数学公式计算材料消耗定额。例如，砌砖工程中砖和砂浆净用量一般都采用以下公式计算。

① 每 $1m^3$ 标准砖砌体中，标准砖的净用量为：

$$\text{标准砖净用量} = \frac{2K}{\text{墙厚} \times (\text{砖长} + \text{灰缝厚})(\text{砖厚} + \text{灰缝厚})}$$

式中 K——以砖长倍数表示的墙厚（半砖墙 $K=0.5$；一砖墙 $K=1$；一砖半墙 $K=1.5$；二

砖墙 $K=2$）。

标准砖尺寸为：0.24m（长）、0.115m（宽）、0.053m（厚），其单块体积为：$0.24\text{m}\times0.115\text{m}\times0.053\text{m}=0.0014628\text{m}^3$，灰缝的厚度为0.01m。则：

$$\text{标准砖净用量}=\frac{2K}{\text{墙厚}\times(0.24+0.01)(0.053+0.01)}$$

② 每1m^3标准砖砌体中砂浆用量为：

$$\text{砂浆用量}=(1-\text{砖的净用量}\times0.0014628)\times1.07$$

式中，1.07是砂浆实体积折合为虚体积的系数。

砖和砂浆的损耗量是根据现场观察资料计算的，并以损耗率表现出来。

净用量和损耗量相加，即等于材料的消耗总量。

例2-1 计算1m^3 1砖半$\left(1\frac{1}{2}\text{砖}\right)$厚的标准砖墙的砖和砂浆的消耗量（标准砖和砂浆的损耗率均为1%）。

解：

$$\text{砖净用量}=\frac{2\times1.5}{0.365\times(0.24+0.01)(0.053+0.01)}\text{块}=521.8\text{块}$$

$$\text{砂浆净用量}=(1-521.8\times0.0014628)\text{m}^3=0.237\text{m}^3$$

$$\text{砖消耗量}=521.8\text{块}\times(1+1\%)=527\text{块}$$

$$\text{砂浆消耗量}=0.237\text{m}^3\times(1+1\%)=0.239\text{m}^3$$

③ 100m^2块料面层材料消耗量的计算。块料面层一般指瓷砖、地面砖、墙面砖、大理石、花岗岩等。通常以100m^2为计量单位，其计算公式为：

$$\text{面层净用量}=\frac{100}{(\text{块料长}+\text{灰缝})(\text{块料宽}+\text{灰缝})}$$

$$\text{面层消耗量}=\text{面层净用量}\times(1+\text{损耗率})$$

例2-2 某工程有300m^2地面砖，规格为150mm×150mm，灰缝厚1mm，损耗率为1.5%，试计算300m^2地面砖的消耗量是多少？

解：

$$100\text{m}^2\text{地面砖净用量}=\left(\frac{100}{(0.15+0.001)\times(0.15+0.001)}\right)\text{块}\approx4386\text{块}$$

$$100\text{m}^2\text{地面砖消耗量}=4386\text{块}\times(1+1.5\%)=4452\text{块}$$

$$300\text{m}^2\text{地面砖消耗量}=3\times4452\text{块}=13356\text{块}$$

3. 施工周转材料的计算

在编制材料消耗定额时，某些工序定额、单项定额和综合定额中涉及的周转材料的确定和计算。如劳动定额中的架子工程、模板工程等。

施工中使用的周转材料是在施工中工程上多次周转使用的材料，亦称材料型的工具或称工具型材料。例如，钢、木脚手架、模板、挡土板、支撑、活动支架等材料。习惯上也叫施工作业用料或施工手段用料。

在编制材料消耗定额时，应按多次使用、分次摊销的办法确定。为了使周转材料的周转次数确定接近合理，应根据工程类型和使用条件，采用各种测定手段进行实地观察，结合有关的原始记录、经验数据加以综合取定。影响周转次数的主要因素有以下几方面：

1）材质及功能对周转次数的影响，如金属制的周转材料比木制的周转次数多10倍甚至100倍。

2）使用条件的好坏对周转材料使用次数的影响。

3）施工速度的快慢对周转材料使用次数的影响。

4）周转材料的保管、保养和维修的好坏，也对周转材料使用次数有影响等。

因此，确定出最佳的周转次数是十分不容易的。

4. 材料摊销量

材料消耗量中应计算材料摊销量，为此，应根据施工过程中各工序计算出一次使用量和摊销量。其计算公式为：

$$材料摊销量=周转使用量-回收量$$

$$周转使用量=\frac{一次使用量+一次使用量\times(周转次数-1)\times使用损耗率}{周转次数}$$

$$一次使用量=材料净用量\times(1+制作损耗率)$$

$$回收量=\frac{一次使用量-(一次使用量\times使用损耗率)}{周转次数}$$

七、企业定额的用途和编制原则

1. 企业定额的概念

所谓企业定额，是指建筑安装企业根据本企业的技术水平和管理水平，编制完成单位合格产品所必需的人工、材料和施工机械台班的消耗量，以及其他生产经营要素消耗的数量标准。企业定额反映企业的施工生产与生产消费之间的数量关系，是施工企业生产力水平的体现，每个企业都应拥有反映自己企业能力的企业定额。企业的技术和管理水平不同，企业定额的定额水平也就不同。因此，企业定额是施工企业进行施工管理、投标报价的基础和依据。从一定意义上讲，企业定额是企业的商业秘密，是企业参与市场竞争的核心竞争能力的具体表现。

企业定额在不同的历史时期有着不同的概念。在计划经济时期，企业定额也称“临时定额”，是国家统一定额或地方定额中缺项定额的补充，它仅限于企业内部临时使用。在市场经济条件下，企业定额有了新的概念，它是参与市场竞争，自主报价的依据。《建筑工程施工发包与承包计价管理办法》（建设部令第 107 号文）第七条第二款规定：“投标报价应当依据企业定额和市场价格信息，并按照国务院和省、自治区、直辖市人民政府建设行政主管部门发布的工程造价计价办法进行编制。”

目前大部分施工企业是以国家或行业制定的预算定额或施工定额作为施工管理、工料分析和施工成本计算的依据。随着市场化改革的不断深入和发展，施工企业可以预算定额和施工定额为参照，逐步建立起反映企业自身施工管理水平和技术装备程度的企业定额。

作为企业定额，必须具备有以下特点：

1）其各项平均消耗要比社会平均水平低，体现其先进性。

2）可以表现本企业在某些方面的技术优势。

3）可以表现本企业局部或全面管理方面的优势。

4）所有匹配的单价都是动态的，具有市场性。

5）与施工方案能全面接轨。

2. 企业定额的作用

企业定额在企业管理工作中的基础作用主要表现在以下几个方面：

（1）企业定额是企业计划管理的依据 企业定额在企业计划管理方面的作用，表现在它既是企业编制施工组织设计的依据，也是企业编制施工作业计划的依据。

施工组织设计是指导拟建工程进行施工准备和施工生产的技术经济文件，其基本任务是根据招标文件及合同协议的规定，确定出经济合理的施工方案，在人力和物力、时间和空间、技术和组织上对拟建工程作出最佳的安排。施工作业计划则是根据企业的施工计划、拟建工程的施工组织设计和现场实际情况编制的。这些计划的编制必须依据企业定额。因为施工组织设计包括三部分内容：资源需用量、使用这些资源的最佳时间安排和平面规划。施工中实物工作量和资源需要量的计算都要以企业定额的分项和计量单位为依据。施工作业计划是施工单位计划管理的中心环节，编制时也要用企业定额进行劳动力、施工机械和运输力量的平衡；计算材料、构件等分期需用量和供应时间；计算实物工程量和安排施工形象进度。

（2）企业定额是组织和指挥施工生产的有效工具 企业组织和指挥施工班组进行施工，是按照作业计划通过下达施工任务单和限额领料单来实现的。

施工任务单，既是下达施工任务的技术文件，也是班、组经济核算的原始凭证。它列出了应完成的施工任务，也记录着班组实际完成任务的情况，并且进行班组工人的工资结算。施工任务单上的工程计量单位、产量定额和计件单位，均需取自施工的劳动定额，工资结算也要根据劳动定额的完成情况计算。

限额领料单是施工队随任务单同时签发的领取材料的凭证。这一凭证是根据施工任务和施工的材料定额填写的。其中，领料的数量是班组为完成规定的工程任务消耗材料的最高限额，这一限额也是评价班组完成任务情况的一项重要指标。

（3）企业定额是计算工人劳动报酬的根据 企业定额是衡量工人劳动数量和质量，提供成果和效益的较好标准。所以，企业定额应是计算工人工资的基础依据。这样才能做到完成定额好，工资报酬就多；达不到定额标准，工资报酬就会减少。真正实现“多劳多得、少劳少得”的社会主义分配原则。这对于打破企业内部分配方面的“大锅饭”是很有现实意义的。

（4）企业定额是企业激励工人的条件 激励在实现企业管理目标中占有重要位置。所谓激励，就是采取某些措施激发和鼓励员工在工作中的积极性和创造性。行为科学者研究表明，如果职工受到充分的激励，其能力可发挥80%～90%，如果缺少激励，仅仅能够发挥出20%～30%的能力。但激励只有在满足人们某种需要的情形下才能起到作用。完成和超额完成定额，不仅能获取更多的工资报酬以满足生理需要，而且也是满足自尊和获取他人（社会）认同的需要，并且进一步满足尽可能发挥个人潜力以实现自我价值的需要。如果没有企业定额这种标准尺度，实现以上几个方面的激励就缺少必要的手段。

（5）企业定额有利于推广先进技术 企业定额水平中包含着某些已成熟的先进的施工技术和经验，工人要达到和超过定额，就必须掌握和运用这些先进技术，如果工人要想大幅度超过定额，他就必须进行创造性的劳动。第一，在自己的工作中，注意改进工具和改进技术操作方法，注意原材料的节约，避免原材料和能源的浪费。第二，企业定额中往往明确要求采用某些较先进的施工工具和施工方法，所以贯彻企业定额也就意味着推广先进技术。第三，企业为了推行企业定额，往往要组织技术培训，以帮助工人达到和超过定额。技术培训、技术表演等方式也可以大大普及先进技术和先进操作方法。

（6）企业定额是编制施工预算，加强企业成本管理的基础 具体如下：

1）企业预算是施工单位用以确定单位工程人工、机械、材料等资金需要量的计划文件。施工预算以企业定额为编制基础，既要反映设计施工图的要求，也要考虑在现有条件下可能采取的节约人工、节约材料和降低成本的各项具体措施。这就能够有效地控制施工中人力、物力消耗，降低成本。

2）施工中人工、机械和材料的费用，是构成工程成本中直接费用的主要内容，对间接费用的开支也有很大的影响。严格执行企业定额不仅可以起到控制成本、节约费用开支的作用，同时，为企业加强班组核算和增加盈利创造了良好的条件。

（7）企业定额是施工企业进行工程投标、编制工程投标报价的基础和主要依据　企业定额反映本企业施工生产的技术水平和管理水平，在确定工程投标报价时，首先依据企业定额计算出企业拟完成投标工程需要发生的计划成本；在掌握工程成本的基础上，再根据所处的环境和条件，确定在该工程上拟获得的利润、预计的工程风险费用和其他应考虑的因素，从而确定投标报价。因此，企业定额是施工企业编制、计算投标报价的基础。

由此可见，企业定额在建筑安装企业管理的各个环节中都是不可缺少的，它的管理是企业的基础性工作，具有不容忽视的作用。

企业定额在工程建设定额体系中的基础作用，是由企业定额作为生产定额的基本性质决定的。企业定额和生产结合最紧密，它直接反映生产技术水平和管理水平，而其他各类定额则是在较高的层次上、较大的跨度上反映社会生产力水平。

3. 企业定额编制的原则

（1）平均先进性原则　平均先进性是就定额的水平而言的。定额水平，是指规定消耗在单位产品上的劳动、机械和材料数量的多少。也可以说，它是按照一定施工程序和工艺条件下规定的施工生产中活劳动和物化劳动的消耗水平。所谓平均先进水平，就是在正常的施工条件下，大多数施工队组和大多数生产者经过努力能够达到和超过的水平。

企业定额应以企业平均先进水平为基准制定，从而使多数单位和员工经过努力，能够达到或超过企业平均先进水平，以保持定额的先进性和可行性。

（2）简明适用性原则　简明适用性是就企业定额的内容和形式而言的，要方便定额的贯彻和执行。制定企业定额的目的就在于适用于企业内部管理，具有可操作性。

定额的简明性和适用性，是既有联系又有区别的两个方面。编制企业定额时应全面加以贯彻。当两者发生矛盾时，定额的简明性应服从适应性的要求。

贯彻定额的简明适用性原则，关键是做到定额项目设置完全，项目划分粗细适当。同时，还应正确选择产品和材料的计量单位，适当利用系数，并辅以必要的说明和附注。总之，贯彻简明适用性原则，要努力使企业定额达到项目齐全、粗细恰当、步距合理的效果。

（3）以专家为主编制定额的原则　编制企业定额，要以专家为主，这是实践经验的总结。企业定额的编制要求有一支经验丰富、技术和管理知识全面、有一定政策水平的、稳定的专家队伍，同时也要注意必须走群众路线，尤其是在现场测试和组织新定额试点时，这一点非常重要。

（4）独立自主的原则　企业独立自主地制定定额，主要是自主地确定定额水平，自主地划分定额项目，自主地根据需要增加新的定额项目。但是，企业定额毕竟是一定时期企业生产力水平的反映，它不可能也不应该割断历史。因此，企业定额应是对原有国家、部门和地区性施工定额的继承和发展。

（5）时效性原则　企业定额是一定时期内技术发展和管理水平的反映，所以在一段时期内表现出稳定的状态。这种稳定性又是相对的，它还有显著的时效性。如果当企业定额不再适应市场竞争和成本监控的需要时，它就要重新编制和修订，否则就会挫伤职工的积极性，甚至产生负效应。

（6）保密原则 企业定额的指标体系及标准要严格保密。建筑市场强手林立，竞争激烈，企业现行的定额水平，如被工程项目投标中的竞争对手获取，会使本企业陷入十分被动的境地，给企业带来不可估量的损失。因此，企业要有自我保护意识和相应的加密措施。

4. 企业定额的编制方法

编制企业定额最关键的工作是确定人工、材料和机械台班的消耗量，计算分项工程单价或综合单价。

（1）人工消耗量的确定 首先是根据企业环境，拟定正常的施工作业条件，分别计算测定基本用工和其他用工的工日数，进而拟定施工作业的定额时间。

（2）材料消耗量的确定 通过企业历史数据的统计分析、理论计算、实验试验、实地考察等方法，计算、确定材料（包括周转材料）的净用量和损耗量，从而拟定材料消耗的定额指标。

（3）机械台班消耗量的确定 同样需要按照企业的环境，拟定机械工作的正常施工条件，确定机械工作效率和利用系数，据此拟定施工机械作业的定额台班与机械作业相关的工人小组的定额时间。

第三节 预算定额

一、预算定额的概念和作用

1. 预算定额的概念

预算定额是指在正常的施工条件下，为完成单位合格工程建设产品（结构件、分项工程）的施工任务所需人工、机械、材料消耗的数量标准，它是根据组织施工和核算工程造价的要求而制定的。这里的“单位合格工程建设产品”指的是分项工程和结构件，是确定人工、机械、材料消耗数量标准的对象，是预算定额子目划分的最小单位。

预算定额按照专业性质划分为建筑工程预算定额和安装工程预算定额两大类。建筑工程预算定额按照适用对象划分为建筑工程预算定额（土建工程）、市政工程预算定额、房屋修缮工程预算定额、园林与绿化工程预算定额、公路工程预算定额与铁路工程预算定额等；安装工程预算定额按照适用对象划分为机械设备安装工程预算定额、电气设备安装工程预算定额、送电线路安装工程预算定额、通信设备安装工程预算定额、工艺管道安装工程预算定额、长距离输送管道安装工程预算定额、给水排水采暖煤气安装工程预算定额、通风空调安装工程预算定额、自动化控制装置及仪表安装工程预算定额、工艺金属结构安装工程预算定额、窑炉砌筑工程预算定额、刷油绝热防腐蚀工程预算定额、热力设备安装工程预算定额、化学工业设备安装工程预算定额等。

在我国，建筑工程预算定额是行业定额，是反映全行业为完成单位合格工程建设产品的施工任务所需人工、机械、材料消耗的标准。它有两种表现形式：一种是计“量”性的定额，由国务院行业主管部门制定发布，如全国统一建筑工程基础定额；另一种是计“价”

性定额，由各地建设行政主管部门根据全国基础定额结合本地区的实际情况加以确定，如各省建筑工程单位估价表或建筑装饰工程企业（施工）定额。应用比较广泛的是计“价”性的预算定额。

随着市场经济体制的建设和发展，以及我国加入 WTO 后和国际惯例接轨的需要，建设工程领域内工程计价的方法会逐渐向工程量清单过渡，并逐渐成为主要方法，工程量清单实施的前提条件是各企业必须有配套的企业定额，但鉴于教学中各校大多采用本地区建设行政主管部门颁发的建设工程定额，具体名称各不相同，为了统一之便，本书中统一称为定额。

2. 预算定额的作用

（1）预算定额是编制施工图预算、确定建筑安装工程造价的基础　施工图设计一经确定，工程预算造价就取决于预算定额水平和人工、材料及机械台班的价格。预算定额起着控制劳动消耗、材料消耗和机械台班使用的作用，进而起着控制建筑产品价格的作用。

（2）预算定额是编制施工组织设计的依据　施工组织设计的重要任务之一，是确定施工中所需人力、物力的供求量，并作出最佳安排。施工单位在缺乏本企业的企业（施工）定额的情况下，根据预算定额，亦能够比较精确地计算出施工中各项资源的需要量，为有计划地组织材料采购和预制件加工、劳动力和施工机械的调配，提供了可靠的计算依据。

（3）预算定额是工程结算的依据　工程结算是建设单位和施工单位按照工程进度对已完成的分部分项工程实现货币支付的行为。按进度支付工程款，需要根据预算定额将已完分项工程的造价算出。单位工程验收后，再按竣工工程量、预算定额和施工合同规定进行结算，以保证建设单位建设资金的合理使用和施工单位的经济收入。

（4）预算定额是施工单位进行经济活动分析的依据　预算定额规定的物化劳动和劳动消耗指标，是施工单位在生产经营中允许消耗的最高标准。目前，预算定额决定着施工单位的收入，施工单位就必须以预算定额作为评价企业工作的重要标准，作为努力实现的目标。施工单位可根据预算定额对施工中的劳动、材料、机械的消耗情况进行具体的分析，以便找出并克服低功效、高消耗的薄弱环节，提高竞争能力。只有在施工中尽量降低劳动消耗，采用新技术，提高劳动者素质，提高劳动生产率，才能取得较好的经济效果。

（5）预算定额是编制概算定额的基础　概算定额是在预算定额的基础上综合扩大编制的。利用预算定额作为编制依据，不但可以节省编制工作的大量人力、物力和时间，收到事半功倍的效果，还可以使概算定额在水平上与预算定额保持一致，以免造成执行中的不一致。

（6）预算定额是合理编制招标标底、投标报价的基础　在深化改革中，预算定额的指令性作用将日益削弱，而施工单位按照工程个别成本报价的指导性作用仍然存在，因此，预算定额作为编制标底的依据和施工企业报价的基础性作用仍将存在，这也是由预算定额本身的科学性和权威性决定的。

二、预算定额的编制原则、依据及编制程序

1. 预算定额的编制原则

为了保证预算定额的编制质量，充分发挥预算定额的作用并且简便易行，在编制定额的

工作中应遵循以下原则：

（1）平均合理的原则 预算定额的水平以施工定额水平为基础。但是，预算定额绝不是简单地套用施工定额的水平。首先，预算定额将施工定额的工作内容综合扩大了，包含了更多的可变因素，需要保留合理的幅度差，例如人工幅度差、机械幅度差、材料的超运距、辅助用工，以及材料堆放、运输、操作损耗和由细到粗综合后的量差等。其次，预算定额水平是平均水平，而施工定额是平均先进水平，两者相比，预算定额水平要相对低一些，但其程度应限制在一定范围内。

（2）简明适用的原则 简明适用是指在编制预算定额时，对于那些主要的、常用的、价值量大的项目，其分项工程划分宜细；而对于那些次要的、不常用的、价值量相对较小的项目则可以粗一些。

预算定额要项目齐全。如果项目不全，缺项多，就会使计价工作缺少充足的依据。补充定额一般因受资料所限，费时费力，可靠性较差，容易引起争执。对定额的活口也要设置适当。

简明适用，还要求合理确定预算定额的计量单位，简化工程量的计算，尽可能避免同一种材料用不同的计量单位和一量多用，尽量减少定额附注和换算系数。

2. 预算定额的编制依据

1）施工定额或现行的劳动定额。

2）现行设计规范、施工及验收规范、质量评定标准和安全操作规程。

3）具有代表性的典型工程施工图及有关标准图集。

4）新技术、新结构、新材料和先进的施工方法等。

5）有关科学试验、技术测定和统计、经验资料。

6）典型工程的设计资料、施工现场条件、施工方案和相应的资源配置情况等。

7）以往颁发的预算定额、各种资源的现行的价格及有关文件规定等。

3. 预算定额编制的程序

预算定额的编制，大致可以分为准备工作，收集资料，编制定额，报批和修改稿整理五个阶段。各阶段工作相互有交叉，有些工作还有多次反复。

（1）准备工作阶段 应进行以下工作：

1）拟订编制方案。

2）抽调人员根据专业需要划分编制小组和综合组。

（2）收集资料阶段 具体工作如下：

1）普遍收集资料。在已确定的范围内，采用表格化收集定额编制基础资料，以统计资料为主，注明所需要的资料内容、填表要求和时间范围，便于资料整理，并使其具有广泛性。

2）专题座谈会。邀请建设单位、设计单位、施工单位及其他有关单位的有经验的专业人士开座谈会，就以往定额中存在的问题提出意见和建议，以便在编制新定额时改进。

3）收集现行规定、规范和政策法规资料。

4）收集定额管理部门积累的资料。主要包括：日常定额解释资料；补充定额资料；新结构、新工艺、新材料、新机械、新技术用于工程实践的资料。

5）专项查定及试验。主要指混凝土配合比和砌筑砂浆试验资料。除收集试验试配资料外，还应收集一定数量的现场实际配合比资料。

（3）定额编制阶段 应进行以下工作：

1）确定编制细则。主要包括：统一编制表格及编制方法；统一计算口径、计量单位和小数点位数的要求；有关统一性规定，名称统一，用字统一，专业用语统一，符号代码统一，简化字要规范，文字要简练、明确。

2）确定定额的项目划分和工程量计算规则。

3）定额人工、材料、机械台班耗用量的计算、复核和测算。

（4）定额报批阶段 应进行以下工作：

1）审核定稿。

2）预算定额水平测算。新定额编制成稿，必须与原定额进行对比测算，分析水平升降的原因。一般新编定额的水平应该不低于历史上已经达到过的水平，并略有提高。在定额水平测算前，必须编出同一工人工资、材料价格、机械台班费的新旧两套定额的工程单价。定额水平的测算方法一般有以下两种：

① 工程类别比重测算法。在定额执行范围内，选择有代表性的各类工程，分别以新旧定额对比测算，并按测算的年限，以工程所占比例加权，以考查宏观影响。

② 单项工程比较测算法。以典型工程分别用新旧定额对比测算，以考查定额水平的升降及其原因。

（5）修改定稿、整理资料阶段 应进行以下工作：

1）印发征求意见。定额编制初稿完成后，需要征求各有关方面的意见和组织讨论，收集反馈意见，在统一意见的基础上整理分类，制定修改方案。

2）修改整理报批。按修改方案的决定，将初稿按照定额的顺序进行修改，并经审核无误后形成报批稿，经批准后交付印刷。

3）撰写编制说明。为顺利地贯彻执行定额，需要撰写新定额编制说明。其内容包括：项目、子目数量；人工、材料、机械的内容范围；资料的依据和综合取定情况；定额中允许换算和不允许换算规定的计算资料；工人、材料、机械单价的计算和资料；施工方法、工艺的选择及材料运距的考虑；各种材料损耗率的取定资料；调整系数的使用；其他应该说明的事项与计算数据、资料。

4）立档、成卷。定额编制资料是贯彻执行定额中需查对资料的唯一依据，也为修编定额提供历史资料数据，应作为技术档案永久保存。

三、预算定额人工消耗量的确定方法

预算定额中的人工消耗量，是指在正常条件下，为完成单位合格产品的施工任务所必需的生产工人的人工消耗。预算定额人工消耗量的确定可以有两种方法。

1. 以施工定额为基础确定

这是在施工定额的基础上，将预算定额标定对象所包含的若干个工作过程所对应的施工定额按施工作业的逻辑关系进行综合，从而得到预算定额的人工消耗量标准。

预算定额中的人工消耗量，应该包括为完成分项工程所综合的各个工作过程的施工任务而在施工现场开展的各种性质的工作所对应的人工消耗，包括基本用工、超运距用工、辅助用工，以及人工幅度差。

（1）基本用工 指完成单位合格分项工程所包括的各项工作过程的施工任务必须消耗的技术工种的用工。包括：

1）完成定额计量单位的主要用工。由于该工时消耗所对应的工作均发生在分项工程的工序作业过程中，各工作过程的生产率受施工组织的影响大，其工时消耗的大小应根据具体的施工组织方案进行综合计算。

例如工程实际中的砖基础，有一砖厚、一砖半厚、二砖厚等之分，不同厚度的砖基础有不同的人工消耗，在编制预算定额时如果不区分厚度统一按 $1m^3$ 砌体计算，则需要按统计的比例，加权平均得出综合的人工消耗。

2）按施工定额规定应增（减）计算的人工消耗量。例如在砖墙项目中，分项工程的工作内容包括了附墙烟囱孔、垃圾道、壁橱等零星组合部分的内容，其人工消耗量相应增加附加人工消耗。由于预算定额是在施工定额子目的基础上综合扩大的，包括的工作内容较多，施工的工效视具体部位而不同，所以需要另外增加人工消耗，而这种人工消耗也可列入基本用工内。

（2）超运距用工 超运距是指施工定额中已包括的材料、半成品场内水平搬运距离与预算定额所考虑的现场材料、半成品堆放地点到操作地点的水平运输距离之差。而发生在超运距上运输材料、半成品的人工消耗即为超运距用工。

$$超运距 = 预算定额取定的运距 - 施工定额已包括的运距$$

（3）辅助用工 指技术工种施工定额内不包括而在预算定额内又必须考虑的人工消耗。例如机械土方工程配合用工、材料加工（筛砂、洗石、淋化灰膏）所需人工消耗等，计算公式为：

$$辅助用工 = \sum(材料加工数量 \times 相应加工材料的施工定额)$$

（4）人工幅度差 即预算定额与施工定额的差额，主要是指在施工定额中未包括，而在正常施工条件下不可避免，但又很难准确计量的各种零星的人工消耗和各种工时损失。内容包括：

1）各工种间的工序搭接及交叉作业互相配合或影响所发生的停歇用工。

2）施工机械在单位工程之间转移及临时水电线路移动所造成的停工。

3）质量检查和隐蔽工程验收工作的影响。

4）班组操作地点转移用工。

5）工序交接时对前一工序不可避免的修整用工。

6）施工中不可避免的其他零星用工。

人工幅度差计算公式为：

$$人工幅度差 = (基本用工 + 超运距用工) \times 人工幅度差系数$$

人工幅度差系数一般为10%～15%。在预算定额中，人工幅度差的用量一般列入其他用工量中。

当分别确定了为完成分项工程的施工任务所必需的基本用工、超运距用工、辅助用工及人工幅度差后，把这四项用工量简单相加即为该分项工程总的人工消耗量。

2. 以现场观察测定资料为基础确定

当遇到施工定额缺项时，应首先采用这种方法。即运用时间研究的技术，通过对施工作业过程进行观察测定取得数据，并在此基础上编制施工定额，从而确定相应的人工消耗量标准。在此基础上，再用以施工定额为基础确定的方法来确定预算定额的人工消耗量标准。

四、材料消耗量的确定

预算定额中的材料消耗量是指在正常施工生产条件下，为完成单位合格产品的施工任务所必需消耗的材料、成品、半成品、构配件及周转性材料的数量标准。从消耗内容看，包括为完成该分项工程或结构构件的施工任务必需的各种实体性材料（如标准砖、混凝土、钢筋等）的消耗和各种措施性材料（如模板、脚手架等）的消耗；从引起消耗的因素看，包括直接构成工程实体的材料净耗量、发生在施工现场该施工过程中材料的合理损耗量及周转性材料的摊销量。

预算定额中材料消耗量的确定方法与施工定额中材料消耗量的确定方法一样。但有一点必须注意，即预算定额中材料的损耗率与施工定额中材料的损耗率不同，预算定额中材料损耗率的损耗范围比施工定额中材料损耗率的损耗范围更广，它必须考虑整个施工现场范围内材料堆放、运输、制备、制作及施工操作过程中的损耗。

五、机械台班消耗量的确定方法

预算定额中的机械台班消耗量是指在正常施工生产条件下，为完成单位合格产品的施工任务所必需消耗的某类某种型号施工机械的台班数量。它应该包括为完成该分部分项工程或结构件所综合的各个工作过程的施工任务而在施工现场开展的各种性质的机械操作所对应的机械台班消耗。一般来说，它是由分部分项工程或结构件所综合的有关工作过程所对应的施工定额所确定的机械台班消耗量，以及施工定额与预算定额的机械台班幅度差组成。

1. 工序机械台班消耗量的确定

工序机械台班，是指发生在分部分项工程或结构件施工过程中，各工序作业过程上的机械消耗，由于各工序作业过程的生产效率受该分部分项工程或结构件的施工组织方案（例如施工技术方案、资源配置方案及分部分项工程的施工流程等）的影响较大，施工机械固有的生产能力不易充分发挥，所以，考虑到施工机械在调度上的不灵活性，预算定额中综合工序机械台班消耗量的大小应根据具体的施工组织方案进行综合计算。

2. 机械台班幅度差的确定

机械台班幅度差是指预算定额规定的台班消耗量与相应的综合工序机械台班消耗量之间的数量差额。一般包括如下内容：

1）施工技术原因引起的中断及合理停置时间。

2）因供电、供水故障及水、电线路移动检修而发生的运转中断时间。

3）因气候原因或机械本身故障引起的中断时间。

4）各工种间的工序搭接及交叉作业互相配合或影响所发生的机械停歇时间。

5）施工机械在单位工程之间转移所造成的机械中断时间。

6）因质量检查和隐蔽工程验收工作的影响而引起的机械中断时间。

7）施工中不可避免的其他零星的机械中断时间等。

大型机械幅度差系数一般为：土方机械25%，打桩机械33%，吊装机械30%。其他分部工程中如钢筋加工、木材、水磨石等各项专用机械的幅度差为10%。

综上所述，预算定额的机械台班消耗量按下式计算：

预算定额机械耗用台班 = 综合工序机械台班 ×（1 + 机械幅度差系数）

六、施工资源的价格原理

1. 概念

在我国，预算定额一直沿用由政府颁发的计量价合一的定额形式，预算定额单价是完成某一分部分项工程所消耗的各种资源的价格标准，其确定方法是，按照预算定额中分项工程的人工、材料、机械台班定额消耗量乘以施工资源的价格（人工工日预算价格、材料预算价格和机械台班预算价格）进行计算。

施工资源的价格是指为了获取并使用该施工资源所必须发生的单位费用，而单位费用的大小取决于获取该资源时的市场条件、取得该资源的方式、使用该资源的方式，以及一些政策性的因素。

2. 人工工日预算价格的确定

人工单价是指一个建筑安装工人工作一个工作日应计入预算中的全部人工费用，人工单价主要包括基本工资、工资性津贴、辅助工资、职工福利费和劳动保护费。

（1）基本工资　这是指生产工人将一定时间的劳动消耗在生产上所得到的劳动报酬。一般由岗位工资、技能工资、年活工资组成。

（2）工资性津贴　这是指由于市场物价上涨等因素造成工人实际收入下降，按照国家有关规定应当列入工资中的各种补贴，如交通补贴、流动施工津贴、住房补贴、工资附加、地区津贴和物价补贴等。

（3）辅助工资　这是指开会和执行必要的社会义务时间的工资，如职工学习培训期间的工资，调动工作期间的工资，探亲假期期间的工资，因气候影响停工的工资，女工哺乳时间的工资，由行政支付的六个月以内的病、产、婚、丧假期的工资和徒工的服装补助费等。

（4）职工福利费　这是指按国家规定的以生产工人工资总额提取的职工福利基金和工会经费等。

（5）劳动保护费　这是指按国家有关部门规定标准发放的劳动保护用品的购置费、修理费和特殊工程、特殊工作环境施工按规定标准发放的保健费、防暑降温费等。

目前，我国职工工资标准一般是按月计算的，所以在确定人工单价时，应将月工资标准换算成日工资标准。计算公式为

$$\text{人工工日预算价格} = \left(\text{基本工资} + \text{工资性津贴} + \text{辅助工资} + \text{职工福利费} + \text{劳动保护费}\right) \Big/ \text{月法定工作日}$$

人工单价，在各部门或各地区并不完全相同，有高有低，所以计入预算定额的人工单价一般是按某一平均技术等级为标准日工资单价。目前，多数地区预算定额的人工单价均采用不分工种、不分技术等级按综合工日给出。

3. 材料预算价格的确定

材料预算价格是指材料由来源地（或交货地点）到达施工工地仓库或施工现场存放地点后的出库价格。材料预算价格一般由材料供应价、包装费、运杂费、采购及保管费组成。

（1）供应价　这是指材料的进价，一般包括材料原价和供销部门手续费两部分。

材料供应价 = 原价 + 供销部门手续费

供销部门手续费=原价×供销部门手续费率

（2）包装费 这是指为了便于材料运输、减少运输损坏，以及保护材料而进行包装所需的费用。

材料包装费用计算时，应区别以下几种不同情况进行确定：

1）材料出厂时已经包装者，其包装费已计入原价的，不再另计算包装费，但应扣除包装品的回收价值；若包装费未计入原价的，则应计算包装费。

2）自备包装品者，其包装费按包装品价值，以正常使用次数分摊计算。

3）租赁包装品时，其包装费按租金计算。

例2-3 乳胶漆用塑料桶包装，每吨用20个桶，每个桶的单价为20.50元，回收率80%，残值率65%。试计算每吨乳胶漆的包装费、包装品回收价值。

解：（1）计算发生的包装费。

乳胶漆包装费=20个/t×20.50元/个=410.00元/t

（2）计算包装品回收价值。

包装品回收价值=410.00元/t×80%×65%=213.2元/t

（3）运杂费 这是指材料由来源地或交货地点起，运达工地仓库或施工现场存放地点的全部运输过程中所支付的一切费用，包括材料运输费、装卸费、保险费、运输损耗费等。可按照国家交通运输部门的有关规定进行计算。

（4）采购及保管费 这是指材料部门在组织采购、供应和保管材料的过程中所需的各项费用。它包括材料采购、供应、保管和管理人员的工资，以及职工福利费、办公费、差旅交通费、固定资产使用费、工具用具使用费、劳动保护费、检验试验费、材料保管储存损耗费、进库卸车后的码垛费、过磅清理费等费用。

采购保管费按规定费率计算，其计算基础是材料运到工地仓库的价格，即以前三项费用和为基数，乘以规定的费率。

将以上四项费用加起来就是材料预算价格。

材料预算价格=（供应价+包装费+运杂费）×（1+采购保管费率）-包装品回收价值。

例2-4 某地方材料，经货源调查后确定，甲地可以供货20%，原价93.50元/t；乙地可供货30%，原价91.20元/t；丙地可以供货15%，原价94.80元/t；丁地可以供货35%，原价90.80元/t。甲、乙两地为水路运输，甲地运距103km，乙地运距115km，运费0.35元/（km·t），装卸费3.4元/t，驳船费2.5元/t，途中损耗3%；丙、丁两地为汽车运输，运距分别为62km和68km，运费0.45元/（km·t），装卸费3.6元/t，调车费2.8元/t，途中损耗2.5%。材料包装费均为10元/t，采购保管费率2.5%，计算该材料的预算价格。

解：（1）加权平均原价。

（93.50×0.2+91.20×0.3+94.80×0.15+90.80×0.35）元/t=92.06元/t

（2）地方材料直接从厂家采购，不计供销部门手续费。

（3）包装费10元/t。

（4）运杂费

1）运费：[（0.2×103+0.3×115）×0.35+（0.15×62+0.35×68）×0.45]元/t=34.18元/t

2）装卸费：[(0.2 +0.3) ×3.4 + （0.15 +0.35） ×3.6] 元/t =3.5 元/t

3）调车驳船费：[(0.2 +0.3) ×2.5 + (0.15 +0.35) ×2.8] 元/t =2.65 元/t

4）加权平均途耗率：(0.2 +0.3） ×3% + （0.15 +0.35） ×2.5% =2.75%

5）材料运输损耗费：(92.06 +10 +34.18 +3.5 +2.65） 元/t ×2.75% = 3.92 元/t

材料运杂费 = （34.18 +3.5 +2.65 +3.92） 元/t =44.25 元/t

（5）该地方材料预算价格

$$(92.06 +10 +44.25)\ 元/t \times (1 +2.5\%) =149.97\ 元/t$$

4. 机械台班单价的确定

机械台班预算价格是指为使施工机械正常运转一个台班所需支付及分摊的各项费用之和，即一台施工机械在正常条件下运转一个工作班所发生的全部费用，由七项费用组成。包括：折旧费、大修理费、经常修理费、安拆费及场外运输费、燃料动力费、人工费、养路费及车船使用税等。每台班按8h工资制计算。正确制定施工机械台班预算价格是合理控制工程造价的重要方面。

（1）折旧费　折旧费是指机械设备在规定的使用期限内，每一台班所摊的机械原值及支付贷款利息的费用。

台班折旧费 = 机械预算价格 × （1 - 残值率） × 贷款利息系数 ÷ 使用总台班

使用总台班 = 折旧年限 × 年平均工作台班 = 大修周期 × 大修间隔台班

大修周期 = 寿命期大修理次数 + 1

（2）大修理费　大修理费是指机械设备按规定的大修理间隔台班必须进行大修理，以恢复正常功能所需的费用。

台班大修理费 = 大修理一次费用 × 大修理次数 ÷ 使用总台班

（3）经常修理费　经常修理费是指：机械设备除大修以外的为保障机械正常运转进行的各种保养（包括一、二、三级保养）及排除临时故障所需的费用；所需替换设备、随机使用工具、附件摊销和维护的费用；机械运转与日常保养所需的润滑油脂、擦拭材料费用；机械停置期间的维护保养费用；替换设备及工具附具摊销费等。

$$台班经常修理费 = 中修费 + \frac{\sum（各级保养一次费用 \times 各级保养次数）}{大修理间隔台班}$$

或 $$台班经常修理费 = 台班大修理费 \times K_a$$

式中 K_a——台班经常维修系数，即 K_a = 台班经常修理费 ÷ 台班大修理费。

（4）安拆费及场外运输费　具体如下：

1）安拆费。指机械在施工现场进行安装、拆卸所需人工、材料、机械和试运转费用，包括机械辅助设施（如基础、底座、固定锚桩、行走轨道、枕木等）的折旧、搭设、拆除等费用。

2）场外运输费。指机械整体或分体自停置地点运至现场或某一工地运至另一工地的运输、装卸、辅助材料，以及架线等费用。

台班安拆费及场外运输费分别按不同机械型号、质量、外形体积、不同的安拆和运输方式，测算其一次安拆费和一次场外运输费，以及年平均安拆、运输次数作为计算依据，其计算公式为：

$$\text{台班安拆费及场外运输费}=\frac{\text{机械一次安装费}\times\text{年平均安拆次数}}{\text{年工作台班}}+\text{台班辅助设施费}$$

$$\text{台班辅助设施费}=\frac{\left(\text{一次运输及装卸费}+\text{辅助材料一次摊销费}+\text{一次架线费}\right)\times\text{年运输次数}}{\text{年工作台班}}$$

（5）燃料动力费　燃料动力费是指机械在运转或施工作业中所耗用的固体燃料（煤炭、木材）、液体燃料（汽油、柴油）、电力、水和风力等费用。

定额机械燃料动力消耗量，以实测的消耗量为主，以现行定额消耗量和调查的消耗量为辅的方法确定。计算公式为

台班燃料动力消耗量 =（实测数 ×4 + 定额平均值 + 调查平均值）/6

台班燃料动力费 = 台班燃料动力消耗量 × 相应单价

（6）人工费　具体如下：

1）人工费指机上司机或副司机、司炉的基本工资和其他工资性津贴（年工作台班以外的机上人员基本工资和工资性津贴以增加系数的形式表示）。

2）工作台班以外机上人员人工费用，以增加机上人员的工日数形式列入定额，按下列公式计算：

台班人工费 = 定额机上人工工日 × 日工资单价

$$\text{定额机上人工工日}=\text{机上定员工日}\times(1+\text{增加工日系数})$$

$$\text{增加工日系数}=\left(\text{年日历天数}-\text{规定节假公休日}-\text{辅助工资中年非工作日}-\text{机械年工作台班}\right)\div\text{机械年工作台班}$$

增加工日系数取定 0.25。

（7）养路费及车船使用税　养路费及车船使用税是指机械按照国家有关规定应交纳的养路费和车船使用税，按各省、自治区、直辖市规定标准计算后列入定额，其计算公式为：

养路费及车船使用税 = 载质量（或核定自重吨位）×（养路费标准（元/t・月）×12 + 车船使用税标准（元/t・年））÷年工作台班

七、预算定额单价的确定

预算定额单价即定额基价，其表现形式有分部分项工程直接费单价和综合费用单价两种形式。

（1）分部分项工程直接费单价　计算式为：

分部分项工程直接费单价 = 分部分项工程人工费 + 材料费 + 机械费

其中：人工费 = 分部分项工程人工消耗量 × 人工工日预算单价

材料费 = Σ（分部分项工程材料耗用量 × 材料预算单价）

机械费 = Σ（分部分项工程机械台班耗用量 × 机械台班预算单价）

（2）分部分项工程综合费用单价　分部分项工程综合费用单价即在定额单价中除了直接费以外，还综合了其他费用，如管理费、利润等。

$$\text{分部分项工程综合费用单价}=\text{分部分项工程直接费}+\text{管理费}+\text{利润}$$

随着工程计价模式的改革，很多地区对工程价格的组成内容都重新进行了划分和组合，综合费用的内容、名称也各不相同。

第四节 概算定额和概算指标

一、概算定额

1. 概算定额的概念

建筑工程概算定额，是指在正常的施工生产条件下，完成一定计量单位的工程建设产品（扩大结构构件或分部扩大分项工程）所需要的人工、材料、机械消耗数量和费用的标准。

概算定额是在预算定额的基础上，按工程形象部位，以主体结构分部为主，将一些相近的分项工程预算定额加以合并，进行综合扩大编制的。它与预算定额相比，项目划分要综合，使概算工程量的计算和概算书的编制都比预算简化了许多，但精确度相对降低了。

概算定额的组成内容、表现形式和使用方法等与预算定额十分相似，也可划分为建筑工程概算定额和安装工程概算定额两大类。其中，建筑工程概算定额包括一般土建工程概算定额、给排水工程概算定额、采暖工程概算定额、通信工程概算定额、电气照明工程概算定额和工业管道工程概算定额等；设备安装工程概算定额主要包括机器设备及安装工程概算定额、电气设备及安装工程概算定额和工器具及生产家具购置费概算定额等。概算定额在编制过程中，与预算定额的水平基本一致，但两者在水平上需保留一个合理的幅度差。根据概算定额编制的设计概算是控制根据预算定额编制的施工图预算的依据。

2. 概算定额的作用

1）概算定额是编制投资计划控制投资的依据。

2）概算定额是编制设计概算，进行设计方案优选的重要依据。

3）概算定额是施工企业编制施工组织总设计的依据。

4）根据概算定额可以编制建设工程的标底或招标控制价、投标报价，进行工程结算。

5）概算定额是编制投资估算指标的基础。

3. 概算定额的编制原则

1）概算定额的编制深度要适应设计的要求。概算定额是初步设计阶段计算工程造价的依据，在保证设计概算质量的前提下，概算定额的项目划分应简明和便于计算。要求计算简单和项目齐全，但它只能综合，而不能漏项。在保证一定准确性的前提下，以主体结构分部工程为主，合并相关联的子项，并考虑应用电子计算机编制概算的要求。

2）概算定额在综合过程中，应使概算定额与预算定额之间留有余地，即两者之间将允许产生一定的幅度差，一般应控制在5%以内，这样才能使设计概算起到控制施工图预算的作用。

3）为了稳定概算定额水平，统一考核和简化计算工作量，并考虑到扩大初步设计图的深度条件，概算定额的编制尽量不留活口或少留活口。

4. 概算定额的编制依据

1）现行的设计标准规范。

2）现行的建筑安装工程预算定额。

3）现行的建筑安装工程单位估价表。

4）国务院各有关部门和各省、自治区、直辖市批准颁发的标准设计图集，以及有代表性的设计图等。

5）现行的概算定额及其编制资料。

6）编制期人工工资标准、材料预算价格、机械台班费用等。

5. 概算定额的编制步骤

编制概算定额的方法与步骤和编制综合预算定额的方法与步骤基本相同，所以其编制原理可参考综合预算定额的编制原理。概算定额的编制一般分为以下几个步骤：

（1）准备阶段　主要是成立编制机构，确定组成人员，进行调查研究，了解现行概算定额执行情况及存在的问题，明确编制范围及编制内容等。在此基础上，制定概算定额的编制细则和定额项目划分标准。

（2）编制阶段　根据已制定的编制细则、定额项目划分标准和工程量计算规则，对收集到的设计图、技术资料进行细致的测算和分析，编制出概算定额初稿；将该初稿的定额总水平与预算定额水平相比较，分析二者在水平上的一致性，并进行必要的调整。

（3）审批阶段　在征求意见修改之后，形成审批稿，再经批准后即可交付印刷。

6. 概算定额的内容

概算定额的内容与预算定额基本相同。表2-4是某一地区的概算定额项目表的具体形式。

表2-4　基础　　（定额单位：m^3）

编　号				1—2	
名　称				砖　基　础	
基价/元				117.49	
其中	人工费/元			20.59	
	材料费/元			96.40	
	机械费/元			0.52	
预算定额编号	工程名称	单价	单位	数量	合价
3—1	砖基础	103.21	m^3	1	103.21
1—16	人工挖地槽	1.73	m^3	2.15	3.72
1—59	人工夯填土	1.42	m^3	1.22	1.73
1—54	人工运土	2.21	m^3	3.05	6.74
8—19	水泥砂浆防潮层	4.45	m^3	0.47	2.09
人工	合计		工日	2.12	
主要材料	砖		块	522	
	水泥		kg	49	
	砂子		m^3	0.28	

二、概算指标

1. 概算指标的概念

概算指标以统计指标的形式反映工程建设过程中生产单位合格工程建设产品所需资源消耗量的水平。它比概算定额更为综合和概括，通常是以整个建筑物和构筑物为对象，以建筑面积、体积或成套设备装置的台或组为计量单位，包括人工、材料和机械台班的消耗量标准和造价指标。

2. 概算指标的作用

1）概算指标可以作为编制投资估算的参考。

2）概算指标中的主要材料指标可作为匡算主要材料用量的依据。

3）概算指标是设计单位进行设计方案比较和建设单位选址的依据。

4）概算指标是编制固定资产投资计划，确定投资额的主要依据。

3. 概算指标的编制原则

1）按平均水平确定概算指标的原则。在我国社会主义市场经济条件下，概算指标作为确定工程造价的依据，必须满足价值规律的客观要求，在编制时必须按社会必要劳动时间，贯彻平均水平的编制原则。只有这样才能使概算指标合理确定和控制工程造价的作用得到充分发挥。

2）概算指标的内容和表现形式，要贯彻简明适用的原则。概算指标从形式到内容应简明易懂，要便于在使用时根据拟建工程的具体情况进行必要的调整换算，能在较大范围内满足不同用途的需要。

3）概算指标的编制依据必须具有代表性。编制概算指标所依据的工程设计资料必须是有代表性的，技术上是先进的，经济上是合理的。

4. 概算指标的编制依据

以建筑工程为例，建筑工程概算指标的编制依据有：

1）各种类型工程的典型设计和标准设计图。

2）现行建筑工程预算定额和概算定额。

3）当地材料价格、工资单价、施工机械台班费、间接费定额。

4）各种类型的典型工程结算资料。

5）国家及地区的现行工程建设政策、法令和规章。

5. 概算指标的表现形式

按具体内容和表示方法的不同，概算指标一般有综合指标和单项指标两种形式。

综合指标是以一种类型的建筑物或构筑物为研究对象，以建筑物或构筑物的体积或面积为计量单位，综合了该类型范围内各种规格的单位工程的造价和消耗量指标而形成的，它反映的不是具体工程的指标，而是一类工程的综合指标，是一种概括性较强的指标。其格式见表2-5～表2-7。

单项指标则是一种以典型的建筑物或构筑物为分析对象的概算指标，仅仅反映某一具体工程的消耗情况，其格式见表2-8。

表 2-5　各类工业项目投资参考指标

序号	项　　目	投资分配					
		建筑工程			设备及安装工程		其他
		工业建筑	民用建筑	厂外工程	设备	安装	
1	冶金工业	33.4	3.5	1.3	48.2	5.7	7.9
2	电工器材工业	7.7	5.4	0.8	1.7	2.2	12.2
3	石油工业	22	3.5	1	50	10	13.5
4	机械制造工业	27	3.9	1.3	56	2.3	9.5
5	化学工业	33	3	1	46	11	9
6	建筑材料工业	5.6	3.1	3.5	50	2.8	7.8
7	轻工业	25	4.4	0.5	55	6.1	9
8	电力工业	30	1.6	1.1	51	13	3.3
9	煤炭工业	41	6	2	38	7	6
10	食品工业（冻肉厂）	55	3	0.5	30	9	2.5
11	纺织工业（棉纺厂）	29	4.5	1	53	4	8.5

表 2-6　建筑工程每 $100m^2$ 工料消耗指标

项　　目	人工及主要材料												
	人工	钢材	水泥	模板	成材	砖	黄砂	碎石	毛石	石灰	玻璃	油毡	沥青
	工日	t	t	m^3	m^3	千块	t	t	t	t	m^2	m^2	kg
工业与民用建筑综合	315	3.04	13.57	1.69	1.44	14.76	44	46	8	1.48	18	110	240
（一）工业建筑	340	3.94	14.45	1.82	1.43	11.56	46	51	10	1.02	18	133	300
（二）民用建筑	277	1.68	12.24	1.50	1.48	19.58	42	36	6	2.63	17	67	160

表 2-7　办公楼技术经济指标汇总表

层数及结构形式		2层 混合结构	4层 混合结构	6层 框架结构	9层 框架结构	12层 框架结构	29层 框剪结构
总建筑面积	m^2	435	1377	4865	5378	14800	21179
总造价	万元	27.8	86.7	243	309	1595	2008
檐高	m	7.1	13.5	23.4	29	46.9	90.9
工程特征及设备选型		混合结构钢筋混凝土带基，桩基（0.2m × 0.2m × 8m × 109 根），铝合金茶色玻璃窗，硬木弹簧门，外墙石屑砂浆面层，内墙刷乳胶漆，2件卫生洁具	混合结构，无梁带基，外墙刷 PA-1 涂料，2 件卫生洁具，吊扇，立式空调器，50 门电话交换机 1 套	框架结构，钢筋混凝土有梁满堂基础，内外墙面刷涂料，地面做 777 涂料，吊扇，50 门共电式交换机 1 套，窗式空调器，2t 电梯 1 台	框架结构，独立柱基，桩基（0.4m × 0.4m × 26.5m × 365 根），铝合金门窗，外墙做水刷石，地面做 777 涂料，2 件卫生洁具，吊扇，1t 电梯 2 台	框架结构，独立柱基，桩基（0.4m × 0.4m × 7m × 262 根），古铜色铝合金茶色玻璃门窗，外墙石屑砂浆面层，局部泰山面砖，彩磨地面，2 件卫生洁具，窗式空调器，400 门自动电话交换机，1t 电梯 3 台	框剪结构，箱基（底板厚为 1200），桩基（0.45m × 0.45m × 38.2m × 251 根），铝合金弹簧门，铝合金窗，外墙贴马赛克，局部轻钢龙骨吊顶，水磨石地面，3 件卫生洁具，0.5t 电梯 2 台，1t 电梯 4 台

（续）

层数及结构形式			2层 混合结构	4层 混合结构	6层 框架结构	9层 框架结构	12层 框架结构	29层 框剪结构
每 $1m^2$ 建筑面积总造价/元			639	631	500	573	1078	948
其中：土建			601	454	382	453	823	744
设备			35	176	112	115	242	191
其他			3	1	6	5	13	13
主要材料消耗指标	水泥	kg/m^2	251	212	234	247	292	351
	钢材	kg/m^2	28	28	55	57	79	74
	钢模	kg/m^2	1.2	2.2	2.5	3	5.2	7.4
	原木	m^3/m^2	0.022	0.018	0.015	0.023	0.029	0.018
	混凝土折厚	cm/m^2	19	12	23	54	48	58

表2-8 某12层框架结构办公楼技术经济指标明细

项目名称	办 公 楼			每 $1m^2$ 主要材料及其他指标	水泥			292
檐高/m	46.9	建筑占地面积/m^2	2455		钢材		kg/m^2	79
层数/层	12	总建筑面积/m^2	14800		钢模		kg/m^2	5.20
层高/m	3.6	其中：地上面积/m^2	1595		原木		m^3/m^2	0.029
开间/m	7	地下面积/m^2			混凝土折厚	地上	cm/m^2	30
进深/m	6	总造价/万元	1595			地下	cm/m^2	9
间	132	单位造价/（元/m^2）	1078			桩基	cm/m^2	102
工程特征	框架结构，独立桩基，桩基（0.4m×0.4m×17m×262根，0.45m×0.45m×30m×294根），古铜色铝合金茶色玻璃门窗，外墙石屑砂浆面层，局部泰山面砖，内墙乳胶漆，彩色水磨石地面							
设备选型	2件卫生洁具，局部窗式空调器，400门自动电话交换机1套，3台1t全自动电梯							

项目名称	总值/元	占分部造价比例（%）	占总造价比例（%）	技术经济指标				
				单位	数量	单价1	单价2	单价3
土建	6290330	100	70.2	m^2	14800	425	823	1440
地上部分	5145700	81.8		m^2	14800	348	674	1180
地下部分								
打桩	1144640	18.2		m^2	14800	78	144	252
设备	2469710	100	27.6	ml	14800	167	242	424
给排水	209510	8.5		m^2	14800	14	20	35
照明、防雪	284880	11.5		m^2	14800	19	28	49
电力	38790	1.6		kW	273	142	206	361
空调	190160	7.7		m^2	14800	13	19	33
弱电	1359360	55.0		m^2	14800	91	132	231

（续）

项目名称	总值/元	占分部造价比例（%）	占总造价比例（%）	技术经济指标				
				单位	数量	单价1	单价2	单价3
动力	9940	0.4		m^2	14800	0.63	0.91	2
冷冻设备	53780	2.2		kcal	184000	0.29	0.42	0.74
电梯	323210	13.1		台	3	107360	155672	272426
其他费用	194750		2.2	m^2	14800	13	13	23
合计	8954790		100	m^2	14800	605	1078	1887

注：1cal =4.1855J。

6. 概算指标的编制方法

单项指标的编制较为简单，按具体的设计施工图和预算定额编制工程预算书，算出工程造价及资源消耗量，再将其除以建筑面积，即得单项指标。

综合指标的编制是一个综合过程，其基本原理是将不同工程的单项指标进行加权平均，计算能综合反映一般水平的单位造价及资源消耗量指标，该指标即为工程的综合指标。

第五节　投资估算指标

一、概念

投资估算指标是编制建设项目建议书、可行性研究报告等前期工作阶段投资估算的依据，也可以作为编制固定资产长远规划投资额的参考。投资估算指标为完成项目建设的投资估算提供依据和手段，它在固定资产的形成过程中起着投资预测、投资控制、投资效益分析的作用，是合理确定项目投资的基础。估算指标中的主要材料消耗量也是一种扩大材料消耗指标，可以作为计算建设项目主要材料消耗量的基础。估算指标的正确制定和合理使用，对于提高投资估算的准确度、对建设项目的合理评估和正确决策具有重要的意义。

二、投资估算指标的作用

同概算定额和预算定额一样，投资估算指标是与建设程序各个阶段相适应的多次性估价的产物，主要作用是：

1）作为编制投资估算的依据。

2）对建设项目进行合理评估、正确决策的依据。

3）编制基本建设计划、申请投资拨款和制订资源使用计划的依据。

4）考核投资效果的依据。

三、投资估算指标的内容

投资估算指标是确定和控制建设项目全过程各项投资支出的技术经济指标，其范围涉及建设前期、建设实施期和竣工验收交付使用期等各个阶段的费用支出，内容因行业不同而各异，一般可分为建设项目综合指标、单项工程指标和单位工程指标三个层次。

1. 建设项目综合指标

建设项目综合指标指按规定应列入建设项目总投资的从立项筹建开始至竣工验收交付使用的全部投资额，包括单项工程投资、工程建设其他费和预备费等。建设项目综合指标一般以项目的综合生产能力单位投资表示，例如元/t、元/kW；或以使用功能表示，例如医院床位：元/床等。

我国建设工程投资估算指标大多数是由国务院各部委或中央级专业公司制定和发布的，投资估算指标的种类非常多，如国家计委颁发的《建设项目经济评价办法与评价指标》、化工部颁发的《化工装置投资估算指标》、中国石油化工总公司颁布的《石油化工安装工程概算指标》等。我国各部门制定的建设工程投资估算指标内容和表现形式，结合各自行业的特点各有不同，应具体参照其编制的原则和使用说明执行。

2. 单项工程指标

一般建设工程投资估算指标太粗略，所以，如果能够具有更详细的技术资料和单项工程指标的话，可以将整个建设工程分解为若干个单项工程，使用单项工程指标分别估算各个单项工程的造价，再估算设备与工器具购置费、工程建设其他费用和固定资产调节税等，最后综合成为整个建设工程的总造价，这样就比采用建设工程投资估算指标更为准确了。

单项工程指标指按规定应列入能独立发挥生产能力或使用效益的单项工程内的全部投资额，包括建筑工程费、安装工程费、设备及生产工器具购置费和其他费用。单项工程一般划分原则如下：

（1）主要生产设施　指直接参加生产产品的工程项目，包括生产车间或生产装置。

（2）辅助生产设施　指为主要生产车间服务的工程项目，包括集中控制室、中央实验室，机修、电修、仪器仪表修理及木工等车间，原材料、成品、半成品及危险品仓库。

（3）公用工程　包括给排水系统、供热系统、供电及通信系统，以及热电站、热力站、煤气站、空压站、冷冻站、冷却塔和全厂管网等。

（4）环境保护工程　包括废气、废渣、废水等的处理和综合利用设施及全厂性绿化。

（5）总图运输工程　包括厂区防洪、围墙大门、传达及收发室、汽车库、消防车库、厂区道路、桥涵、厂区码头及厂区大型土石方工程。

（6）厂区服务设施　包括厂部办公室、厂区食堂、医务室、浴室、哺乳室、自行车棚等。

（7）生活福利设施　包括职工宿舍、住宅、生活区食堂、职工医院、俱乐部、托儿所、幼儿园、子弟学校、商业服务点，以及与之配套的设施。

（8）厂外工程　例如水源工程，厂外输电、输水、排水、通信、输油等管线，以及公路、铁路专用线等。

单项工程指标一般以单项工程生产能力单位投资表示。例如，变配电站：元/(kV·A)；锅炉房：元/t（蒸气）；供水站：元/m^3；办公室：元/m^2 等。

3. 单位工程指标

这一层次的技术经济指标也可称为概算指标，是比概算定额更为综合和概括的一类定额。它主要以单位建筑或安装工程为估算对象，对各类建筑物以建筑面积、建筑体积或万元造价为计量单位，对构筑物以座为计量单位，对安装工程以“台、套”等为计量单位所整理的造价和人工、主要材料用量等的指标。

如果采用单项工程指标还是比较粗略的话，还可以按照相关的技术资料和单位工程指标将单项工程划分为若干个单位工程，然后采用单位工程指标分别估算各个单位工程的造价，再将其汇总，便得到整个单项工程的造价。所以，如果能够将建设项目按照一定的技术与经济资料划分到单位工程，这时利用单位工程指标就能够更加准确地估算整个建设工程的造价。

第六节　定额计价方法

在我国现阶段，工程造价的计算方法有两种，即定额计价法和工程量清单计价法。我国正处于从传统的定额计价模式向国际通用的工程量清单计价模式的转变阶段。

一、定额计价法概述

建设工程定额计价是我国在很长一段时间内工程造价计算中采用的计价模式，即以各类建设工程定额为依据，按照定额规定的分部分项子项目名称及工程量计算规则，逐项计算工程量，套用相应子项目的定额单价确定直接费，然后按照相应的费用定额规定的取费标准及计算方法，计算构成工程价格的其他费用、利润和税金，最后汇总得到建筑、安装工程价格。

定额计价是我国采用的一种与计划经济相适应的工程造价计价模式，是国家通过颁布统一的计价定额对建筑产品价格进行计划管理，其单位工程定额计价程序示意如图 2-3 所示。

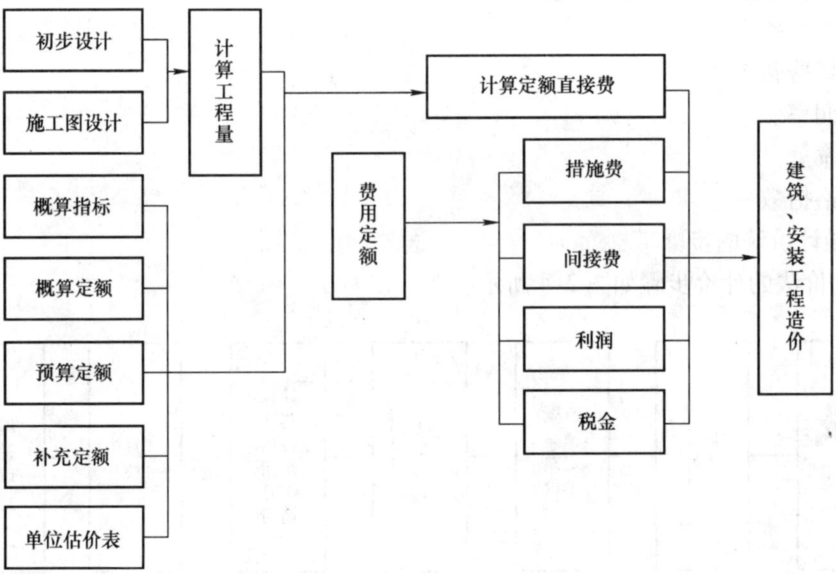

图 2-3　单位工程定额计价程序示意图

从上述定额计价的程序示意图中可以看出，编制建设项目单位工程造价最基本的内容有两个：工程量计算和工程计价。定额计价方法的特点就是量与价的结合，根据概算定额或预算定额中的消耗量标准、价格标准，采用规定的计算程序，计算出单位工程造价。定额计价方法充分考虑了全社会在工程建设中的平均消耗和管理水平，但同时也忽略了单个企业在项目管理和项目建设中消耗的差异性，使得许多技术水平、管理水平和消耗水平有优势的企业无法转化成工程价格优势和竞争优势，也难以形成市场竞争激励机制，与市场经济规律不相适宜。

按照定额计价办法，建筑工程造价由工程成本（直接费、间接费）、利润和税金组成。直接费包括定额直接费、措施费和价差调整，间接费包括企业管理费和规定费用。

二、定额计价的依据和步骤

工程造价计算依据是指在计算工程造价时所依据的各类基础资料的总称。由于影响工程造价的因素很多，每一项工程的造价都要根据工程的用途、类别、建设标准、设计图、结构特征、所在地区、建设地点、市场造价信息，以及政府的有关政策具体计算。所以在采用定额计价法计算单位工程价时，其计算依据主要有以下几个方面。

1. 定额计价依据

（1）计算工程量的依据　具体如下：

1）设计图和相关资料。

2）定额中的或与定额相配套的工程量计算规则。

（2）计算人、材、机消耗量及定额直接费的依据　具体如下：

1）预算定额、概算定额或概算指标。

2）人工、材料、机械台班市场价格。

（3）计算其他费用的依据　具体如下：

1）措施费费率。

2）间接费费率。

3）利润率。

4）税率。

5）价格指数

2. 定额计价法的步骤

定额计价法的计价步骤如图 2-4 所示。

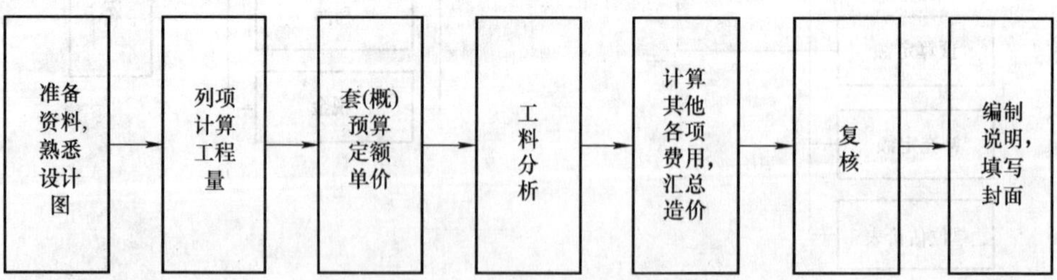

图 2-4　定额计价法的计价步骤示意图

本节内容学习时要注意与当地建设主管部门所规定的计价办法相结合。以下以某地区建筑工程定额计价办法为例介绍每种费用的计算。

三、定额直接费

定额直接费包括完成工程实体项目所需的人工费、材料费、机械费。

1. 人工费

人工费是指直接从事建筑安装工程施工的生产工人开支的各项费用，如瓦工、木工的工资。构成人工费的基本要素有两个，即工日消耗量和人工工日单价。

分项工程工日消耗量 = 分项工程工程量 × 该分项人工工日定额含量

分项工程人工费 = 分项工程工日消耗量 × 人工工日单价

单位工程人工费 = Σ 分项工程人工费

2. 材料费

材料费是指施工过程中耗用的构成工程实体的原材料、辅助材料、构配件、零件、半成品的费用。构成材料费的两个基本要素是材料消耗量和材料单价。

分项工程某种材料消耗量 = 分项工程工程量 × 该分项工程相应材料定额含量

分项工程材料费 = Σ（分项工程某种材料消耗量 × 相应材料单价）

单位工程材料费 = Σ 分项工程材料费

3. 机械费

机械费即施工机械使用费，是指使用施工机械作业所发生的机械使用费，以及机械安拆和进出场费。构成施工机械使用费的基本要素是机械台班消耗量和机械台班单价。

分项工程某种机械台班消耗量 = 分项工程工程量 × 该分项相应机械台班定额含量

分项工程机械费 = Σ（分项工程某种机械台班消耗量 × 相应机械台班单价）

单位工程机械费 = Σ 分项工程机械费

所以：

单位工程定额直接费 = 单位工程人工费 + 单位工程材料费 + 单位工程机械费

或

单位工程定额直接费 = 工程量 × 分项工程定额基价

建设工程预算定额中规定了各分项工程人、材、机的消耗量及其单价，根据所计算的各分项工程工程量，查找相应定额，即可计算出定额直接费。

例 2-5 某二层砖混结构一砖厚标准机砖墙体，采用 M2.5 混合砂浆砌筑，根据某地区预算定额中工程量计算规则，计算出工程量为 $100m^3$，试根据相关定额计算其人工费、材料费、机械费和定额直接费。

解：根据某地区预算定额查找单价（见表 2-9）。根据题意可知一砖厚墙体 M2.5 混合砂浆砌筑子定额项目为 3-6。

下面计算 M2.5 混合砂浆砌筑一砖厚标准机砖墙体的人工费、材料费和机械费。

(1) 人工费。

人工费 = 工日消耗量 × 人工日工资单价

= 工程量 × 工日定额含量 × 工日单价

=（10 × 13.580 × 43）元 = 5839.40 元

或从定额栏目表中直接查取，人工费 =（10 × 583.94）元 = 5839.40 元

表2-9 标准机砖实心砖墙

工作内容：1. 调运砂浆、运砌砖。2. 安放木砖、铁件。 （单位：$10m^3$）

定额编号			3-6	3-6	3-7	3-8
项目			砖墙			
			1砖以上	1砖	3/4砖	1/2砖
基价/元			2421.31	2435.68	2583.15	2623.89
其中	人工费/元		572.33	583.94	728.42	746.91
	材料费/元		1829.82	1833.19	1836.80	1861.52
	机械费/元		19.16	18.55	17.93	15.46
名称	单位	单价/元	数量			
定额工日	工日	43.00	13.310	13.580	16.940	17.370
混合砂浆M5砌筑砂浆	m^3	153.39	—	—	—	2.030
混合砂浆M2.5砌筑砂浆	m^3	147.89	2.480	2.370	2.280	—
机砖240mm×115mm×53mm	千块	280.00	5.210	5.280	5.340	5.520
水	m^3	4.05	1.050	1.060	1.090	1.120
灰浆搅拌机200L	台班	61.82	0.310	0.300	0.290	0.250

（2）材料费。

材料费 = ∑(材料消耗量×材料单价) = ∑(工程量×相应材料定额含量×相应材料单价)

= [(10×2.370×147.89)+(10×5.280×280.00)+(10×1.060×4.05)]元

= 18331.90元

或从定额栏目表中直接查取，材料费 = (1833.19×10)元 = 18331.90元

（3）机械费。

机械费 = 机械台班消耗量×机械台班单价 = 工程量×机械台班定额含量×机械台班单价

= (10×0.30×61.82)元 = 185.46元

或从定额栏目表中直接查取，人工费 = (18.55×10)元 = 185.50元

（4）定额直接费。

定额直接费 = 人工费 + 材料费 + 机械费

= (5839.40 + 18331.90 + 185.46)元 = 24356.76元

或：定额直接费 = 工程量×定额基价 = 10×2435.68元/$10m^3$

= 24356.80元

四、措施费

措施费包括技术措施费和组织措施费。

1. 技术措施费

技术措施费指为保证工程顺利进行，按照国家现行有关建筑工程规范、规程要求必须采

取相应的技术措施所需的费用。

技术措施费包括施工排水、降水费，大型机械场外运输及安拆费，脚手架使用费，混凝土模板使用费，垂直运输费等，施工图预算和招标控制价按预算定额的规定计算。在投标报价时，施工单位可参照预算定额的相关规定，结合工程情况、施工方案、企业的技术装备等因素自主报价。

2. 组织措施费

组织措施费不是强制性计费，应根据工程情况、施工方案和市场因素而定。投标报价时，在确保工程质量、合理工期和不低于成本价的前提下，参照以下计算方法自主浮动。

(1) 安全文明措施费　安全文明措施费包括环境保护费、文明施工费、安全施工费、临时设施费。安全文明措施费，以定额人工费为基数，乘以相应的费率计算。不同的专业工程有不同的费率，建筑工程的费率为17.76%。

安全文明措施费列入不可竞争费用，有关单位在编制工程预算、标底或招标控制价和投标报价时，应按规定足额计取安全文明措施全部费用，在工程造价结算和审核时，按工程造价管理机构核发的安全文明施工措施费费率核定表对造价进行调整。

(2) 材料二次搬运费　现场材料因场地狭小等情况发生的二次搬运可计算材料二次搬运费。按施工现场总面积与新建工程首层建筑面积的比例，以定额综合工日合计为基数乘以相应的二次搬运费费率计算。二次搬运费费率见表2-10。

表2-10　二次搬运费费率

序号	现场面积/首层面积	二次搬运费费率/（元/工日）
1	≥4.5	0
2	>3.5	1.02
3	>2.5	1.36
4	>1.5	2.04
5	≤1.5	3.40

(3) 夜间施工增加费　当合同工期小于定额工期时，可计算夜间施工增加费。夜间施工增加费，按合同工期与定额工期的比值，以定额综合工日合计数为基数，乘以相应的夜间施工增加费率计算。夜间施工增加费费率见表2-11。

表2-11　夜间施工增加费费率

序号	合同工期/定额工期	夜间施工增加费费率/（元/工日）
1	$1>t>0.9$	0.68
2	$t>0.8$	1.36

(4) 冬、雨期施工增加费　冬、雨期施工增加费是指在冬、雨期施工期间，采取防寒保温或防雨措施所增加的费用。当合同工期小于定额工期时，可计算冬、雨期施工增加费。冬、雨期施工增加费按合同工期与定额工期的比值，以定额综合工日合计数为基数，乘以相应的冬、雨期施工增加费率计算。冬、雨期施工增加费费率见表2-12。

表 2-12 冬、雨期施工增加费费率

序号	合同工期/定额工期	缩短工期增加费费率（%）
1	$1>t>0.9$	0.68
2	$t>0.8$	1.29

3. 其他措施费用

根据工程和现场因素可能发生的如地上、地下设施，建筑物的临时保护设施，已完工程及设备的保护等的费用，可根据具体情况进行计算。

五、价差

1. 人工费差价

人工费差价，参照工程造价管理机构发布的价格信息中的人工费指导价计算，并在合同中约定调整办法。人工费的调整办法，由省级工程造价管理部门根据有关政策制定。人工费差价调整公式为：

人工费差价 = 综合工日合计数 ×（人工工日指导单价 - 定额中的人工工日单价）

2. 材料费差价

材料费差价是指工程所在地材料价格与定额中取定的材料价格之间的差价，内容包括主要材料差价和辅助材料差价。

主要材料可参照工程施工期工程造价管理机构发布的价格信息进行调整，缺项者可参照市场价，也可由承发包双方在合同中约定调价办法。

占材料费比例很小的辅助材料，为方便计算，一般不调整差价；确因市场变化大需要调整时，按工程造价管理机构发布的调整办法计算差价。

水电费差价根据各市工程造价管理机构颁布的有关文件调整。

3. 机械费差价

按省级工程造价管理机构颁布的有关文件进行调整。

机械费差价按文件调整，这主要是因为：一是机械的租赁市场没有形成；二是机械台班单价计算要考虑折旧费、大修理费、经常修理费、车船使用税等，比较麻烦，因此，由省建设行政主管部门统一发文调整，便于实际操作。

六、间接费

间接费包括企业管理费和规费。

1. 企业管理费

企业管理费直接从定额子目中分析得到。

2. 规费

规费由工程排污费、工程定额测定费、社会保障费（养老保险费、失业保险费、医疗保险费）、住房公积金和意外伤害保险费组成。工程排污费按实际发生额计算，工程定额测定费已于2009年取消。其他规费应以定额综合工日合计为基数乘以相应的费率计算，社会保障费率为7.48、住房公积金费率为1.70、意外伤害保险费率为0.60。

规费在招标控制价、施工图预算和投标报价中应足额计算，专款专用，属不可竞争费用。

七、利润

利润是施工企业完成所承包工程而合理收取的酬金，是工程价格的组成部分。

在编制招标控制价和施工图预算时，按定额中确定的利润计取办法计算。在投标报价时，施工企业可以根据工程情况、企业情况和市场因素，自主确定。

八、其他费用

其他费用包括总承包服务费、优质优价奖励费、检测费等。

1. 总承包服务费

业主将部分专业工程单独发包给其他承包人，与主体发生交叉施工，或虽不发生交叉施工，但要求主体施工单位履行总包责任（现场协调、竣工验收资料整理等），业主应向总包单位支付总承包服务费，支付额度按单独承包专业工程造价的2%～4%计算。工程招标时，业主在招标文件中应明确总包责任，并确定具体的服务费系数，以便承包单位应标并进行竞争。

2. 优质优价奖励费

优质优价奖励费应按合同约定计取。

3. 检测费

检测费是指对构件所做破坏性试验及其他特殊要求检验试验的费用，新结构、新材料的试验费，业主对具有出厂合格证明的材料进行检验的费用等，属于非承包方原因所发生的费用。该费用按实际发生额计算应由业主支付。如需承包方代付者，应依实计入税前工程造价。

九、税金

税金指国家税法规定的应计入建筑工程造价内的营业税、城市建设维护税、教育费附加和地方教育费附加。

1）纳税地点在市区（包括郊区）的应计综合税率为3.477%。

2）纳税地点在县城、镇的应计综合税率为3.413%。

3）纳税地点不在市区、县城或镇的应计综合税率为3.284%。

税金按国家规定，以定额直接费、措施费、差价、间接费、利润、其他费用之和为计费基数进行计算。税金属于不可竞争费用。

某地区建筑工程采用定额计价法计算工程造价的计价程序见表2-13。

表2-13　某地区建筑工程工程造价计价程序

序号	费用项目		计算公式	备注
1	定额直接费	1）人工费	定额分析	
2		2）材料费	定额分析	
3		3）机械费	定额分析	
4		小计	(1)+(2)+(3)	
5		综合工日	定额分析	

（续）

序号	费用项目			计算公式	备注
6	措施费	1）技术措施费		定额分析	
7	措施费	2）安全文明措施费		(5)×34元/工日×费率	不可竞争费项
8	措施费	3）二次搬运费		(5)×费率	
9	措施费	4）夜间施工措施费		(5)×费率	
10	措施费	5）冬、雨期施工措施费		(5)×费率	
11	措施费	6）其他			
12	措施费	小计		∑(6)~(11)	
13	调整	1）人工费差价			按合同约定
14	调整	2）材料费差价			按合同约定
15	调整	3）机械费差价			按合同约定
16	调整	4）其他			按合同约定
17	调整	小计		∑(13)~(16)	
18	直接费小计			(4)+(12)+(17)	
19	间接费	1）企业管理费		定额分析	
20	间接费	2）规费	① 工程排污费	按实际发生额计	
21	间接费	2）规费	② 定额测定费		国家2009年1月1日取消
22	间接费	2）规费	③ 社会保障费	(5)×7.48（元/工日）	不可竞争费项
23	间接费	2）规费	④ 住房公积金	(5)×1.7（元/工日）	不可竞争费项
24	间接费	2）规费	⑤ 意外伤害保险	(5)×0.6（元/工日）	不可竞争费项
25	间接费小计			∑(19)~(24)	
26	工程成本			(18)+(25)	
27	利润			综合单价分析	
28	其他费用	1）总承包服务费		业主分包专业造价×费率	或按实际发生计算
29	其他费用	2）优质优价奖励费			按合同约定
30	其他费用	3）检测费			按实际发生计算
31	其他费用	4）其他			按实际情况计算
32	其他费用小计			∑(28)~(31)	
33	税前造价合计			(26)+(27)+(32)	
34	税金			(33)×综合税率	
35	工程造价合计			(33)+(34)	

复 习 题

1. 什么是预算定额？
2. 简述企业定额编制的原理。
3. 预算定额人工消耗量包括哪些内容？
4. 简述材料预算价格的概念及主要内容。
5. 什么是单位估价表？其计价是如何确定的？
6. 人工时间消耗的内容是什么？
7. 某工程定额直接费合计为120万元，以本地区建筑工程计价办法为依据计算该工程的工程造价。

第三章 工程量清单计价方法

3

第一节 工程量清单的概念和内容

工程量清单计价是改革和完善工程价格管理体制的一个重要的组成部分。工程量清单计价方法相对于传统的定额计价方法是一种新的计价模式，或者说，是一种市场定价模式。工程量清单计价是由建设产品的买方和卖方在建设市场上根据供求状况、信息状况进行自由竞价，从而最终能够签订工程合同价格的方法。在工程量清单的计价过程中，工程量清单为建设市场的交易双方提供了一个平等的平台，是投标人在投标活动中进行公正、公平、公开竞争的重要基础。

工程量清单计价是国际上普遍采用的工程招标投标时合同价格的计算方式，已有上百年历史，规章制度完善成熟。在我国，工程量清单计价是一种全新的计价模式，与过去几十年来一直沿用的定额计价法相比，有着完全不同的内容。工程量清单计价包括招标控制价和投标报价。招标控制价是由招标人或受其委托的工程造价咨询人编制的招标人能够接受的最高投标限价。投标报价是投标人投标时所报出的投标总价。

为了全面推行工程量清单计价，2003 年 2 月 17 日，建设部以第 119 号公告批准发布了 GB 50500—2003《建设工程工程量清单计价规范》，自 2003 年 7 月 1 日起实施，在执行中，反映出一些不足之处。为了进一步完善工程量清单计价工作，住房和城乡建设部在 2008 年发布了 GB 50500—2008《建设工程工程量清单计价规范》（以下简称 2008 版《清单计价规范》），从 2008 年 12 月 1 日起实施。2008 版《清单计价规范》实施以来，对规范工程实施阶段的计价行为起到了良好的作用，得到了工程建设领域充分的肯定。但是由于相关法律法规的变化、实践中存在的一些问题、科技的新发展（新技术、新材料、新工艺）等因素，为了更加广泛深入地推行工程量清单计价，规范建设工程发承包双方的计量、计价行为，2013 年在 2008 版《清单计价规范》的基础上，住房和城乡建设部、国家质量监督检验检疫总局联合发布了新的计价规范和计量规范。计价规范是 GB 50500—2013《建设工程工程量清单计价规范》（以下简称 2013 版《清单计价规范》），计量规范共 9 本，具体为：GB 50854—2013《房屋建筑及装饰工程工程量计算规范》、GB 50855—2013《仿古建筑工程工程量计算规范》、GB 50856—2013《通用安装工程工程量计算规范》、GB 50857—2013《市政工程工程量计算规范》、GB 50858—2013《园林绿化工程工程量计算规范》、GB 50859—2013《矿山工程工程量计算规范》、GB 50860—2013《构筑物工程工程量计算规范》、GB

50861—2013《城市轨道交通工程工程量计算规范》、GB 50862—2013《爆破工程工程量计算规范》。

一、工程量清单的概念

工程量清单是指载明建设工程分部分项工程项目、措施项目、其他项目的名称和相应数量以及规费、税金项目等内容的明细清单。在建设工程发承包及实施过程的不同阶段，工程量清单又可分别称为招标工程量清单和已标价工程量清单。招标工程量清单是指招标人依据国家标准、招标文件、设计文件以及施工现场实际情况编制的，随招标文件发布供投标报价的工程量清单，包括其说明和表格。已标价工程量清单是指构成合同文件组成部分的投标文件中已标明价格，经算术性错误修正（如有）且承包人已确认的工程量清单，包括其说明和表格。

招标工程量清单应由招标人编制，若招标人不具备编制工程量清单的能力，可委托具有工程造价咨询资质的工程造价咨询人编制。

采用工程量清单方式招标发包的建设工程项目，招标工程量清单必须作为招标文件的组成部分，招标人应将招标工程量清单连同招标文件的其他内容一并发给（或发售）投标人。招标人对招标工程量清单编制的准确性和完整性负责。投标人必须按招标工程量清单填报价格，对工程量清单不负有核实的义务，更不具有修改和调整的权利。在履行施工合同过程中发现招标工程量清单漏项或错算，引起的合同价款调整应有招标人承担。

招标工程量清单是工程量清单计价的基础，应作为编制招标控制价、投标报价、计算或调整工程量、索赔等的依据之一。

在理解招标工程量清单的概念时，首先应注意到，招标工程量清单是一份由招标人提供的文件，编制人是招标人或其委托的工程造价咨询人。其次，在性质上说，招标工程量清单是招标文件的组成部分，一经中标且签订合同，即成为合同的组成部分。因此，无论招标人还是投标人都应该慎重对待。

二、招标工程量清单的内容

招标工程量清单作为招标文件的组成部分，一个最基本的功能是作为信息的载体，以便投标人能对工程有全面充分的了解。从这个意义上讲，招标工程量清单的内容应全面、准确。招标工程量清单主要包括招标工程量清单总说明和招标工程量清单表两部分。

1. 招标工程量清单总说明

招标工程量清单总说明主要是招标人解释拟招标工程的工程量清单的编制依据以及编制范围，明确清单中的工程量是招标人根据拟建工程设计文件预计的工程量，仅作为编制招标控制价和各投标人进行投标报价的共同基础，结算时的工程量应按发、承包双方在合同中约定应予计量且实际完成的工程量确定，提示投标人重视清单以及如何使用清单。

招标工程量清单总说明包括：工程概况、工程招标范围、工程量清单编制依据以及其他需要说明的问题。

2. 招标工程量清单表

招标工程量清单表作为清单项目和工程数量的载体，是工程量清单的重要组成部分。招标工程量清单表包括分部分项工程量清单表、措施项目清单表、其他项目清单表、规费项目清单表、税金项目清单表等。2013 版《清单计价规范》的分部分项工程量清单表格式见表 3-1，它是将 2008 版《清单计价规范》中“分部分项工程量清单与计价表”和“措施项目清单与计价表”合并形成的。

表 3-1　分部分项工程和单价措施项目清单与计价表

工程名称：(招标项目名称)　　标段：　　　　　　　　　　　　　　共　页　第　页

<table>
<tr><th rowspan="3">序号</th><th rowspan="3">项目编码</th><th rowspan="3">项目名称</th><th rowspan="3">项目特征描述</th><th rowspan="3">计量单位</th><th rowspan="3">工程量</th><th colspan="3">金额/元</th></tr>
<tr><th rowspan="2">综合单价</th><th rowspan="2">合价</th><th>其中</th></tr>
<tr><th>暂估价</th></tr>
<tr><td>1</td><td></td><td></td><td></td><td></td><td></td><td></td><td></td><td></td></tr>
<tr><td>2</td><td></td><td></td><td></td><td></td><td></td><td></td><td></td><td></td></tr>
<tr><td>3</td><td></td><td></td><td></td><td></td><td></td><td></td><td></td><td></td></tr>
<tr><td>4</td><td></td><td></td><td></td><td></td><td></td><td></td><td></td><td></td></tr>
<tr><td></td><td></td><td colspan="2">分部小计</td><td></td><td></td><td></td><td></td><td></td></tr>
<tr><td colspan="7">本页小计</td><td></td><td></td></tr>
<tr><td colspan="7">合计</td><td></td><td></td></tr>
</table>

合理的清单项目设置和准确的工程数量，是清单计价的前提和基础。对于招标人来讲，招标工程量清单是进行投资控制的前提和基础，招标工程量清单表编制的质量直接关系和影响到工程建设投资的最终结果。

三、招标工程量清单的编制

(一) 招标工程量清单的编制依据

1)《建设工程工程量清单计价规范》和相关工程的国家计量规范。

2) 国家或省级、行业建设主管部门颁发的计价依据和办法。

3) 建设工程设计文件及相关资料。

4) 与建设工程有关的标准、规范、技术资料。

5) 拟定的招标文件。

6) 施工现场情况、地勘水文资料、工程特点及常规施工方案。

7) 其他相关资料。

(二) 分部分项工程量清单

分部工程是单项工程或单位工程的组成部分，是按结构部位、路段长度及施工特点或施工任务将单项或单位工程划分为若干个分部工程；分项工程是分部工程的组成部分，是按不同施工方法、材料、工序等将分部工程划分为若干个分项工程或项目。

分部分项工程量清单包括项目编码、项目名称、项目特征、计量单位和工程量。这五个内容在分部分项工程量清单的组成中缺一不可。分部分项工程量清单必须根据相关工程的国家计量规范中规定的项目编码、项目名称、项目特征、计量单位和工程量计算规则进行编制。

1. 工程名称

分部分项工程量清单表头处的“工程名称”栏应填写详细具体的工程称谓，如：××

中学教学楼工程。“标段”栏，对于房屋建筑而言，一般不分标段，可不填写此栏，但对于管道工程、道路工程则常常划分标段，应填写“标段”栏。

2. 项目编码

项目编码是分部分项工程和措施项目清单名称的阿拉伯数字标识。项目编码以五级编码设置，用12位阿拉伯数字表示。一、二、三、四级编码统一；第五级编码由工程量清单编制人区分具体工程的清单项目特征而分别编码。当同一标段（或合同段）如果有多个单位工程，并且工程量清单是以单位工程为编制对象时，这几个单位工程不能出现重码的项目。如某工程一个标段中含有三个单位工程，每个单位工程中都有项目特征相同的实心砖墙砌体，三个单位工程需单独编制工程量清单，则第一个单位工程的实心砖墙的项目编码应为010401003001，第二个单位工程的实心砖墙的项目编码应为010401003002，第一个单位工程的实心砖墙的项目编码应为010401003003，并分别列出各单位工程实心砖墙的工程量。各级编码代表的含义如下：

1）第一级（两位）为专业工程代码：01——房屋建筑与装饰工程、02——仿古建筑工程、03——通用安装工程、04——市政工程、05——园林绿化工程、06——矿山工程、07——构筑物工程、08——城市轨道交通工程、09——爆破工程。

2）第二级（两位）为专业工程附录分类顺序码。

3）第三级（两位）为分部工程顺序码。

4）第四级（三位）为分项工程项目名称顺序码。

5）第五级（三位）为清单项目名称顺序码。

项目编码结构如图3-1所示（以房屋建筑与装饰工程为例）。

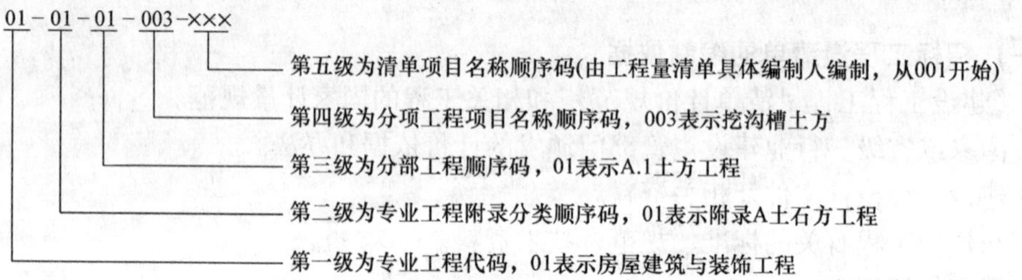

图3-1 工程量清单项目编码结构

3. 项目名称

分部分项工程量清单项目的名称应按计量规范附录中的项目名称并结合拟建工程的实际确定。在实际工作中，在项目名称的填写上存在两种情况，一是完全按照计量规范的项目名称不变，二是根据工程实际在计量规范的项目名称基础上细化。这两种方式均是可行的，应根据具体情况而定。如果计量规范中的项目名称包含范围很小，在编制工程量清单时可直接采用计量规范中的项目名称，如010102003 挖沟槽土方；如果项目名称包含范围大，这时采用具体的名称比较恰当，如011407001 墙面喷刷涂料，可根据喷刷部位和涂料的种类详细确定项目名称，某工程外墙刷乳胶漆，项目名称可确定为01140700100 1 外墙刷乳胶漆。

工程建设中新材料、新技术、新工艺等的不断涌现，计量规范中所列工程量清单项目不可能包含所有项目，在编制工程量清单时，当出现计量规范中未包括的项目时，招标人可按相应的原则进行补充，补充项目的编码由专业工程代码与 B 和三位阿拉伯数字组成，并应从××B001 起顺序编制，例如：房屋建筑与装饰工程需要补充项目，其补充项目编码应从 01B001 起按顺序编制，通用安装工程需要补充项目，其补充项目编码应从 03B001 起按顺序编制。同一招标工程的项目不得重码。工程量清单中需附有补充项目的名称、项目特征、计量单位、工程量计算规则和工程内容。将编制的补充项目报省级或行业工程造价管理机构备案。

4. 项目特征

工程量清单项目特征是确定一个清单项目综合单价不可缺少的重要依据，在编制工程量清单时，必须对项目特征进行准确和全面的描述。如果工程量清单项目特征的描述不清甚至漏项、错误，从而引起在施工过程中的更改，都会引起分歧，导致纠纷。在描述工程量清单项目特征时应按下列原则进行：

1）项目特征描述的内容应按计量规范中规定的项目特征，结合拟建工程项目的实际予以描述，以满足确定综合单价的需要。

2）若采用标准图集或施工图能够全部或部分满足项目特征描述的要求，项目特征描述可直接采用详见××图集或××图号的方式。对不能满足项目特征描述要求的部分，仍应用文字描述。

项目特征描述的方式大致可划分为问答式和简化式，两种描述方式见表 3-2。

表 3-2　工程量清单项目特征描述示例

序号	项目编码	项目名称	项目特征描述	
			问答式	简化式
1	010101003001	挖沟槽土方	1. 土壤类别：三类 2. 挖土深度：4.0m 3. 弃土运距：10km	三类土、挖深≤4m、弃土运距≤10km（或投标人自行考虑）
2	010401001001	砖基础	1. 砖品种、规格、强度等级：页岩标砖 MU10 240mm×115mm×53mm 2. 基础类型：条形基础 3. 砂浆强度等级：M10 水泥砂浆 4. 防潮层材料种类：20mm 厚1:2 水泥砂浆（防水粉 5%）	M10 水泥砂浆、MU10 规格 240mm×115mm×53mm 的页岩标砖砌条形基础，20mm 厚 1:2水泥砂浆（防水粉5%）防潮层
3	010502002001	现浇混凝土构造柱	1. 混凝土种类：现场搅拌 2. 混凝土强度等级：C20	C20 现场搅拌混凝土
4	011201001001	墙面一般抹灰	1. 墙体类型：实心标准砖墙 2. 底层厚度、砂浆配合比：素水泥浆一遍，15mm 厚 1:1:6 水泥石灰砂浆 3. 面层厚度、砂浆配合比：5mm 厚 1:0.5:3 水泥石灰砂浆	实心标准砖墙素水泥浆一遍，15mm 厚 1:1:6 水泥石灰砂浆打底，5mm 厚 1:0.5:3 水泥石灰砂浆抹面

5. 计量单位

分部分项工程量清单的计量单位应按工程量清单计量规范附录中规定的计量单位确定，如规定的计量单位出现一个项目两个计量单位时，清单编制人应结合拟建工程项目的实际情况，选择最适宜最方便的计量单位。同一工程项目计量单位应一致。

计量规范中的计量单位一般采用基本单位，如：

1）以质量计算的项目——吨或千克（t或kg）；

2）以体积计算的项目——立方米（m^3）；

3）以面积计算的项目——平方米（m^2）；

4）以长度计算的项目——米（m）；

5）以自然计量单位计算的项目——个、套、块、樘、根、榀、段、座、孔、组、台、系统、项……各专业有特殊计量单位的，再另外加以说明。

6. 工程量

分部分项工程量清单的工程量应以工程设计图、施工组织设计或施工方案及有关技术经济文件为依据，按各相应专业计量规范附录中规定的工程量计算规则计算。所有清单项目的工程量应以实体工程量为准，并以完成后的净值计算；在计算综合单价时，应在单价中考虑施工中的各种损耗和需要增加的数量。

工程量的有效位数为：以“t”为计量单位的应保留三位小数，第四位小数四舍五入；以“m^3”、“m^2”“m”、“kg”为计量单位的应保留两位小数，第三位小数四舍五入；以“个”“件”“根”“组”“项”“系统”等为计量单位的应取整数。

建设工程工程量清单计量规范是按专业划分的。包括房屋建筑与装饰工程、仿古建设工程、通用安装工程、市政工程、园林绿化工程、矿山工程、构筑物工程、城市轨道交通工程、爆破工程九个专业。GB 50854—2013《房屋建筑与装饰工程工程量计算规范》中附录A土石方工程部分工程量清单项目及工程量计算规则表见表3-3。计算完清单工程量后编制的招标工程量清单中分部分项工程量清单示例见表3-4。

表3-3 土石方工程工程量清单项目及工程量计算规则摘录（摘自GB 50854—2013 A.1）

项目编码	项目名称	项目特征	计量单位	工程量计算规则	工作内容
010101001	平整场地	1. 土壤类别 2. 弃土运距 3. 取土运距	m^2	按设计图示尺寸以建筑物首层建筑面积计算	1. 土方挖填 2. 场地找平 3. 运输
010101002	挖一般土方	1. 土壤类别 2. 挖土深度 3. 弃土运距	m^3	按设计图示尺寸以体积计算	1. 排地表水 2. 土方开挖 3. 围护（挡土板）及拆除 4. 基底钎探 5. 运输
010101003	挖沟槽土方			按设计图示尺寸以基础垫层底面积乘以挖土深度计算	
010101004	挖基坑土方				
…					

表3-4 分部分项工程和单价措施项目清单与计价表示例

工程名称：××中学教学楼工程　　标段：　　第　页共　页

序号	项目编码	项目名称	项目特征描述	计量单位	工程量	金额/元		
						综合单价	合价	其中 暂估价
			0101 土石方工程					
1	010101001001	平整场地	二类土，厚度±300 mm以内就地挖填找平	m^2	1792			

（续）

序号	项目编码	项目名称	项目特征描述	计量单位	工程量	金额/元		
						综合单价	合价	其中 暂估价
2	010101003001	挖沟槽土方	三类土，垫层底宽 2m，挖土深度 4m 以内，弃土运距为 10km	m^3	1432			
	（其他略）							
	分部小计							

7. 工作内容

工作内容是指完成该清单项目可能发生的具体工作，可供招标人确定清单项目和招标控制价以及投标人投标报价参考。以房屋建筑工程的实心砖墙为例，可能发生的具体工作有砂浆制作运输、砌砖、刮缝、砖压顶砌筑、材料运输等。

凡工作内容中未列全的其他具体工程，由投标人按招标文件或设计图要求编制，以完成清单项目为准，综合考虑到报价中。

（三）措施项目清单

措施项目分专业措施项目、安全文明施工及其他措施项目两类。专业措施项目是根据专业的施工特点可能发生的措施项目，如房屋建筑与装饰工程的专业措施项目包括脚手架、混凝土模板及支架（撑）、垂直运输、超高施工增加、大型机械设备进出场及安拆、施工排降水等项目；通用安装工程的专业措施项目包括吊装加固、金属抱杆安装拆除移位、平台铺设拆除、安装与生产同时进行施工增加、在有害身体健康环境中施工增加、脚手架项目等 18 个项目。安全文明施工及其他措施项目一般包括安全文明施工费、夜间施工增加费、非夜间施工照明费、二次搬运费、冬雨季施工增加费、地上地下设施及建筑物的临时保护设施费、已完工程及设备保护费等。

措施项目清单必须根据各专业工程现行的国家计量规范中的规定进行编制，并根据拟建工程的实际情况列项。各专业工程现行的国家计量规范中将能计算工程量的措施项目，采用分部分项工程项目清单的方式列出，并相应列有项目编码、项目名称、项目特征、计量单位和工程量计算规则，表 3-5 是摘录 GB 50854—2013《房屋建筑与装饰工程工程量计算规范》中附录 S 措施项目脚手架工程的部分内容。在编制措施项目清单时应按表 3-1 的格式进行编制，同分部分项工程工程量清单编制要求一样，必须列出项目编码、项目名称、项目特征、计量单位、工程量。对于不能计算出工程量的项目，各专业工程现行的国家计量规范中列出了项目编码、项目名称、工作内容及包含范围，在编制措施项目清单时，必须按相应的项目编码、项目名称确定清单项目，采用总价的方式以“项”为计量单位进行编制，其表格格式见表 3-6。

（四）其他项目清单

其他项目清单包括：暂列金额、暂估价（包括材料暂估单价、工程设备暂估单价、专业工程暂估价）、计日工、总承包服务费。

表3-5 脚手架工程工程量清单项目及工程量计算规则摘录（摘自GB 50854—2013 S.1）

项目编码	项目名称	项目特征	计量单位	工程量计算规则	工作内容
011701001	综合脚手架	1. 建筑结构形式 2. 檐口高度	m^2	按建筑面积计算	1. 场内、场外材料搬运 2. 搭、拆脚手架、斜道、上料平台 3. 安全网的铺设 4. 选择附墙点与主体连接 5. 测试电动装置、安全锁等 6. 拆除脚手架后材料的堆放
011701002	外脚手架	1. 搭设方式 2. 搭设高度 3. 脚手架材质	m^2	按所服务对象的垂直投影面积计算	1. 场内、场外材料搬运 2. 搭、拆脚手架、斜道、上料平台 3. 安全网的铺设 4. 拆除脚手架后材料的堆放
011701003	里脚手架			按搭设的水平投影面积计算	
…					

表3-6 总价措施项目清单与计价表

工程名称： 标段： 第 页共 页

序号	项目编码	项目名称	计算基础	费率（%）	金额/元	调整费率（%）	调整后金额/元	备注
		安全文明施工费						
		夜间施工增加费						
		二次搬运费						
		冬雨季施工增加费						
		已完工程及设备保护费						
		…						
		…						
		合计						

暂列金额是招标人在工程量清单中暂定并包括在合同价款中的一笔款项。用于施工合同签订时尚未确定或者不可预见的所需材料、设备、服务的采购，施工中可能发生的工程变更、合同约定调整因素出现时的工程价款调整以及发生的索赔、现场签证确认等的费用。在工程建设过程中，不管采用何种合同形式，都会因建设工程自身的特性，使工程设计在工程进展中不断进行优化和调整，业主需求也可能会随工程建设进展而出现变化，工程建设过程还会存在一些不能预见、不能确定的因素。这些因素的产生必然会影响合同价格的调整，暂列金额是为这类不可避免的价格调整而设立的。暂列金额的使用应按照合同约定的程序，当合同约定的程序实际发生时，才能成为中标人的应得金额，纳入到合同结算价款中。扣除实际发生金额后的暂列金额余额仍属于招标人所有。暂列金额应由招标人根据工程特点、工期长短，按照有关计价规定进行估算确定，一般可按分部分项工程费的10%～15%考虑。

暂估价是招标人在工程量清单中提供的用于支付必然发生但暂时不能确定价格的材料、工程设备的单价以及专业工程的金额。暂估价的特点是招标阶段预见肯定要发生，只是因为标准不明确或者需要由专业承包人完成，暂时又无法确定其具体价格或金额。

计日工是在施工过程中，承包人完成发包人提出的工程合同范围以外的零星项目或工作，按合同中约定的综合单价计价的一种方式。计日工是为了解决现场发生的零星工作的计价而设立的，计日工以完成零星工作所消耗的人工工时、材料数量、机械台班进行计量，并按照计日工表中填报的适用项目的单价进行计价支付。招标人应根据工程情况估算出比较贴近实际的计日工数量填入计日工表中，计日工表格式见表 3-7。招标人在编制招标控制价按有关计价规定确定综合单价，投标人编制报价时自主确定综合单价，结算时按承发包双方确认的实际数量计算合价。

表 3-7　计日工表

工程名称：　　　标段：　　　　　　　　　　　　　　第　页共　页

编号	项目名称	单位	暂定数量	实际数量	综合单价/元	合价/元	
						暂定	实际
一	人工						
1	…						
2	…						
人工小计							
二	材料						
1	…						
2	…						
材料小计							
三	施工机械						
1	…						
2	…						
施工机械小计							
四	企业管理费和利润						
合价							

总承包服务费是总承包人为配合协调发包人进行的专业工程发包，对发包人自行采购的材料、工程设备等进行保管以及施工现场管理、竣工资料汇总整理等服务所需的费用。招标人应填写项目名称和服务内容；在编制招标控制价时，费率及金额由招标人按有关计价规定确定；费率及金额由投标人自主报价，计入投标总价中。

除上述 4 项内容外，不足部分，可根据工程实际情况补充。

其他项目清单与计价汇总表格式见表 3-8。

表 3-8　其他项目清单与计价汇总表

工程名称：　　　标段：　　　　　　　　　　　　　　第　页共　页

序号	项 目 名 称	金额/元	结算金额/元	备注
1	暂列金额			

（续）

序号	项目名称	金额/元	结算金额/元	备注
2	暂估价			
2.1	材料（工程设备）暂估价/结算价	—		
2.2	专业工程暂估价/结算价			
3	计日工			
4	总承包服务费			
5	索赔及现场签证	—		
…				
合计				

（五）规费项目清单

规费项目清单应包括的内容有：社会保险费（包括养老保险费、失业保险费、医疗保险费、工伤保险费、生育保险费）、住房公积金、工程排污费。

（六）税金项目清单

税金项目清单应包括的内容有：营业税、城市维护建设税、教育费附加、地方教育费附加。

规费、税金项目计价表格式见表3-9。

表3-9 规费、税金项目计价表

工程名称： 标段： 第 页共 页

序号	项目名称	计算基础	计算基数	计算费率/%	金额/元
1	规费	定额人工费			
1.1	社会保险费	定额人工费			
(1)	养老保险费	定额人工费			
(2)	失业保险费	定额人工费			
(3)	医疗保险费	定额人工费			
(4)	工伤保险费	定额人工费			
(5)	生育保险费	定额人工费			
1.2	住房公积金	定额人工费			
1.3	工程排污费	按工程所在地环境保护部门收费标准，按实计入			
2	税金	分部分项工程费+措施项目费+其他项目费+规费-按规定不计税的工程设备金额			
合计					

（七）招标工程量清单的标准格式

招标工程量清单应采用统一格式，一般应由下列内容组成：

1）封面。封面格式见表3-10。

2）扉页。扉页格式见表3-11。扉页应按规定的内容填写、签字、盖章。

招标人自行编制工程量清单时，编制人员必须是在招标人单位注册的造价人员。由招标人盖单位公章，法定代表人或其授权人签字或盖章；当编制人是注册造价工程师时，由其签字加盖执业专用章；当编制人是造价员时，由其在编制人栏签字加盖专用章，并应由注册造价工程师复核，在复核人栏签字盖执业专用章。

招标人委托工程造价咨询人编制工程量清单时，编制人员必须是在工程造价咨询人单位注册的造价人员。由工程造价咨询人加盖单位资质专用章，法定代表人或其授权人签字或盖章。当编制人是注册造价工程师时，由其签字加盖执业专用章；当编制人是造价员时，由其在编制人栏签字加盖专用章，并应由注册造价工程师复核，在复核人栏签字加盖执业专用章。

表3-10 招标工程量清单封面

＿＿＿＿＿＿＿＿工程

招标工程量清单

招 标 人：＿＿＿＿＿＿
（单位盖章）

造价咨询人：＿＿＿＿＿＿
（单位盖章）

年 月 日

表3-11 招标工程量清单扉页

＿＿＿＿＿＿＿＿工程

招标工程量清单

招 标 人：＿＿＿＿＿＿（单位盖章）　　工程造价咨询人：＿＿＿＿＿＿（单位资质专用盖章）

法定代表人
或其授权人：＿＿＿＿＿＿（签字或盖章）　　法定代表人
或其授权人：＿＿＿＿＿＿（签字或盖章）

编制人：＿＿＿＿＿＿（造价人员签字盖专用章）　　复核人：＿＿＿＿＿＿（造价工程师签字盖专用章）

编制时间：　年　月　日　　复核时间：　年　月　日

3）总说明。总说明应按下列内容填写：

① 工程概况，包括建设规模、工程特征、计划工期、施工现场实际情况、自然地理条

件、环境保护要求等。

② 工程招标和专业工程发包范围。

③ 工程量清单编制依据。

④ 工程质量、材料、施工等的特殊要求。

⑤ 其他需说明的问题。

4）分部分项工程和单价措施项目清单与计价表（格式见表3-1）。

5）总价措施项目清单与计价表（格式见表3-6）。

6）其他项目清单与计价汇总表（格式见表3-8）、暂列金额明细表、材料（工程设备）暂估单价及调整表、专业工程暂估价及结算价表、计日工表（格式见表3-7）、总承包服务费计价表。

7）规费、税金项目计价表（格式见表3-9）。

8）主要材料、工程设备一览表。

第二节 工程量清单计价

一、工程量清单计价的概念

工程量清单计价包括招标控制价和投标报价，并贯穿于合同价款约定、工程计量与价款支付、索赔与现场签证、工程价款调整、工程竣工结算办理、工程造价计价争议处理等全过程计价活动。

招标控制价是招标人根据国家或省级、行业建设主管部门颁发的有关计价依据和办法，以及拟定的招标文件和招标工程量清单，结合工程具体情况编制的招标工程的最高投标限价。我国规定，使用国有资金投资的建设工程发承包，必须采用工程量清单计价并编制招标控制价。招标控制价超过批准的概算时，招标人应将其报原概算审批部门审核。投标人的投标报价高于招标控制价的应予废标。招标控制价应由具有编制能力的招标人，或受其委托具有相应资质的工程造价咨询人编制和复核。招标控制价应在发布招标文件时公布，不应上调或下浮，招标人应将招标控制价及有关资料报送工程所在地或有该工程管辖权的行业管理部门的工程造价管理机构备查。

投标报价是采用工程量清单招标时，投标人根据招标文件的要求和招标工程量清单、工程特点、并结合自身的施工技术、装备和管理水平，依据有关计价规定自主确定的工程造价，是投标人希望达成工程承包交易的期望价格，但不得低于成本。投标报价应由投标人或受其委托具有相应资质的工程造价咨询人编制。

二、工程量清单计价时工程造价的组成内容

采用工程量清单计价，建设工程造价由分部分项工程费、措施项目费、其他项目费、规费和税金五部分组成，按照《建筑安装工程费用项目组成》（建标［2013］44号）的规定，按造价形成划分如图3-2所示。

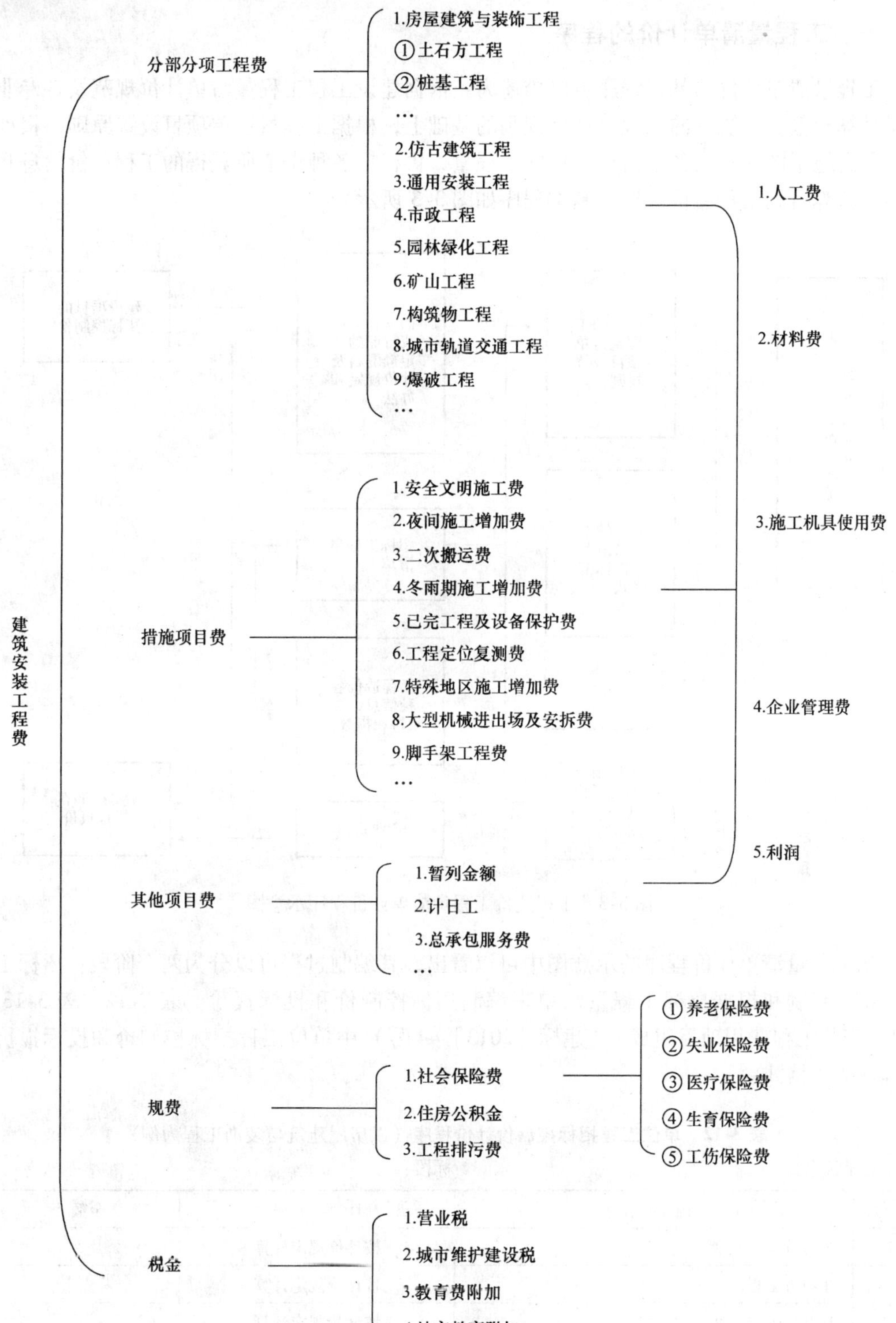

图 3-2　工程量清单计价时工程造价内容组成示意图

三、工程量清单计价的程序

工程量清单计价的基本程序可以描述为：依据建设工程工程量清单计价规范及各专业工程量计算规范，在统一的工程量计算规则的基础上，根据工程量清单项目设置原则，根据具体工程的施工图计算出各个清单项目的工程量，再根据各种渠道所获得的工程造价信息和经验数据计算得到工程造价。这一基本程序如图3-3所示。

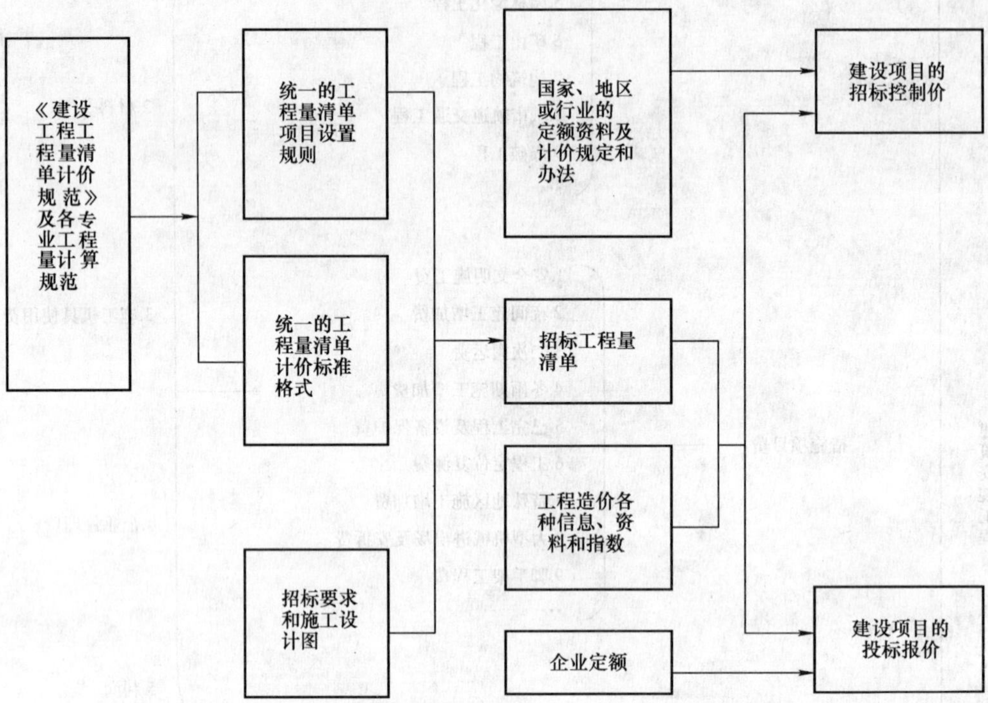

图3-3 工程造价工程量清单计价程序示意图

从工程量清单计价程序的示意图中可以看出，其编制过程可以分为两个阶段：招标工程量清单的编制和根据招标工程量清单来编制招标控制价和投标报价。表3-12、表3-13是《建筑安装工程费用项目组成》（建标［2013］44号）中单位工程招标控制价和投标报价计价程序表格格式。

表3-12 单位工程招标控制价计价程序（以房屋建筑与装饰工程为例）

工程名称： 标段：

序号	内 容	计算方法	金额/元
1	分部分项工程费	按计价规定计算	
1.1	土石方工程	按计价规定计算	
1.2	地基处理与边坡支护工程	按计价规定计算	
1.3	桩基工程	按计价规定计算	
1.4	砌筑工程	按计价规定计算	

（续）

序号	内 容	计 算 方 法	金额/元
1.5	混凝土与钢筋混凝土工程	按计价规定计算	
…	…		
2	措施项目费	按计价规定计算	
2.1	其中：安全文明施工费	按规定标准计算	
3	其他项目费		
3.1	其中：暂列金额	按计价规定估算	
3.2	其中：专业工程暂估价	按计价规定估算	
3.3	其中：计日工	按计价规定估算	
3.4	其中：总承包服务费	按计价规定估算	
4	规费	按规定标准计算	
5	税金（扣除不列入计税范围的工程设备金额）	（1+2+3+4）×规定税率	
招标控制价合计=1+2+3+4+5			

表3-13 单位工程投标报价计价程序（以房屋建筑与装饰工程为例）

工程名称： 标段：

序号	内 容	计 算 方 法	金额/元
1	分部分项工程费	自主报价	
1.1	土石方工程	自主报价	
1.2	地基处理与边坡支护工程	自主报价	
1.3	桩基工程	自主报价	
1.4	砌筑工程	自主报价	
1.5	混凝土与钢筋混凝土工程	自主报价	
…	…		
2	措施项目费	自主报价	
2.1	其中：安全文明施工费	按规定标准计算	
3	其他项目费		
3.1	其中：暂列金额	按招标文件提供金额计列	
3.2	其中：专业工程暂估价	按招标文件提供金额计列	
3.3	其中：计日工	自主报价	
3.4	其中：总承包服务费	自主报价	
4	规费	按规定标准计算	
5	税金（扣除不列入计税范围的工程设备金额）	（1+2+3+4）×规定税率	
投标报价合计=1+2+3+4+5			

四、工程量清单计价方法

工程量清单计价应采用综合单价计价。综合单价是指完成规定清单项目所需的人工费、材料费和工程设备费、机械机具使用费、企业管理费、利润以及一定范围内的风险费用。

在进行工程量清单计价时，规费和税金是政府和有关权力部门根据国家法律、法规规定施工企业必须缴纳的费用，不是发承包人能自主确定的，更不是由市场竞争决定的，所以规费和税金必须按照国家或省级、行业建设主管部门规定的费用标准计算。措施项目中的安全文明施工费也必须按照国家或省级、行业建设主管部门规定的费用标准计算，招标人不得要求投标人对该项费用进行优惠，投标人也不得将该项费用参与市场竞争。

1. 招标控制价的编制

（1）招标控制价的编制依据　具体包括以下几项：

1）现行的建设工程工程量清单计价规范。

2）国家或省级、行业建设主管部门颁发的计价定额和计价办法。

3）建设工程设计文件及相关资料。

4）拟定的招标文件及招标工程量清单。

5）与建设项目相关的标准、规范、技术资料。

6）施工现场情况、工程特点及常规施工方案。

7）工程造价管理机构发布的工程造价信息；工程造价信息没有发布的参照市场价。

8）其他的相关资料。

（2）分部分项工程费　分部分项工程费应根据招标文件中的分部分项工程量清单项目的特征描述及有关要求，按照招标控制价编制依据中有关价格的因素确定的综合单价计算。综合单价中应包括招标文件中划分的应由投标人承担的风险范围及费用。如招标文件中没有明确风险范围，编制人提请招标人明确。暂估价中的材料、工程设备单价应按工程量清单中列出的单价计入综合单价。

（3）措施项目费　措施项目费应根据招标文件中的措施项目清单，根据拟建工程的施工现场情况、工程特点及常规施工方案按相关要求进行计算。属单价项目的，应根据拟定的招标文件和招标工程量清单项目中的特征描述及有关要求确定综合单价；属总价项目的，应根据拟定的招标文件和常规施工方案，依据工程量清单计价规范的相应要求计算。措施项目中的安全文明施工费按规定计取，不得作为竞争性费用。

（4）其他项目费　其他项目费应按下列规定计算：

1）暂列金额应按招标工程量清单中列出的金额填写。

2）暂估价中的材料、工程设备单价应按招标工程量清单中列出的单价计入综合单价。

3）暂估价中的专业工程金额应按招标工程量清单中列出的金额填写。

4）计日工应按招标工程量清单中列出的项目根据工程特点和有关计价依据确定综合单价计算。

5）总承包服务费应根据招标工程量清单列出的内容和要求估算。

（5）规费和税金　规费和税金应按国家或省级、行业建设主管部门的规定计算，不得作为竞争性费用。招标控制价必须按《建设工程工程量清单计价规范》中规定的格式编制。

2. 投标报价的编制

（1）投标报价的编制依据

1）现行的《建设工程工程量清单计价规范》。

2）国家或省级、行业建设主管部门颁发的计价办法。

3）企业定额，国家或省级、行业建设主管部门颁发的计价定额和计价办法。

4）招标文件、招标工程量清单及其补充通知、答疑纪要。

5）建设工程设计文件及相关资料。

6）施工现场情况、工程特点及投标时拟定的施工组织设计或施工方案。

7）与建设项目相关的标准、规范等技术资料。

8）市场价格信息或工程造价管理机构发布的工程造价信息。

9）其他的相关资料。

（2）分部分项工程费　分部分项工程费应依据综合单价的组成内容，按招标文件中分部分项工程量清单项目的特征描述确定的综合单价计算。综合单价中应包括招标文件中划分的由投标人承担的风险范围及费用，招标文件中没有明确的，应提请招标人明确。材料、工程设备暂估价应按招标工程量清单中列出的单价计入综合单价。

（3）措施项目费　措施项目费应根据招标文件中的措施项目清单，根据施工现场情况、工程特点及投标时拟订的施工组织设计或施工方案按相关要求进行计算。属单价项目的，应根据拟订的招标文件和招标工程量清单项目中的特征描述及有关要求确定综合单价；属总价项目的，应根据招标文件及投标时拟定的施工组织设计或施工方案，依据工程量清单计价规范的相应要求计算。措施项目中的安全文明施工费按规定计取，不得作为竞争性费用。

投标人可根据工程实际情况结合施工组织设计，对招标人所列的措施项目进行增补。

（4）其他项目费　其他项目费应按下列规定报价：

1）暂列金额应按招标工程量清单中列出的金额填写。

2）材料、工程设备暂估价应按招标工程量清单中列出的单价计入综合单价。

3）专业工程暂估价应按招标工程量清单中列出的金额填写。

4）计日工应按招标工程量清单中列出的项目和数量，自主确定综合单价并计算计日工总额。

5）总承包服务费应根据招标工程量清单中列出的内容和提出的要求自主确定。

（5）规费和税金　规费和税金应按国家或省级、行业建设主管部门的规定计算，不得作为竞争性费用。

招标工程量清单与计价表中列明的所有需要填写的单价和合价的项目，投标人均应填写且只允许有一个报价。未填写单价和合价的项目，视为此项费用已包含在已标价工程量清单中其他项目的单价和合价之中。竣工结算时，此项目不得重新组价予以调整。投标人填写的项目编码、项目名称、项目特征、计量单位、工程量必须与招标工程量清单一致。投标总价应当与分部分项工程费、措施项目费、其他项目费和规费、税金的合计金额一致。投标报价不得低于成本。

（6）投标报价的主要表格格式　具体如下：

1）投标总价封面（见表3-14），由投标人按规定的内容填写、签字、盖章。

2）投标总价扉页（见表3-15），由投标人按规定的内容填写、签字、盖章。

3）投标报价总说明（见表3-16）。

4）建设项目投标报价汇总表（见表3-17）。

5）单项工程投标报价汇总表（见表3-18）。

表3-14 投标总价封面

__________________工程

投标总价

投标人__________________

（单位盖章）

年 月 日

表3-15 投标总价扉页

投 标 总 价

招 标 人：__________________

工 程 名 称：__________________

投标总价（小写）：__________________

（大写）：__________________

投 标 人：__________________

（单位盖章）

法定代表人

或 其 授 权 人：__________________

（签字或盖章）

编 制 人：__________________

（造价人员签字盖专用章）

时 间 ： 年 月 日

表3-16 总说明

工程名称： 第 页共 页

（主要内容）

1. 工程概况
2. 投标价编制依据
3. 其他需要说明的问题

表3-17 建设项目投标报价汇总表

工程名称： 第 页 共 页

序号	单项工程名称	金额/元	其中/元		
			暂估价	安全文明施工费	规费
合计					

表 3-18 单项工程投标报价汇总表

工程名称： 第 页共 页

序号	单位工程名称	金额/元	其中/元		
			暂估价	安全文明施工费	规费
合计					

6）单位工程投标报价汇总表（见表 3-19）。

表 3-19 单位工程投标报价汇总表

工程名称： 第 页共 页

序号	汇总内容	金额/元	其中：暂估价/元
1	分部分项工程费		
1.1			
1.2			
1.3			
1.4			
1.5			
…			
2	措施项目费		
2.1	其中：安全文明施工费		
3	其他项目费		
3.1	其中：暂列金额		
3.2	其中：专业工程暂估价		
3.3	其中：计日工		
3.4	其中：总承包服务费		
4	规费		
5	税金		
投标报价合计 =1 +2 +3 +4 +5			

7）分部分项工程和单价措施项目清单与计价表（见表 3-1）。

8）综合单价分析表（见表 3-20）。

9）总价措施项目清单与计价表（见表 3-6）。

10）其他项目清单与计价汇总表（见表 3-8）。

11）暂列金额明细表（见表 3-21）。

12）材料（工程设备）暂估单价及调整表（见表 3-22）。

13）专业工程暂估价及结算价表（见表 3-23）。

表 3-20 综合单价分析表

工程名称： 标段： 第 页共 页

项目编码		项目名称			计量单位			工程量			
清单综合单价组成明细											
定额编号	定额项目名称	定额单位	数量	单价				合价			
				人工费	材料费	机械费	管理费利润	人工费	材料费	机械费	管理费利润
人工单价		小计									
元/工日		未计价材料费									
清单项目综合单价											
材料费明细	主要材料名称、规格、型号				单位	数量		单价/元	合价/元	暂估单价/元	暂估合价/元
	其他材料费							—		—	
	材料费小计							—		—	

表 3-21 暂列金额明细表

工程名称： 标段： 第 页共 页

序号	项目名称	计量单位	暂定金额/元	备注
1				
…				
合计				

表 3-22 材料（工程设备）暂估单价及调整表

工程名称： 标段： 第 页共 页

序号	材料（工程设备）名称、规格、型号	计量单位	数量		暂估/元		合价/元		差额±/元		备注
			暂估	确认	单价	合价	单价	合价	单价	合计	
1											
…											
	小计										

表 3-23　专业工程暂估价及结算价表

工程名称：　　　　　　　　标段：　　　　　　　　　　　　　　　　　　第　页共　页

序号	工程名称	工程内容	暂估金额/元	结算金额/元	差额±/元	备　注
1						
…						
小　计						

14）计日工表（见表 3-7）。

15）总承包服务费计价表，（见表 3-24）。

表 3-24　总承包服务费计价表

工程名称：　　　　　　　　标段：　　　　　　　　　　　　　　　　　　第　页共　页

序号	项目名称	项目价值/元	服务内容	计算基础	费率（%）	金额/元
1	发包人发包专业工程					
2	发包人供应材料					
…						
合计						

16）规费、税金项目计价表（见表 3-9）。

3. 注意事项

1）招标人发布的招标工程量清单，投标人必须逐项填报。对于没有填报单价和合价的项目，没有计算或少计算的费用，均视为已包括在报价表的其他项目或合价中。同时该费用除招标文件或合同约定外，结算时不得调整。这是国际通用的方法，业主承担量的风险，承包商承担价的风险。综合单价要把各个方面的因素考虑进去，包括市场价格变动的风险，施工措施费也是如此。规费不列入竞争范围，按有关计价办法的规定计取并上交或统筹，税金也是如此。

2）发包人提供的招标工程量清单中出现漏项、工程量计算偏差，以及工程变更引起工程量的增减，应按承包人在履行合同义务过程中实际完成的工程量计算。

3）发包人要求投标人提供投标报价中主要材料、工程设备价格时，应在招标文件中明确。报价单价指材料、工程设备在施工期运至施工现场的价格。由发包人供应的材料和设备，发包人应在招标文件中明确品种、规格和价格。

4）工程竣工结算时，因非承包人原因引起的工程量增减，该项工程量变化在合同约定幅度以内的，应执行原有的综合单价；该项工程量变化在合同约定幅度以外的，其综合单价及措施费应予以调整。分部分项工程量清单漏项或非承包人原因的工程变更，造成增加新的工程量清单项目，具体调整办法应在招标文件或合同中明确。

5）因工程变更引起已标价工程量清单项目或其工程数量发生变化时，其对应的综合单价按下列方法确定：

① 已标价工程量清单中有适用于变更工程项目的，采用该项目的单价；但当工程变更导致该清单项目的工程数量发生变化，且工程量偏差超过 15%，其调整的原则为：当工程量增加 15% 以上时，其增加部分的工程量的综合单价应予调低；当工程量减少 15% 以上时，减少后剩余部分的工程量的综合单价应予调高。

② 已标价工程量清单中没有适用但有类似于变更工程项目的，可在合理范围内参照类似项目的单价。

③ 已标价工程量清单中没有适用也没有类似于变更工程项目的，由承包人根据变更工程资料、计量规则和计价办法、工程造价管理机构发布的信息价格和承包人报价浮动率提出变更工程项目的单价，报发包人确认后调整。承包人报价浮动率可按下列公式计算：

招标工程：

$$承包人报价浮动率 L = (1 - 中标价/招标控制价) \times 100\%$$

非招标工程：

$$承包人报价浮动率 L = (1 - 报价/施工图预算) \times 100\%$$

6）若施工期内市场价格波动超出一定幅度时，应按合同约定调整工程价款；合同没有约定或约定不明确的，应按省级或行业建设主管部门或其授权的工程造价管理机构的规定调整。

第三节 工程造价信息的管理

一、工程造价信息的概念和主要内容

（一）工程造价信息的概念及特点

信息是现代社会使用最多、最广、最频繁的一个词汇，不仅在人类社会生活的各个方面和各个领域被广泛使用，而且在自然界的生命现象与非生命现象研究中也被广泛采用。按狭义理解，信息是一种消息、信号、数据或资料；按广义理解，信息被认为是物质的一种属性，是物质存在方式和运动规律与特点的表现形式。进入现代社会以后，信息逐渐被人们认识，其内涵越来越丰富，外延越来越广阔。在工程造价管理领域，信息也有它自己的定义。

1. 工程造价信息

工程造价信息是一切有关工程造价的特征、状态及其变动的消息的组合。在工程承发包市场和工程建设过程中，工程造价总是在不停地运动着、变化着，并呈现出种种不同特征。人们对工程承发包市场和工程建设过程中工程造价运动的变化，是通过工程造价信息来认识和掌握的。

在工程承发包市场和工程建设中，工程造价是最灵敏的调节器和指示器，无论是政府工程造价主管部门还是工程承发包者，都要通过接收工程造价信息来了解工程建设市场动态，预测工程造价发展，决定政府的工程造价政策和工程承发包价。因此，工程造价主管部门和工程承发包者都要接收、加工、传递和利用工程造价信息，工程造价信息作为一种社会资源在工程建设中的地位日趋明显，特别是随着我国逐步开始推行工程量清单计价制度，工程价格从政府计划的指令性价格向市场定价转化，而在市场定价的过程中，信息起着举足轻重的作用，因此工程造价信息资源开发的意义更为重要。

2. 工程造价信息的特点

（1）区域性 建筑材料大多重量大、体积大、产地远离消费地点，因而运输量大，费用也较高。尤其不少建筑材料本身的价值或生产价格并不高，但所需要的运输费用却很高，这都在客观上要求尽可能就近使用建筑材料。因此，这类工程造价信息的交换和流通往往限制在一定的区域内。

（2）多样性　我国社会主义市场经济体制正处在探索发展阶段，各种市场均未达到规范化要求，要使工程造价管理的信息资料满足这一发展阶段的需求，在信息的内容和形式上应具有多样化的特点。

（3）专业性　工程造价信息的专业性集中反映在建设工程的专业化上，例如水利、电力、铁道、邮电、建筑安装工程等，所需的信息有其专业特殊性。

（4）系统性　工程造价信息是由若干具有特定内容和同类性质的、在一定时间和空间内形成的一连串信息组成的。一切工程造价的管理活动和变化总是在一定条件下受各种因素的制约和影响。工程造价管理工作也同样是多种因素相互作用的结果，并且从多方面被反映出来，因而，从工程造价信息源发出来的信息都不是孤立、紊乱的，而是大量的、有系统的。

（5）动态性　工程造价信息也和其他信息一样要保持新鲜度。为此，需要经常不断地收集和补充新的工程造价信息，进行信息更新，真实反映工程造价的动态变化。

（6）季节性　由于建筑生产受自然条件影响大，施工内容的安排必须充分考虑季节因素，但工程造价的信息也不能完全避免季节性的影响。

（二）工程造价信息的分类

为便于管理信息，有必要将各种信息按一定的原则和方法进行区分和归集，并建立起一定的分类系统和排列顺序。因此在工程造价管理领域，也应该按照不同的标准对信息进行分类。

1. 工程造价信息分类的原则

对工程造价信息进行分类必须遵循以下基本原则：

（1）稳定性　信息分类应选择分类对象最稳定的本质属性或特征作为信息分类的基础和标准。信息分类体系应建立在对基本概念和划分对象的透彻理解基础上。

（2）兼容性　信息分类体系必须考虑到项目各参与方所应用的编码体系的情况，项目信息的分类体系应能满足不同项目参与方高效信息交换的需要。同时，与有关国际、国内标准的一致性也是兼容性应考虑的内容。

（3）可扩展性　信息分类体系应具备较强的灵活性，可以在使用过程中进行方便的扩展。以保证增加新的信息类型时，不至于打乱已建立的分类体系，同时一个通用的信息分类体系还应为具体环境中信息分类体系的拓展和细化创造条件。

（4）综合实用性　信息分类应从系统工程的角度出发，放在具体的应用环境中进行整体考虑。这体现在信息分类的标准与方法的选择上，应综合考虑项目的实施环境和信息技术工具。

2. 工程造价信息的具体分类

1）从管理组织的角度来划分，可以分为系统化工程造价信息和非系统化工程造价信息。

2）从形式上来划分，可以分为文件式工程造价信息和非文件式工程造价信息。

3）按传递方向来划分，可以分为横向传递的工程造价信息和纵向传递的工程造价信息。

4）按反映面来划分，分为宏观工程造价信息和微观工程造价信息。

5）从时态上来划分，可分为过去的工程造价信息，现在的工程造价信息和未来工程造价信息。

6）按稳定程度来划分，可以分为固定工程造价信息和流动工程造价信息。

（三）工程造价信息的主要内容

从广义上说，所有对工程造价的确定和控制过程起作用的资料都可以称为是工程造价信息。例如，各种定额资料、标准规范、政策文件等。但最能体现信息动态性变化特征，并且在工程价格的市场机制中起重要作用的工程造价信息主要包括以下三类：

（1）价格信息　包括各种建筑材料、装修材料、安装材料、人工工资、施工机械等的最新市场价格。这些信息是比较初级的，一般没有经过系统的加工处理，也可以称其为数据。

（2）指数　主要指根据原始价格信息加工整理得到的各种工程造价指数，该内容将在下面的部分重点讲述。

（3）已完工程信息　已完或在建工程的各种造价信息，可以为拟建工程或在建工程造价提供依据。这种信息也可称为是工程造价资料。

二、工程造价资料积累、分析和运用

（一）工程造价资料及其分类

工程造价资料是指已建成竣工和在建的有使用价值和有代表性的工程设计概算、造价、工程竣工结算、竣工决算、单位工程施工成本，以及新材料、新结构、新设备、新工艺等建筑安装工程分部分项的单价分析等资料。

工程造价资料可以分为以下几种类别：

1）工程造价资料按照其不同工程类型（如厂房、铁路、住宅、公建、市政工程等）进行划分，并分别列出其包含的单项工程和单位工程。

2）工程造价资料按照其不同阶段，一般分为项目可行性研究、投资估算、设计概算、施工图造价、竣工结算、竣工决算等。

3）工程造价资料按照其组成特点，一般分为建设项目、单项工程和单位工程造价资料，同时也包括有关新材料、新工艺、新设备、新技术的分部分项工程造价资料。

（二）工程造价资料积累的内容

工程造价资料积累的内容不仅应包括“量”（如主要工程量、材料量、设备量等）和“价”，还要包括对造价确定有重要影响的技术经济条件，如工程的概况、建设条件等。

（1）建设项目和单项工程造价资料　主要包括以下内容：

1）对造价有主要影响的技术经济条件。如项目建设标准、建设工期、建设地点等。

2）主要的工程量、主要的材料量和主要设备的名称、型号、规格、数量等。

3）投资估算、概算、造价、竣工决算及造价指数等。

（2）单位工程造价资料　单位工程造价资料包括工程的内容、建筑结构特征、主要工程量、主要材料的用量和单价、人工工日和人工费以及相应的造价。

（3）其他　主要包括有关新材料、新工艺、新设备、新技术分部分项工程的人工工日，主要材料用量，机械台班用量。

（三）工程造价资料的管理

1. 建立造价资料积累制度

1991年11月，原建设部印发了关于《建立工程造价资料积累制度的几点意见》的文件，标志着我国的工程造价资料积累制度正式建立起来，工程造价资料积累工作正式开展。建立工程造价资料积累制度是工程造价计价依据极其重要的基础性工作。据了解，国外不同阶段的投资估算，以及编制标底、投标报价的主要依据是单位和个人所经常积累的工程造价资料。全面、系统地积累和利用工程造价资料，建立稳定的造价资料积累制度，对于我国加强工程造价管理，合理确定和有效控制工程造价具有十分重要的意义。

工程造价资料积累的工作量非常大，牵涉面也非常广，主要依靠国务院各有关部门和各省、自治区、直辖市住建委（住建厅、发改委）组织。

2. 资料数据库的建立和网络化管理

积极推广使用计算机建立工程造价资料的资料数据库，开发通用的工程造价资料管理程序，可以提高工程造价资料的适用性和可靠性。要建立造价资料数据库，首要的问题是工程的分类与编码。由于不同的工程在技术参数和工程造价组成方面有较大的差异，必须把同类型工程合并在一个数据库文件中，而把另一类型工程合并到另一数据库文件中去。为了便于进行数据的统一管理和信息交流，必须设计出一套科学、系统的编码体系。

有了统一的工程分类与相应的编码之后，就可进行数据的收集、整理和输入工作，从而得到不同层次的造价资料数据库。数据库必须严格遵守统一的标准和规范。按规定格式积累工程造价资料，建立工程造价资料数据库，其主要作用是：

1）编制概算指标、投资估算指标的重要基础资料。

2）编制投资估算、设计概算的类似工程设计资料。

3）审查施工图造价的基础资料。

4）研究分析工程造价变化规律的基础。

5）编制固定资产投资计划的参考。

6）编制标底和投标报价的参考。

7）编制造价定额、概算定额的基础资料。

对工程造价资料数据库的网络化管理有以下明显的优越性：

1）便于对价格进行宏观上的科学管理，减少各地重复收集同样的造价资料的工作。

2）便于对不同地区的造价水平进行比较，从而为投资决策提供必要的信息。

3）促使各地定额站的相互协作，信息资料的相互交流。

4）便于原始价格数据的收集。这项工作涉及许多部门、单位，建立一个可行的造价资料信息网，则可以大大减少工作量。

5）便于对价格的变化进行预测，使建设、设计、施工单位都可以通过网络尽早了解工程造价的变化趋势。

（四）工程造价资料的运用

1. 作为编制固定资产投资计划的参考，用做建设成本分析

由于固定资产投资不是一次性投入，而是分年逐次投入，可以采用下面的公式把各年发生的建设成本折合为现值：

$$z = \sum_{k=1}^{n} T_k (1+i)^{-k}$$

式中 z——建设成本现值；

T_k——建设期间第 k 年投入的建设成本；

k——实际建设工期年限；

i——社会折现率。

在这个基础上，还可以用以下公式计算出建设成本降低额和建设成本降低率（当两者为负数时，表明的是成本超支的情况）：

$$建设成本降低额 = 批准概算现值 - 建设成本现值$$

$$建设成本降低率 = \frac{建设成本降低额}{批准概算} \times 100\%$$

还可以按建设成本构成把实际数与概算数加以对比。对建筑安装工程投资，要分别从实物工程量定额和价格两方面对实际数与概算数进行对比。对设备工器具投资，则要从设备规格数量、设备实际价格等方面与概算进行对比。各种比较的结果综合在一起，可以比较全面地描述项目投入实施的情况。

2. 进行单位生产能力投资分析

单位生产能力投资的计算公式为：

$$单位生产能力投资 = \frac{全部投资完成额（现值）}{全部新增生产能力（使用能力）}$$

在其他条件相同的情况下，单位生产能力投资越小则投资效益越好。计算的结果可与类似的工程进行比较，从而评价该建设工程的效益。

3. 用做编制投资估算的重要依据

设计单位的设计人员在编制估算时一般采用类比的方法，因此，需要选择若干个类似的典型工程加以分解、换算和合并，并考虑到当前的设备与材料价格情况，最后得出工程的投资估算额。有了工程造价资料数据库，设计人员就可以从中挑选出所需要的典型工程，运用计算机进行适当的分解与换算，再添加上设计人员的判断经验，最后得出较为可靠的工程投资估算额。

4. 用做编制初步设计概算和审查施工图造价的重要依据

在编制初步设计概算时，有时要用类比的方式进行编制。这种类比法比估算要细致深入，可以具体到单位工程甚至分部工程的水平上。在限额设计和优化设计方案的过程中，设计人员可能要反复修改设计方案，每次修改都希望能得到相应的概算，具有较多的典型工程资料是十分有益的。多种工程组合的比较不仅有助于设计人员探索造价分配的合理方式，还为设计人员指出修改设计方案的可行途径。

施工图造价编制完成之后，需要有经验的造价管理人员来审查，以确定其正确性。可以通过造价资料的运用来得到帮助。可从造价资料中选取类似资料，将其造价与施工图造价进行比较，从中发现施工图造价是否有偏差和遗漏。由于设计变更、材料调价等因素所带来的造价变化，在施工图造价阶段往往无法事先估计到，此时参考以往类似工程的数据，有助于预见到这些因素发生的可能性。

5. 用做确定标底和投标报价的参考资料

在为建设单位制定标底或施工单位投标报价的工作中，无论是用工程量清单计价还是用定额计价法，尤其是工程量清单计价，工程造价资料都可以发挥重要作用。它可以向甲、乙双方指明类似工程的实际造价及其变化规律，使得甲、乙双方都可以对未来将发生的造价进行预测和准备，从而避免标底和报价的盲目性。

6. 用做技术经济分析的基础资料

由于不断地收集和积累工程在建期间的造价资料，所以到结算和决算时能简单容易地得出结果。由于造价信息的及时反馈，使得建设单位和施工单位都可以尽早地发现问题，并及时予以解决。这也正是使对造价的控制由静态转入动态的关键所在。

7. 用做编制各类定额的基础资料

通过分析不同种类分部分项工程造价，了解各分部分项工程中各类实物量消耗，掌握各分部分项工程造价和结算的对比结果，定额管理部门就可以发现原有定额是否符合实际情况，从而提出修改的方案。对于新工艺和新材料，也可以从积累的资料中获得编制新增定额的有用信息。概算定额和估算指标的编制与修订，也可以从造价资料中得到参考依据。

8. 用以测定调价系数，编制造价指数

为了计算各种工程造价指数（如材料费价格指数、人工费指数、直接费价格指数、建筑安装工程价格指数、设备及工器具价格指数、工程造价指数、投资总量指数等），必须选取若干个典型工程的数据进行分析与综合，在此过程中，已经积累起来的造价资料可以充分发挥作用。

9. 用以研究同类工程造价的变化规律

定额管理部门可以在拥有较多的同类工程造价资料的基础上，研究出各类工程造价的变化规律。

复　习　题

1. 招标工程量清单和工程量清单计价的概念是什么？
2. 招标工程量清单项目是如何设置的？
3. 简述业主和承包商工程量清单计价条件下工程数量的区别。
4. 工程造价信息的概念及特点是什么？

4

第四章

建筑面积的计算

第一节 概 述

一、基本概念

建筑面积是指建筑物（包括墙体）的所形成的楼地面面积。单层建筑物的建筑面积，是指外墙勒脚以上的外围水平面积；多层建筑物的建筑面积，是指各层外墙外围水平面积的总和。建筑面积中的重要概念有：

自然层：按楼地面结构分层的楼层。

结构层高：楼面或地面结构层上表面至上部结构层上表面之间的垂直距离。

结构净高：楼面或地面结构层上表面至上部结构层下表面之间的垂直距离。

建筑空间：以建筑界面限定的、供人们生活和活动的场所。

围护结构：围合建筑空间的墙体、门、窗。

围护设施：为保障安全而设置的栏杆、栏板等围挡。

地下室与半地下室：地下室是指室内地平面低于室外地平面的高度超过室内净高的 1/2 的房间；半地下室是指室内地平面低于室外地平面的高度超过室内净高的 1/3，且不超过 1/2的房间。

凸窗（飘窗）：凸出建筑物外墙面的窗户。

阳台：附设于建筑物外墙，设有栏杆或栏板，可供人活动的室外空间。

门廊：建筑物入口前有顶棚的半围合空间。

二、建筑面积的计算意义

在我国的工程项目建设中，建筑面积一直是一项重要的技术经济指标。例如，依据建筑面积计算每平方米的用工量或材料用量，也是计算某些分项工程量的基本数据，如建筑物超高费用的计算、场地平整、楼地面工程等。它是计划、统计及工程概况的主要数量指标之一。在国民经济一定时期内，完成建设工程建筑面积的多少，标志着一个国家的工农业生产发展状况、人民生活居住条件的改善程度和文化福利设施发展的程度。年度竣工建筑面积的多少也是衡量和评价建筑承包商的重要指标。

有了建筑面积，才能够计算出另外一个重要的技术经济指标——单方造价（元/m^2）。建筑面积、单方造价两个技术经济指标，又是计划部门、规划部门、上级主管部门进行立项、审批、控制的重要依据。

第二节 建筑面积计算规则

一、建筑面积的计算

1. 单层建筑物的建筑面积

单层建筑物无论其高度如何，均按一层计算建筑面积。其建筑面积按其外墙结构外围水平面积计算，同时应符合以下规定：

1）单层建筑物结构层高在2.20m及以上者应计算全面积；结构层高在2.20m以下者应计算1/2面积。

2）单层建筑物有形成建筑空间的坡屋顶，空间结构净高2.10m以上的部位应计算全面积；结构净高在1.20及以上至2.10m以下的部位应计算1/2面积；结构净高在1.20m以下的部位不应计算面积。

单层建筑物建筑面积计算如图4-1所示。

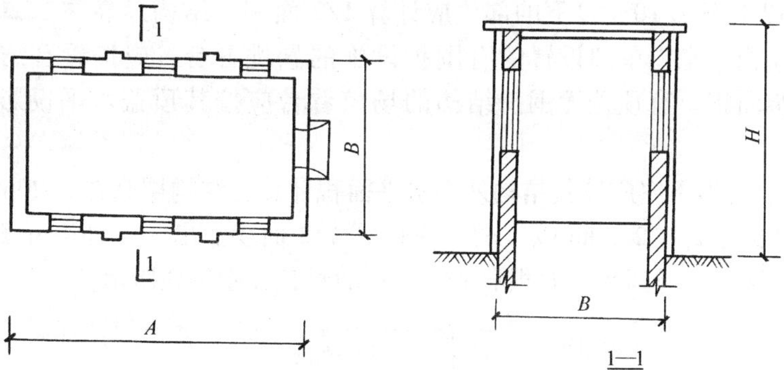

a) 平面图　　b) 剖面图

图4-1 单层建筑物建筑面积计算

$$建筑面积\ S = 外墙结构外围水平面积 = AB$$

3）单层建筑物内设有局部楼层者，局部楼层的二层及以上楼层，有围护结构的应按其围护结构外围水平面积计算，无围护结构的应按其结构底板水平面积计算，且结构层高在2.20m及以上者应计算全面积；结构层高在2.20m以下者应计算1/2面积。

单层建筑物内设有局部楼层时的建筑面积计算如图4-2所示。

$$建筑面积\ S = 底层建筑面积 + 局部二层建筑面积$$

2. 多层建筑物的建筑面积

1）多层建筑物的建筑面积应按自然层外墙结构外围水平面积之和计算。结构层高在2.20m及以上者应计算全面积；结构层高在2.20m以下者应计算1/2面积。

2）多层建筑有形成建筑空间的坡屋顶时，空间结构净高在2.10m及以上的部位应计算全面积；结构净高在1.20m及以上至2.10m以下的部位应计算1/2面积；结构净高在1.20m以下的部位不应计算面积。

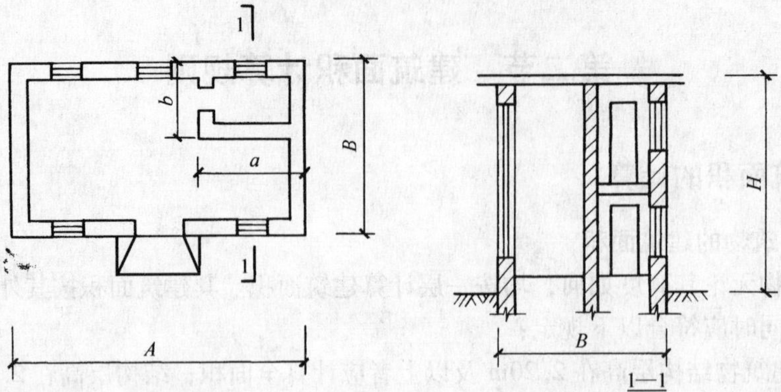

a) 平面图　　b)剖面图

图4-2 单层建筑物部分带楼层

3. 其他情况的建筑面积计算规则

1）场馆看台下的建筑空间，结构净高在2.10m及以上的部位应计算全面积；结构净高在1.20m及以上至2.10m以下的部位应计算1/2面积；结构净高在1.20m以下的部位不应计算建筑面积。室内单独设置的有围护设施的悬挑看台，应按看台结构底板水平投影面积计算建筑面积。有顶盖无围护结构的场馆看台应按其顶盖水平投影面积的1/2计算面积。

2）地下室、半地下室应按其结构外围水平面积计算。结构层高在2.20m及以上的，应计算全面积；结构层高在2.20m以下的，应计算1/2面积。出入口外墙外侧坡道有顶盖的部位，应按其外墙结构外围水平面积的1/2计算面积，如图4-3所示。

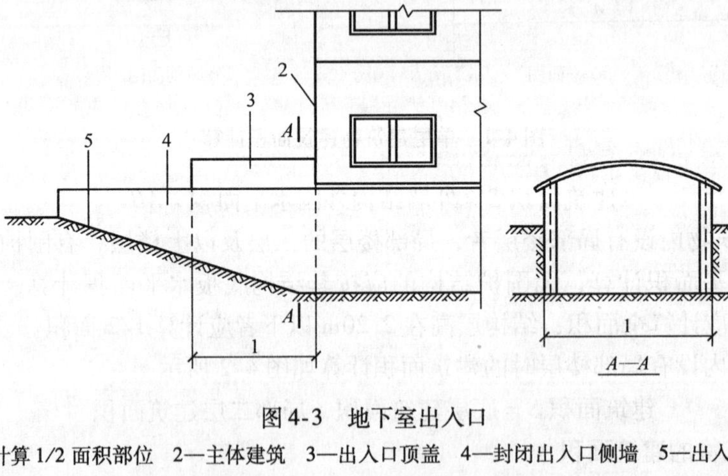

图4-3 地下室出入口

1—计算1/2面积部位 2—主体建筑 3—出入口顶盖 4—封闭出入口侧墙 5—出入口坡道

3）建筑物架空层及坡地建筑物吊脚架空层，应按其顶板水平投影计算建筑面积。结构层高在2.20m及以上的应计算全面积：结构层高在2.20m以下的应计算1/2面积。建筑物吊脚架空层图4-4所示。

4）建筑物的门厅、大厅按一层计算建筑面积。门厅、大厅内设置的走廊应按走廊结构

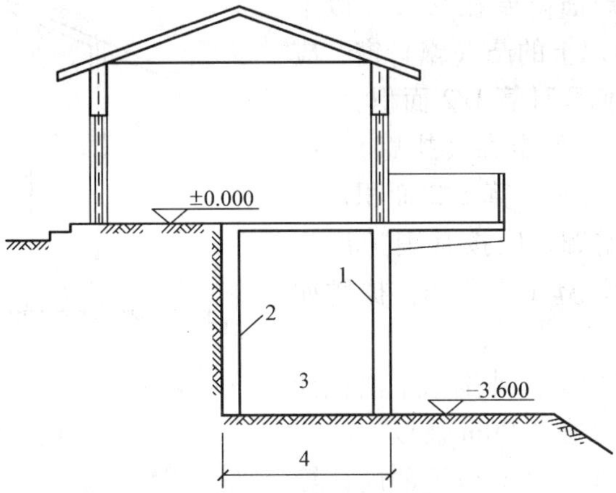

图 4-4　建筑物吊脚架空层

1—柱　2—墙　3—吊脚架空层　4—计算建筑面积部位

底板水平投影面积计算建筑面积。结构层高在 2.20m 及以上的应计算全面积；结构层高在 2.20m 以下的应计算 1/2 面积。

5）建筑物间的架空走廊，有顶盖和围护结构的，应按其围护结构外围水平面积计算全面积；无围护结构有围护设施的，应按其结构底板水平投影面积的 1/2 计算。无围护结构架空走廊如图 4-5 所示，有围护结构的架空走廊如图 4-6 所示。

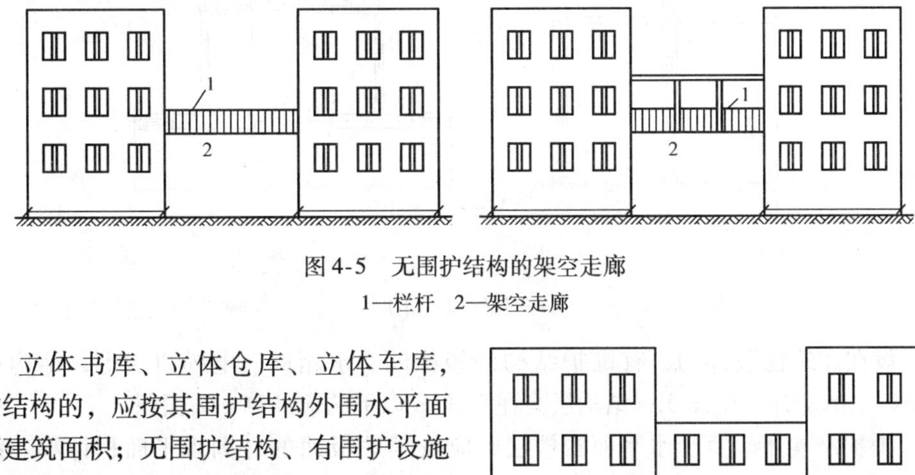

图 4-5　无围护结构的架空走廊

1—栏杆　2—架空走廊

6）立体书库、立体仓库、立体车库，有围护结构的，应按其围护结构外围水平面积计算建筑面积；无围护结构、有围护设施的，应按其结构底板水平投影面积计算建筑面积。无结构层的应按一层计算，有结构层的应按其结构层面积分别计算。结构层高在 2.20m 及以上的应计算全面积；结构层高在 2.20m 以下的应计算 1/2 面积。

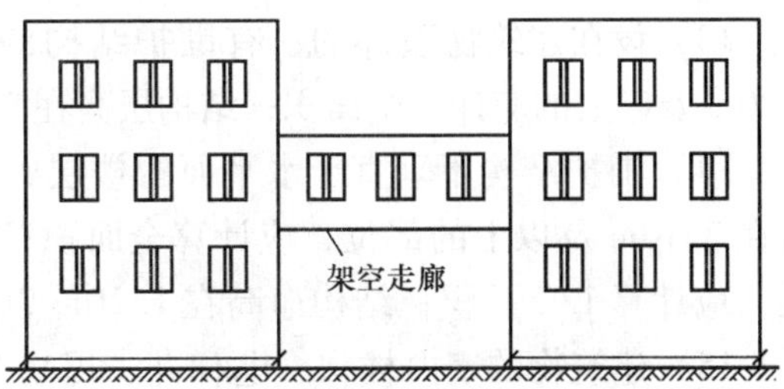

图 4-6　有围护结构的架空走廊

7）有围护结构的舞台灯光控制室，应按其围护结构外围水平面积计算。结构层高在 2.20m 及以上者应计算全面积，结构层高在 2.20m 以下者应计算 1/2 面积。

8）附属在建筑物外墙的落地橱窗，应按其围护结构外围水平面积计算。结构层高在 2.20m 及以上者应计算全面积；结构层高在 2.20m 以下的应计算 1/2 面积。

9）窗台与室内楼地面高差在0.45m以下且结构净高在2.10m及以上的凸（飘）窗，应按其围护结构外围水平面积计算1/2面积。

10）有围护设施的室外走廊（挑廊），应按其结构底板水平投影面积计算1/2面积；有围护设施（或柱）的檐廊，应按其围护设施（或柱）外围水平面积计算1/2面积。檐廊如图4-7所示。

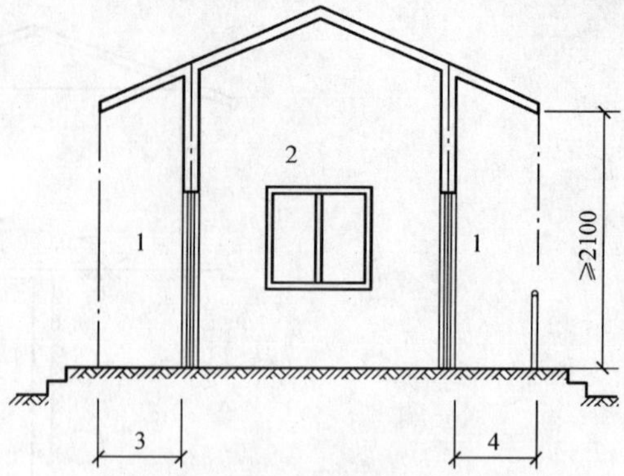

图4-7 檐廊

1—檐廊 2—室内 3—不计算建筑面积部位 4—计算1/2建筑面积部位

11）门斗应按其围护结构外围水平面积计算建筑面积，且结构层高在2.20m及以上的应计算全面积；结构层高在2.20m以下的应计算1/2面积。门斗如图4-8所示。

12）门廊应按其顶板的水平投影面积的1/2计算建筑面积；有柱雨篷应按其结构板水平投影面积的1/2计算建筑面积；无柱雨篷的结构外边线至外墙结构外边线的宽度在2.10m及以上的，应按雨篷结构板的水平投影面积的1/2计算建筑面积。

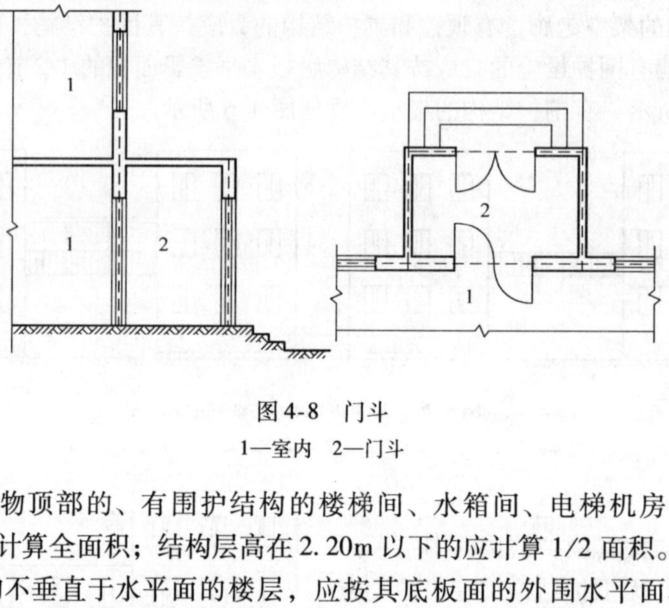

图4-8 门斗

1—室内 2—门斗

13）设在建筑物顶部的、有围护结构的楼梯间、水箱间、电梯机房等，结构层高在2.20m及以上的应计算全面积；结构层高在2.20m以下的应计算1/2面积。

14）围护结构不垂直于水平面的楼层，应按其底板面的外围水平面积计算。结构净高在2.10m及以上的部位，应计算全面积；结构净高在1.20m及以上至2.10m以下的部位，应计算1/2面积；结构净高在1.20m以下的部位，不应计算建筑面积。

15）建筑物的室内楼梯、电梯井、提物井、管道井、通风排气竖井、烟道应并入建筑物的自然层计算建筑面积。有顶盖的采光井应按一层计算面积，且结构净高在2.10m及以上的应计算全面积；结构净高在2.10m以下的应计算1/2面积。

16）室外楼梯应并入所依附建筑物自然层，按其水平投影面积的1/2计算建筑面积。

17）在主体结构内的阳台，应按其结构外围水平面积计算全面积；在主体结构外的阳台，应按其结构底板水平投影面积计算1/2面积。

18）有顶盖无围护结构的车棚、货棚、站台、加油站、收费站等，应按其顶盖水平投影面积的1/2计算建筑面积。

19）以幕墙作为围护结构的建筑物，应按幕墙外边线计算建筑面积。

20）建筑物的外墙外保温层，应按其保温材料的水平截面积计算，并计入自然层建筑面积。不包含抹灰层、防潮层、保护层（墙）的厚度。建筑外墙外保温如图4-9所示。

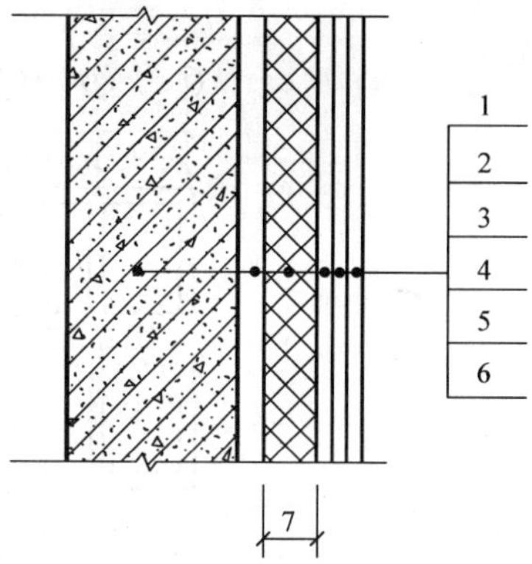

图4-9 建筑外墙保温
1—墙体 2—粘结胶浆 3—保温材料 4—标准网 5—加强网 6—抹面胶浆 7—计算建筑面积部位

21）与室内相通的变形缝，应按其自然层合并在建筑物建筑面积内计算。对于高低联跨的建筑物，当高低跨内部连通时，其变形缝应计算在低跨面积内。

22）对于建筑物内的设备层、管道层、避难层等有结构层的楼层，结构层高在2.20m及以上的应计算全面积；结构层高在2.20m以下的应计算1/2面积。

二、不应计算建筑面积的情况

1）与建筑物内不相连通的建筑部件。

2）骑楼、过街楼底层的开放公共空间和建筑物通道。

3）舞台及后台悬挂幕布和布景的天桥、挑台等。

4）露台、露天游泳池、花架、屋顶的水箱及装饰性结构构件。

5）建筑物内的操作平台、上料平台、安装箱和罐体的平台。

6）勒脚、附墙柱、垛、台阶、墙面抹灰、装饰面、镶贴块料面层、装饰性幕墙、主体结构外的空调室外机搁板（箱）、构件、配件，挑出宽度在2.10m以下的无柱雨篷和顶盖高度达到或超过两个楼层的无柱雨篷。

7）窗台与室内地面高差在0.45m以下且结构净高在2.10m以下的凸（飘）窗，窗台与室内地面高差在0.45m及以上的凸（飘）窗；室外爬梯、室外专用消防钢楼梯。

8）无围护结构的观光电梯。

9）建筑物以外的地下人防通道，独立的烟囱、烟道、地沟、油（水）罐、气柜、水塔、储油（水）池、储仓、栈桥等构筑物。

三、其他

本章计算规定的适用范围是新建、扩建、改建的工业与民用建筑工程建设全过程的建筑面积计算。

复 习 题

如图4-10～图4-12所示，计算该建筑物各层建筑面积及该建筑物总建筑面积。

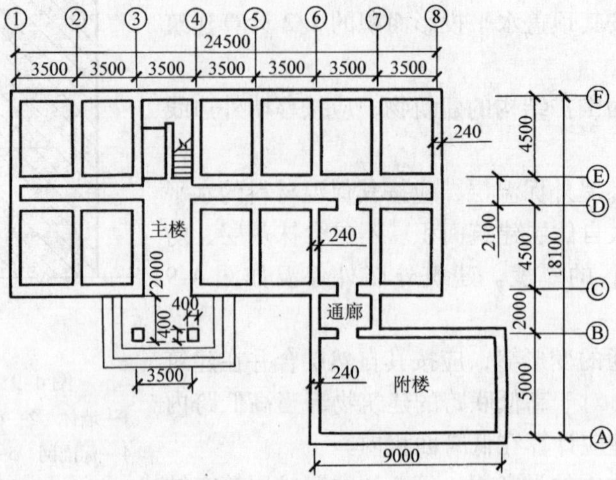

图4-10 某建筑物底层平面示意图

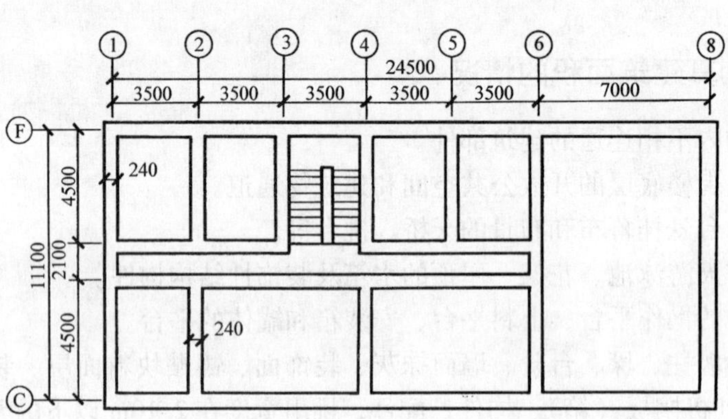

图4-11 二、三层平面示意图

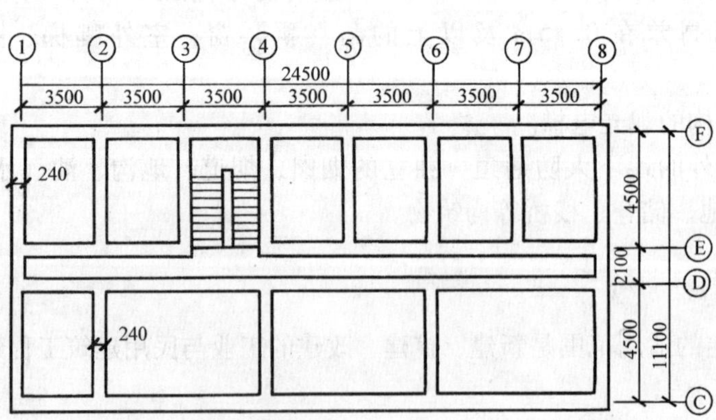

图4-12 四、五层平面示意图

第五章 土石方工程

5

第一节 概 述

土石方工程主要包括场地平整、挖土方（基础土方）、石方爆破开挖、土方回填、土方运输等项目，按施工方法可分为人工土石方和机械土石方两类。

在编制土石方工程造价之前，应确定下列资料：

1）土壤及岩石类别的确定。

2）地下水位标高及排（降）水方法。

3）土方、沟槽、基坑挖（填）起止标高、施工方法及运距。

4）岩石开凿、爆破方法、石渣清运方法及运距。

5）其他有关资料。

一、土壤及岩石的分类

因各个建筑物、构筑物所处的地理位置不同，其土壤的强度、密实性、透水性等物理性质和力学性质也有很大差别，这就直接影响到土石方工程的施工方法。因此，单位工程土石方所消耗的人工数量和机械台班就有很大差别，综合反映的施工费用也不相同。所以，正确区分土石方的类别对于能否准确进行造价编制影响很大。

《建设工程工程量清单计价规范》中土壤和岩石的分类，是按照《岩土工程勘察规范》GB 50021—2001（2009 年版）来划分土壤及岩石类别的，详见表 5-1。

表 5-1 土壤及岩石分类表

土壤分类	土 壤 名 称	开 挖 方 法
一、二类土	粉土、砂土（粉砂、细砂、中砂、粗砂、砾砂）、粉质黏土、弱中盐渍土、软土（淤泥质土、泥炭、泥炭质土）、软塑红黏土、冲填土	用锹，少许用镐、条锄开挖。机械能全部直接铲挖满载者
三类土	黏土、碎石土（圆砾、角砾）混合土、可塑红黏土、硬塑红黏土、强盐渍土、素填土、压实填土	主要用镐、条锄，少许用锹开挖。机械需部分刨松方能铲挖满载者或可直接铲挖但不能满载者

（续）

<table>
<tr><th colspan="2">土壤分类</th><th>土 壤 名 称</th><th>开 挖 方 法</th></tr>
<tr><td colspan="2">四类土</td><td>碎石土（卵石、碎石、漂石、块石）、坚硬红黏土、超盐渍土、杂填土</td><td>全部用镐、条锄挖掘，少许用撬棍挖掘。机械须普遍刨松方能铲挖满载者</td></tr>
<tr><th colspan="2">岩石分类</th><th>代表性岩石</th><th>开挖方法</th></tr>
<tr><td colspan="2">极软岩</td><td>1. 全风化的各种岩石
2. 各种半成岩</td><td>部分用手凿工具、部分用爆破法开挖</td></tr>
<tr><td rowspan="2">软质岩</td><td>软岩</td><td>1. 强风化的坚硬岩或较硬岩
2. 中等风化－强风化的较软岩
3. 未风化－微风化的页岩、泥岩、泥质砂岩等</td><td>用风镐和爆破法开挖</td></tr>
<tr><td>较软岩</td><td>1. 中等风化－强风化的坚硬岩或较硬岩
2. 未风化－微风化的凝灰岩、千枚岩、泥灰岩、砂质泥岩等</td><td>用爆破法开挖</td></tr>
<tr><td rowspan="2">硬质岩</td><td>较硬岩</td><td>1. 微风化的坚硬岩
2. 未风化－微风化的大理岩、板岩、石灰岩、白云岩、钙质砂岩等</td><td>用爆破法开挖</td></tr>
<tr><td>坚硬岩</td><td>未风化－微风化的花岗岩、闪长岩、辉绿岩、玄武岩、安山岩、片麻岩、石英岩、石英砂岩、硅质砾岩、硅质石灰岩等</td><td>用爆破法开挖</td></tr>
</table>

一般来讲，预算定额中土壤和岩石的分类是将表5-1中的分类进行综合划分。如某地的预算定额中将一、二、三类合并称为一般土；四类称为砂砾坚土；极软岩称为松石；软质岩称为次坚石；较硬岩称为普坚石；坚硬岩称为特坚石。

值得提出的是，由于分类的目的不同，岩石和土壤有各种不同的分类。《房屋建筑与装饰工程工程量计算规范》中岩石和土壤的分类是按《岩土工程勘察规范》中相关规定定义的，在编制造价时，要依据设计资料中提供的地质勘察报告、施工现场的实际情况，并且对照表5-1中开挖方法划分土壤、岩石的类别，准确套用单价，正确编制工程造价。

二、干、湿土的划分

土方工程由于基础埋置深度和地下水位的不同，以及受到季节施工的影响，出现干土与湿土之分。

干、湿土的划分，应根据地质勘察资料中地下常水位为划分标准，地下常水位以上为干土，以下为湿土。如果采用人工（集水坑）降低地下水位时，干、湿土的划分仍以常水位为准；当采用井点降水后，常水位以下的土不能按湿土计算，均按干土计算。

三、沟槽、基坑划分条件

为了满足实际施工中各类不同基础的人工土方工程开挖需要，准确地反映实际工程造价，《房屋建筑与装饰工程工程量计算规范》中将挖土划分为一般土方、挖沟槽土方、挖基坑土方、冻土开挖、挖淤泥流砂等项目。冻土开挖和挖淤泥流砂项目较好确定，其余三个项目的划分条件见表5-2。

表 5-2　挖一般土方、挖沟槽土方、挖基坑土方划分条件

项目	特　征
挖一般土方	超出沟槽、基坑范围的为一般土方；厚度 > ±300mm 的竖向布置挖土或山坡切土
挖沟槽土方	底宽≤7m 且底长 >3 倍底宽
挖基坑土方	底长≤3 倍底宽且底面积≤150m^2

四、放坡及放坡系数

1. 放坡

不管是用人工或是机械开挖土方，在施工时为了防止土壁坍塌都要采取一定的施工措施，如放坡、支挡板或打护坡桩。放坡是施工中较常用的一种措施。

当土方开挖深度超过一定限度时，将上口开挖宽度增大，将土壁做成具有一定坡度的边坡，防止土壁坍塌，在土方工程中称为放坡。

2. 放坡起点

实践经验表明：土壁稳定与土壤类别、含水率和挖土深度有关。放坡起点，就是指某类别土壤边壁直立不加支撑开挖的最大深度，一般是指设计室外地坪标高至基础底标高的深度。放坡起点应根据土质情况确定。

3. 放坡系数

将土壁做成一定坡度的边坡时，土方边坡的坡度，以其高度 H 与边坡宽度 B 之比来表示，如图 5-1 所示。即：

$$\text{土方坡度}=\frac{H}{B}=\frac{1}{\left(\frac{B}{H}\right)}=1:\frac{B}{H}$$

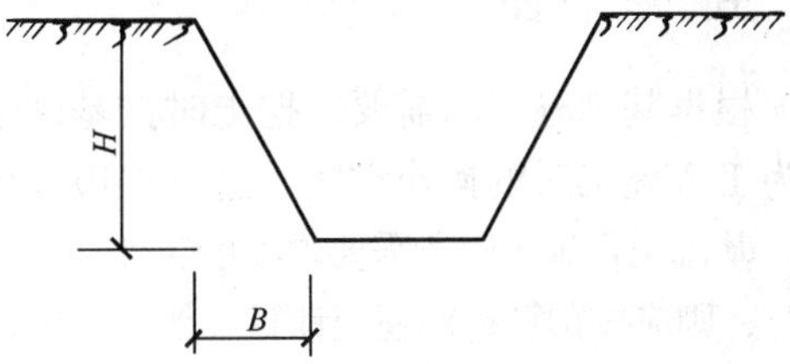

图 5-1　放坡示意图

设 $K=\frac{B}{H}$，得：

$$\text{土方坡度}=1:K$$

故称 K 为放坡系数。

放坡系数的大小通常由施工组织设计确定，如果施工组织设计无规定时也可由当地建设主管部门规定的土壤放坡系数确定。表 5-3 为某地区预算定额规定的挖土方、地槽、地坑的放坡起点及放坡系数表。

表 5-3　放坡起点及放坡系数表

土 壤 类 别	放坡起点深度 /m	人工挖土 (1:K)	机械挖土（1:K）	
			坑内作业	坑上作业
一般土（一～三类土）	1.35	1:0.43	1:0.29	1:0.71
砂砾坚土（四类土）	2.00	1:0.25	1:0.10	1:0.33

注：1. 在同一槽、坑或沟内如遇土壤类别不同时，分别按其放坡起点、放坡系数、依不同土壤厚度加权平均计算其放坡系数。

2. 计算放坡时，交接处的重复工程量不予扣除，单位工程中如内墙过多、过密、交接处重复量过大，已超出大开口所挖土方量时，应按大开口计算土方工程量。

例5-1 已知开挖深度 $H=2.2\text{m}$，槽底宽度 $A=2.0\text{m}$，土质为三类土，采用人工开挖。试确定上口开挖宽度是多少？

解：查表5-3可知，三类土放坡起点深度 $h=1.35\text{m}$，人工挖土的坡度系数 $K=0.43$。由于开挖深度 H 大于放坡起点深度 h，故采取放坡开挖。

(1) 每边边坡宽度 B。

$$B=KH=0.43\times2.2\text{m}=0.95\text{m}$$

(2) 上口开宽度 A'。

$$A'=A+2B=2.0\text{m}+2\times0.95\text{m}=3.90\text{m}$$

例5-2 已知某基坑开挖深度 $H=10\text{m}$。其中表层土为一、二类土，厚 $h_1=2\text{m}$，中层土为三类土，厚 $h_2=5\text{m}$；下层土为四类土，厚 $h_3=3\text{m}$。采用正铲挖土机在坑底开挖。试确定其坡度系数。

解：对于这种在同一坑内有三种不同类别土壤的情况，根据有关规定应分别按其放坡起点、放坡系数，依不同土壤厚度加权平均计算其放坡系数。

查表5-3可知，一、二、三类土坡度系数 $K_1=0.29$；四类土坡度系数 $K_2=0.10$。

综合坡度系数 $K=\dfrac{K_1h_1+K_1h_2+K_2h_3}{H}=\dfrac{0.29\times2+0.29\times5+0.10\times3}{10}=0.23$

五、工作面

根据基础施工的需要，挖土时按基础垫层的双向尺寸向周边放出一定范围的操作面积，作为工人施工时的操作空间，这个单边放出的宽度，就称为工作面。

基础工程施工时所需要增设的工作面，应根据已批准的施工组织设计确定。但在编制工程造价时，则应按预算定额规定计算。如某地区预算定额规定工作面增加如下：

1）砖基础每边增加工作面20cm。

2）浆砌毛石、条石基础每边增加工作面15cm。

3）混凝土基础或垫层需支模板时，每边增加工作面30cm。

4）基础垂直面做防水层时，每边增加工作80cm（防水层面）。

六、其他需要注意事项

1）当开挖深度超过放坡起点深度时，可以采用放坡开挖，也可以采用支挡土板开挖或采取其他的支护措施。编制造价时应根据已批准的施工组织设计规定选定，如果施工组织设计无规定，则均应按放坡开挖编制造价。

2）定额内所列的放坡起点、坡度系数、工作面，仅作为编制造价时计算土方工程量使用。实际施工中，应根据具体的土质情况和挖土深度，按照安全操作规程和施工组织设计的要求放坡和设置工作面，以保证施工安全和操作要求。

3）当造价内计算了放坡工程量后，实际施工中由于边坡坡度不足所造成的边坡塌方，其经济损失应由承包商承担，工程合同工期也不得顺延；发生的边坡小面积支护，其费用由承包商承担。

4）已批准的施工组织设计采用护坡桩或其他方法支护时，不得再按放坡开挖编制造价。但打护坡桩或其他支护应另列项目计算。

第二节　土 方 工 程

一般情况下预算定额中，按照施工方法的不同，将土方工程划分为人工土方工程和机械土方工程，并相应编制了定额子目。

由于人工和机械施工的工程量计算规则不同、放坡系数不同、单价不同，最终反映的造价价值必然不同。那么在编制造价时，应按哪种施工方法编制，必须有选定的标准。严格地讲，应选择经济合理的施工方法，并根据已批准的施工组织设计规定的施工方法编制造价。

一、人工土方工程

（一）人工场地平整

（1）人工场地平整　指为便于进行建筑物的定位放线，在基础土方开挖之前，对施工现场高低不平的部位进行平整的工作。工作内容包括厚度在 ±30cm 以内的就地挖、填、运、找平。

（2）工程量计算方法　工程量清单计量规范中平整场地（项目编码：010101001）工程量按设计图示尺寸，以建筑物首层建筑面积计算。管道支架、下水道、化粪池、窨井等零星工程不计算平整场地工程量。场地竖向布置挖填土方时，不再计算平整场地的工程量。

人工平整场地预算定额是按各类土壤所占的不同比例综合取定的，在编制造价时不分土壤类别，均按预算定额综合子目执行，如产生运土，需按运土项目另计运土费用。

（二）原土打夯

（1）原土打夯　这是根据设计要求，在建筑物或构筑物工程施工时，对原状土进行夯实的工作。主要适用于槽底、坑底和地面垫层下要求打夯的项目。

（2）执行预算定额有关规定　具体如下：

1）原土打夯子目不分土质和施工方法综合取定为一个子目。回填土、垫层的分层夯实已包括在相应预算定额子目内，不得按原土打夯重复计算。

2）应注意：散水、坡道、台阶、平台、底层地面等部位，垫层底的底部夯实均未包括在相应的定额子目内，应列项计算，与坑槽底打夯工程量合并，套用原土打夯子目。

（3）工程量计算　按图示尺寸以垫层底面积，以“m^2”计算。

（三）基底钎探

按设计图示基底尺寸以“m^2”计算其工程量，套用相应定额子目计算其定额直接费。

（四）挖基础土方

工程量清单计量规范中根据坑槽特征，把基础土方划分为三个清单项目。挖一般土方（010101002）工程量按设计图示尺寸以体积计算；挖沟槽土方（010101003）、基坑土方（010101004）工程量按设计图示尺寸以基础垫层面积乘以挖土深度计算。在计算工程量之前首先要确定土壤类别、挖土深度、弃土运距。招投标中施工企业投报的综合单价是工程实物量单价，确定单价时需要考虑其他一些因素，如原土打夯、外运土、放坡、工作面、干湿土等。

一般情况下预算定额将人工土方工程开挖划分为人工挖基坑、人工挖沟槽、挖一般土方、山坡切土和人工淤泥、流砂等项目。由于人工挖基坑的费用高于人工挖沟槽的费用，人工挖沟槽的费用高于一般土方的费用，人工挖一般土方的费用高于山坡切土的费用，所以，在造价编制前必须首先按表5-2判断挖土类别，以便于正确套用定额子目。

1. 人工土方部分相关规定

（1）干、湿土的换算规定 具体如下：

1）定额中人工挖土方、挖地槽、挖地坑，均以干土编制；如果人工挖湿土，则湿土部分应按相应定额子目人工乘以系数1.18计算。

2）当同一坑槽内有干、湿土时，应分别列项计算各自的挖土工程量，但在套用定额时，仍按槽、坑的全深条件套用相应子目。

例5-3 某地槽挖深2.8m，其中干土1.8m，湿土1.0m。二类土，采用放坡开挖施工，集水坑降水。经计算，其干土工程量为400m³，湿土工程量为200m³。试套用定额计算人工挖地槽的综合单价合计。

解：（1）干土综合单价合计。

虽然干土层厚1.8m，但地槽全深为2.8m，根据预算定额规定，应取2.8m深为子目套用条件。

又因土质为二类土，因而应套用人工挖地槽定额中的一般土、深度3m以内定额子目，综合单价为1744.37元/100m³，见表5-4。

表5-4 某地区人工挖沟槽预算定额

工作内容：挖土、抛土，修理底边，保持沟槽两侧1m以内无弃土。 （单位：100m³）

<table>
<tr><td colspan="3">定额编号</td><td>1-18</td><td>1-19</td><td>1-20</td><td>1-21</td></tr>
<tr><td colspan="3" rowspan="4">项目</td><td colspan="4">人工挖沟槽</td></tr>
<tr><td colspan="4">一般土</td></tr>
<tr><td colspan="4">深度/m</td></tr>
<tr><td>1.5以内</td><td>2以内</td><td>3以内</td><td>4以内</td></tr>
<tr><td colspan="3">综合单价</td><td>1549.53</td><td>1657.32</td><td>1744.37</td><td>2005.61</td></tr>
<tr><td rowspan="5">其中</td><td colspan="2">人工费/元</td><td>1229.33</td><td>1314.85</td><td>1383.91</td><td>1591.17</td></tr>
<tr><td colspan="2">材料费/元</td><td>—</td><td>—</td><td>—</td><td>—</td></tr>
<tr><td colspan="2">机械费/元</td><td>—</td><td>—</td><td>—</td><td>—</td></tr>
<tr><td colspan="2">管理费/元</td><td>177.25</td><td>189.58</td><td>199.54</td><td>229.42</td></tr>
<tr><td colspan="2">利润/元</td><td>142.95</td><td>152.89</td><td>160.92</td><td>185.02</td></tr>
<tr><td>名称</td><td>单位</td><td>单价/元</td><td colspan="4">数 量</td></tr>
<tr><td>综合工日</td><td>工日</td><td>43.00</td><td>(28.59)</td><td>(30.58)</td><td>(32.18)</td><td>(37.00)</td></tr>
<tr><td>定额工日</td><td>工日</td><td>43.00</td><td>28.589</td><td>30.578</td><td>32.184</td><td>37.004</td></tr>
</table>

干土综合单价合计 = 1744.37元/100m³ × 400m³ = 6977.48元

（2）湿土综合单价合计。

以相应干土定额子目为基础，按湿土换算规定换算后计算。分析可知应套用人工挖地槽定额中的一般土、深度3m以内的定额子目。另外，根据定额中规定，对湿土人工应乘以系数1.18计算。

换算后综合单价 = 原综合单价 + 人工费 ×（换算系数 - 1）

$=1744.37$ 元/100m^3 $+1383.91$ 元/100m^3 $\times(1.18-1)$

$=1993.47$ 元/100m^3

湿土综合单价合计 $=1993.47$ 元/100m^3 $\times200$m^3 $=3986.94$ 元

(3) 干、湿土综合单价合计。

干、湿土综合单价合计 $=6977.48+3986.94=10964.42$ 元

(2) 超深的换算规定 具体如下:

人工挖地槽、地坑深度超过4m时，以相应的4m深的定额子目为基础，分别乘以以下系数：6m以内为1.10；8m以内为1.15；10m以内为1.20；10m以上为1.25。当人工挖地槽、地坑深度超过6m时，每100m^{3}土方量另增加少先式起重机3.25台班（66.76元/台班）。

例5-4 试确定下列各条件下的人工挖地坑综合单价合计。

(1) 开挖深度7.50m，一般土，干土，放坡开挖。

(2) 开挖深度7.50m，一般土，湿土，放坡开挖。

解：人工挖地槽或地坑的定额子目最深为4m，如果挖7.5m深的地坑，应根据相关规定进行子目单价换算。某地区人工挖地坑一般土的预算定额见表5-5。

表5-5 某地区人工挖地坑预算定额

工作内容：挖土、抛土，修理底边，保持坑周围1m以内无弃土。 （单位：100m^3）

定额编号			1-26	1-27	1-28	1-29
项目			人工挖地坑			
			一般土			
			深度/m			
			1.5以内	2以内	3以内	4以内
综合单价			1738.52	1845.84	1939.99	2186.81
其中	人工费/元		1379.27	1464.41	1539.10	1734.92
	材料费/元		—	—	—	—
	机械费/元		—	—	—	—
	管理费/元		198.87	211.15	221.92	250.15
	利润/元		160.38	170.28	178.97	201.74
名称	单位	单价/元	数量			
综合工日	工日	43.00	(32.08)	(34.06)	(35.79)	(40.35)
定额工日	工日	43.00	32.076	34.056	35.793	40.347

(1) 根据干土、一般土、人工挖地坑的条件，查得挖深4m以内的综合单价为2186.81元/100m^3，依据超深换算规定进行超深换算，(单价乘以系数1.15，每100m^{3}另增加少先式起重机3.25台班，单价66.76元/台班)。

换算后综合单价 = 原综合单价 × 超深系数 + 应增垂直运输费

$=2186.81$ 元/100m^3 $\times1.15+3.25$ 台班/100m^3 $\times66.76$ 元/台班

$=2731.80$ 元/100m^3

(2) 根据一般土、人工挖地坑的条件，查得挖深4m以内的综合单位为2186.81元/

$100m^3$，但应根据规定进行超深（基价乘以系数1.15，每$100m^3$增加少先式起重机3.25台班，单价66.76元/台班）和湿土换算。

换算后综合单价=原综合单价×超深系数+人工费×超深系数×（湿土系数-1）+应增垂直运输费
=2186.81元/$100m^3$×1.15+1734.92元/$100m^3$×1.15×(1.18-1)+3.25台班/$100m^3$×66.76元/$100m^3$
=3090.93元/$100m^3$

2. 人工挖土工程量计算

（1）人工挖土工程量计算的一般规定 具体如下：

1）人工挖土工程量均以挖掘前的天然密实体积（即自然方）为准计算。天然密实体积与其他土方体积折算见表5-6。

表5-6 土方体积折算表

天然密实体积	虚方体积	夯实后体积	松填体积
1.00	1.30	0.87	1.08
0.77	1.00	0.67	0.83
1.15	1.50	1.00	1.25
0.92	1.20	0.80	1.00

注：天然密实土是指自然形成未经扰动的土；虚土是指未经填压自然堆成的土；夯实土是指经分层碾压、夯实的土；松填土是指自然堆放未经夯实填在坑槽中的土。

2）挖土一律以设计室外地坪标高为准计算。

3）建筑物、构筑物工程挖土方、地槽、地坑应从设计基础底标高（有垫层时以基础垫层底标高）至设计室外地坪标高的高度计算。管道挖土方、沟槽从设计管道基础底标高至设计室外地坪标高的高度计算，沿管线设计管道基础底、设计室外地坪有若干个不同标高时，沿管线长度加权平均计算。

4）设计室外地坪标高与实际标高在±300mm以内的挖、填土方，按平整场地项目计算。若超过300mm的挖方，按挖运土方项目计算；如超过300mm的填土方，按夯填（松填）项目计算。

5）放坡、基础施工加宽工作面等增加的土方量，并入相应工程量内计算。

6）计算放坡时，交接处的重复工程量不予扣除。原槽、坑作基础垫层时，放坡自垫层上表面开始计算。单位工程中，若内墙过多、过密、交接处重复计算量过大，已超出大开口所挖土方量时，应按大开口开挖计算土方工程量。

7）挖沟槽长度，外墙按图示中心线长度计算；内墙按图示基础底面之间挖土净长线长度计算。内外突出部分（如垛、附墙烟囱等）体积并入沟槽土方工程量内计算。

8）挖管道沟槽按图示中心线长度计算。沟底宽度设计有规定的，按设计规定尺寸计算；若设计无规定，可取用表5-7内数据计算。

表 5-7　管道地沟沟底宽度计算表　（单位：m）

管径/mm	铸铁管、钢管、石棉水泥管	混凝土、钢筋混凝土、预应力混凝土管	陶土管
50～70	0.60	0.80	0.70
100～200	0.70	0.90	0.80
250～350	0.80	1.00	0.90
400～450	1.00	1.30	1.10
500～600	1.30	1.50	1.40
700～800	1.60	1.80	—
900～1000	1.80	2.00	—
1100～1200	2.00	2.30	—
1300～1400	2.20	2.60	—

注：1. 按本表计算管道沟土方工程量时，各种井类及管道（不含铸铁给排水管）接口等处需加宽增加的土方量不另计算；底面积大于 $20m^2$ 的井类，其增加工程量并入管沟土方内计算。

2. 铺设铸铁给排水管道时，其接口等处土方增加量，可按铸铁给排水管道地沟土方总量的 2.5% 计算。

（2）人工挖地坑工程量计算　地坑一般为方形、长方形、圆形三种。

1）不放坡时地坑工程量计算公式。

长方形（方形）：$V=ABH$

圆形：$V=\pi R^2H$

2）放坡地坑工程量计算公式。

长方形（方形）（见图 5-2）：

$$V=(A+KH)(B+KH)H+\frac{1}{3}K^2H^3$$

圆形（见图 5-3）：$V=\pi H(R_1^2+R_2^2+R_1R_2)/3$

式中　A、B——基础或垫层（包括加宽工作面在内）的双向尺寸；

K——放坡系数；

H——地坑开挖深度；

R_1——坑底半径（包括加宽工作面在内）；

R_2——坑上口半径。

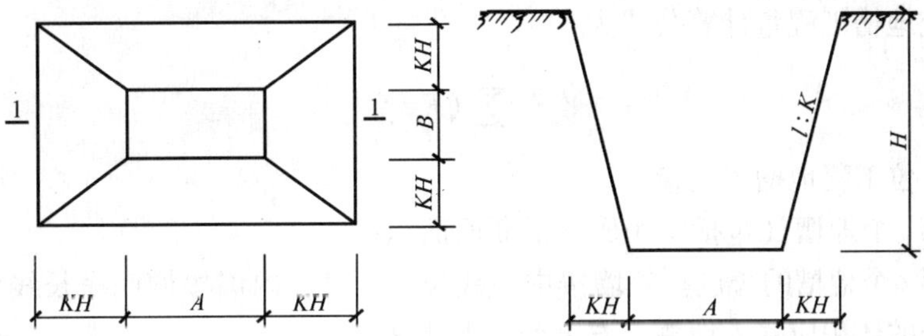

a) 平面图　b) 断面图

图 5-2　四边放坡长（方）地坑

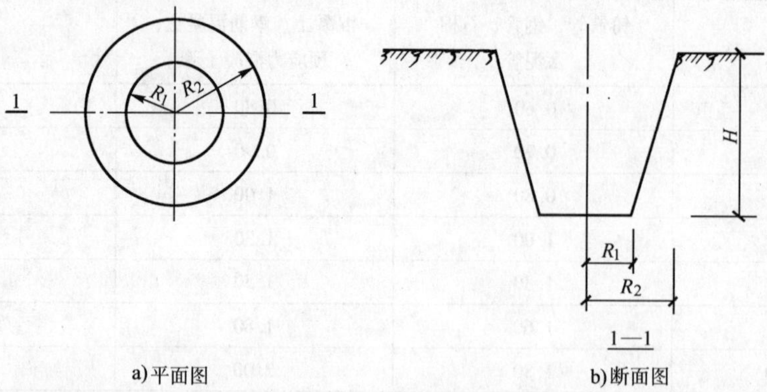

图5-3 圆形放坡地坑

例5-5 某基坑垫层的双向尺寸为3.60m×4.00m，垫层底面距设计室外地坪3.10m。已知：一般土、垫层采用支模浇筑。

试计算放坡开挖条件下人工挖土某地区的定额综合单价合计。

解：因为垫层底面积=3.6m×4.0m=14.4m^2<20m^2（某地区定额中地坑与土方的划分是以20m^{2}为界的），所以属挖地坑。又因为是一般土，开挖深度H=3.10m，大于一般土放坡起点深度1.35m，所以，按放坡开挖计算的工程量为：

查取定额可知人工开挖、一般土的放坡系数K=0.43。因为垫层采用支模浇筑，所以周边应增加支模工作面30cm。

$$
\begin{aligned}
\text{工程量}\ V &= (A+KH)\times(B+KH)\ H+\frac{1}{3}K^2H^3\\
&=[(4.0+2\times0.3+0.43\times3.1)\times(3.6+2\times0.3+0.43\times3.1)\times3.1]\text{m}^3+\\
&\quad\left(\frac{1}{3}\times0.43^2\times3.1^3\right)\text{m}^3=103.60\text{m}^3
\end{aligned}
$$

根据人工挖地坑、一般土、开挖深度3.10m的已知条件，可查得相应的定额子目，综合单价为2186.81元/100m^3。

人工挖土某地区定额综合单价合计=2186.81元/100m^3×103.60m^3=2265.54元

（3）人工挖地槽工程量计算 具体如下。

1）人工挖地槽工程量计算公式为：

$$V=\sum_{i=1}^{n}(F_iL_i)$$

式中 V——单位工程地槽工程量；

F_i——第i个地槽（包括工作面）的断面面积；

L_i——第i个地槽的长度。外墙按中心线长度计算，内墙按槽底净长线计算，凸出部分的体积应并入地槽土方工程量内计算。

2）在利用公式计算挖土工程量时，应注意槽底宽度包括设计图示尺寸、工作面在内的宽度。另外，还应注意，若地槽中有几种断面情况时，应分段分别计算，然后汇总。

3）几种常断面计算公式，如图5-4所示。

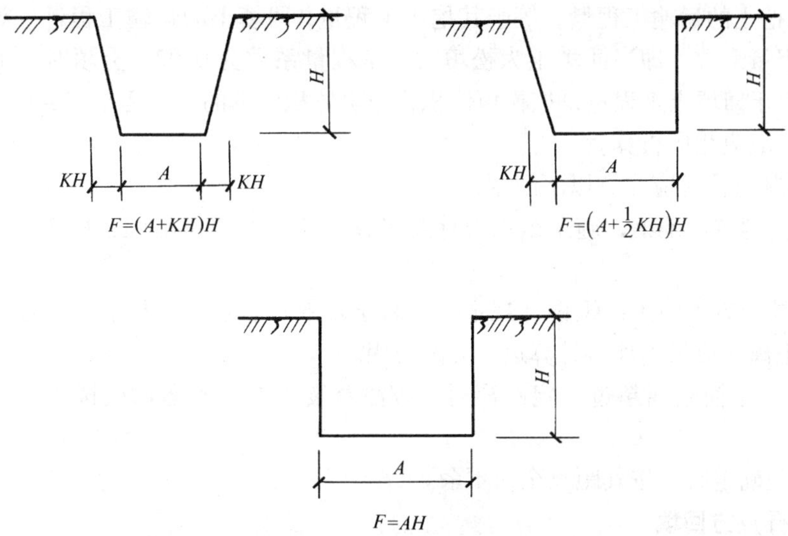

图 5-4　基槽断面图

（4）人工挖土方工程量计算　人工挖土方工程量应按相应人工挖地坑或人工挖地槽的计算方法计算。

3. 土方运输

土方运输包括：基础坑槽挖土全部外运至指定地点，待基础工程完成以后，将回填土部分从相应堆土地点运回来；挖土全部在坑槽边堆放，待回填完后有余土时，余土外运；其他需运进或运出的土方运输等。

1）定额中一般列出 50m 以内运输土方的子目，然后给出了在 400m 以内运输土方时，每增加 50m 运距辅助子目。若运输距离超过 50m，则应使用辅助子目对运土方基价进行换算后使用。表 5-8 为某地区双轮车运土的预算定额。

表 5-8　某地区双轮车运土预算定额

工作内容：装土、运土、卸土、平整。　　（单位：$100m^3$）

定额编号				1－36	1－37
项目				双轮车运土	
				运距/m	运距 400m 以内
				50 以内	每增加 50m
综合单价				1407.04	164.24
其中	人工费/元			1105.53	129.00
	材料费/元			13.56	1.64
	机械费/元			—	—
	管理费/元			159.40	18.60
	利　润/元			128.55	15.00
名称		单位	单价/元	数　量	
综合工日		工日	43.00	(25.71)	(3.00)
定额工日		工日	43.00	25.710	3.000
其他材料费		元	1.00	13.560	1.640

2）人工挖土的运输工程量，等于其挖土工程量；回填土的运输工程量，等于回填土工程量乘以工程量系数，即当回填土为松填时，工程量系数为0.92；夯填时，工程量系数为1.15。这是由于回填土工程量是按松填体积或夯填体积计算的，而运土方定额是按天然密实体积计算的，故应相应折算。

3）在编制造价时应注意以下问题：

① 人工挖地坑、地槽，施工组织设计规定直接将土堆放在基坑、基槽边时，不另计算运土费用。

② 人工挖土方，施工组织设计规定直接将土堆放在基坑、基槽边时，若抛土距离超过定额规定的距离，应另列项目计算运土方的费用。

③ 当土方运输距离超过一定距离时，应注意装土方式和运输机械的选择要符合有关规定。

④ 在运距确定时，按其距离全入不舍。

4. 土（石）方回填

回填土包括基础回填土、室内回填土、管道沟槽回填土和场地回填等项目。

（1）执行定额注意事项 具体如下：

1）回填土定额根据施工方法和质量要求不同，分为松填和夯填两个子目。在编制造价时应根据设计质量要求和已批准的施工组织设计的规定选定相应子目，回填前要确定土质、密实度要求、粒径要求等。

2）基础回填土和室内回填土、管道沟槽回填土，均套用回填土相应定额。

3）回填土如属于买土者，土的费用另计，列入材料差价。有的地区定额规定回填土要求筛土者，需要调增人工费。

（2）基础回填土工程量计算 基础回填土是指当基础施工完后，将基础周围用土回填至设计室外地坪的土。其工程量按图示回填体积，以“m^3”计算。计算公式为：

$$基础回填土=挖方体积-设计室外地坪以下埋设砌筑物的体积$$

（3）室内回填土工程量计算 室内回填土是指设计室外地坪标高至室内地面垫层底标高之间的土。其工程量按主墙之间的面积乘以回填土厚度，以“m^3”计算。室内回填土厚度，按设计室外地坪标高至室内地面垫层底标高之间的厚度计算。

（4）管道沟槽回填土工程量计算 计算公式为：

$$V_{回填}=V_{管挖}-V_{管}$$

式中 $V_{回填}$——管道沟槽回填土（m^3）；

$V_{管挖}$——管道沟槽挖方体积（m^3）；

$V_{管}$——管道所占体积。管径在500mm以下的不扣除管道所占体积，管径在500mm以上时，每米管长按表5-9所给体积扣除。

表5-9 管道扣除土方体积表 （单位：m^3）

管道名称	管道直径/mm					
	501～600	601～800	801～1000	1001～1200	1201～1400	1401～1600
钢管	0.21	0.44	0.71	—	—	—
铸铁管	0.24	0.49	0.77	—	—	—
钢筋混凝土	0.33	0.60	0.92	1.15	1.35	1.55

二、机械土方工程

1. 某地区预算定额机械土方部分相关规定如下：

1）当土壤中砾石比例大于30%，或遇多年沉积的砂砾及泥砾层石质时，不再执行机械土方定额子目，改为执行机械明挖出渣定额子目。

2）当土壤天然含水率大于25%时，定额中的人工、机械乘以系数1.15计算。若天然含水率大于40%时，另行计算。但当采用井点降水的方法降低地下水位后，不论实际含水量为多少，均不再考虑含水量造成的降效影响。

3）当机械挖土方的单位工程量小于2000m^{3}时，定额子目应乘以系数1.10计算。

4）当推土机推土土层平均厚度小于300mm时，定额子目中推土机台班用量乘以系数1.25计算。

5）当开挖深度超过5m，相应定额子目中挖掘机台班数量乘以系数1.09计算。

6）当采用机械开挖桩间土方时（不包括空桩部分），定额子目中人工及机械乘以系数1.30计算（独立承台带单桩时，人工、机械乘以系数1.1计算）。

2. 机械土方工程量的计算

1）机械土方的工程量，均以挖掘前的天然密实体积，以“m^3”计算。

2）在工程量计算时，应注意以下问题：

① 机械挖土方工程量，正常情况下需要人工配合，因此，有的预算定额规定，工程量按机械挖土方90%，人工挖土方10%分别列项，执行相应定额子目。其中，人工挖土方部分按相应定额子目，人工乘以系数2计算。

② 当存在桩间土方开挖时，桩间土方应单独列项，工程量按实挖体积计算，即应扣除桩所占的体积。

③ 当开挖深度超过放坡起点深度时，可按施工组织设计中的方案，用放坡或支护开挖。

④ 在挖土工程量计算时，应根据基础施工情况考虑所需工作面的增加量。

3. 机械土方部分执行定额注意事项

（1）推土机推土 具体如下：

1）推土机推土定额中，按照土的类别一般设置两个定额子目，还设置了一个运距每增加10m的辅助定额子目。

2）在套用定额时，应根据前述定额的换算条件进行相关内容的换算。利用辅助定额子目进行20m以外的运距修正。

（2）挖掘机挖土 具体如下：

1）挖掘机挖土定额中，按照工作内容范围的不同分别设置了挖土和挖运两类定额子目。每一类又按照土的类别分别设置了一般土和砂砾坚土两个定额子目。

2）在机械挖土定额中，还考虑了推土机的辅助配合施工。

3）在套用定额时，应根据前述定额的换算条件进行相关内容的换算。

4）若施工组织设计中采用挖掘机挖土，装载机装运土方或翻斗车运土方至堆土地点，则按包括人工挖土和机械挖土在内的总挖土量，另列项目计算装载机装运土方或翻斗车运土方。装载机装运土方设置了一个运距20m以内的定额子目和一个运距每增加20m的辅助定额子目。翻斗车运土方按运距不同分别设置了运距200m以内定额子目和运距2000m以内每增加200m的辅助定额子目。

例5-6 某工程大型基坑采用反铲挖掘机挖土、机动翻斗车运土方。三类土，开挖深度为5.5m，土方总量为5400m^3，运土距离为120m。试确定其土方工程定额合计。

解： 某地区机械挖土、翻斗车运土的预算定额见表5-10。

表5-10 某地区机械挖土、翻斗车运土预算定额

工作内容：挖土并将土堆放一边，清理机下余土，修理边坡；装土、运土、卸土、平整。

（单位：1000m^3）

定额编号			1-38	1-39	1-51
项目			机械挖土		翻斗车运土（100m^3）
			一般土	砂砾坚土	运距 200m以内
综合单价			2533.55	3090.16	1868.79
其中 人工费/元			144.48	144.48	645.00
其中 材料费/元			—	—	—
其中 机械费/元			2249.22	2786.17	903.47
其中 管理费/元			71.15	81.15	163.52
其中 利润/元			68.70	78.36	156.80
名称	单位	单价/元	数量		
综合工日	工日	43.00	(8.18)	(9.33)	(22.40)
定额工日	工日	43.00	3.360	3.360	15.000
履带式单斗挖掘机（综合）	台班	964.88	2.190	2.713	—
履带式推土机（综合）	台班	621.59	0.219	0.271	—
机动翻斗车1t	台班	122.09	—	—	7.400

（1）反铲挖掘机挖土。

1）工程量 = 土方总量 ×90% = 5400m^3 ×90% = 4860m^3

查相应的定额子目，综合单价为2533.55元/1000m^3。但由于开挖深度超过5m，故应按规定对定额综合单价进行换算。

2）换算后定额综合单价 = 原综合单价 + 挖掘机台班 ×（换算系数 -1）×台班单价

= 2533.55元/1000m^3 + 2.19台班/1000m^3 ×（1.09 -1）×964.88元/台班

= 2723.73元/1000m^3

（2）人工挖土方。

1）工程量 = 土方总量 ×10% = 5400m^3 ×10% = 540m^3

查得相应的定额子目，综合单价为2087.30元/100m^3。根据人工配合机械土方施工的规定，应对定额综合单价进行换算。

2）换算后定额综合单价 = 原综合单价 + 人工费 ×（换算系数 -1）

= 2087.30元/100m^3 + 1655.97元/100m^3 ×（2.0 -1）

$=3743.27$ 元/$100m^3$

（3）机动翻斗车运土。

1）工程量 = 土方总量 = $5400m^3$

查得相应的定额子目。

2）定额综合单价 = 1868.79 元/$100m^3$

（4）定额综合单价合计。

采用列表计算，见表5-11，即该工程定额综合单价合计为134365.65元。

表5-11　定额综合单价合计表

序号	定额子目	项目名称	单位/m^3	工程量	定额综合单价/元	定额综合单价合计/元
1	1-38	挖掘机挖土	1000	4.86	2723.73	13237.33
2	1-7	人工挖土	100	5.40	3743.27	20213.66
3	1-51	机动翻斗车运土方	100	54.00	1868.79	100914.66
		合计				134365.65

（3）挖掘机挖土、自卸汽车运土　具体如下：

1）挖掘机挖土、自卸汽车运土定额中，按照土的类别设置了一般土、砂砾坚土运距1000m以内的两个定额子目，还设置了自卸汽车运土每增加1000m的辅助定额子目。

2）在定额中，均考虑了推土机及洒水车洒水等辅助施工机械的施工。

3）在套用定额时，应根据前述定额的换算条件进行相关内容的换算，利用辅助定额进行运距的修正。

4）对于挖掘机挖土自卸汽车运土的施工组织方案，其人工开挖部分（即总量的10%）的装车，定额中另外设置了自卸汽车运土1000m以内的人工装土子目、装载机装土子目。

例5-7　某工程大型基坑采用反铲挖掘机挖土自卸汽车运土。已知：三类土，基础混凝土垫层（厚100mm、支模浇注）双向尺寸为15m×40m，垫层底标高为-4.800m，室外地坪标高为-0.600m，采用坑上挖土，放坡开挖，土方运距5500m，人工挖土方部分，采用装载机装土自卸汽车运土。

试计算：（1）各分项工程量；（2）定额综合单价合计。

解：（1）工程量计算。

因为开挖深度为（4.8-0.6）m=4.2m，大于放坡起点深度1.35m，所以需放坡开挖。查一般土、坑上作业的放坡系数为1:0.71。放坡应自垫层底开始计算。

查混凝土基础垫层需支模时工作面为300mm。所以，基底开挖双向尺寸应为15.6m×40.6m。

1）土方总量 $=(A+KH)(B+KH)H+\frac{1}{3}K^2H^3$

$=(15.6+0.71\times4.2)m\times(40.6+0.71\times4.2)m\times4.2m+1/3\times0.71^2\times4.2^3m^3=3413.78m^3$

2）反铲挖掘机挖土自卸汽车运土（1000m以内）：

工程量 = 土方总量×90% = $3413.78m^3\times90\%=3072.40m^3$

执行某地区相应的预算定额，综合单价为9483.18元/1000m^3。

3）人工挖土方：

$$工程量=土方总量\times10\%=3413.78m^3\times10\%=341.38m^3$$

执行某地区相应的预算定额子目，综合单价为1865.13元/100m^3。根据人工配合机械土方施工的规定，应对定额子目进行换算。

换算后定额综合单价=原综合单价+子目人工费×（2.0-1）=1865.13元/100m^3+1479.72元/100m^3×（2.0-1）=3344.85元/100m^3

4）装载机装土自卸汽车运土（1000m以内）：

工程量同人工挖土方工程量为341.38m^3。

执行某地区相应的定额子目，综合单价6922.87元/1000m^3。

5）自卸汽车运土（超运距部分）：

工程量同土方总量为3413.78m^3。

总土方运距为5500m。由于挖掘机挖土自卸汽车运土定额和装载机装土自卸汽车运土定额中均已包括1000m以内的运距，故应按自卸汽车运土每增1000m的辅助定额子目进行定额换算，即运距差5500m-1000m=4500m。4500m/1000m=4.5，按全入不舍的原则，故应取5。

换算后定额综合单价=原综合单价×5=1628.04元/1000m^3×5=8140.20元/1000m^3

（2）定额综合单价合计。

定额综合单价合计采用列表计算，见表5-12，即合计为70631.16元。

表5-12 某地区预算定额综合单价合计表

序号	定额子目	项目名称	单位/m^3	工程量	综合单价/元	定额合计
1	1-40	反铲挖掘机挖土自卸汽车运土1000m以内	1000	3.07	9483.18	29113.36
2	1-6换	人工挖土	100	3.41	3344.85	11405.94
3	1-46	装载机装土自卸汽车运土1000m以内	1000	0.34	6922.87	2353.78
4	1-47换	自卸汽车运土4500m	1000	3.41	8140.20	27758.08
		合计				70631.16

第三节 石方工程

《房屋建筑与装饰工程工程量计算规范》中人工凿石工程划分为挖一般石方（010102001）、挖沟槽石方（010102002）、挖基坑石方（010102003）、挖管沟石方（010102004）等项目。在《爆破工程工程量计算规范》石方爆破工程中项目有一般石方爆破（090101001）、基坑石方爆破（090101002）、沟槽石方爆破（090101003）等。石方开挖工程量按设计图示尺寸底面积乘以挖石深度，以体积计算。具体施工过程或招投标中施工企业编制投标报价时，石方工程根据施工方法不同可分为人工凿岩石、人工打炮眼爆破石方、摊座、机械打眼爆破石方、人工装渣手推车运输、推土机推渣、挖掘机挖渣自卸汽车运渣等。在编制造价时，应根据设计施工图及施工组织设计的规定，区别不同情况，分别列项计算。

一、人工凿岩石

人工凿岩石，是指用人工开凿石方、打碎及修边检底。

1）定额中，人工凿岩石分为平基、沟槽、基坑三个分项，每个分项又分别设置了松石、次坚石、普坚石、特坚石四个子目。

2）人工凿岩石工程量，按图示尺寸以“m^3”计算。

3）人工凿岩石施工时，定额子目中已包含修边和检底，但石渣运输需另计。

二、爆破石方

1. 爆破石方简介

爆破石方分为人工打炮眼爆破石方和机械打眼爆破石方两种施工方法。编制造价时，只能按施工组织设计选用其中一种。

（1）人工打炮眼爆破石方　定额中人工打炮眼爆破石方分为松动爆破岩石、平基、沟槽、基坑四个分项，每个分项又分别设置了松石、次坚石、普坚石、特坚石四个子目。

（2）机械打眼爆破石方　定额中，机械打眼爆破石方分为平基、沟槽、基坑三个分项，每个分项又分别设置了松石、次坚石、普坚石、特坚石四个子目。

2. 爆破石方工程量的计算

1）人工打炮眼爆破石方及机械打眼爆破石方工程量，均按图示尺寸以“m^3”计算。沟槽和基坑的爆破石方工程量，另增加深度和宽度允许超挖部分的体积。

2）沟槽和基坑的深度和宽度允许超挖的尺寸为：松石、次坚石每边为200mm；普坚石、特坚石每边为150mm。

3. 石方爆破部分应注意问题

1）定额中已综合了不同开挖阶段高度、坡石开挖、改炮、找平因素。如设计规定爆破有粒径要求时，需增加的人工、材料和机械费用，应按实际发生计算。

2）石方爆破根据现场情况，必须采用集中供风时，增加的风量损失不得另行计算，增加临时管路的材料、安拆费应另行计算。

3）施工现场如遇不允许放明炮而必须采用无声静力爆破、控制爆破者，其费用另行计算。

4）定额中的爆破材料是按炮孔中无地下渗水、积水编制的。炮孔中若出现地下渗水、积水时，处理渗水或积水发生的费用另行计算。

5）定额中未包括爆破时所需覆盖的安全网、草袋、架设安全屏障等设施的费用，发生时另行计算。

6）定额是按炮眼法松动爆破编制的，不分明炮、闷炮，但闷炮覆盖材料应另行计算。

7）定额中爆破材料是按电雷管导电起爆编制的。若采用火雷管爆破时，雷管应换算，数量不变，扣除子目中的胶质导线，换为导火索，导火索的长度按每个雷管2.12m计算。

8）爆破石方定额中，不包括石渣的装运费用，应按石渣的装运方式及运距另列项目计算，执行相应定额子目。

9）爆破石方定额中，不包括槽、坑、地面的摊座费用及修整边坡的费用，应另列项目计算。

三、摊座及修整边坡

1）摊座，是指对爆破后的基底进行人工凿平、整理，达到设计要求的标高、平整度，并清除石渣的工作。

2）修整边坡，是指对爆破后的边坡进行人工凿平、整理，达到设计要求的坡度、平整度，并清除石渣的工作。

3）定额中，槽、坑的摊座合并为一个分项，地面摊座为一个分项，每个分项又分别设置了松石、次坚石、普坚石、特坚石四个子目。修整边坡，设置了松石、次坚石、普坚石、特坚石四个子目。

4）摊座工程量，按设计图示尺寸以“m^2”计算。

5）修整边坡工程量，按设计图示尺寸以“m^2”计算。

6）在编制造价时应注意：

① 摊座和修整边坡，仅适用于爆破石方。人工凿岩石，其摊座及修整边坡已包括在相应定额内，不得单独列项计算摊座和修整边坡。

② 只有爆破石方施工时，设计规定永久留置的边坡，才能列项目计算修整边坡。基础施工完后还回填的槽、坑边壁，不得列项计算修整边坡。

四、石渣装运

1）某地区预算定额中，分别设置了人工装石渣手推车运输运距60m以内和每增加20m运距的定额子目；人工装石渣自卸汽车运石渣运距1km以内的定额子目；挖掘机挖石渣自卸汽车运石渣1km以内的定额子目及每增加1km的辅助定额子目；推土机推运石渣运距20m以内和每增加10m运距的定额子目。

2）在编制造价时，应根据施工组织设计规定，选用其中的一种石渣装运方式，套用相应定额，并根据实际运距另列项目进行运距修正。

3）石渣装运工程量，等于相应人工凿岩石或爆破石方的工程量。

4）摊座和修整边坡的石渣体积，已包括在相应爆破石方的工程量内，不另增加石渣装运体积。

5）运石方是按天然实体积计算的。若是虚体积时，运石合计工按乘以系数0.65计算。

第四节 强 夯 工 程

一、强夯工程的概念

强夯工程，是用起重机将大吨位夯锤（一般不小于80t）起吊到很高处（一般不小于6m）自由落下，对土体进行强力夯实，以提高地基强度、降低地基的压缩性。其作用机理，主要是用很大的冲击能（一般为50~300t·m）使土中出现冲击波和很大的应力，迫使土中的孔隙压缩、土体局部液化，夯击点周围产生间隙形成良好的排水通道，土体迅速固结。适用于黏性土、湿陷性黄土及人工填土地基的深层加固。夯后地基强度可提高 2 ~ 5 倍，压缩性可降低 2 ~ 10 倍。

夯击点布置，可采用梅花形或正方形网格排列。每点夯击击数及夯击遍数应按设计要求确定。按所布置的形式依次夯击完成为第一遍，第二次选用已夯点间隙，依次补点夯击为第二遍，以下各遍均在中间补点。当各点均夯完后，再低锤满夯一遍，且使夯印互压 1/2 或 1/3，以加固前几遍夯点之间的松土和被振松的表土层。

两遍之间的间歇时间，取决于强夯产生的孔隙水压力的消散。一般是土质颗粒细、含水量高、黏土层厚的，间歇时间宜加长，一般间歇 1 ~ 4 周；对于黏土或冲积土为 3 周左右；对于地下水位较低、含水量较少的碎石类填土和透水性强的砂性土，可采用连续夯击而不需要间歇，前一遍夯完后，将土推平，即可进行下一遍夯击。

二、强夯工程量计算及应注意事项

1）《房屋建筑与装饰工程工程量计算规范》中，强夯地基（010201004）工程量按设计图示处理范围以面积计算。

2）某地区强夯工程预算定额，根据夯击能大小（100t · m 以内、200t · m 以内、300t · m以内）、每点夯击的遍数多少（夯击 5 遍以内、每增加 1 遍），分别列出了相应定额子目。在工程量计算时，应根据设计要求的夯击能、每点夯击遍数，分别列项计算，套用相应定额子目。地基强夯工程量应按设计图示强夯面积，以“m^2”计算。如设计无明确规定时，以建筑物基础外边线外延 5m，以“m^2”计算。设计要求不布夯的空地，其间距不论纵或横，如大于 8m，并且面积又在 $64m^2$ 以上的应予扣除，不足 $64m^2$ 的不予扣除。

3）编制造价时应注意：

① 夯击能 = 夯锤重 × 起吊高度。

② 夯击点有梅花形和方块形等，具体布置形式应以设计施工图为准。定额中已综合取定各类布点形式，使用时不允许换算。

第五节 工程量清单计价示例

某多层砖混住宅土方工程，土壤类别为三类土；基础为砖大放脚带形基础；基础总长度为 1590. 60m；垫层宽度为 920mm；挖土深度为 1. 8m；弃土运距为 4km。本例题在计算过程中使用的人、材、机单价及含量，包括计算综合单价的各项计价比例，均系依据某地区预算定额查得。教学和实际工程中可根据当地情况换用。

一、经业主根据基础设计施工图计算清单工程量

基础挖土截面积：$0.92m \times 1.8m = 1.656m^2$

基础总长度：1590. 6m

土方挖方清单总量：$2634m^3$

表 5-13 为分部分项工程量清单表。

表5-13 分部分项工程和单价措施项目清单与计价表

工程名称：××住宅工程

序号	项目编码	项目名称	项目特征描述	计量单位	工程量	金额/元		
						综合单价	合价	其中：暂估价
1	010101003001	挖沟槽土方	三类土； 挖土深度为1.8m； 弃土运距为4km	m^3	2634.00			
本页小计								
合计								

二、经投标人根据地质资料和施工方案计算

1. 施工组织方案

采用人工挖地槽，混凝土垫层采用支模浇筑。槽边可堆土 $2000m^3$；现场可堆土 $2100m^3$、运距为60m，采用人工运输；发生的弃土可用装载机装，自卸汽车运，运距为4km。

2. 挖基础地槽工程量

$F=(1.52+KH)\times1.8=[(1.52+0.43\times1.8)\times1.8]m^2=(2.294\times1.8)m^2=4.129m^2$

说明：混凝土垫层采用支模浇筑工作面各边加0.3m，一般土人工开挖放坡系数为0.43。基础底宽（0.92+0.3+0.3）m=1.52m。

土方挖方总量为基础总长度×F

$$V=1590.60m\times4.129m^2=6567.59m^3$$

3. 综合单价计算

（1）人工挖地槽。

综合单价合计 $=65.68\times100m^3\times1657.32$ 元/$100m^3=108852.78$ 元

其中：

人工费：$65.68\times100m^3\times1314.85$ 元/$100m^3=86359.35$ 元

管理费：$65.68\times100m^3\times189.58$ 元/$100m^3=12451.61$ 元

利润：$65.68\times100m^3\times152.89$ 元/$100m^3=10041.82$ 元

综合工日：$65.68\times100m^3\times30.58$ 工日/$100m^3=2008.49$ 工日

（2）槽底原土夯实。

工程量 $=0.92m\times1590.60m=1463.35m^2$

综合单价合计 $=14.63\times100m^2\times62.12$ 元/$100m^2=908.82$ 元

其中：

人工费：$14.63\times100m^2\times41.28$ 元/$100m^2=603.93$ 元

机械费：$14.63\times100m^2\times7.11$ 元/$100m^2=104.02$ 元

管理费：$14.63\times100m^2\times7.01$ 元/$100m^2=102.56$ 元

利润：$14.63\times100m^2\times6.72$ 元/$100m^2=98.31$ 元

综合工日：$14.63\times100\text{m}^2\times0.96$ 工日/$100\text{m}^2=14.04$ 工日

（3）人工运土。

综合单价合计 $=21.00\times100\text{m}^3\times(1407.04+164.24)$ 元/$100\text{m}^3=32996.88$ 元

其中：

人工费：$21.00\times100\text{m}^3\times(1105.53+129.00)$ 元/$100\text{m}^3=25925.13$ 元

材料费：$21.00\times100\text{m}^3\times(13.56+1.64)$ 元/$100\text{m}^3=319.2$ 元

管理费：$21.00\times100\text{m}^3\times(159.40+18.60)$ 元/$100\text{m}^3=3738.00$ 元

利润：$21.00\times100\text{m}^3\times(128.55+15.00)$ 元/$100\text{m}^3=3014.55$ 元

综合工日：$21.00\times100\text{m}^3\times(25.71+3.00)$ 工日/$100\text{m}^3=602.91$ 工日

（4）装载机装土、自卸汽车运土 4km。

工程量 $=6567.59\text{m}^3-2000\text{m}^3-2100\text{m}^3=2467.59\text{m}^3$

综合单价合计 $=2.468\times1000\text{m}^3\times(6922.87+1628.04\times3)$ 元/$1000\text{m}^3=29139.65$ 元

其中：

人工费：$2.468\times1000\text{m}^3\times227.90$ 元/$1000\text{m}^3=562.46$ 元

材料费：$2.468\times1000\text{m}^3\times34.83$ 元/$1000\text{m}^3=85.96$ 元

机械费：$2.468\times1000\text{m}^3\times(6366.71+1579.82\times3)$ 元/$1000\text{m}^3=27410.03$ 元

管理费：$2.468\times1000\text{m}^3\times(149.29+24.53\times3)$ 元/$1000\text{m}^3=550.06$ 元

利润：$2.468\times1000\text{m}^3\times(144.14+23.69\times3)$ 元/$1000\text{m}^3=531.14$ 元

（5）工程量清单综合单价分析表。

工程量清单综合单价分析表、分部分项工程量清单与计价表见表 5-14、表 5-15。

表 5-14　工程量清单综合单价分析表

项目编码	010101003001	项目名称	挖沟槽土方			计量单位		m^3					
清单综合单价组成明细													
定额编号	定额名称	定额单位	数量	单价					合价				
				人工费	材料费	机械费	管理费	利润	人工费	材料费	机械费	管理费	利润
1－19	人工挖基础地槽	100m^3	65.68	1314.85	—	—	189.58	152.89	86359.35	—	—	12451.61	10041.82
1－128	槽底原土夯实	100m^2	14.63	41.29	—	7.11	7.01	6.72	603.93	—	104.02	102.56	98.31
1－36＋1－37	人工运土方 60m	100m^3	21.00	1234.53	15.20	—	178.00	143.55	25925.13	319.20	—	3738.00	3014.55
1－46＋1－47×3	装载机装土自卸汽车运土 4km	1000m^3	2.47	227.90	34.83	11106.17	222.87	215.21	562.46	85.96	27410.03	550.06	531.14
人工单价	小计								113450.87	405.16	27514.05	16842.23	13685.82
43 元/工日	未计价材料费								—				
清单项目综合单价							171898.13 元/$2634.00\text{m}^3=65.26$ 元/m^3						
材料费明细	主要材料名称、规格、型号			单位		数量	单价		合价	暂估单价		暂估合价	

表5-15 分部分项工程量清单与计价表

序号	项目编码	项目名称	项目特征描述	计量单位	工程量	金额/元		
						综合单价	合价	其中：暂估价
1	010101003001	挖沟槽土方	三类土；挖土深度为1.8m；弃土运距4km	m^3	2634.00	65.26	171894.84	—
本页小计								
合计								

复习题

1. 什么是场地平整？其工程量怎样计算？
2. 若同一槽坑内既有干土又有湿土时，怎样计算工程量？怎样套用定额？
3. 人工土方工程工程量计算时，放坡系数怎样取定？
4. 在同一槽、坑内如有不同类别土壤时，其放坡系数怎样确定？
5. 什么叫工作面？工作面宽度怎样取定？
6. 在土方工程定额套用时应注意什么？
7. 基础回填土、室内回填土工程量计算时需注意哪些问题？
8. 某工程基础图如图5-5所示，土质为二类土，余土外运距离为500m，计算清单工程量；结合地区定额计算清单综合单价。

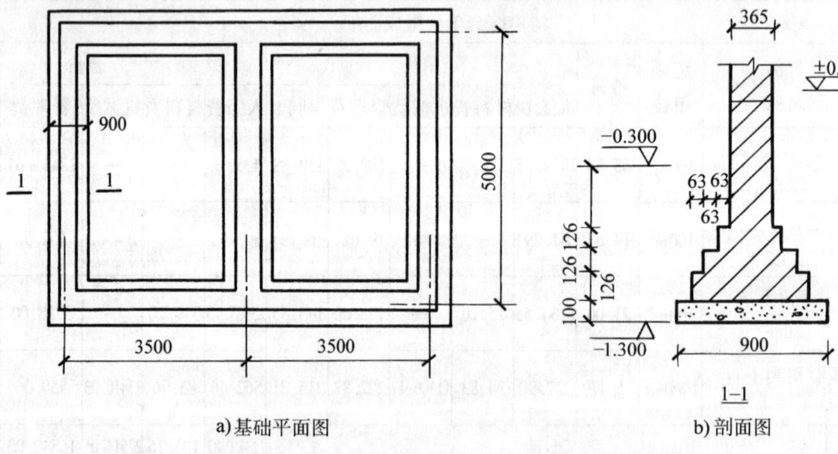

图5-5 某工程基础图

第六章 桩与地基基础工程

第一节 概　　述

当房屋建造在较厚的软弱土层上、上部荷载较大时，由于进行人工地基处理很不经济，往往采用桩基来提高地基的承载力。采用这种方法，可以大大减少土方开挖和回填量，从而可以节省资金和提高工效。

桩基一般由设置土中的桩和承接上部结构的承台组成（见图6-1），桩顶埋入承台中。随着承台与地面的相对位置的不同，有低承台桩基和高承台桩基之分。前者的承台底面位于地面以下；而后者则高出地面以上，且常处于水下。在工业与民用建筑中，几乎都使用低承台桩基，而且大量采用的是竖直桩，很少采用斜桩。

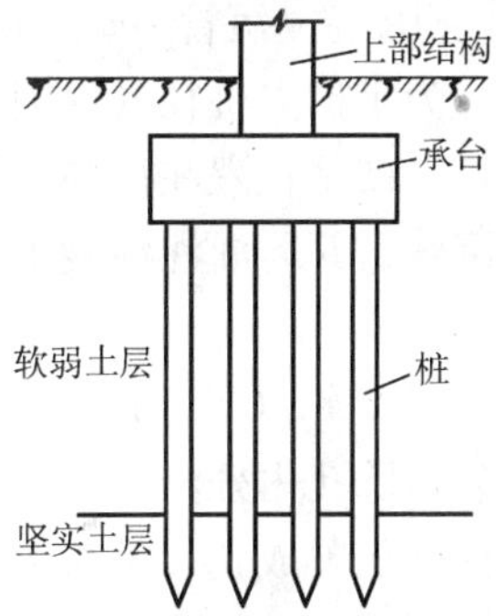

图6-1　低承台桩基示意图

一、桩的分类

桩按施工方法的不同，可分为预制桩和灌注桩两大类。

1. 预制桩

预制桩按所用材料的不同，可分为混凝土预制桩、钢桩和木桩。沉桩的方式有锤击或振动打入、静力压入和旋入等。

（1）混凝土预制桩　混凝土预制桩的截面形状、尺寸和长度可在一定范围内按需要选择，其横截面有方、圆等各种形状。普通实心方桩的截面边长一般为300~500mm，现场预制桩的长度一般在25~30m以内，工厂预制桩的分节长度一般不超过12m，沉桩时在现场通过接桩连接到所需长度。

预应力混凝土管桩采用先张法预应力和离心成型法制作。经高压蒸汽养护生产的高强预应力混凝土管桩（PHC）管桩，其桩身混凝土强度等级为C80或高于C80；未经高压蒸汽养护生产的预应力混凝土管桩（PC）管桩和预应力混凝土薄壁管桩（PTC）(C60~接近C80)。建筑工程中常用的PHC、PC、PTC管桩的外径一般为300~600mm，分节长度为5~13m。

（2）钢桩　常用的钢桩有下端开口或闭口的钢管桩，以及H型钢桩等。一般钢管桩的直径为250~1200mm。H型钢桩的穿透能力强，自重轻，锤击沉桩的效果好，承载能力高，无论起吊、运输或是沉桩、接桩都很方便。其缺点是耗钢量大，成本高，因而只在少数重要工程中使用。

（3）木桩 木桩常用松木、杉木做成。其桩径（小头直径）一般为160~260mm，桩长为4~6m。木桩自重小，具有一定的弹性和韧性，又便于加工、运输和施工。木桩在淡水环境下是耐久的，但在干湿交替的环境中极易腐烂，故应打入最低地下水位以下0.5m。由于木桩的承载能力很低，以及木材的供应问题，现在只在木材产地和某些应急工程中使用。

2. 灌注桩

灌注桩是直接在所设计桩位处成孔，然后在孔内加入钢筋笼（也有省去钢筋的），再浇灌混凝土而成。与混凝土预制桩比较，灌注桩一般只根据使用期间可能出现的内力配置钢筋，用钢量较省。当持力层顶面起伏不平时，桩长可在施工过程中根据要求在某一范围内取定。灌注桩的横截面呈圆形，可以做成大直径和扩底桩。保证灌注桩承载力的关键在于施工时桩身的成形和混凝土质量。

灌注桩有几十个品种，大体可归纳为沉管灌注桩和钻（冲、磨、挖）孔灌注桩两大类。同一类桩还可按施工机械、施工方法及直径的不同予以细分。

（1）沉管灌注桩 沉管灌注桩可采用锤击振动、振动冲击等方法沉管成孔，其施工程序为：打桩机就位→沉管→灌注混凝土→边拔管→边振动→安放钢筋笼→继续灌注混凝土→成型。

为了扩大桩径（这时桩距不宜太小）和防止缩颈，可对沉管灌注桩加以“复打”。所谓复打，就是在灌注混凝土并拔出钢管后，立即在原位放置预制桩尖（或闭合管端活瓣）再次沉管，并再灌注混凝土。复打后的桩，其横截面面积增大，承载力提高，但其造价也相应增加。

（2）钻（冲、磨、挖）孔灌注桩 各种钻孔在施工时都要把桩孔位置处的土排出地面，然后清除孔内残渣，安放钢筋笼，最后灌注混凝土。直径为600mm或650mm的钻孔桩，常用回转机具成孔，桩长10~30m。目前国内的钻（冲）孔灌注桩在钻进时不下钢套筒，而是利用泥浆保护孔壁以防坍孔，清孔（排走孔底沉渣）后，在水下灌注混凝土。常用桩径为800mm、1000mm、1200mm等。我国常用灌注桩的适用范围见表6-1。

表6-1 常用灌注桩的适用范围

成孔方法		适用范围
泥浆护壁成孔	冲抓 冲击，护壁成孔直径800mm 回转钻	碎石类土、砂类土、粉土、黏性土及风化岩。冲击成孔的，进入中等风化和微风岩层的速度比回转钻快，深度可达40m以上
	潜水钻600mm、800mm	黏性土、淤泥、淤泥质土及砂土，深度可达50m
干作业成孔	螺旋钻400mm	地下水位以上的黏性土、粉土及人工填土，深度在15m内
	钻孔扩底，底部直径可达1000mm	地下水位以上的坚硬、硬塑的黏性土及中密以上的砂类土
	机动洛阳铲（人工）	地下水位以上黏性土、黄土及人工填土
沉管成孔	锤击340~800mm	硬塑黏性土、粉土、砂类土，直径600mm以上的可达强风化岩，深度可在20~30m
	振动400~500mm	可塑黏性土、中细砂，深度可达20m
爆扩成孔，底部直径可为800mm		地下水位以上的黏性土、黄土、碎石类土及风化岩

（3）挖孔桩 挖孔桩可采用人工或机械挖掘成孔。人工挖孔桩施工时应人工降低地下水位，每挖深0.9～1.0m，就浇灌或喷射一圈混凝土护壁（上下圈之间用插筋连接），达到所需深度时，再进行扩孔，最后在护壁内安装钢筋笼和浇灌混凝土。挖孔桩的优点是，可直接观察地层情况，孔底易清除干净，设备简单，施工噪声小，场区各桩同时施工，桩径大，适应性强，且比较经济。

二、其他有关规定

1. 某地区桩基础定额的适用范围

一般情况下桩基础定额适用于一般工业与民用建筑的各类桩基础工程、护坡桩工程等；不适用于公路、桥梁、水工建筑（各种堤坝）的打桩工程。

2. 其他使用规定

1）定额以平地（坡度小于15°）打桩为准。如在斜坡上（坡度大于15°）打桩时，按相应定额子目人工、机械乘以系数1.15。如在基坑内（基坑深度大于1.5m）打桩或在地坪上打坑槽内（坑、槽深度大于1m）桩时，按相应定额子目人工、机械乘以系数1.10计算。

2）打桩工程定额所配备打桩机的规格、型号如与实际施工配备不同时，不得换算。

3）每个单位工程的打（灌）桩工程量在表6-2规定以内的为小型工程。考虑打桩的其他费用，小型工程的人工和机械使用量，按相应的打（灌）桩定额子目乘以系数1.25计算。

表6-2 小型工程划分标准表

项　目	单位工程工程量	项　目	单位工程工程量
钢筋混凝土方桩	$150m^3$	沉管灌注砂、石桩	$60m^3$
钢筋混凝土管桩	$50m^3$	机械成孔灌注混凝土桩	$100m^3$
钢筋混凝土板桩	$50m^3$	泥浆护壁成孔灌注混凝土桩	$100m^3$
钢 板 桩	50t	喷粉桩、深层搅拌桩	$100m^3$
沉管灌注混凝土桩	$60m^3$	高压旋喷桩	200m

注：因工程工期要求，需要多台桩机施工的，每台桩机完成的工程量低于本表者，可与业主先行签证，执行小型工程系数。

4）定额中各种机械灌注桩的材料用量，均已包括了表6-3规定的充盈系数和材料损耗率。人工挖孔桩定额已综合考虑护壁和桩芯的混凝土，并包括了材料损耗。

表6-3 充盈系数和材料损耗率

项目名称	充盈系数	损耗率（%）	项目名称	充盈系数	损耗率（%）
沉管灌注混凝土桩	1.18	1.5	沉管灌注砂桩	1.24	3
机械成孔灌注混凝土桩	1.23	1.5	沉管灌注石桩	1.24	3

5）打桩、打孔，桩间净距小于4倍桩径（桩边长）时，按相应定额子目的人工、机械乘以系数1.13计算。

6）打试验桩，按相应定额子目的人工、机械乘以系数2.0计算。设计要求进行静载试验者，按实际发生计算静载试验费，列入税前造价。

在没有打桩的地方打试验桩是非常有必要的，不可省略。这是因为通过打试验桩来校核设计的桩并改进设计方案，以保证打桩的质量要求和技术要求。试验桩只是用于检验作用，而不同于实际工作桩，最后还要拔出，因而打试验桩的人工、机械的企业定额都要乘以系数2.0，而材料没有变化。

7）在桩间补桩或强夯后的地基打桩时，按相应定额子目的人工、机械乘以系数1.15计算。

8）打桩定额是以打直桩为准。如打斜度在1:6以内者，按相应定额子目的人工、机械乘以系数1.25计算；如打斜度大于1:6者，按相应定额子目的人工、机械乘以系数1.43计算。

9）灌注桩子目未考虑翻浆因素。灌注工程桩考虑翻浆因素时，沉管桩单桩的翻浆工程量可按翻浆高度0.25m乘以设计截面面积计算；钻孔桩单桩的翻浆工程量可按翻浆高度0.8m乘以设计截面面积计算。

10）定额已综合考虑不同的土质情况，除山区外，无论何种土质，均执行定额相应子目。

11）混凝土灌注桩的钢筋笼、地下连续墙的钢筋网和喷射混凝土中的钢筋制作、桩顶或桩内预埋铁件，应按混凝土及钢筋混凝土工程规定列项计算。

12）现场灌注混凝土桩的混凝土搅拌费用。现场搅拌混凝土应列项计算现场搅拌加工费；如采用商品混凝土，可直接进行换算，另列项计算商品混凝土的运输费。

第二节 预制钢筋混凝土桩基础工程

预制钢筋混凝土桩基础工程在编制工程量清单时，按照设计图示尺寸以桩长（包括桩尖）或根数或以立方米（按设计图示截面积乘以含桩尖长度在内的桩长）计算，施工企业在编制工程投标价时，应分别列项计算、接桩、打桩、送桩等内容，套用相应定额子目。下面分别讲述钢筋混凝土预制桩的工程量计算和定额使用。

一、预制钢筋混凝土桩

预制钢筋混凝土桩分为方桩和管桩，清单工程量计算时应根据《房屋建筑与装饰工程工程量计算规范》中工程量计算规则按照桩长（或根数或体积）计算。计算之前，应确定地层情况、单桩长度截面、送桩深度、沉桩方式、接桩方式、管桩填充材料、桩倾斜度、混凝土强度等级等。

1. 预制钢筋混凝土桩打桩

（1）打桩工程量计算 具体如下：

编制工程量清单时，预制钢筋混凝土桩和板桩可根据预算定额中相应项目的计量单位选择一种。如以m^3为计量单位，其体积按设计桩长（包括桩尖长度）乘以桩截面面积计算。如图6-2所示，如按体积计算工程量，则：

$$工程量=桩长（L）\times 设计图示桩截面面积（B\times B）$$

预制钢筋混凝土管桩按设计尺寸以桩长计算。

（2）使用打桩项目定额的注意事项 具体如下。

1）打预制钢筋混凝土方桩。

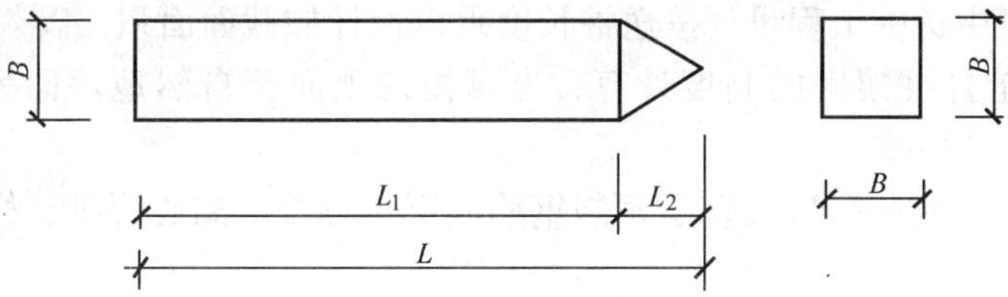

图 6-2 预制方桩示意图

定额中分别设置了打桩桩长 12m 以内和 12m 以上的定额子目。工作内容包括：购置成品桩、运输；准备打桩工具，移动打桩机及打桩轨道。吊装定位，安卸桩帽、校正、打桩。但未包括接桩和送桩，如需接桩和送桩，应另计接桩费用。

2）打预制钢筋混凝土离心管桩。

定额中分别设置了桩径 400mm 以内和 400mm 以上的定额子目。工作内容包括：购置成品桩、运输；准备打桩工具，移动打桩机及打桩轨道，吊装定位，安卸桩帽、校正、打桩、接桩。

定额中已综合考虑了接桩费用，但接桩螺栓未包括。钢筋混凝土离心管桩内灌注混凝土及送桩另列项目计算，执行相应定额子目。

3）打预制钢筋混凝土板桩。

定额中设置了单桩体积在 $1.5m^3$ 以内和 $1.5m^3$ 以上的定额子目。工作内容包括：购置成品桩、运输；准备打桩工具，移动打桩机及打桩轨道，吊装定位，安卸桩帽、校正、打桩。但送桩需另计。

4）静力压桩机压预制钢筋混凝土方桩。

定额中分别设置了桩长 25m 以内、25m 以上的定额子目。工作内容包括：购置成品桩，运输，准备压桩工具，移动压桩机及压桩机轨道，吊桩定位，安卸桩帽、校正、压桩、接桩。

定额中已综合考虑了接桩费用。

5）各类预制桩均按商品桩考虑，其施工损耗率分别为：打预制方桩 1%，静力压桩 0，打管桩 1%，打板桩 1%，该损耗均已计入相应的子目内，在计算工程量时不考虑。

6）若管桩的空心部分按设计要求灌注混凝土或其他填充材料时，应以管桩空心部分体积计算。

2. 预制钢筋混凝土桩送桩

打桩过程中有时要求将桩顶面打到低于桩架操作平台或自然地面以下，这时桩锤就不能直接触及桩头，因而需要另一根“冲桩”接到该桩顶上，以传递桩锤的力量，使桩打到要求的位置，最后再去掉“冲桩”，这个过程即为送桩（见图6-3）。送桩是针对预制混凝土桩而言的。

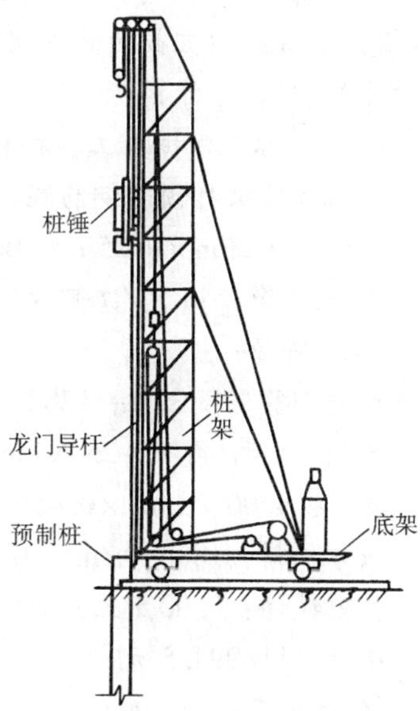

图 6-3 送桩示意图

（1）送桩工程量计算 在计算清单工程量时，送桩已包含在打桩的工作内容中，但组价时需要单独计算送桩工程量。预算定额中送桩工程量，按送桩长度乘以设计桩截面面积，以“m^3”计算。送桩长度可按桩顶面至打桩架底的高度计算，也可按桩顶面至自然地坪面另加0.5m的高度计算。

(2) 定额设置 定额分别设置了预制钢筋混凝土方桩、离心管桩、板桩及静力压桩的送桩子目。

例6-1 某工程打钢筋混凝土方桩。单根桩设计长度：7.8m；总根数：200根；桩截面：250mm×250mm；要求打入地坪下1m处。

解：(1) 业主根据基础设计施工图计算清单工程量。

1) 预制钢筋混凝土方桩总长：200×7.8m=1560m

2) 预制钢筋混凝土桩（工程量清单项目编号：010301001），应根据项目特征（地层情况、单桩长度、根数、桩截面、桩倾斜度、混凝土强度等级），以“m/根/m^3”为计量单位，工程量按图示尺寸以桩长（包括桩尖）或根数或“m^3”计算。其中，工程内容包括：购置桩成品、运输；打桩、送桩；清理。

(2) 施工企业需要考虑的报价因素。

在报价之前，施工企业应确定人工市场单价、各种材料市场单价、施工方法、工艺流程、采用机型及桩的运距。大型机械的进出场费和安拆费列入措施项目清单报价。清单报价要考虑以下报价因素：

1) 打桩：预制钢筋混凝土方桩的打桩体积，按设计桩长（包括桩尖，不扣除桩尖虚体积）乘以桩截面面积计算。

$$V_{预桩打}=S_{桩截}\times L_{设计}\times n$$

式中 $V_{预桩打}$——预制混凝土桩的打桩体积（m^3）；

$S_{桩截}$——预制混凝土桩断面面积（m^2）；

$L_{设计}$——预制混凝土桩长度（m）；

n——预制混凝土桩根数。

2) 送桩：按桩截面面积乘以送桩长度（即打桩架底至桩顶面高度或自桩顶面至自然地坪面另加0.5m）计算。

(3) 投标人根据人工、材料市场单价和施工方案计算。

柴油打桩机打预制钢筋混凝土方桩工程量：

7.8m×0.25m×0.25m×200=97.5m^3

① 人工费：43元/工日×1.63工日/m^3×97.5m^3=6833.78元

② 材料费：

预制钢筋混凝土桩：1200元/m^3×1.010m^3/m^3×97.5m^3=118170元

麻袋：5元/条×0.25条/m^3×97.5m^3=121.88元

草袋：4.00元/m^2×0.450m^2/m^3×97.5m^3=175.5元

板方木材：1800元/m^3×0.002m^3/m^3×97.5m^3=351元

其他铁件：7.00元/kg×0.258kg/m^3×97.5m^3=176.09元

小计：118994.5元。

③ 机械费：

轨道式柴油打桩机2.5t：930.78元/台班×0.158台班/m^3×97.5m^3=14338.67元

小计：14338.67 元。

④ 管理费：24.51 元/m^3 ×97.5m^3 =2389.73 元

⑤ 利润：17.51 元/m^3 ×97.5m^3 =1707.23 元

⑥ 合计：（6833.78 +118994.5 +14338.67 +2389.73 +1707.23）元 =144263.91 元

（4）预制钢筋混凝土桩送桩工程量：1.5m ×0.25m ×0.25m ×200 =18.75m^3

① 人工费：43 元/工日 ×2.330 工日/m^3 ×18.75m^3 =1878.56 元

② 材料费：

麻袋：5 元/只 ×0.25 只/m^3 ×18.75m^3 =23.44 元

草袋：4.00 元/m^2 ×0.450m^2/m^3 ×18.75m^3 =33.75 元

板方木材：1800 元/m^3 ×0.002m^3/m^3 ×18.75m^3 =67.50 元

其他铁件：7.00 元/kg ×0.258kg/m^3 ×18.75m^3 =33.86 元

小计：158.55 元。

③ 机械费：

轨道式柴油打桩机 2.5t：930.78 元/台班 ×0.226 台班/m^3 ×18.75m^3 =3944.18 元

小计：3944.18 元。

④ 管理费：35.05 元/m^3 ×18.75m^3 =657.19 元

⑤ 利润：25.04 元/m^3 ×18.75m^3 =469.50 元

⑥ 合计：（1878.56 +158.55 +3944.18 +657.19 +469.50）元 =7107.98 元

（5）总计：（144263.91 +7107.98）元 =151371.89 元

（6）综合单价：总计/总桩长量 =151371.89 元/1560m =97.03 元/m

分部分项工程量和单价措施项目清单与计价表见表 6-4。

表 6-4 分部分项工程量和单价措施项目清单与计价表

工程名称：×××工程　　　　第　页　共　页

序号	项目编码	项目名称	项目特征描述	计量单位	工程量	金额/元		
						综合单价	合价	其中：暂估价
	010301001001	预制钢筋混凝土方桩	土壤级别：二级土 单根桩设计长度：7.8m 桩根数：200 根 桩截面：250mm ×250mm 送桩深度 1.5m 桩运距 5km 以内	m	1560	97.03	151371.89	

二、预制钢筋混凝土桩接桩

一般情况下混凝土预制桩不宜超过 30m 长，因为过长的桩给起吊和运输等工作都会带来很多不便，所以当基础需要很长的桩时一般都是分段预制，打桩时先把第一段打到地面附近，然后采取某种技术措施把第一段和第二段连接牢固后继续向下打入土中，这种连接的过程叫接桩。定额中除静力压桩、打预制钢筋混凝土离心管桩外，均未包括接桩。如需接桩，除按桩的总长度套用打桩定额子目外，另按设计要求套用相应接桩定额子目计算。

1. 执行接桩定额注意事项

接桩定额不分桩的类别，分别列出了焊接法接桩、硫磺胶泥接桩两个子目。其工作内容包括：准备接桩工具，对接上、下节桩，桩顶垫平；放置接桩角铁，焊接；熔制，运送，灌注胶泥；安放、拆卸夹箍等。

2. 接桩工程量计算

在计算清单工程量时，接桩已包含在打桩的工作内容中，但组价时需单独计算工程量，定额中接桩工程量，按设计接头数量，以“个”为单位计算。

应注意，静力压桩和离心管桩不论其接头数量为多少，实际不存在接桩时，也不扣除定额中的接桩费用。

第三节 现场灌注混凝土桩基础工程

现场灌注混凝土桩，是先在地基下成孔，然后灌注混凝土或钢筋混凝土。在计算清单工程量时，应根据《房屋建筑与装饰工程工程量计算规范》中的工程量计算规则，按设计图示尺寸以桩长（包括桩尖）计算或按不同截面在桩上范围内以体积计算或按设计图示数量以根计算。费用需考虑单桩长度、成孔方法、混凝土强度等级等。定额根据成孔方法不同，列出了沉管灌注混凝土桩、长螺旋钻孔灌注混凝土桩、泥浆护壁钻孔灌注混凝土桩、人工挖孔灌注混凝土桩、长螺旋钻机钻孔多分支承力盘桩和泥浆护壁多分支承力盘桩。

一、沉管灌注混凝土桩

沉管灌注混凝土桩是先将钢管打入土中，然后在钢管内置放钢筋笼，浇灌混凝土，逐步拔出钢管，边浇、边拔、边振实的一种施工方法。

沉管灌注混凝土桩基础工程在造价编制时，应分别列项计算沉管灌注混凝土桩、空桩费、钢筋笼制作、混凝土预制桩尖制作等内容，套用相应定额子目。

1. 沉管灌注混凝土桩工程量计算

1）沉管灌注混凝土桩工程量，在编制工程量清单，可根据定额中相应项目的计算单位选择一种。如按体积以“m^3”计算，其体积按设计规定的桩长（包括桩尖，不扣除桩尖虚体积）并增加翻浆高度0.25m乘以设计桩截面面积计算。计算公式为：

$$工程量=(设计桩长+0.25m)\times 设计桩截面面积$$

2）对于多次复打桩，由于每次复打前混凝土需灌至地面，再安放桩尖进行复打，所以其工程量在桩长范围内，按设计要求的扩大直径计算。

2. 使用沉管灌注混凝土桩定额注意事项

定额设置了桩长15m以内、15m以上子目。工作内容包括：准备打桩工具，移动打桩机及打桩机轨道，用钢管打桩孔，灌注混凝土，拔钢管、夯实，混凝土养护。

3. 沉管灌注混凝土桩的空桩费

沉管灌注混凝土桩，若图示桩顶标高在打桩机停置面标高以下时，这一段属于只成孔不灌注混凝土的空孔。这一段空孔应单独列项，套用相应子目计取空桩费。孔内需填充材料时，应另行计算。

（1）沉管灌注混凝土桩空桩费的工程量计算 具体如下。

1）空桩工程量按自然地坪至设计桩顶标高的长度，减去超灌长度（翻浆高度），乘以桩设计截面面积，以体积计算。其计算公式为：

空桩工程量 =（图示空桩长度 − 0.25m）× 设计桩截面面积

式中　图示空桩长度——设计桩顶位置距打桩时打桩机停置平面的距离（m）。

2）在编制造价时应注意：空桩费的定额不是以空桩长度划分相应子目的，而仍是以桩长划分相应子目的。同时，灌注桩所有发生的换算，空桩亦同时换算（混凝土等级换算除外）。

3）孔内需填充材料时，应另行计算。

（2）计算沉管灌注混凝土桩的空桩费注意事项　定额设置了沉管灌注桩桩长 15mm 以内和 15mm 以上空桩费子目。

4. 混凝土预制桩尖制作

为防止钢管在沉管过程中进土，需在钢管下端用桩尖将口封堵。施工时常用混凝土预制桩尖，混凝土桩尖不能重复利用，需一桩一个。

（1）沉管灌注混凝土桩采用预制混凝土桩尖的施工方法　先将预制混凝土桩尖放置在桩位上，然后将钢管套在桩尖上（见图 6-4），沉管成孔，浇灌混凝土，拔管振捣（靠混凝土自重冲开桩尖）成桩。

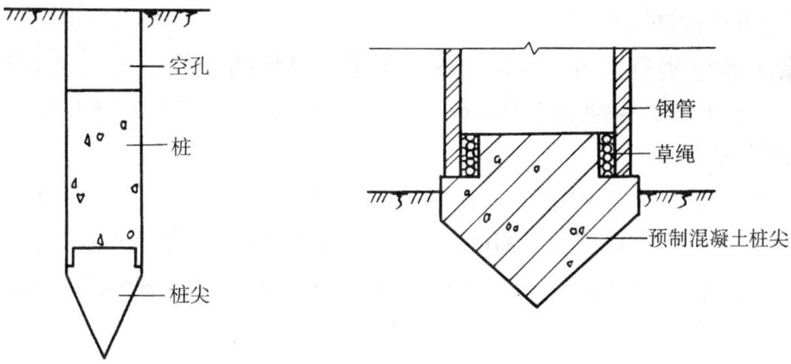

图 6-4　预制混凝土桩尖

（2）预制桩尖工程量　预制桩尖工程量按图示混凝土体积以“m^3”计算。

（3）定额子目套用　编制造价时，应根据定额中设置的预制钢筋混凝土桩尖的项目进行子目套用。

5. 钢筋笼制作

钢筋笼制作工程量 = 图示钢筋净重

在钢筋笼制作定额子目中，已包含钢筋的加工损耗，计算时不应再另加损耗。

二、长螺旋钻孔灌注混凝土桩

长螺旋钻孔灌注混凝土桩是指，当桩底位于地下水位以上，且土质较好时，直接用带长螺旋钻杆的钻孔机在地基下钻孔后，将钢筋笼置放于孔中，再灌注混凝土的一种施工方法。在编制工程量清单时，应根据《房屋建筑与装饰工程工程量计算规范》中的工程量计算规则，按设计图示尺寸以桩长（包括桩尖）以“m”计算，或按不同截面面积在桩上范围内容以体积计算或按设计图示数据以“根据”计算。

长螺旋钻孔灌注混凝土桩基础工程在造价编制时，应分别列项计算钻孔灌注混凝土桩、空桩费、钢筋笼制作、土方超运距增加费等内容，套用相应定额子目。

1. 长螺旋钻孔灌注混凝土桩工程量计算

1）工程量计算可根据定额中相应项目的计量单位计算，如按体积计算，其工程量为按设计规定的桩长并增加翻浆高度0.8m乘以桩设计截面面积，以“m^3”计算。扩底灌注桩的桩底增量并入工程量内计算。计算公式为

工程量 =（设计桩长 +0.8m）×设计截面面积 + 扩底增量

2）在工程量计算时，应根据桩长不同分别列项计算，套用相应定额子目。

2. 使用长螺旋钻孔灌注混凝土桩定额注意事项

定额设置了桩长12m以内和12m以上定额子目。工作内容包括：准备打桩工具，移动打桩机，钻杆就位、校正，钻孔，将土运至现场150m以内的指定地点，清除地土、盖板成孔，灌注混凝土，夯实，养护。

3. 长螺旋钻孔灌注混凝土桩空桩费

空桩工程量 =（图示空桩长度 -0.8m）×设计桩截面面积

4. 钢筋笼制作

具体规定及工程量计算，同打孔灌注混凝土桩的钢筋笼内容。

5. 土方超运距增加费

在长螺旋钻孔灌注混凝土桩定额的工作内容里，已包括“将土运至现场150m内指定地点，清除地土”。当土方运距超过150m或土方需外运时，应按土石方工程定额的有关规定计取土方超运距增加费。

其工程量按设计桩截面面积乘以桩底至打桩时地面的高度，以“m^3”计算。

例如，现场人工运土方距离为200m，则应按定额计取超运距增加费用。但若土方外运，则另外套用施工组织设计规定的装土机械、运土机械定额子目，钻孔桩定额的运土费用也不扣除。

三、泥浆护壁钻孔混凝土灌注桩

泥浆护壁钻孔混凝土灌注桩，是用钻（冲）孔机在地基下钻孔，在钻孔的同时，向孔内注入一定密度的泥浆，利用泥浆将孔内渣土带出，并保持孔内有一定的水压以稳定孔壁（简称泥浆护壁），成孔后清孔（即孔内泥浆密度降低到1.1左右），然后将钢筋笼置放于孔中，用导管法灌注水下混凝土的一种施工方法。清单工程量的计算规则与长螺旋钻孔灌注混凝土桩相同。

泥浆护壁钻孔混凝土灌注桩基础工程在造价编制时，应该分别列项计算泥浆护壁钻孔灌注桩、入岩增加费、空桩费、钢筋笼制作费、泥浆运输费用等内容，套用相应定额子目。

1. 泥浆护壁钻孔灌注桩工程量及定额使用

（1）工程量计算方法　工程量按设计桩长并增加翻浆高度0.8m乘以设计桩截面面积，以“m^3”计算。计算公式为

工程量 =（设计桩长 +0.8m）×设计桩截面面积

在工程量计算时，应根据桩径的大小及换算条件，分别列项计算，套用相应定额子目。

（2）执行泥浆护壁钻孔灌注桩定额注意事项　定额根据桩径的不同，分别列出了桩径

在800mm以内和800mm以上的定额子目。工作内容包括：护筒埋设及拆除，准备钻孔机具、钻孔出渣、加泥浆和泥浆制作、清钻孔泥浆，导管安拆，灌注混凝土。

2. 入岩增加费

如果泥浆护壁钻孔混凝土灌注桩设计为端承桩，则在编制造价时，还需根据桩端落根的岩石风化程度来判断是否要列项计算入岩增加费。岩石风化程度划分见表6-5。

表6-5　岩石风化程度划分表

风化程度	特　征
强风化	1. 结构和构造层理不甚清晰，矿物成分已显著变化； 2. 岩质被节理、裂隙分割成碎块状（2～20cm），碎石用手可折断； 3. 用镐可以挖掘，手摇钻不易钻进
中等风化	1. 结构和构造层理清晰； 2. 岩体被节理、裂缝分割成块状（20～50cm），裂缝中填充少量风化物，锤击声脆，且不易击碎； 3. 用镐难挖掘，用岩心钻方可钻进
微风化	岩石新鲜，表面稍有风化迹象

注：强风化岩不作入岩计算；中等风化岩、微风化岩均作入岩计算。强胶结层不得作为入岩计算，若实际发生，由当地工程造价管理部门酌情处理。

（1）入岩增加费工程量计算　工程量计算时，应根据桩径的大小及换算条件，分别列项。其工程量按设计桩截面面积乘以设计规定的入岩深度，以“m^3”计算。套用相应定额子目。

（2）入岩增加费注意事项　入岩增加费定额子目的划分及其工作内容与泥浆护壁钻孔灌注混凝土桩定额子目划分相同。

3. 泥浆护壁钻灌注混凝土桩的空桩费

（1）空桩工程量计算　具体如下：

$$空桩工程量 = （图示空桩长度 - 0.8m）\times 设计桩截面面积$$

（2）执行空桩费定额注意事项　在定额中，根据桩径的不同，分别设置了桩径在800mm以内和800mm以上的泥浆护壁钻孔灌注混凝土桩的空桩费定额子目。其工作内容为：护筒埋设及拆除，准备钻孔机具，钻孔出渣，加泥浆和泥浆制作，清钻孔泥浆。

4. 钢筋笼制作

具体规定及钢筋笼计算，同沉管灌注混凝土桩的钢筋笼内容。

5. 泥浆运输

泥浆外运的费用，定额中未包括。在编制造价时，应另外列项计算。

泥浆护壁钻孔灌注桩的泥浆池、沟的费用，已综合考虑在泥浆运输子目内。

定额中，设置了运距在5km以内的泥浆运输定额子目及运距每增减1km的辅助定额子目。工作内容包括：建拆泥浆池、装卸泥浆、运输、清理场地。

在编制造价时应注意，泥浆运输距离无论大于或小于5km（运距数值全入不舍，以“km”为单位取整数），均需按辅助定额子日进行运距的修工。

例如，根据某地区定额规定，若泥浆运距为3.5km时，除列项执行运距5km以内定额子目外，还需按辅助定额子目列项计算减少1km的泥浆运输费用。若运距为7.5km时，除列项执行运距5km以内定额子目外，还需辅助定额子目列项计算增加3km的运输费用。

泥浆运输工程量，按钻孔体积以“m³”计算。其计算公式为：

工程量＝设计桩孔深度×设计桩截面面积

设计桩孔深度，按设计桩底至施工组织设计规定钻机停置面的距离。

四、人工挖孔灌注混凝土桩

现浇混凝土灌注桩，除用机械成孔外，根据设计要求也可以采用人工挖土成孔，将钢筋笼放于孔中，浇灌混凝土的方法来施工，这种混凝土灌注桩的施工方法称为人工挖孔混凝土灌注桩。根据成孔时人所处的位置，可将其分为地上（洛阳铲）开挖和地下开挖两种施工工艺。在编制工程量清单时，应根据《房屋建筑与装饰工程工程量计算规范》中的工程量计算规则，按桩芯混凝土体积以“m³”计算或按图示数量以“根”计算。

人工挖孔灌注混凝土桩基础工程在编制造价时，应分别列项计算人工挖孔混凝土桩、空桩费、钢筋笼、土方超运距增加费等内容，套用相应定额子目。

1. 人工挖孔混凝土桩工程量及定额使用

（1）人工挖孔灌注混凝土桩工程量计算　工程量计算按设计桩长，乘以图示设计桩径截面面积，以“m³”计算。扩底桩的扩底增加部分的体积，并入相应工程量内计算。其计算公式为：

工程量＝设计桩长×设计桩径截面面积＋扩底增量

在工程量计算时，应根据桩径大小和换算条件，分别列项计算。

（2）使用人工挖孔灌注混凝土桩定额注意事项　人工挖孔混凝土灌注桩定额，分别设置了桩径在1000mm以内和1000mm以上的定额子目。工作内容包括：挖土、提土、运土于50m以内，排水沟修造，修整桩底；安装护壁模具，灌注护壁和桩芯混凝土；抽水，吹风，照明，安装设施搭拆等全部内容。

定额子目中，是按先用C25（40）混凝土灌注护壁混凝土（亦称护壁混凝土），然后再用C20（40）混凝土灌注桩芯混凝土的施工方法编制的。其护壁混凝土、桩芯混凝土的定额含量是综合取定的，设计与定额不同时，混凝土的粒径、等级允许换算，护壁、桩芯混凝土含量不允许换算。如果采用同一等级混凝土一次浇灌成型、不做护壁，则仍执行此定额，仅对混凝土的等级、碎石粒径按设计要求进行换算，混凝土定额含量及其他各项费用均不变。人工挖孔扩底混凝土灌注桩，仍执行此定额子目。

若设计采用砖护壁时，砖护壁另外列项计算，执行相应定额子目。

2. 人工挖孔灌注混凝土桩的空桩费

定额中根据桩径的不同，分别设置了桩径在1000mm以内和1000mm以上空桩费定额子目。其工作内容包括：挖土、提土、运土于50m以内，排水沟修造，修整桩孔。

空桩费工程量，按设计桩截面面积乘以空孔长度，以“m³”计算。

空孔长度，指自设计桩顶面至挖孔时地面的距离。计算公式为：

工程量＝设计桩截面面积×空孔长度

3. 钢筋笼制作

具体规定及钢筋笼计算，同打孔灌注混凝土桩的钢筋笼内容。

4. 土方超运距增加费

在人工挖孔现场灌注混凝土桩定额的工作内容里，已包括“运土于50m以内”。当土方运距超过 50m 或需外运时，应按第一分部土石方工程定额的有关规定计取土方超运距增加费。

工程量按设计桩截面面积乘以挖孔深度，以“m^3”计算。计算公式为：

工程量 = 设计桩截面面积 × 挖孔深度

五、其他灌注桩

如果要在不宜利用的建设场地上建造房屋时，根据设计要求一般需对天然地基进行处理，常用的复合地基处理方法有砂桩法、碎石桩法、灰土桩法、喷粉桩法、深层搅拌桩法、高压旋喷桩法等方法。根据施工方法不同，又可分为机械施工和人工施工两种。

1. 人工挖孔灌注砂桩

人工挖孔灌注砂桩，其施工方法为人工挖土成孔，然后灌注中、粗砂进行分层夯填至设计高度。在编制造价时，应分别列项计算人工挖孔灌注砂桩、空桩费及土方超运距增加费等内容，套用相应定额子目。

(1) 人工挖孔灌注砂桩工程量　按体积以“m^3”计算。其体积按图示设计砂桩截面面积乘以桩长计算。其计算公式为：

工程量 = 设计桩长 × 设计桩截面面积

(2) 使用人工挖孔灌注砂桩定额注意事项　定额不分桩径和挖孔深度设置了人工挖孔灌砂桩一个子目。工作内容包括：挖土、提土、运土于 50m 内，排水沟修造，修整桩底，抽水、吹风、坑内照明，安全设施搭拆、桩体灌注夯实等全部内容。

(3) 人工挖孔灌注砂桩空桩费　同人工挖孔混凝土灌注桩空桩费，即执行人工挖孔混凝土灌注桩的空桩费定额子目、工程量计算规则及有关规定。

(4) 土方超运距增加费　同人工挖孔混凝土灌注桩土方超运距增加费。

2. 沉管成孔现场灌注砂、碎石桩

沉管灌注碎石（砂）桩，其施工方法为用打桩机将钢管打入土中，然后灌碎石（或灌注砂加水），边拔钢管边锤击（或振动），使碎石（或砂）达到密实。

在编制造价时，应分别列项计算沉管灌注砂（碎石）桩、空桩费、混凝土预制桩尖制作等内容，套用相应定额子目。

(1) 沉管灌注砂、碎石桩工程量计算　按设计图示尺寸桩长（包括桩尖，不扣除桩尖虚体积）乘以设计截面面积，以体积计算。

(2) 使用沉管灌注砂、碎石桩定额注意事项　砂桩是按灌砂加水的密实工艺考虑的。定额根据桩长的不同分别设置了桩长 15m 以内和 15m 以上的定额子目。

(3) 沉管灌注砂、碎石桩的空桩费　定额设置了桩长 15m 以内和 15m 以上空桩费子目。

空桩费工程量计算式为：

空桩工程量 = 图示空桩长度 × 设计桩截面面积

(4) 沉管灌注砂、碎石桩的预制混凝土桩尖制作　同打孔灌注混凝土桩的预制桩尖制作。

3. 灰土挤密桩

灰土挤密桩的施工方法也是将钢管打入土中，将管拔出后，在形成的桩孔中，回填灰土（2:8 或 3:7）并加以夯实而成。一般多用带活瓣桩尖的钢管成孔。夯实可用人工（捣锤）

或简易夯实机进行。

在编制造价时，应列项计算灰土挤密桩，套用相应定额子目。设计采用预制混凝土桩尖时，还应列项计算混凝土预制桩尖的制作费用。

（1）灰土挤密桩工程量 按设计桩长乘以设计桩截面面积，以“m^3”计算。

工程量 = 设计桩截面面积 × 设计桩长

定额中，假如选用灰土材料不同时，允许换算。

（2）执行灰土挤密桩定额注意事项 定额中，仅编制了桩长6m以内和6m以上子目。工作内容包括：准备机具、移动桩机、打拔管成孔、灰土过筛拌和、运输、填充、夯实。

（3）桩尖 同沉管灌注混凝土桩的桩尖制作内容。

灰土挤密桩子目内已综合考虑了空桩费，不再另行计算。

4. 喷粉桩

喷粉桩是用喷粉桩钻机首先钻到设计要求的桩底，然后开动喷粉机，边喷水泥粉边提升喷粉桩钻机与土体搅拌，形成水泥土的复合地基施工工艺。喷粉桩适用于含水量较高土层的地基加固处理。

定额内设置了水泥掺量为12%的基本定额子目和水泥掺量每增减1%的辅助定额子目。应根据设计规定的水泥掺量百分比，对基本定额进行换算。

工程量 = 设计桩长 × 设计桩截面面积

喷粉桩空桩费 执行定额中该项目的空桩费子目。其工程量按设计桩截面面积乘以空孔长度，以“m^3”计算。

5. 深层搅拌桩

深层搅拌桩是先将深层搅拌钻机的搅拌头边旋转切土边下沉，直至设计深度，然后将深层搅拌钻机略为提升，开动灰浆泵将水泥浆自其中心管压入土层中，边提升、边压浆、搅拌头边搅拌，使水泥浆与土体充分拌和，直至设计桩顶或地面，即完成一次搅拌加固过程。用同样方法再将深层搅拌机重复下沉和重复喷浆提升，即可完成一根桩。其中，水泥的掺入量是以占单位土体质量的百分比在设计中规定的，一般为12%。但在有些设计施工图中，为了便于施工中控制水泥掺量，规定每米桩长掺入水泥量，这就需要造价人员根据土体单位体积质量换算成百分比掺量。土体每1m^3的质量一般为1600～2000kg。

深层搅拌桩的施工工艺与喷粉桩的施工工艺基本相同。所不同的是，喷粉桩喷的是水泥粉，而深层搅拌桩喷的是水泥浆（水泥浆的水灰比由设计确定）。

定额内设置了水泥掺量为12%的基本定额子目和水泥掺量每增减1%的辅助定额子目、应根据设计规定的水泥掺量百分比，对基本定额进行换算。

工程量 = 设计桩长 × 设计桩截面面积

深层搅拌桩空桩费执行定额中该项目的空桩费子目。其工程量按设计桩截面积乘以空孔长度，以“m^3”计算。

6. 高压旋喷桩

高压旋喷桩是用钻机钻到设计桩底深度，然后用高压泵把水泥浆通过钻杆端头的特殊横向喷嘴，以高压水平喷入土层。喷嘴在喷射水泥浆时，钻杆一面缓慢旋转，一面缓缓提升，借高压水泥浆的水平射流不断切削土层并与之混合。最后在喷射力的有效射程范围内，形成一个螺旋圆盘状混合凝固体，即高压旋喷桩。

高压旋喷桩工程量，按设计桩长以“延长米”计算，套用相应定额子目。设计每米水泥用量与定额用量相差在±5%以上时，可据实调整。

高压旋喷桩定额适用于桩径在80cm以内。桩径超过80cm时，另行处理。

高压旋喷桩空桩费，不论空孔直径大小，其工程量均按空孔长度，以“延长米”计算，执行定额中该项目的空桩费子目。

第四节 深基坑支护

一、深基坑支护的类型

当基坑开挖深度较大时，使用挡土板支护的方法已无法保证土壁的稳定和施工安全，必须采用深基坑支护方法。常用的深基坑支护方法较多，如钢板桩、预制钢筋混凝土板桩、钻孔灌注钢筋混凝土排桩、地下连续墙、喷锚支护等。

深基坑支护类型的选择，应由设计单位根据实际情况确定，并进行相应计算和设计。

钢板桩、预制钢筋混凝土板桩、钻孔灌注钢筋混凝土排桩、地下连续墙等深基坑支护的造价编制方法，可按相应分部的定额执行。本节仅介绍喷锚支护的方法及其造价编制方法。

二、喷锚支护的构造

喷锚支护由锚杆、钢筋网、喷射混凝土三部分构成，对边坡提供柔性支挡。

1. 锚杆

锚杆（又称土层锚杆、土钉）是在天然土层边壁中钻孔、放入受拉杆件、灌浆锚固形成的。受拉杆按使用材料不同，可分为粗钢筋、高强钢丝束、钢绞线等。边壁上锚杆的截面面积、层数、间距、长度等经过计算确定。

钻孔直径应由设计确定。孔内灌浆常用的有水泥砂浆和混凝土两种，应由设计选定，确定其配合比或强度等级，一般多采用水泥砂浆灌浆。钻孔应向下倾斜15°~35°，具体由设计确定。孔内灌浆可满灌，也可仅灌孔底的一定锚固的长度，具体由设计确定，灌浆时应按设计要求的压力采用压力灌浆。

设计为多层锚杆时，待挖到第一层锚杆标高时，即进行锚杆施工，等第一层锚杆施工完毕后，再继续向下开挖土方，直至全部完成。

钻孔的方法有人工钻孔和机械钻孔两种。

2. 钢筋网

待锚杆施工完毕或一个阶段后，在土壁上绑扎纵横钢筋网。钢筋网的材料、间距由设计确定，一般多采用Ⅰ级钢筋，钢筋直径为4~12mm，纵、横间距为150~300mm。横向筋应与锚杆有可靠连接。

当设计采用双层钢筋网时，第二层钢筋网应在第一层钢筋网被埋没后铺设。钢筋网的保护层厚度不应小于20mm。

3. 喷射混凝土

在第一层或一个阶段钢筋网铺设完毕后，就可以开始喷射混凝土护坡面层。混凝土护坡面层厚度和强度等级具体由设计确定，一般混凝土厚度不小于100mm，最大不宜超过

200mm，混凝土强度等级不应低于C15，常用混凝土强度等级为C20。

当设计采用双层钢筋网时，先喷射第一层混凝土将第一层钢筋网埋没后，再铺设第二层钢筋网。第二层钢筋网也要与锚杆有可靠连接。第二层钢筋网铺设完毕后，将混凝土喷射至设计厚度。

混凝土的喷射施工有干式和湿式两种。

1）干式喷射，是用混凝土喷射机压送干拌和料，在喷嘴处加水混合后喷出。其优点是：设备简单，费用低，能进行远距离压送，易加入速凝剂，喷嘴脉冲现象少。缺点是：粉尘多，回弹多，工作条件不好，施工质量取决于操作人员的熟练程度。

2）湿式喷射，是用泵式喷射机将已加水拌和好的混凝土拌和物压送到喷嘴处，然后在喷嘴处加入速凝剂，在压缩空气助推下喷出。其优点是：粉尘少，回弹小，混凝土质量易保证。缺点是：施工设备较复杂，不宜远距离压送，不易加入速凝剂，有脉冲现象。

三、喷锚支护的费用计算

喷锚支护定额中，分别编制了喷射混凝土护坡和人工土层锚杆钻孔灌浆（土钉）的分项定额。

1. 喷射混凝土护坡

喷射混凝土护坡分项，设置了初喷50mm厚和每增加10mm厚的定额子目。工作内容：修坡、混凝土喷射、养护及搭拆操作架子等全部操作过程。

喷射混凝土护坡中的钢筋网制作另列项目计算。工程量按图示钢筋净用量计算。

喷射混凝土的强度等级与设计不同时，可以换算。混凝土设计厚度不同时，按辅助定额子目，另列项目计算。

2. 人工土层锚杆钻孔灌浆（土钉）

人工土层锚杆钻孔灌浆（土钉）分项，分别设置了灌砂浆、灌混凝土定额子目。工作内容：人力钻孔、清孔，锚杆制作、安装，灌砂浆（混凝土），搭拆操作架子等全部操作过程。

砂浆、混凝土的配合比或强度等级与设计不同时，可以换算。

定额中，锚杆是按单根长度8m以内考虑的。超过8m时，人工费乘以系数1.25计算。

锚杆钢筋及铁件，可按设计施工图设计用量调整。

砂浆、混凝土体积与设计施工图用量不同时，可以调整，其他不变。定额中砂浆及混凝土是按满灌考虑的，当锚杆设计有“非锚固的（自由段）”时，应调整灌浆用量，自由段的防腐隔离措施可按设计要求另行计算。

锚杆间的连梁可另行计算费用。基坑深度大于6m时，人工费乘以系数1.3。

3. 喷锚支护工程量的计算

1）喷射混凝土护坡工程量，按设计支护坡面面积以“m^2”计算。

2）人工土层锚杆钻孔灌浆工程量，按设计要求钻孔深度以“延长米”计算。

复习题

1. 桩基础定额适用的范围有哪些？
2. 桩基础定额中对各种灌注桩的充盈是怎样考虑的？

3. 小型打桩工程怎样套用定额？

4. 打预制钢筋混凝土桩的工程量怎样计算？

5. 什么是接桩？其工程量怎样计算？

6. 什么是送桩？其工程量怎样计算？

7. 打孔灌注混凝土桩的工程量怎样计算？

8. 钢筋笼工程量怎样计算？

9. 深基坑支护的类型有哪些？

10. 某单位工程现场灌注钢筋混凝土桩，如图6-5所示，共100根，柴油打桩机沉管灌注混凝土，混凝土强度等级为C20碎石的最大粒径20mm，采用预制混凝土桩尖，设计空桩长度为1.0m，每根桩钢筋笼图示质量为15kg，试计算桩基础部分定额合计。

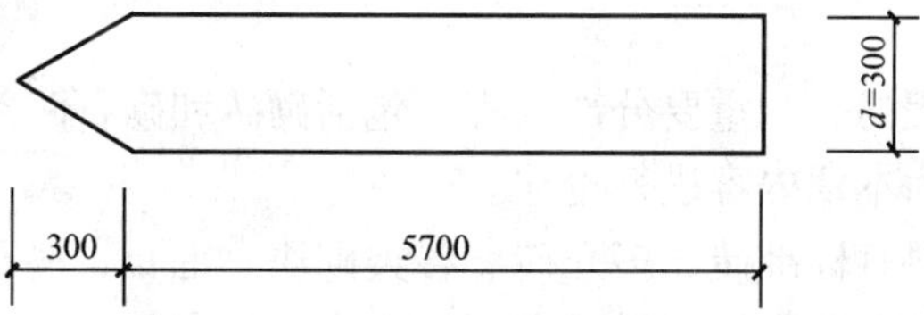

图6-5　现场灌注桩

11. 某单位工程设计采用预制钢筋混凝土方桩，如图6-6所示，混凝土强度等级为C20碎石的最大粒径20mm，共113根，柴油打桩机打桩，桩加工厂距现场堆放点最短运输距离为8km，桩顶设计标高为-1.500m，平地打直桩，试计算桩基础部分定额合计。

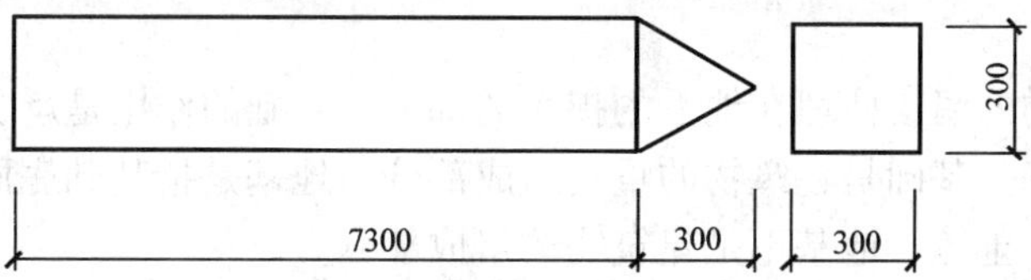

图6-6　预制钢筋混凝土方桩

第七章 砌筑工程

7

砌筑工程是建筑工程的一个重要分部工程，包括砌砖和砌石两部分，鉴于问题统一性的考虑，基础与垫层也作为本章内容进行论述。

目前常用的砌体材料有标准砖、多孔砖、各类砌块、毛石、料石等，目前我国正在大力生产、推广使用空心砖、空心砌块，以及利用工业废料生产砖和砌块。由于政策原因，墙体材料的改革也将是今后建筑业改革的主要内容，因此在编制工程造价时需要注意砌体材料的种类和规格，对其中的价格按市场行情进行调整，但注意用量保持不变。

第一节　基础与垫层

基础是指建筑物的墙或柱埋在地下的扩大的部分。基础的作用是承受上部结构的全部荷载，并将其传给地基。基础是建筑物的重要组成部分。地基是指基础底面以下，受到荷载影响范围内的部分岩、土体。地基不是建筑物的组成部分。

基础的类型很多。按基础的构造形式，可分为带形基础、独立基础、筏片基础、箱形基础和桩基础等；按基础的材料，可分为毛石基础、砖基础、毛石混凝土基础、混凝土基础、钢筋混凝土基础等；按基础的受力特点，可分为刚性基础和柔性基础。

为避免基础直接与土壤层接触，并使基础底面有良好的接触面，能把基础承受的上部荷载均匀地传给地基，一般情况下在基础底面设基础垫层。

基础工程由基础和基础垫层组成。

一、基础垫层

（一）基础垫层的种类

基础垫层分为砂垫层、毛石垫层、碎石垫层、灰土垫层、素土垫层、碎砖三合土垫层、混凝土垫层等。在工程中，经常采用的有灰土垫层和混凝土垫层。

灰土垫层是用熟石灰粉和素土按照一定的比例拌和均匀，再经夯实而成，常用的配合比（石灰:黏土）有3:7和2:8两种。灰土垫层施工方便，节约水泥，造价较低，但不适用于地下水位较高的工程。

混凝土垫层是施工中常见的做法，一般采用C10或C15混凝土浇筑而成。混凝土垫层分为无筋混凝土垫层（即素混凝土垫层）和有筋混凝土垫层（即钢筋混凝土垫层）。混凝土垫层施工时可采用原坑槽浇筑（即不支模）和支模浇筑两种方法，具体采用哪一种方法，由施工组织设计确定。混凝土垫层施工方便、坚固、耐久，但消耗水泥较多，造价较高。

（二）基础与基础垫层的划分

1. 毛石基础与毛石基础垫层的划分

在基础工程中有毛石基础及毛石基础垫层。在定额中是分别以不同分部列出的两个不同项目，如何正确进行区分，直接关系到工程费用的准确性。

（1）毛石基础　凡基础设计施工图中以砂浆强度等级标注的浆砌毛石，其宽度分层缩小者，称为毛石基础。

毛石基础的施工方法，是用砌筑砂浆将毛石按设计要求分层砌筑，或砌筑到一定高度后，缩小宽度再向上砌筑。毛石基础根据基础的特征，又可分为独立基础和墙基础。

（2）毛石基础垫层　凡基础设计施工图中设计的直接与土体接触的单层砌筑毛石，均称为毛石基础垫层。

毛石基础垫层按设计要求不同，可分为干铺毛石基础垫层和灌浆毛石基础垫层。其中，灌浆毛石基础垫层的施工方法是将一层毛石铺好（空隙大的地方用小毛石块填塞）后，用设计规定等级的砌筑砂浆沿毛石块间的孔隙灌实。干铺毛石基础垫层的施工方法是将毛石铺好后，用中（粗）砂灌缝。

2. 混凝土基础垫层与混凝土基础的划分

定额中分别列出了混凝土基础与混凝土基础垫层的相应子目。

混凝土基础与混凝土基础垫层的划分，应以设计施工图的说明为准。如图示不明确时，以设计混凝土直接与土体接触的单层长方形断面为垫层，其余为无筋混凝土带形基础或无筋混凝土独立基础。

（三）基础垫层工程量计算

基础垫层工程量，按实铺体积以“m^3”计算。

带形基础垫层工程量，可根据上述计算规则的计算原则，按下式计算：

$$带形基础垫层工程量 = 垫层长度 \times 垫层断面面积$$

式中，垫层长度的取定为：外墙基础下垫层长度取外墙中心线（偏轴线时，应把轴线移至中心线位置）长度；内墙基础下垫层长度取内墙基础垫层的净长线长度。凸出部分的体积，并入垫层工程量内计算。

在建筑工程中，由于基础因土质等因素需局部加深时，基础下垫层的底标高不在同一标高处，必然出现垫层搭接。如遇到这类情况，应将由于搭接增加的工程量并入垫层工程量内计算。

在计算工程量时，不分基础的类型，按垫层的种类、等级、配合比不同，分别列项计算，套用相应定额子目。

（四）基础垫层注意事项

工程量清单中基础垫层有独立的项目，施工企业在投标报价时应注意垫层的处理。

使用定额时应注意：①如果基础垫层采用其他材料时，应使用楼地面工程中的垫层项目，但单价中的人工应乘以系数 1.20；②基础垫层设计的强度等级或配合比与定额中不同时，允许换算；③素土、灰土基础垫层定额中的黏土，是按买土考虑的。如果不发生买土，而由基础坑槽土方中平衡，则应在材料差价中扣除土的费用。

二、刚性基础

刚性基础包括砖基础、毛石基础、毛石混凝土基础、混凝土基础等。

（一）砖基础

由于砖取材容易、价格低廉，所以砖基础仍被广泛应用，但由于它的强度、耐久性和抗冻性较差，故多用于地基土质好，地下水位在基础底面以下的情况。

砖基础一般采用台阶形式向下逐级放大，形成阶梯形，砖基础由基础墙和大放脚组成。基础大放脚一般采用每两皮挑出 1/4 砖（等高式大放脚）或二皮与一皮间隔挑出 1/4 砖（不等高式大放脚）两种形式（见图 7-1）。

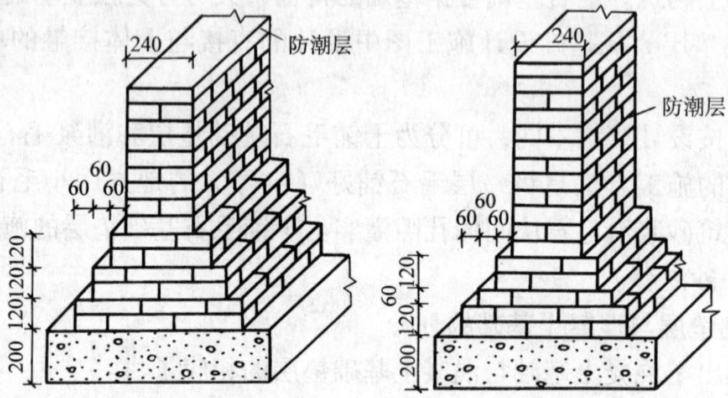

图 7-1 等高、不等高式砖基础

1. 砖基础与墙（柱）身界线划分

1）砖基础与墙（柱）身使用同一种材料时，以设计室内地面为界（有地下室者，以地下室室内设计地面为界），地面以下为基础，以上为墙（柱）身。

2）砖基础与墙（柱）身使用不同材料时，位于设计室内地面（或地下室室内地面）±300mm以内时，以不同材料为分界线；超过 ±300mm 时，以设计室内地面（或地下室室内地面）为分界线。

3）如果室内地坪有坡度差时（如影剧院、礼堂等），则以最低处设计室内地面标高为分界线，以下为基础，以上为墙身。

4）如果设计室内地坪标高不同时（如厕所间、车库等地坪标高低于设计室内地坪标高），均按设计室内地坪最大面积的标高为分界线，以下为基础，以上为墙身。

5）砖、石围墙，以设计室外地坪为分界线，以下为基础，以上为墙身。

构筑物的砖砌基础，另按规定计算。

2. 砖基础工程量计算

（1）砖基础工程量包括的范围　主要有：

1）条形砖基础工程量为基础墙体积与大放脚体积之和，如图 7-1 所示。

2）砖柱独立砖基础工程量为基础部分柱身体积与大放脚体积之和，如图 7-2 所示。

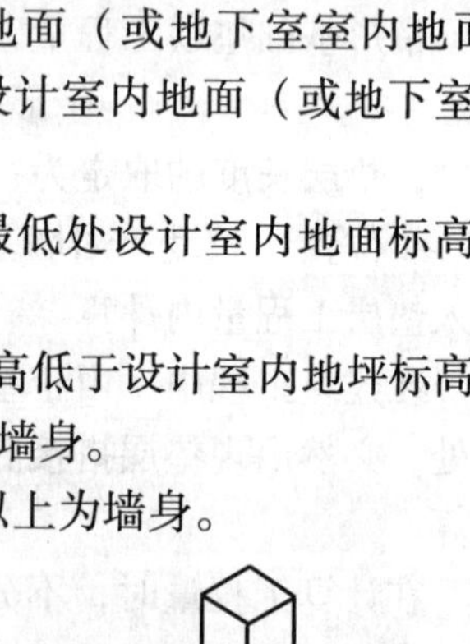

图 7-2 砖柱独立砖基础

（2）工程量计算方法　砖墙砖基础计算公式为：

$$砖基础工程量=砖基础长度\times砖基础断面面积$$

1）砖基础长度的确定。外墙砖基础按外墙中心线长度；内墙砖基础按内墙净长线计算。遇有偏轴线时，应将轴线移为中心线计算，如图7-3所示。

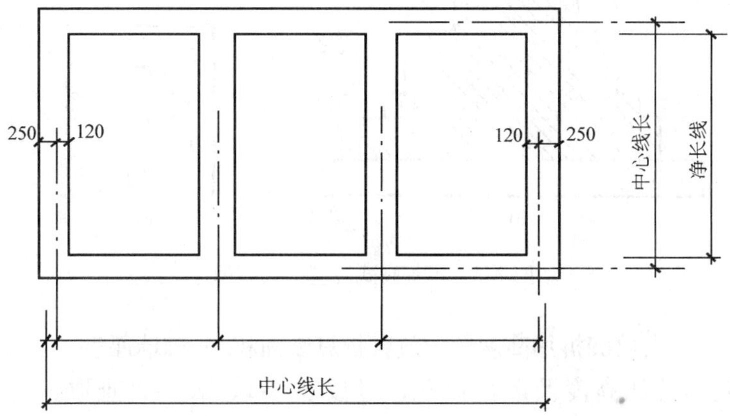

图7-3 偏轴线移为中心线示意图

2）砖基础断面面积确定。

$$砖基础断面面积=基础墙厚度\times基础高度+大放脚折算断面面积$$

或

$$砖基础断面面积=基础墙厚度\times(基础高度+大放脚折加高度)$$

3）大放脚折算断面积。砖基础大放脚分为等高式和不等高式两种。

① 等高式放脚，每步放脚层数相等，高度为126mm（两皮砖加两灰缝）；每步放脚宽度相等，为62.5mm（一砖长加一灰缝的1/4），如图7-4a所示。其大放脚折算断面积为*A*、*B*两部分叠加的矩形面积，如图7-4b所示。

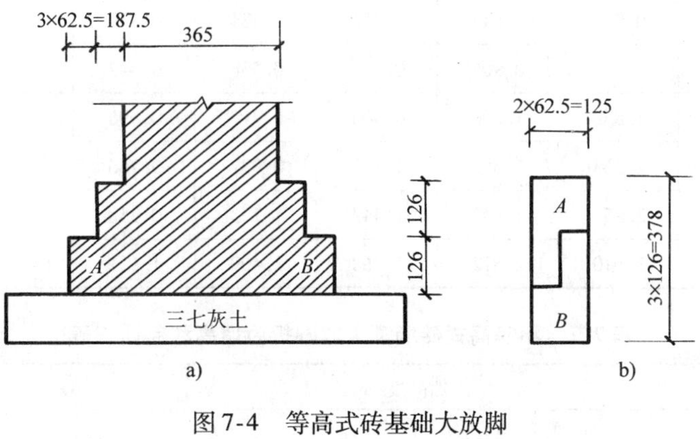

图7-4 等高式砖基础大放脚

② 不等高放脚，每步放脚高度不等，为63mm与126mm互相交替间隔放脚，每步放脚宽度相等，为62.5mm，如图7-5a所示；其大放脚折算断面积为*A*、*B*两部分叠加的矩形面积，如图7-5b所示。

4）大放脚折加高度。大放脚折加高度是指砖基础大放脚部分断面面积折算为与基础墙等厚的墙高度，即：

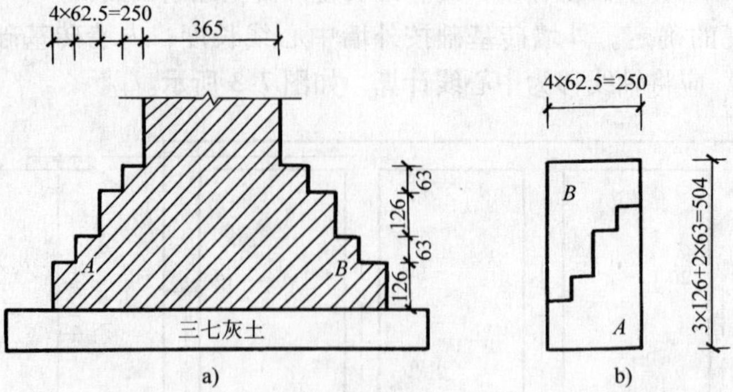

图7-5 不等高式砖基础大放脚

大放脚折加高度=大放脚折算断面积/基础墙厚度

5）基础大放脚折加高度及断面面积，可按表7-1、表7-2查取。该表是以标准砖240mm×115mm×53mm为准编制的。

表7-1 等高式砖墙基大放脚折为墙高和断面积表

大放脚/层数	折算为高度/m						折算为断面积/m^2
	1/2砖(0.115)	1砖(0.240)	1½砖(0.365)	2砖(0.490)	2½砖(0.615)	3砖(0.740)	
一	0.137	0.066	0.043	0.032	0.026	0.021	0.01575
二	0.411	0.197	0.129	0.096	0.077	0.064	0.04725
三	0.822	0.394	0.259	0.193	0.154	0.128	0.09450
四	1.369	0.656	0.432	0.321	0.256	0.213	0.15750
五	2.054	0.984	0.647	0.432	0.384	0.319	0.23630
六	2.876	1.378	0.906	0.675	0.538	0.447	0.33080
七	3.835	1.838	1.206	0.900	0.717	0.596	0.44100
八	4.930	2.363	1.553	1.157	0.922	0.766	0.56700
九	6.163	2.953	1.942	1.447	1.153	0.958	0.70880
十	7.553	3.610	2.372	1.768	1.409	1.171	0.86630

表7-2 不等高式砖墙基大放脚折为墙高和断面积表

大放脚/层数	折加高度/m						折算为断面积/m^2
	1/2砖(0.115)	1砖(0.240)	1½砖(0.365)	2砖(0.490)	2½砖(0.615)	3砖(0.740)	
一（一低）	0.069	0.033	0.022	0.016	0.013	0.011	0.00788
二（一高一低）	0.342	0.164	0.108	0.080	0.064	0.053	0.03938
三（二高一低）	0.685	0.328	0.216	0.161	0.128	0.106	0.07875
四（二高二低）	1.096	0.525	0.345	0.257	0.205	0.170	0.1260

（续）

大放脚/层数	折加高度/m						折算为断面积/m^2
	1/2砖（0.115）	1砖（0.240）	1½砖（0.365）	2砖（0.490）	2½砖（0.615）	3砖（0.740）	
五（三高二低）	1.643	0.788	0.518	0.386	0.307	0.255	0.1890
六（三高三低）	2.260	1.083	0.712	0.530	0.423	0.351	0.2599
七（四高三低）	3.005	1.444	0.949	0.707	0.563	0.468	0.3456
八（四高四低）	3.836	1.838	1.208	0.900	0.717	0.596	0.4411
九（五高四低）	4.794	2.297	1.510	1.125	0.896	0.745	0.5513
十（五高五低）	5.821	2.789	1.834	1.366	1.088	0.905	0.6694

在计算时应注意，设计图中往往习惯以60mm或120mm标注大放脚的放出高度及放出宽度，工程量计算时，均按表7-1、表7-2中数据计算。当设计图中的不等高大放脚为非标准63mm与126mm互相交替间隔放脚时，亦可按前面讲述的每层放高、放宽数据，根据设计图的规定计算大放脚断面面积。

6）标准砖墙厚度，按表7-3采用。

表7-3 标准砖墙厚度取定表

砖数/厚度	1/4砖	1/2砖	3/4砖	1砖	1½砖	2砖	2½砖	3砖
计算厚度/mm	53	115	180	240	365	490	615	740

在工程量计算时，大放脚T形接头处的重叠部分，嵌入基础的钢筋、铁件、管道、基础防潮层和单个面积≤0.3m^2的孔洞等所占的体积不予扣除，但靠墙暖气沟的挑砖亦不增加；穿过墙基的孔洞，其洞口面积每个在0.3m^2以上的洞口应予以扣除，其洞口上的混凝土过梁或砖平旋亦应另列项目计算。

例7-1 标准砖四层不等高大放脚，如图7-6a所示，计算大放脚折算断面积及折加高度。

解： 四层不等高放脚断面A、B两部分叠加为矩形，如图7-6b所示。由前面可知，每步放脚高度为一皮砖时，其高度为63mm；每步放脚高度为二皮砖时，其高度为126mm；每步放脚宽度均为62.5mm。所以，叠加矩形的高、宽就很容易算出，即

$$b = 0.0625\text{m} \times 4 = 0.25\text{m}$$

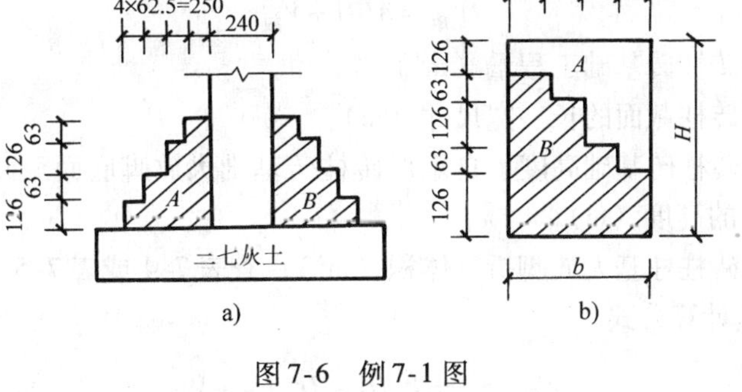

图7-6 例7-1图

$H=(0.126\times3+0.063\times2)\ \text{m}=0.504\text{m}$

大放脚折算断面积 $=S_A+S_B=b\times H=(0.25\times0.504)\ \text{m}^2=0.126\text{m}^2$

$$大放脚折加高度=\frac{大放脚折算断面积}{基础墙厚度}=\frac{0.126}{0.240}\text{m}=0.525\text{m}$$

计算结果与表7-1中的折算断面积 0.126m^2 和按折加高度0.525m计算的断面积相同即 $0.525\text{m}\times0.24\text{m}=0.126\text{m}^2$。换句话讲，表7-1、表7-2中的折算断面面积和折加高度，就是按这种方法计算出来的。所以，在计算基础工程量时可直接用表7-1、表7-2内相应的折算断面面积和折加高度。

例7-2 如图7-7所示，带形砖基础长为100m，墙厚1.5砖，高1.0m，三层等高大放脚。试计算砖基础工程量。

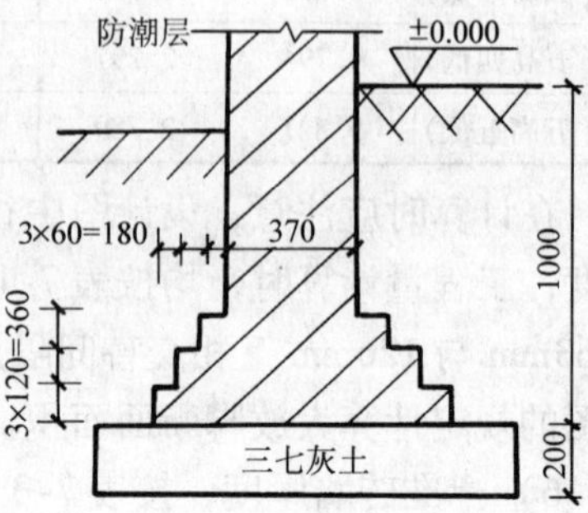

图7-7 某带形基础

解：图7-7中墙厚设计标注尺寸为370mm，放脚高度设计标注尺寸为120mm，放脚宽度设计标注尺寸为60mm，均为非标准标注。在计算工程量时应将其改为标准标注尺寸，即墙厚为365mm，放脚高为126mm，放脚宽为62.5mm。

查表7-1可知，三层等高大放脚折算断面积为 0.0945m^2。

砖基础工程量 = 砖基础长度 × 砖基础断面面积

= 砖基础长度 ×（砖基础墙厚度 × 砖基础高度 + 大放脚折算断面面积）

$=100\text{m}\times(0.365\text{m}\times1.00\text{m}+0.0945\text{m}^2)=45.95\text{m}^3$

即砖基础体积为 45.95m^3。

例7-3 已知条件同例7-2。试用折加高度法计算砖基础工程量。

解：查表7-1可知，三层等高大放脚墙厚1.5砖时的折加高度为0.259m。

砖基础工程量 = 砖基础长度 × 砖基础断面面积

= 砖基础长度 × 基础墙厚度 ×（砖基础高度 + 大放脚折加高度）

$=[100\times0.365\times(1.00+0.259)]\ \text{m}^3=45.95\text{m}^3$

结果与用折算断面积法计算的一样。

（3）砖柱砖基础 计算公式有所不同，具体如下：

1）矩形砖柱柱基计算公式。

$$V_{矩}=ABH+V_{放}$$

式中 $V_{矩}$——矩形砖柱砖基础工程量（m^3）；

A、B——矩形砖柱截面的长、宽尺寸（m）；

H——矩形砖柱砖基础高度。自矩形砖柱砖基础大放脚底面至砖基础顶面（即分界面）的高度（m）；

$V_{放}$——矩形砖柱柱基大放脚折算体积（m^3），查表7-4或表7-5得到。

2）砖圆柱柱基计算公式。

$$V_{圆}=\frac{1}{4}\pi D^2H_1+D^2H_2+V_{放}$$

式中　$V_{圆}$——砖圆柱砖基础工程量（m^3）；

D——砖圆柱直径（m）；

H_1——砖圆柱自大放脚上面至基础顶面（即分界面）的高度（m）；

H_2——大放脚的总高度，按各阶高度的标准值计算（m）；

$V_{放}$——矩形砖柱柱基大放脚折算体积，查表7-4或表7-5得到。

表7-4　等高式方砖柱大放脚折算体积表　（单位：m^3）

矩形砖柱柱断面	大放脚层数				
	二	三	四	五	六
0.365m×0.365m	0.0443	0.0965	0.1740	0.2807	0.4206
0.365m×0.490m	0.0502	0.1084	0.1937	0.3103	0.4619
0.490m×0.490m	0.0562	0.1203	0.2134	0.3398	0.5033
0.490m×0.615m	0.0621	0.1320	0.2331	0.3693	0.5446
0.615m×0.615m	0.0681	0.1438	0.2528	0.3989	0.5860
0.615m×0.740m	0.0739	0.1556	0.2725	0.4284	0.6273
0.740m×0.740m	0.0798	0.1674	0.2922	0.4579	0.6687
0.740m×0.865m	0.0856	0.1792	0.3119	0.4875	0.7150
0.865m×0.865m	0.0916	0.1911	0.3315	0.5170	0.7513
0.865m×0.990m	0.0975	0.2029	0.3512	0.5465	0.7927
0.990m×0.990m	0.1034	0.2147	0.3709	0.5761	0.8340

表7-5　不等高式方砖柱大放脚折算体积表　（单位：m^3）

矩形砖柱柱断面	大放脚层数				
	二（一高一低）	三（二高一低）	四（二高二低）	五（三高二低）	六（三高三低）
0.365m×0.365m	0.0376	0.0811	0.1412	0.2266	0.3345
0.365m×0.490m	0.0446	0.0909	0.1569	0.2502	0.3669
0.490m×0.490m	0.0475	0.1008	0.1727	0.2738	0.3994
0.490m×0.615m	0.0524	0.1107	0.1885	0.2975	0.4319
0.615m×0.615m	0.0573	0.1205	0.2042	0.3210	0.4644
0.615m×0.740m	0.0622	0.1303	0.2199	0.3450	0.4968
0.740m×0.740m	0.0671	0.1402	0.2357	0.3683	0.5293
0.740m×0.865m	0.0721	0.1500	0.2515	0.3919	0.5619
0.865m×0.865m	0.0770	0.1599	0.2672	0.4123	0.5943
0.865m×0.990m	0.0820	0.1697	0.2829	0.4392	0.6267
0.990m×0.990m	0.0868	0.1795	0.2987	0.4628	0.6592

（4）计算砖基础工程量注意事项　具体如下：

定额中，砖基础不分内外墙及墙厚、大放脚类型、层数等因素，设置了砖基础定额子目。

砖墙基础、砖柱基础（包括方柱、圆柱基础）、围墙基础等，均套用砖基础定额子目。

当设计砂浆种类、强度等级与定额不同时，可以换算。如果是圆弧形砖基础，则应按砖基础定额子目人工乘以系数1.1套用。

烟囱、水塔、涵洞的砖基础及砖地沟（暖气沟）、检查井、化粪池、渗井等，不执行砖基础定额子目，应执行专用子目。

（二）墙基防潮层

墙基防潮层，是在位于室内地面垫层标高处，沿墙身平面设置的防水砂浆层，其厚度一般设计为20mm，材料为水泥砂浆内加入一定数量的防水粉拌和而成。设置墙基防潮层的目的，主要是防止潮气向上进入墙身，对墙体造成硝化侵蚀。设计有墙基防潮层时，工程量按设计图示的墙基长度乘以墙基宽度，以“m^2”计算，执行定额中专用子目。

在编制造价时，可以先计算出墙基防潮层工程量，并以此作为计算砖墙基础的基础数据，从而减少重复计算工作量。

（三）其他刚性基础

1. 毛石基础

毛石基础，是用爆破法开采得到的不规则的石块用砂浆砌筑形成。它具有抗压强度高、硬度大、耐磨和耐久性好的优点，能就地取材，节约运输费用，是低层建筑物较广泛应用的一种基础。

用于砌筑基础的毛石块体大小，一般高、宽在20~30cm，长度在30~40cm之间比较合适。块体太大，搬运和操作都不方便；块体太小，既费工费料（多耗用砂浆）又影响强度。毛石基础的设计宽度，最小不应小于40cm，否则难以砌筑。

（1）毛石基础与墙身的划分　同砖基础与墙身（柱身）界线划分的规定。

（2）工程量计算规则　毛石基础工程量，按图示尺寸的实际体积，以“m^3”计算。

（3）定额的套用　有以下几点规则：

1）定额中分别列有毛石独立基础定额子目、毛石墙基础定额子目。在计算工程量时，应分别列项计算，执行相应子目。

2）毛石独立基础定额、毛石墙基础定额均为按M5.0水泥砂浆砌筑编制的，设计要求的砂浆类别、等级与定额不同时，允许换算，但材料含量不变。

3）烟囱、水塔、涵洞的毛石基础，定额中也设有专用子目。

2. 毛石混凝土及混凝土基础

（1）毛石混凝土基础　凡基础设计施工图纸中以混凝土强度等级标注，并规定毛石加入数量的毛石混凝土，称为毛石混凝土基础。

1）毛石混凝土基础的施工方法是，先搅拌设计规定强度等级的碎（砾）石混凝土，然后在浇灌成型时抛入一定数量、一定规格的毛石块。

2）毛石混凝土基础工程量，按图示尺寸的实体体积，以“m^3”计算。

3）定额中，毛石混凝土基础根据基础的特征，划分为带形毛石混凝土基础和独立毛石混凝土基础两个子目。毛石混凝土定额子目中毛石含量与设计要求不同时，不允许换算。

（2）混凝土基础　混凝土基础即无筋混凝土基础或称素混凝土基础，混凝土基础工程量按图示尺寸的实体体积，以“m^3”计算。定额中设置了混凝土带形基础、混凝土独立基础两个子目。当定额中的混凝土强度等级与设计的强度等级不同时，允许换算。

第二节 墙体工程

砌体主要由块材和砂浆组成，其中砂浆作为胶结材料将块材结合成整体，以满足正常使用要求及承受结构的各种荷载。

1）块材分为砖、石及砌块三大类。砌筑用砖又分为实心砖、多孔砖和空心砖三种。根据使用材料和制作方法的不同，实心砖又分为烧结普通砖、蒸压灰砂砖、粉煤灰砖和炉渣砖等。实心砖的规格为240mm×115mm×53mm（长×宽×高）。多孔砖的规格为240mm×115mm×90mm（长×宽×高）。空心砖的规格为190mm×190mm×90mm、240mm×115mm×90mm、240mm×180mm×115mm等几种。砌筑用石分为毛石和料石两类。毛石是指形状不规则但有两个平面大致平行的石块。料石是指经过加工形状较规则的六面体石块。砌块按使用材料分为普通混凝土砌块、粉煤灰砌块、煤矸石粉煤灰砌块、加气混凝土砌块、陶粒混凝土空心砌块、炉渣混凝土空心砌块和火山灰混凝土砌块等；按大小分为小型砌块和中型砌块。目前常用的小型砌块主要规格为190mm×190mm×390mm。

2）砌筑砂浆根据组成材料的不同分为水泥砂浆、混合砂浆、石灰砂浆、黏土砂浆，砌体工程中常用水泥砂浆和混合砂浆。

一、实心砖墙

（一）砖墙体分类

建筑物的墙体既起围护、分隔作用，又起承重构件的作用。按墙体所处的平面位置不同，可分为外墙和内墙；按受力情况不同，可分为承重墙和非承重墙（隔墙）；按装修做法不同，可分为清水墙和混水墙；按组砌方法不同，可分为实砌墙、空斗墙、空花墙、填充墙等。

在定额中，分别设置了实砌砖墙、空斗墙、空花墙、多孔砖墙、空心砖墙、填充墙等分项定额。在编制造价时，应分别列项计算。

（二）砖基础与砖墙的划分

砖基础与砖墙（身）划分以设计室内地坪为界（有地下室的按地下室室内设计地坪为界），以下为基础，以上为墙（柱）身。基础与墙身使用不同材料，位于设计室内地坪±300mm以内时，以不同材料为界；超过±300mm，应以设计室内地坪为界。砖围墙以设计室外地坪为界，以下为基础，以上为墙身，如图7-8所示。

（三）实砌实心砖墙

实砌实心砖墙根据墙面装饰情况分为单面清水墙、双面清水墙、混水墙三种。

单面清水墙是指一个墙面待装饰工程施工时抹灰，另一个墙面不需抹灰而只需勾缝的砖墙体。

双面清水墙是指两个墙面均不需抹灰而只需勾缝的砖墙体。

混水墙是指两个墙面均待装饰工程施工时抹灰的砖墙体。

1. 实砌砖墙

（1）注意事项　具体如下：

1）定额一般根据墙厚分别设置了墙厚为1/2砖、3/4砖、一砖、一砖以上的定额子目。

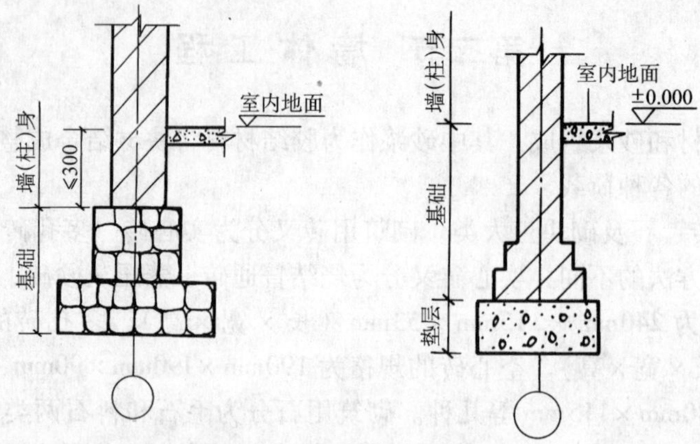

图 7-8 基础与墙身的划分

其工作内容为：调运砂浆、运砌砖，安放木砖、铁件。

2）定额子目中，已综合考虑了腰线、窗台线、挑檐等部分艺术形式砌体及构造柱马牙槎、先立门窗框等增加用工因素，使用时不作调整。

3）砌体钢筋加固者，其砌体仍按相应墙体列项，钢筋按图示质量执行“砖砌体钢筋加固项目”。

4）砖（围）墙不分清水、混水均执行砖（围）墙定额，不得换算。砖（围）墙的原浆勾缝已包括在围墙定额内，不另计算。如设计要求围墙加浆勾缝或抹灰者，可以另行计算，原浆勾缝工料亦不扣除。厚度在一砖以上的砖围墙执行相应厚度的砖墙定额子目。

5）砖砌挡土墙，2 砖以上执行砖基础定额，2 砖以内执行砖墙定额。

（2）一般换算规定　具体如下：

1）定额中砖的规格，是按标准砖编制的。标准砖规格为 240mm × 115mm × 53mm（长×宽×高）。规格不同时，可以换算。

2）砌筑砂浆的种类和强度等级，与设计不同时，可以换算。

3）砖砌弧形墙，按相应墙体企业定额子目，人工乘以系数 1.1。

2. 实砌砖墙工程量计算

实砌砖墙的工程量，应根据墙厚、砂浆类别、砂浆强度等级不同，分别列项并按图示尺寸以体积计算。即

V = 墙长 × 墙高 × 墙厚 − 应扣除部分体积 + 应增加部分体积

（1）砖墙长度的确定　分内、外墙两种。

1）外墙长度按中心线长度计算。应注意定位轴线若为偏轴线时，要移为中心线。按中心线计算时，图中外角的阴影部分未计算，而内角的阴影部分计算了两次。由于是中心线，这两部分是相等的，用内角来弥补外角正好余缺平衡。若为偏轴线时还这样计算，显然余缺是不平衡的，如图 7-9 所示。

图 7-9 外墙中心线示意图

2）内墙长度按净长线长度计算。内墙与外墙丁字相交

时，如图7-10a所示，内墙长度要算至外墙的里边线，这就避免了阴影部分重复计算；内墙与内墙L形相交时，两面内墙的长度均算至中心线，如图7-10b所示；内墙与内墙十字相交时，按较厚墙体的内墙长度计算，较薄墙体的内墙长度算至较厚墙体的外边线处，如图7-10c所示。

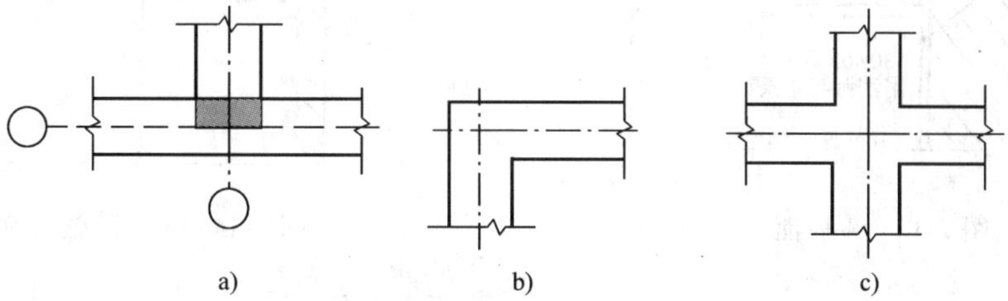

图7-10　内墙净长线示意图

（2）砖墙高度的确定　砖墙高度的起点，均从墙身与墙基的分界面开始计算。砖墙高度的顶点，按下列规定计算：

1）外墙。斜（坡）屋面无檐口天棚者，高度算至屋面板底，即高度算至外墙中心线与屋面板底面相交点的高度，如图7-11所示；有屋架，且室内外均有天棚时，高度应算至屋架下弦底面另加200mm，如图7-12所示；无天棚者，算至屋架下弦底加300mm，出檐宽度超过600mm时，按实砌高度计算；与钢筋混凝土楼板隔层者算至板顶。平屋顶算至钢筋混凝土板底，如图7-13所示。

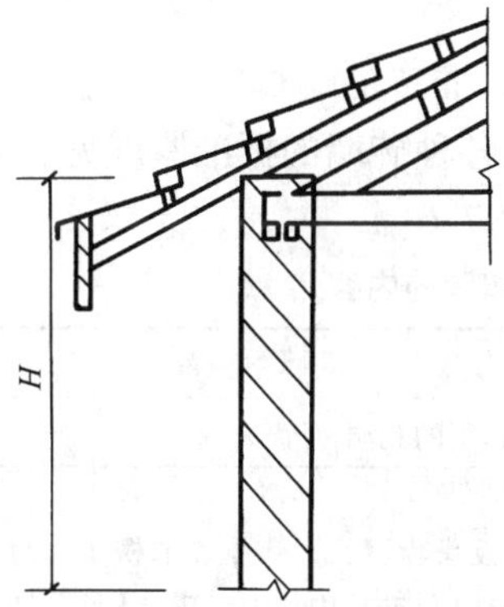

图7-11　斜（坡）屋面无檐口天棚

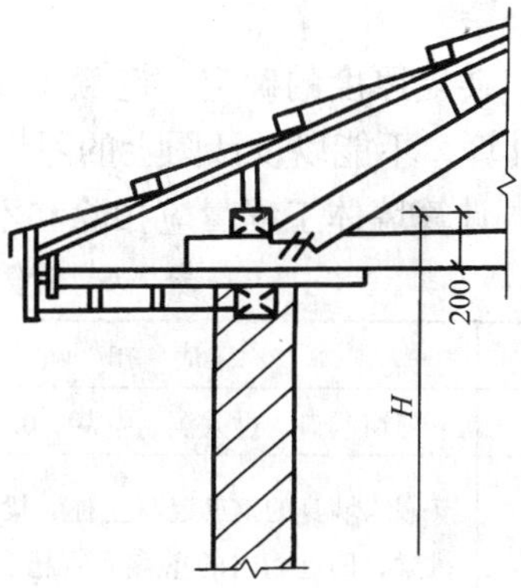

图7-12　屋架且室内外均有天棚

2）内墙。位于屋架下弦者，其高度算至屋架下弦底，如图7-14所示；无屋架者，算至天棚底再加100mm，如图7-15所示。

有钢筋混凝土楼板隔层者，算至钢筋混凝土楼板顶；若同一墙上板高不同时，可按平均高度计算。

3）女儿墙。从屋面板上表面算至女儿墙顶面（如有混凝土压顶时算至压顶下表面）。

4）围墙。高度算至压顶上表面（如有混凝土压顶时算至压顶下表面），围墙柱并入围墙体积内。

5）内、外山墙。按平均高度计算，如图7-16所示。

6）框架间墙，不分内外墙按墙体净尺寸以体积计算。

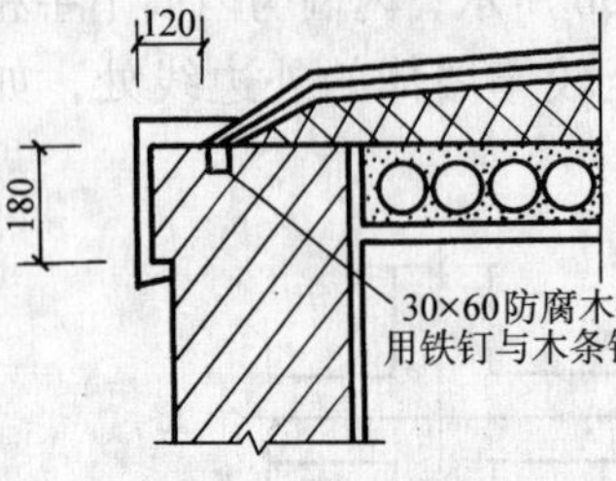

图 7-13 平屋面

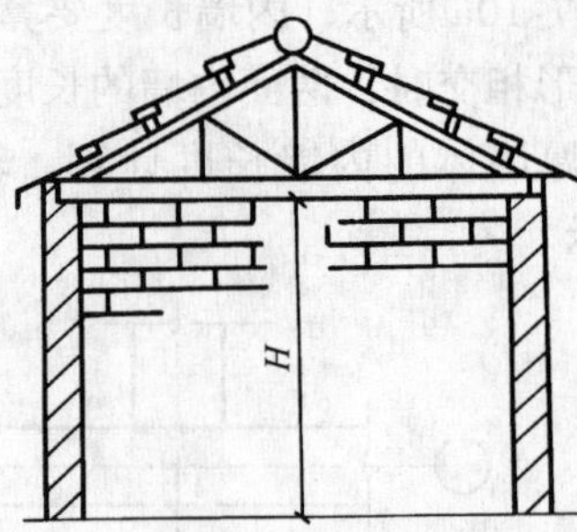

图 7-14 屋架下弦的内墙

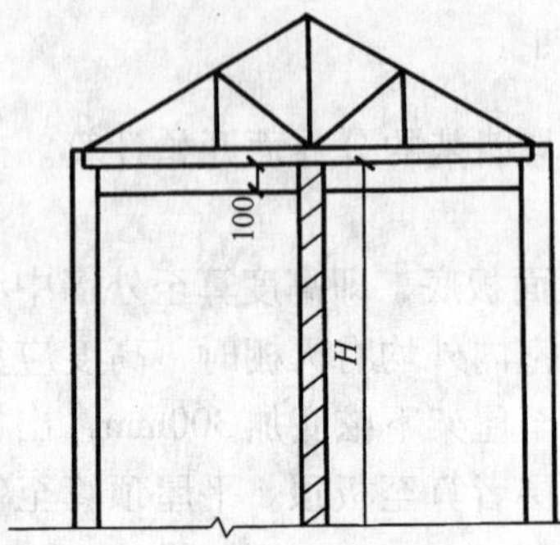

图 7-15 内墙无屋架

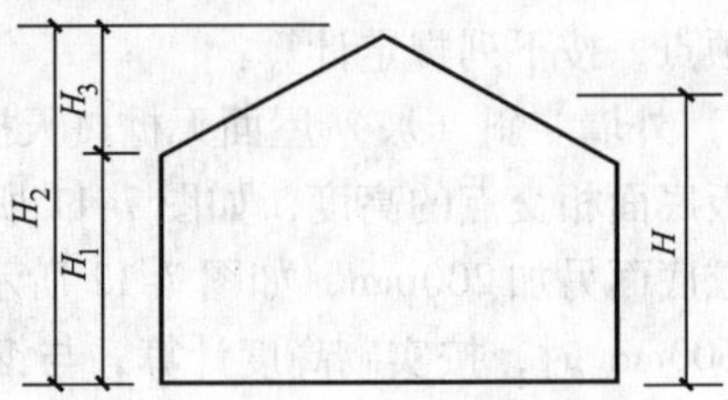

图 7-16 内、外山墙

（3）砖墙厚度的确定 定额中是按标准砖计算的。标准砖的墙体厚度，应按砖墙的标准厚度计算，不能以设计图上的习惯标注作为墙体厚度。各种砖墙的标准厚度见表 7-3。

（4）计算墙体工程量应扣除和不扣除的内容 详见表 7-6。

表 7-6 计算墙体工程量应扣除和不扣除的内容

部位	应 扣 除	不 扣 除
孔洞	门窗洞口、过人洞、空圈、0.3m^2 以上孔洞	0.3m^2 以下的孔洞
嵌入墙体	嵌入墙身的钢筋混凝土柱、梁、过梁、圈梁、挑梁、凹进墙内的壁龛、管槽、暖气槽、消火栓箱所占体积	梁头、板头、檩头、垫木、木楞头、沿椽木、木砖、门窗走头、砖墙内加固钢筋、木筋、铁件、钢管

（5）计算墙体工程量应增加和不增加的内容 详见表 7-7。

表 7-7 计算墙体工程量应增加和不增加的内容

应 增 加	不 增 加
凸出墙面的砖垛	凸出墙面的腰线、门窗套、压顶、挑檐（见图 7-17）、窗台线、虎头砖

3. 其他执行砖墙定额的墙体

1）框架间砌实心砖墙执行相应砖墙定额，但框架外表面镶包实心砖部分按图示尺寸另按体积计算，按零星砌体项目执行。

2）女儿墙。执行相应砖墙定额。若设计带空花墙时，空花部分另列项目计算，执行空花墙定额子目。

3）附墙烟囱、通风道、垃圾道。按设计图示尺寸以体积（扣除孔洞所占体积）计算，并入所依附的墙体工程量内。当设计规定孔洞内需抹灰时，孔洞内的抹灰应另列项目计算。

4）厚度在两砖以内的砖砌挡土墙。按图示尺寸以"m^3"计算，执行相应砖墙定额。

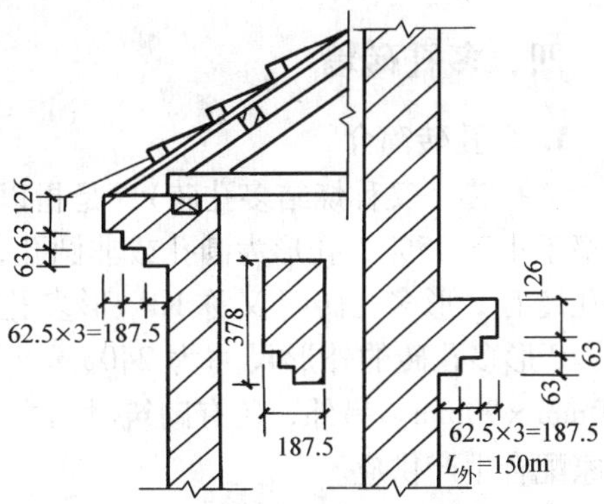

图 7-17 挑檐和砖砌腰线

4. 不执行砖墙定额的墙体

砖砌围墙、墙身外防潮层的保护墙（贴砖）、架空木地板下的地垄墙、暖气沟及其他砖砌沟道等。

二、空斗墙

（1）空斗墙组砌形式　空斗墙是用标准机砖平砌和侧砌结合方法砌筑的墙体。平砌层称为"眠砖"，侧砌层包括沿墙面顺砖的"顺斗砖"和侧砖露头的"丁头砖"。顺斗砖和丁斗砖所形成的孔洞称为"空斗"。空斗墙依其立面砌筑形式不同，分为一眠一斗、一眠二斗、一眠三斗和无眠空斗四种。

（2）空斗墙定额及使用规定　具体如下：

1）定额中，将空斗墙综合为一个定额子目。

2）空斗墙定额，已综合了各种不同的因素，在编制造价时，不论几斗几眠，均执行空斗墙定额子目，不得换算。

3）空斗墙定额中的砌筑砂浆与设计要求不符时，可以换算。

（3）空斗墙工程量的计算　具体如下：

1）按图示尺寸以空斗墙外形体积以"m^3"计算，应扣除门窗洞口、钢筋混凝土过梁、圈梁所占的体积。

2）墙角、内外墙交接处、门窗洞口立边、窗台砖及屋檐处的实砌砖部分并入空斗墙体积内。窗间墙、窗台下、楼板下、梁头下等实砌部分，应另行计算，套用零星砌体定额项目。

三、空花墙

1）空花墙，是指用砖按一定艺术形式组砌而成的带镂空的墙体，一般多用于砖砌围墙和女儿墙。

2）定额将各种组砌形式的空花墙综合为一个子目。

3）空花墙不分组砌形式，均按空花部分的外形体积以"m^3"计算，不扣除空洞部分体积，空花墙中实砌部分的墙身或附墙砖柱的工程量，应另列项目，按相应的墙、柱定额子目计算。

4）定额是按标准砖编制的，设计砖的规格和砂浆的种类、强度等级不同时，可以换算。

四、多孔砖墙

1. 多孔砖简介

多孔砖（又称烧结多孔砖），是指以黏土、页岩、煤矸石为主要原料，经焙烧而成的孔洞率不小于15%，孔形为圆孔或非圆孔，孔的尺寸小而数量多的砖。主要适用于承重部位。多孔砖有P形多孔砖（又称 KP_1 形多孔砖）和M形多孔砖（又称模数多孔砖）两种。其中，P形多孔砖的外形尺寸为240mm×115mm×90mm，M形多孔砖外形尺寸为190mm×190mm×90mm。另外，还有砌筑时与主规格配合使用的砖，如半砖、七分头等，也由生产厂家配合生产供应。

多孔砖承重墙体的厚度多为190mm或240mm，非承重墙体的厚度多为115mm。

多孔砖的孔洞垂直于大面。砌筑时，孔洞垂直于水平面。

2. 定额子目及换算条件

定额中，仅设置了P形多孔砖的0.5砖、1砖及以上墙厚的定额子目。工作内容为：调运砂浆、运砌砖，安放木砖、铁件。

其换算条件包括：多孔砖规格、砂浆的种类和强度等级、弧形墙等三项内容。具体规定同实砌实心砖。

3. 多孔砖墙工程量计算

多孔砖墙工程量，按图示尺寸以“m^3”计算，不扣除其孔洞部分的体积。计算规则同实心砖墙。

五、空心砖实砌砖墙

1. 空心砖简介

空心砖（又称非承重黏土空心砖），是指以黏土、页岩、煤矸石为主要原料，经焙烧而成的孔洞率不小于35%，孔的尺寸大而数量少的砖。空心砖主要用于非承重墙。

空心砖外形为直角六面体。在与砂浆的结合面上设有增加结合力的凹线槽，其孔洞垂直于小面或条面。

空心砖的长度有290mm、240mm；宽度有190mm、180mm、140mm；厚度有115mm、90mm；壁厚大于10mm，肋厚大于7mm。

空心砖墙的厚度多为空心砖的厚度。施工时，空心砖采用全顺侧砌，孔洞呈水平方向与墙长同向。

2. 定额子目及换算条件

定额中，仅设置了非承重黏土空心砖墙厚为一砖的定额子目。

其换算条件包括：空心砖的规格、砂浆的种类和强度等级、弧形墙等三项内容。具体规定同实砌实心砖。

3. 空心砖墙工程量计算

非承重空心砖墙工程量，按图示尺寸以“m^3”计算，不扣除其孔洞部分的体积，计算规则同实心砖墙。

六、填充墙

填充墙是指在空斗墙砌筑过程中，同时在空斗内填筑保温填充材料的空斗墙。

定额中，填充墙按填充材料的不同分为填充炉渣和填充轻质混凝土两个子目。子目单价中，已包括空斗墙、空斗内的保温填充材料及其实砌部分的工料。在编制造价时，空斗墙及其实砌部分不再另列项目计算。

定额中，轻质混凝土填充墙是按泡沫混凝土填料编制的，如用其他填料可以换算。

定额中的砌筑砂浆与设计要求不同时，可以换算。

填充墙工程量，按填充墙的外形尺寸以“m^3”计算，应扣除门窗洞口、钢筋混凝土过梁、圈梁所占体积。

七、砌块墙

1. 砌块墙简介

砌块是指普通混凝土小型空心砌块、轻骨料混凝土小型空心砌块、加气混凝土砌块、硅酸盐砌块等。通常把高度为 180～350mm 的称为小型砌块，360～900mm 称为中型砌块。

小型空心砌块，是指由混凝土或轻骨料混凝土制成，主规格尺寸为 390mm×190mm×190mm，空心率在 25%～50%的空心砌块。

小型空心砌块在施工时，其孔洞垂直于水平面，且应对孔错缝搭砌。根据设计要求对纵横墙交接处一定范围内的孔洞采用灌孔混凝土灌实（设计有时还要求插入竖向钢筋），或设计要求对整片墙的孔洞内采用灌孔混凝土灌实（同时按设计要求配置孔内竖向钢筋和灰缝内水平钢筋）。

2. 定额子目及换算条件

定额中，相应设置了加气混凝土砌块墙、硅酸盐砌块墙和小型空心砌块墙定额子目，并设置了小型空心砌块孔内灌混凝土定额子目。

加气混凝土砌块墙定额子目，不分墙厚和砌块规格综合考虑。小型空心砌块墙，是按小型空心砌块规格 390mm×190mm 编制的，如设计规格不同时，可以换算。定额子目中，不包括灌孔混凝土的工料，如发生时应另列项目，套用孔内灌混凝土相应定额子目。

粉煤灰砌块、其他材料的实心砌块，定额未设置相应子目，可执行加气混凝土砌块定额子目，其材料作为材料差价处理。

砌筑砂浆、灌孔混凝土的种类、强度等级，定额与设计要求不同时，可以换算。

3. 砌块墙工程量计算

加气混凝土砌块、硅酸盐砌块、小型空心砌块等砌块墙的工程量，均按图示尺寸以“m^3”计算。计算规则同实心砖墙。

砌块墙已包括砌体内砌实心砖的工料费用，实心砖是按蒸养灰砂砖编制的，设计要求不同时，可以换算。

砌块墙表面的镶嵌砖部分按设计图示尺寸计算体积，另列入零星砌砖项目。

小型空心砌块孔内灌混凝土工程量，按图示混凝土灌注尺寸以“m^3”计算。

八、砖砌围墙

砖砌围墙，按设计室外地坪为分界线，以下为基础，以上为围墙。围墙砖基础执行砖基础定额子目。

定额中，设置了墙厚为1砖、$\frac{1}{2}$砖的砖围墙定额子目。

砖围墙定额子目，是按双面原浆勾缝编制的，并已综合考虑了砖垛、砖拱及凸出墙面的压顶线等工料。设计为混水墙时，不得换算；设计为加浆勾缝或抹灰者，可另列项目计算砖墙加浆勾缝或抹灰，定额子目内的原浆勾缝工料不扣除。

砖砌围墙工程量，按设计图示尺寸以体积计算。围墙高度为自设计室外地坪至墙顶的距离（如有混凝土压顶时算至压顶下表面）。不扣除0.3m^2以内孔洞所占面积，空花墙部分所占面积应予以扣除。

砖砌围墙的砖垛、砖拱及突出墙面的砖砌压顶线，不另列项目计算。若围墙设计有部分空花墙时，其空花墙部分应另列项目计算，执行空花墙定额子目。

当砌筑砂浆的种类、强度等级，定额与设计要求不同时，可以换算。

九、贴砖墙

贴砖墙，是指墙身外面防潮层做好后，在防潮层的外面所做的砖砌保护墙。贴砖墙一般采用水泥砂浆砌筑。砌筑时贴砖与防潮层之间用水泥砂浆填实。

定额中，贴砖墙按其厚度分为$\frac{1}{4}$砖和$\frac{1}{2}$砖两个子目。

贴砖墙与防潮层之间填实用的砌筑砂浆，已包括在定额子目内，不另计算。

贴砖墙工程量，按图示贴砖面积乘以贴砖墙标准厚度以“m^3”计算。

十、实心砖柱

根据砖柱截面形式分为方柱和圆柱两个定额子目。

砖柱定额子目是按标准砖编制的，设计规格不同时，可以换算。砌筑砂浆的种类、强度等级不同时，亦可以换算。

砖柱工程量，按图示尺寸以“m^3”计算。扣除混凝土及钢筋混凝土梁垫、梁头、板头所占体积。

十一、石砌体

石砌体包括石基础、石勒脚、石墙、石柱、石台阶等，工程量计算按相应的计算规则计算。

1. 砌毛石

砌毛石定额，按部位和作用不同分为：毛石独立基础、毛石墙基、毛石墙、毛石挡土墙、毛石护坡、干铺毛石护坡、浆砌毛石一般护坡等。定额是按乱毛石和平毛石综合编制的。

工程量均按图示尺寸以“m^3”计算。如果设计与定额中的砌筑砂浆不同，可以换算。圆弧墙按相应毛石墙定额项目，人工乘以系数1.1。护坡高度超过4m者，人工乘以系数1.15。毛石砌体中的砌砖部分，应另列项目计算，执行相应砌砖定额子目。

2. 砌方整石

方整石是指粗具六面体的毛料石。砌方整石定额，设置了方整石墙、方整石柱、方整石台阶三个定额项目和水池壁砌方整石、条石砌涵洞拱圈、涵洞条石盖板子目。

工程量均按图示尺寸以“m^3”计算。如果设计与定额中的砌筑砂浆不同，可以换算。条石砌体中的砌砖部分，应另列项目计算，执行相应砌砖定额子目。

第三节 其他砌体

一、砖平拱

1. 砖平拱的构造形式

砖平拱又称砖平旋或平拱式过梁。用标准砖侧砌而成，其高度有240mm、300mm、370mm三种，厚度等于墙厚，如图7-18所示。

另外，还有一种砖弧拱（又称弧拱式过梁或弧旋），它的构造与平拱基本相同，只是外形呈圆弧形，如图7-19所示。

图7-18 平拱式过梁

图7-19 弧拱式过梁

2. 砖平拱工程量计算及定额套用

砖平拱工程量，按图示尺寸以“m^3”计算。若设计施工图无规定时，则长度按门窗洞口宽度两端共加100mm，高度按240mm（当洞口宽度大于1500mm时，高度取365mm）计算，执行砖平拱定额子目。

在编制造价时若定额中的砂浆种类或强度等级与设计不同时，可以换算。

砖弧拱和用于房屋屋盖和楼盖的砖砌圆拱，可按图示尺寸以“m^3”计算，按砖平拱定额子目乘以系数1.06套用。

二、钢筋砖过梁

1. 钢筋砖过梁的构造形式

钢筋砖过梁又称平砌式砖过梁。用标准砖平砌，在其底部配置钢筋，钢筋两端伸入墙内不小于240mm，弯成方钩。在过梁作用范围内（不少于6皮砖或1/4过梁跨度范围内），一般用M5.0砂浆砌筑。

2. 钢筋砖过梁工程量计算及定额套用

1）钢筋砖过梁工程量，按图示尺寸以“m^3”计算。若设计施工图无规定时，则长度按门窗洞口宽度两端共加500mm，高度按440mm，以“m^3”计算，执行钢筋砖过梁定额子目。

2）在计算钢筋砖过梁工程量时，如果遇到设计施工图无规定，而由于圈梁的限制，实际砌砖高度不足440mm时，钢筋砖过梁的高度应算至圈梁底。另外钢筋砖过梁中的钢筋另列项计算。

3）在编制造价时，若定额中的砂浆种类或强度等级与设计不同时，可以换算。

三、砖砌体钢筋加固

1. 砖砌体钢筋加固的类型

1）第一种砖砌体钢筋加固，是指当砖砌体受压构件的截面尺寸受到限制时，为了提高砖砌体的承压能力，在砖砌体中加配钢筋网片的做法，这种砌体称为网状配筋砖砌体构件。所配置的钢筋网片的规格数量是按《砌体结构设计规范》（GB 50003—2011）的计算方法和构造要求确定的，如图7-20所示。在设计施工图中，一般在设计说明中说明其配置部位和规格及数量的要求，也有的在局部节点大样图中标注其规格及数量要求。

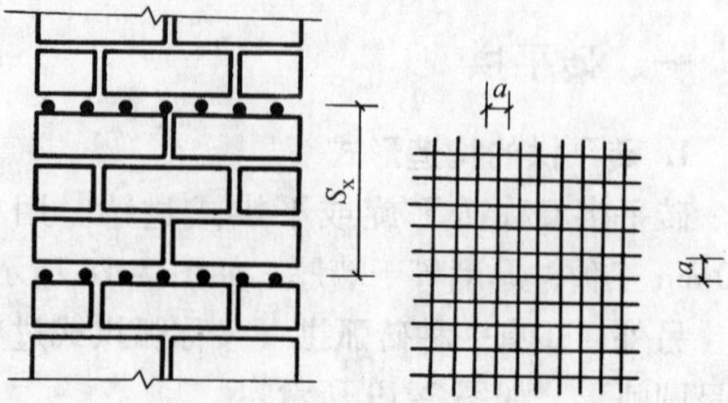

图7-20 网状配筋砖砌体

2）第二种砖砌体钢筋加固，是按《砌体结构设计规范》（GB 50003—2011）的构造要求在砌体中设置拉结钢筋（又称锚拉筋）。如框架柱与后砌框架间墙交接处、砌块墙交接处、构造柱与墙体交接处、墙体转角处、纵横墙交接处等，如图7-21所示。这些拉结钢筋一般在设计说明中说明其配置要求，也有的在局部节点大样图中标注其配置要求。但也有的在设计施工图中不标注，而施工时按施工验收规范的规定配置。

3）第三种砖砌体钢筋加固，是在施工中砖砌体的转角处和交接处不能同时砌筑，而留斜槎又确实困难的临时间断处，可按《砌体结构工程施工质量验收规范》（GB 50203—2011）的规定留直阳槎，并加设拉结筋，如图7-22所示。这些钢筋在设计施工图中不标注，而需按施工组织设计的规定设置。

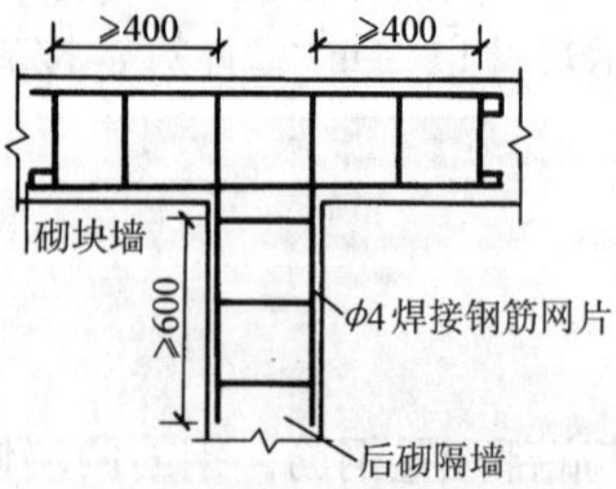

图7-21 砖砌体钢筋加固

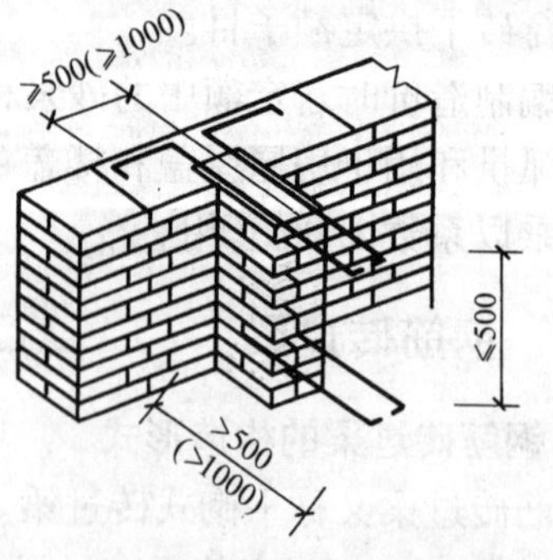

图7-22 转角处和交接处砖砌体钢筋加固

2. 砖砌体钢筋加固工程量的计算和定额套用

定额关于砖砌体钢筋加固，按绑扎、不绑扎（钢筋）设置了两个子目和点焊（冷拔丝）网片子目。

砖砌体钢筋加固的工程量，均按钢筋图示尺寸以“t”计算。钢筋损耗率已按3%包括在定额内，不另增加。扎丝的用量已综合在定额子目内，工程量计算时不再计算。

设计中未注明的拉结筋，应按实际发生量，凭会签单在结算中调整。小型空心砌块灌孔混凝土中配置的钢筋，不得套用砖砌体钢筋加固定额子目。

四、其他砖砌体

1. 砖地沟

暖气沟及其他砖砌沟道不分墙身和墙基，工程量合并计算。

工程量按图示尺寸以“m^3”计算，执行砖地沟定额子目。

2. 砖墙面勾缝

砖墙面勾缝，是为了使清水墙面灰缝紧密，防止雨水浸入墙内，同时也使墙面整齐美观。砖墙面勾缝按材料不同分为原浆勾缝和加浆勾缝两种。原浆勾缝，即在砌墙施工过程中，用砌筑砂浆勾缝；加浆勾缝，即在墙体施工完成后用抹灰砂浆勾缝。

砖墙面勾缝，工程量应按加浆勾缝和原浆勾缝分别列项计算，执行相应定额子目。其工程量均按墙面垂直投影面积以“m^2”计算，应扣除墙裙和墙面的抹灰面积，不扣除门窗套和腰线等零星抹灰及门窗洞口所占的面积；但垛和门窗洞口侧面的勾缝面积亦不增加。独立柱、房上烟囱勾缝，按图示外形尺寸以“m^2”计算。

应注意，混水墙在砌墙时将挤出的砌筑砂浆刮平工作，已包括在定额子目内，不得按原浆勾缝另列项目计算。

砖墙面勾缝形式有平缝、斜缝、凹缝或凸缝，定额是综合取定的，不得换算。

3. 砖砌台阶

砖砌台阶工程量，按其水平投影面积（不包括梯带）以“m^2”计算，套用砖砌台阶定额子目。

与砖砌台阶相连的梯带，以最上层踏步外沿加300mm为分界线，执行零量砌体定额子目。

4. 零星砌体

砖砌体中的零星砌体包括空斗墙的窗间墙、窗台下、楼板下等的实砌砖部分以及台阶挡墙、梯带、锅台、炉灶、小便槽、厕所蹲台、池槽腿、水槽腿、花台、花池、楼梯栏板、阳台栏板、地垄墙、0.3m^2以内孔洞填塞等。

毛石墙的门窗口立边、窗台虎头砖等实砌体，亦属于零星砌体。

零星砌体，按设计图示尺寸以体积计算。扣除混凝土及钢筋混凝土梁垫、梁头、板头所占体积。

复习题

1. 砖墙与砖基础如何划分？
2. 定额中砖墙厚度是否按设计施工图标注尺寸确定？
3. 工程量计算中砖墙的高度如何计算？
4. 工程量计算中砖墙的长度如何计算？
5. 怎样计算砖基础工程量？
6. 在计算实心砖墙工程量时，哪些体积应扣除？哪些体积不扣除？

第八章 8

混凝土及钢筋混凝土工程

混凝土在凝固前具有良好的塑性，可制成工程所需的各种形状的构件，硬化后又具有较高的强度。所以，在建筑工程中广泛应用。混凝土结构工程由模板工程、钢筋工程和混凝土工程三个部分组成。

第一节　模板工程

一、模板工程概述

模板是使混凝土构件按几何尺寸成型的模型板。模板工程在钢筋混凝土结构中是相当重要的一项工序，主要包括制作、拼装、架设和拆除等。模板是施工时使用的临时结构物，但它对钢筋混凝土工程的施工质量和工程成本有重要的影响。招投标过程中，招标人可根据实际情况选择模板是技术措施项目单独列项，还是将其包括在现浇混凝土项目中。对于预制混凝土构件，模板可包含在混凝土构件制作项目中，而不单独列项。

1. 模板的组成

模板系统包括模板和支撑两大部分。模板俗称壳子板，是形成混凝土构件的外壳造型，与混凝土直接接触的板面；支撑是支撑和撑牢模板的骨架，以保证其位置的准确和承担钢筋、新浇筑混凝土的压力及施工荷载的作用。

2. 模板的种类

模板的种类很多。随着生产力水平的发展，模板的用材、支撑方式、施工方法都有很大的变化和发展。

（1）按所用的材料分类　可分为木模板、竹模板、钢木模板、钢模板、塑料模板、铝合金模板、玻璃模板等。

（2）按形式来分类　主要有以下种类：

1）定型模板：是按预定的几种规格尺寸，设计和制造的模板。具有通用性，拼装灵活，能满足大多数构件几何尺寸的要求。

2）筒子式模板：一般用于较长的筒壳结构、隧道结构施工。

3）台模或飞模：适用于框架结构及板柱结构的楼板的模板。

4）滑升模板：用于剪力墙结构、筒体结构及筒仓、烟囱之类的构筑物。

二、模板工程工程量计算

1. 模板工程工程量计算规则

（1）现浇混凝土模板　具体如下：

1）现浇混凝土模板工程量，除另有规定外，均应区别模板的不同材质，按混凝土构件与模板接触的面积，以“m^2”计算。

2）现浇钢筋混凝土墙、板上单孔面积在 $0.3m^2$ 以内的孔洞不予扣除，洞侧壁模板亦不增加；单孔面积在 $0.3m^2$ 以外时应予扣除，洞侧壁模板面积并入墙、板模板工程量之内计算。

3）现浇钢筋混凝土框架分别按梁、板、柱有关规定计算，附墙柱、暗梁、暗柱并入墙内工程量计算。

4）柱、梁、墙、板相互连接的重叠部分，均不计算模板面积。

5）构造柱外露面按图示外露部分计算模板面积。构造柱与墙接触面不计算模板面积。

6）混凝土后浇带二次支模工程量按后浇带与模板接触的面积计算。现浇钢筋混凝土悬挑板（雨篷、阳台）按图示外挑部分尺寸的水平投影面积计算。挑出墙外的悬臂梁及板边模板不另计算。

7）现浇钢筋混凝土楼梯（包括休息平台、平台梁、斜梁和楼层板的连接梁），以图示外露面尺寸的水平投影面积计算，不扣除宽度在500mm以内的楼梯井所占面积。楼梯的踏步、踏步板、平台梁等侧面模板不另计算。伸入墙内部分亦不增加。

8）混凝土台阶（不包括梯带），按图示台阶尺寸的水平投影面积计算，台阶端头两侧不另计算模板面积。架空式混凝土台阶，按现浇楼梯计算。

9）其他现浇混凝土构件，均按模板与现浇混凝土构件的接触面积计算。

（2）现场预制混凝土构件模板　现场预制混凝土构件的模板工程项目不再单列，其费用包括在混凝土构件的现场制作项目中。

（3）成品预制混凝土构件模板　成品预制混凝土构件的模板费用包括在构件的成品价中，不再单列。

2. 注意事项

1）原槽浇灌的混凝土基础，不计算模板工程量。

2）混凝土模板及支撑（架）项目，只适用于以“m^2”计量，按模板与混凝土构件的接触面积计算。以 m^3 为计量单位的模板及支撑（架），按混凝土及钢筋混凝土实体项目执行。

第二节　钢筋工程

一、钢筋的种类

钢筋的种类很多，建筑工程中常用的钢筋按生产工艺可分为：热轧钢筋、冷拔钢丝、热处理钢筋、碳素钢丝、刻痕钢丝和钢绞线等。按化学成分可分为碳素钢钢筋和普通低合金钢钢筋。按屈服强度特征值可分为335、400、500级钢筋。级别越高，其强度和硬度越高，而塑性逐级降低。按轧制外形可分为光圆钢筋和变形钢筋（月牙形、螺旋形、人字形钢筋）。按供应形式可分为盘圆钢筋（直径≤10mm）和直条钢筋（直径>10mm，每根长度6~12m，也可根据需方要求定尺供应。按直径大小可分为钢丝（直径3~5mm）、细钢筋（直径6~10mm）、中粗钢筋（直径12~20mm）和粗钢筋（直径大于20mm）。

钢筋混凝土构件种类繁多，受力情况也极为复杂。按钢筋在结构中的作用不同可分为受力钢筋、架立钢筋和分布钢筋三类。梁和板都是受弯构件，所以受力钢筋（也称主筋）的分布规律应与弯矩的变化相适应。在梁和板的横截面的受拉区靠近边缘配置受力钢筋以承受拉力。布置在下部边缘的受力钢筋用以承受正弯矩，上部边缘的承受负弯矩。受弯构件除产生拉力外，因切应力作用，在靠近支座附近还可能产生斜裂缝，因此，梁中还要设置箍筋和弯起钢筋，以抵抗这种斜裂缝的发生和扩展。箍筋除抵抗横向切应力外，还联系梁的受拉和受压区域共同工作，并协助固定纵向受力钢筋的间距和位置。架立筋（构造筋）的作用是维持箍筋的正确位置，抵抗梁因混凝土收缩、温度变化及其他意外因素所产生的应力。在板中受力钢筋的内面设分布筋（温度筋），其作用是将荷载（集中荷载）分布到板的受力钢筋上，抵抗因混凝土收缩及温度变化所产生的应力，保持受力钢筋的位置和间距。柱中的受力钢筋布置在四脚和周边，矩形柱最少4根，圆柱最少6根。柱中箍筋的作用主要是维持受力筋的位置，并使它不致因受压而发生曲折。

钢筋的规格、位置和间距都是通过设计确定的，不得随意改变。

二、钢筋的表示方法、构造要求

1. 钢筋的表示方法

钢筋混凝土及预应力混凝土结构中，常使用的钢筋有以下种类：

1）HPB235、300级钢筋（符号为Φ，直径为6~22mm）是指《钢筋混凝土用钢》（GB 1499.1—2008）中的热轧光圆钢筋。

2）HRB335级钢筋（符号为Φ，直径为6~50mm）是指《钢筋混凝土用钢》（GB 1499.2—2007）中的普通热轧带肋钢筋。

3）HRB400级钢筋（符号为Φ，直径为6~50mm）是指《钢筋混凝土用钢》（GB 1499.2—2007）中的普通热轧带肋钢筋。

4）HRB500级钢筋（符号为Φ，直径为6~50mm）是指《钢筋混凝土用钢》（GB 1499.2—2007）中的普通热轧带肋钢筋。

5）HRBF335（符号为$Φ^F$）、HRBF400（符号为$Φ^F$）、HRBF500（符号为$Φ^F$）级钢筋，直径为6~50mm；是指《钢筋混凝土用钢》（GB 1499.2—2007）中的细晶粒热轧钢筋。

6）RRB400级钢筋（符号为$Φ^R$，直径为6~50mm），是指现行国家标准《钢筋混凝土用余热处理钢筋》（GB 13014）中的钢筋。

2. 钢筋的构造要求

（1）混凝土保护层　钢筋在混凝土中应有一定厚度的保护层，用以保护钢筋。混凝土保护层，是指从最外层钢筋的外边缘至构件外表面之间的距离。最小保护层厚应符合设计图中要求。

现行国家标准《混凝土结构设计规范》（GB 50010—2010）规定，构件中普通钢筋及预应力钢筋的混凝土保护层厚度，不应小于构件中受力钢筋的公称直径，设计使用年限为50年的混凝土结构，最外层钢筋的保护层厚度应符合表8-1的规定；设计使用年限为100年的混凝土结构，最外层钢筋的保护层厚度不应小于表8-1中数值的1.4倍。混凝土结构的环境类别划分见表8-2。

表8-1　混凝土保护层的最小厚度　（单位：mm）

环境类别	板、墙、壳	梁、柱、杆
一	15	20
二 a	20	25
二 b	25	35
三 a	30	40
三 b	40	50

注：1. 混凝土强度等级不大于C25时，表中保护层厚度数值应增加5mm。

2. 基础中钢筋的混凝土保护层厚度应从垫层顶面算起，且不应小于40mm。

表8-2　混凝土结构的环境类别

环境类别	条　件
一	室内干燥环境 无侵蚀性静水浸没环境
二 a	室内潮湿环境 非严寒和非寒冷地区的露天环境 非严寒和非寒冷地区与无侵蚀性的水或土壤直接接触的环境 严寒和寒冷地区的冰冻线以下与无侵蚀性的水或土壤直接接触的环境
二 b	干湿交替环境 水位频繁变动环境 严寒和寒冷地区的露天环境 严寒和寒冷地区冰冻线以上与无侵蚀性的水或土壤直接接触的环境
三 a	严寒和寒冷地区冬季水位变动区环境 受除冰盐影响环境 海风环境
三 b	盐渍土环境 受除冰盐作用环境 海岸环境

（2）钢筋的锚固长度　钢筋的锚固长度是指受力钢筋依靠其表面与混凝土的粘结作用或端部构造的挤压作用而达到设计承受应力所需的长度。

受拉钢筋的基本锚固长度用 l_{ab}（抗震 l_{abE}）表示，锚固长度用 l_a（抗震 l_{aE}）表示。根据现行《混凝土结构设计规范》（GB 50010—2010）的规定，当计算中充分利用纵向受拉钢筋强度时，其受拉钢筋的基本锚固长度及锚固长度应符合表8-3～表8-5的要求。

表 8-3 受拉钢筋基本锚固长度 l_{ab}、l_{abE}

钢筋种类	抗震等级	混凝土强度等级								
		C20	C25	C30	C35	C40	C45	C50	C55	≥C60
HPB300	一、二级（l_{abE}）	45d	39d	35d	32d	29d	28d	26d	25d	24d
	三级（l_{abE}）	41d	36d	32d	29d	26d	25d	24d	23d	22d
	四级（l_{abE}） 非抗震（l_{ab}）	39d	34d	30d	28d	25d	24d	23d	22d	21d
HRB335 HRBF335	一、二级（l_{abE}）	44d	38d	33d	31d	29d	26d	25d	24d	24d
	三级（l_{abE}）	40d	35d	31d	28d	26d	24d	23d	22d	22d
	四级（l_{abE}） 非抗震（l_{ab}）	38d	33d	29d	27d	25d	23d	22d	21d	21d
HRB400 HRBF400 RRB400	一、二级（l_{abE}）	—	46d	40d	37d	33d	32d	31d	30d	29d
	三级（l_{abE}）	—	42d	37d	34d	30d	29d	28d	27d	26d
	四级（l_{abE}） 非抗震（l_{ab}）	—	40d	35d	32d	29d	28d	27d	26d	25d
HRB500 HRBF500	一、二级（l_{abE}）	—	55d	49d	45d	41d	39d	37d	36d	35d
	三级（l_{abE}）	—	50d	45d	41d	38d	36d	34d	33d	32d
	四级（l_{abE}） 非抗震（l_{ab}）	—	48d	43d	39d	36d	34d	32d	31d	30d

表 8-4 受拉钢筋锚固长度 l_a、抗震锚固长度 l_{aE}

非抗震	抗震	注意事项
$l_a=\zeta_a l_{ab}$	$l_{aE}=\zeta_{aE} l_a$	1. l_a 不应小于200 2. 锚固长度修正系数 ζ_a 按表8-5取用，当多于一项时，可按连乘计算，但不应小于0.6 3. ζ_{aE} 为抗震锚固长度修正系数，对一、二级抗震等级取1.15，对三级抗震等级取1.05，对四级抗震等级取1.00

表 8-5 受拉钢筋锚固长度修正系数 ζ_a

锚固条件		ζ_a	备注
带肋钢筋的公称直径大于25mm		1.10	—
环氧树脂涂层带肋钢筋		1.25	
施工过程中易受扰动的钢筋		1.10	
锚固区保护层厚度	3d	0.80	数值位于中间时按内插值；d 为锚固钢筋直径
	5d	0.70	

钢筋的断点位置及锚固长度应符合设计要求。当设计图要求不明确时，可参考下列节点构造的要求计算钢筋用量：

1）支撑在砌体墙上的梁下部纵向受力钢筋，其伸入墙支座范围内的锚固长度如图8-1所示，带肋钢筋为12d，光圆钢筋为15d。在锚固长度范围内应配置不少于2个箍筋。

2）悬臂梁上部至少两根钢筋应伸至悬臂梁外端，并向下弯折不小于 $12d$，如图 8-2 所示。

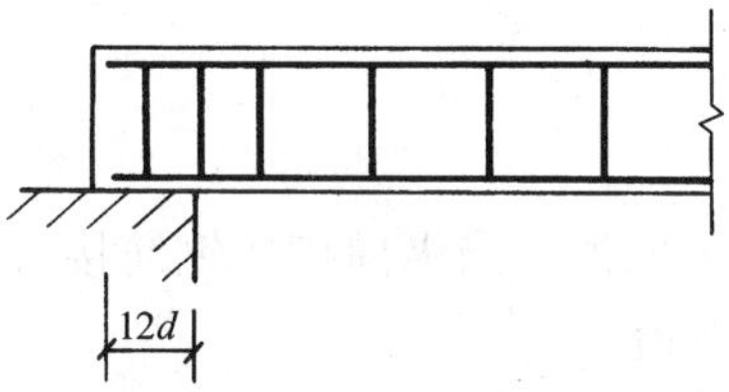

图 8-1　纵向受力钢筋伸入墙支座的锚固

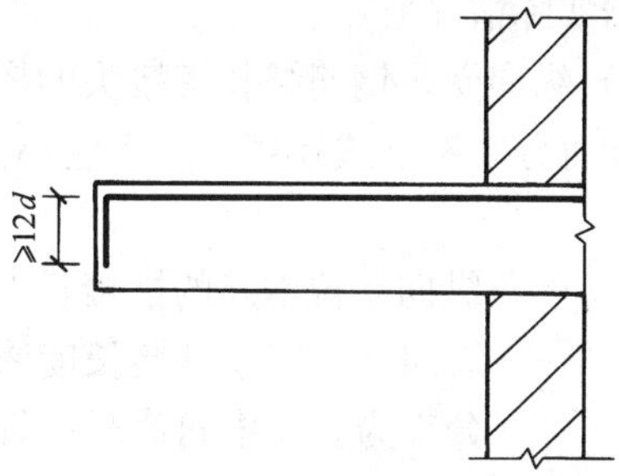

图 8-2　悬臂梁上部角筋外端部的锚固

3）框架梁上部纵向钢筋伸入中间层端节点的锚固长度。

当采用直线锚固形式时，不应小于 l_a 或 l_{aE}，且伸过柱中心线不小于 $5d$，如图 8-3a 所示。

当柱截面尺寸不足时，梁上部纵向钢筋应伸至柱外侧纵筋内侧弯折，其包含弯弧段在内的水平投影长度不应小于 $0.4l_{ab}$ 或 $0.4l_{abE}$，包括弯弧段在内的竖直投影长度应取为 $15d$，如图 8-3b所示。

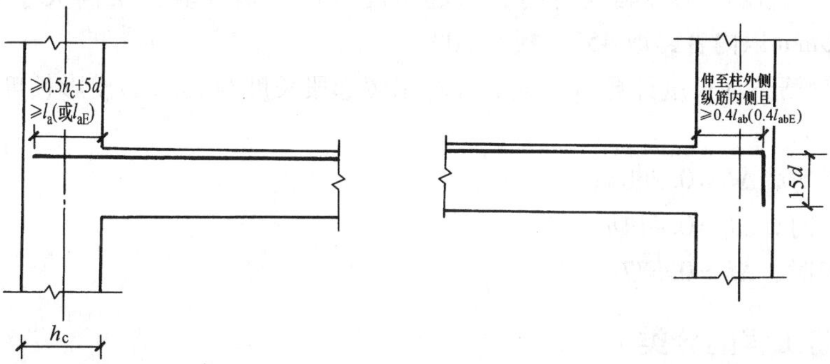

a)直线锚固形式　　b)弯折锚固形式

图 8-3　梁上部纵向钢筋在框架中间层角筋端部节点内的锚固

4）框架梁或连续梁下部纵向钢筋在节点或支座处的锚固。

当计算中不利用该钢筋的强度时，其伸入节点或支座的锚固长度为 $12d$（光圆钢筋为 $15d$）。

当计算充分利用钢筋的抗拉强度或抗压强度时，在中间层端支座的锚固长度与图 8-3 上部纵筋相同；在中间支座的锚固长度为 $\geqslant l_a$ 或 l_{aE} 且 $\geqslant 0.5h_c+5d$。

（3）钢筋的搭接接头　《混凝土结构设计规范》（GB 50010—2010）对钢筋搭接接头规定如下：

1）钢筋的接头宜设置在受力较小处。在同一根受力钢筋上宜少设接头。

2）同一连接区段内，纵向受拉钢筋搭接接头面积百分率应符合设计要求；当设计无具体要求时，应符合下列规定：

① 对梁类、板类及墙类构件，不宜大于 25%。

② 对柱类构件，不宜大于50%。

当工程中确有必要增大接头面积百分率时，对梁类构件，不应大于50%；对其他构件，可根据实际情况放宽。

3）纵向受拉钢筋绑扎搭接头的搭接长度，应该根据位于同一连接区段内的钢筋搭接接头面积百分率按下式计算，且不应小于300mm。

$$l_l = \zeta_l l_a$$

式中 l_l——纵向受拉钢筋的搭接长度；

ζ_l——纵向受拉钢筋搭接长度修正系数，按表8-6取值。当纵向搭接钢筋接头面积百分率为表的中间值时，修正系数可按内插取值。

表8-6 纵向受拉钢筋搭接长度修正系数

纵向搭接钢筋接头面积百分率（%）	≤25	50	100
ζ_l	1.2	1.4	1.6

注：1. 同一连接区段内纵向受力钢筋搭接接头面积百分率为该区段内有搭接接头的纵向受力钢筋与全部纵向受力钢筋截面面积的比值。

2. 两根直径不同的钢筋搭接时，按直径较小的钢筋计算。

（4）弯起钢筋增加长度　规定如下：

1）弯起钢筋主要在梁和板中，其弯起角度（α）由设计确定。常用的弯起角度有30°、45°、60°三种。当设计无明确规定时，弯起角度按以下值计算：梁高大于800mm时，取60°；梁高800mm以内者，取45°；板取30°。

2）弯起钢筋图示长度计算时，只需计算出弯起段长度与其水平投影长度的差额（即弯起增加量）ΔL：

当 $\alpha = 30°$ 时，$\Delta L = 0.268h$；

当 $\alpha = 45°$ 时，$\Delta L = 0.414h$；

当 $\alpha = 60°$ 时，$\Delta L = 0.577h$。

三、钢筋工程的分类

在预算定额中钢筋工程一般划分为：现浇混凝土钢筋（及砌体加固钢筋）、预制构件钢筋、钢筋网片、钢筋笼、先张法/后张法预应力钢筋、预应力钢丝、预应力钢绞线及钢丝束、钢筋接头九大类。

1）现浇混凝土钢筋（及砌体加固钢筋）包括冷拔钢丝、冷轧带肋钢筋、Ⅰ级钢筋、Ⅱ级钢筋、Ⅲ级钢筋、箍筋封闭焊接、砌体加固钢筋等。

2）预制构件钢筋包括冷拔钢丝、Ⅰ级钢筋、Ⅱ级钢筋、Ⅲ级钢筋。

四、钢筋工程量的计算

1. 钢筋工程量计算的一般要求

（1）一般钢筋工程量　按设计图示钢筋（网）长度（面积）乘以单位理论质量计算；根据设计要求和钢筋定尺长度必须计算的搭接用量应合并计算在内。设计未明确要求钢筋采用机械接头（含其他接头）或对焊时，钢筋的搭接可按以下规定计算：

1）柱子主筋和剪力墙竖向钢筋按建筑物层数计算搭接。

2）梁、板非盘元钢筋按每8m计算一次搭接。

（2）预应力钢筋（钢丝束、钢绞线）工程量　按设计图示钢筋（钢丝束、钢绞线）长度乘以单位理论质量计算。

1）低合金钢筋两端均采用螺杆锚具时，钢筋长度按孔道长度减去0.35m计算，螺杆另行计算。

2）低合金钢筋一端采用镦头插片、另一端采用螺杆锚具时，钢筋长度按孔道尺寸长度计算，螺杆另行计算。

3）低合金钢筋一端采用镦头插片、另一端采用帮条锚具时，钢筋长度按孔道长度增加0.15m计算；两端均采用帮条锚具时，钢筋长度按孔道长度增加0.3m计算。

4）低合金钢筋采用后张混凝土自锚时，钢筋长度按孔道长度增加0.35m计算。

5）低合金钢筋（钢绞线）采用JM、XM、QM型锚具、孔道长度在20m以内时，钢筋（钢绞线）长度按孔道长度增加1m计算；孔道长度在20m以上时，钢筋（钢绞线）长度按孔道长度增加1.8m计算。

6）碳素钢丝采用锥形锚具、孔道长度在20m以内时，钢丝束长度按孔道长度增加1m计算；孔道长度在20m以上时，钢丝束长度按孔道长度增加1.8m计算。

7）碳素钢丝采用镦头锚具时，钢丝束长度按孔道长度增加0.35m计算。

2. 钢筋图示长度的计算

（1）单根直钢筋长度　计算公式为：

钢筋长度＝构件长度－2×端部保护层厚度＋2×端部弯钩增加长度

1）端部混凝土保护层厚度，按设计规定。当设计无规定时，可参考表8-1。

2）端部弯钩增加长度，根据设计规定的弯钩形式，按表8-7中数值取定。

3）当端部设计带有弯折时，按设计要求长度，还需按公式另外增加弯折长度。

表8-7　钢筋弯钩增加长度　（单位：mm）

弯钩 \ 钢筋直径/mm	受力钢筋端部弯钩		箍筋端部弯钩		
	180°弯钩 $L=3d,D=2.5d$ $\Delta L1=6.25d$	135°弯钩 $L=5d,D=4d$ $\Delta L2=7.89d$	90°弯钩 $L=5d,D=5d$ $\Delta L5=6.21d$	135°弯钩 $L=10d,D=4d$ $\Delta L6=12.89d$	180°弯钩 $L=5d,D=2.5d$ $\Delta L7=8.25d$
6	50	50	50	77	50
6.5	50	51	50	84	54
8	50	63	50	103	66
10	63	79	62	129	83
12	75	95	75	155	99
14	88	110	87	180	116
16	100	126	99	206	132
18	113	142	—	—	—
20	125	158	—	—	—
22	138	174	—	—	—
25	156	197	—	—	—
28	175	221	—	—	—
32	200	252	—	—	—

注：1. 直钢筋端部180°弯钩增加量6.25d。

2. 直钢筋端部90°弯钩增加量3.5d。

3. 箍筋端部弯钩180°弯钩是S形单支箍用。

4）当钢筋中部设计有搭接接头时，还应按公式另外增加搭接长度。

5）当直钢筋不是沿构件通长布置时，其钢筋长度应按图示长度另增加弯钩、弯折、搭接等长度计算。

（2）单根弯起钢筋长度 计算公式为：

钢筋长度 = 构件长度 − 2 × 端部保护层厚度 + 2 × 弯起增加长度

1）弯起钢筋增加长度的计算如前述。

2）当端部设计带有弯折、弯钩时，还应另外增加其增加长度。

（3）箍筋长度 计算公式为：

1）方形或矩形箍筋。

每箍长度 = 构件断面周长 − 8 × 混凝土保护层厚度 + 2 × 弯钩增加长度

① 当混凝土保护层厚度为主筋混凝土保护层厚度时，箍筋保护层厚度为主筋保护层厚度减箍筋直径。但当其小于15mm时，按15mm计取。

② 弯钩增加长度，根据设计规定的弯钩形式，按表8-7中数值取定。但设计要求平直长度、弯弧内径不同时，应另行计算。

③ 当设计为封闭焊接箍筋时，公式中“2 × 弯钩增加长度”应改为设计搭接焊的“搭接长度”。

2）S形单肢箍筋。

每箍长度 = 构件厚度 − 2 × 混凝土保护层厚度 + 2 × 弯钩增加长度 + d

① 构件厚度为S形单肢箍布箍方向的厚度，d 为箍筋直径。多用于混凝土墙和大断面梁、柱双向尺寸的较小方向。

② 混凝土保护层厚度，按设计规定；设计无规定时，可参考表8-1。

表8-8 钢筋每米理论质量表

规格		理论质量 /(kg/m)	规格		理论质量 /(kg/m)	规格		理论质量 /(kg/m)
直径 /mm	截面面积 /cm²		直径 /mm	截面面积 /cm²		直径 /mm	截面面积 /cm²	
3	0.0707	0.056	11	0.9503	0.746	25	4.909	3.85
4	0.1257	0.099	11.5	1.039	0.815	26	5.309	4.17
4.5	0.1590	0.125	12	1.131	0.888	28	6.158	4.83
5	0.1963	0.154	13	1.327	1.040	30	7.069	5.55
5.5	0.2375	0.186	14	1.539	1.21	32	8.042	6.31
6	0.2827	0.222	15	1.767	1.39	34	9.079	7.13
6.5	0.3318	0.260	16	2.011	1.58	36	10.18	7.99
7	0.3848	0.302	17	2.270	1.78	38	11.34	8.90
7.5	0.4418	0.347	18	2.545	2.00	40	12.57	9.86
8	0.5207	0.395	19	2.853	2.23	42	13.85	10.90
8.5	0.5675	0.445	20	3.142	2.47	45	15.90	12.50
9	0.6362	0.499	21	3.646	2.72	48	18.10	14.20
9.5	0.7080	0.556	22	3.801	2.98	50	19.64	15.40
10	0.7854	0.617	23	4.155	3.26	53	22.06	17.30
10.5	0.8659	0.680	24	4.524	3.55	60	28.27	22.20

③ 弯钩增加长度，可按表8-7中数值取定。

当钢筋的单根长度计算后，即可根据下式计算出钢筋质量（每米理论质量见表8-8）：

钢筋质量=单根长度×根数（箍数）×每米理论质量

3. 钢筋图示根数及布置范围的确定

钢筋根数及布置范围，应按设计施工图规定确定。当图中无明确规定时，可参考以下条款确定：

1）混凝土带形基础底板在T形及十字形交接处，底板横向受力钢筋仅沿一个主要受力方向通长布置，另一个方向的横向受力钢筋可布置到主要受力方向底板宽度1/4处，如图8-4a、b所示。在拐角处底板受力钢筋应沿两个方向布置，如图8-4c所示。

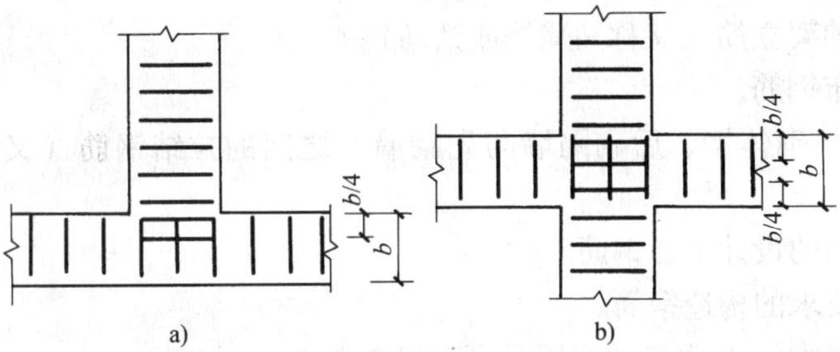

图8-4　钢筋混凝土带形基础受力钢筋平面布置

2）剪力墙水平分布钢筋应伸至墙端，并向内水平弯折10d后截断（d为水平分布钢筋直径），如图8-5a所示。当端部有翼墙或转角墙时，内墙面两侧的水平分布钢筋和外墙内侧的水平分布钢筋应伸至翼墙或转角墙外边，并分别向两侧水平弯折15d后截断，如图8-5b、c所示。在转角墙处，外墙外侧的水平分布钢筋应在墙端外角处弯入翼墙，并与翼墙外侧水平分布钢筋搭接1.2l_a，如图8-5d所示。

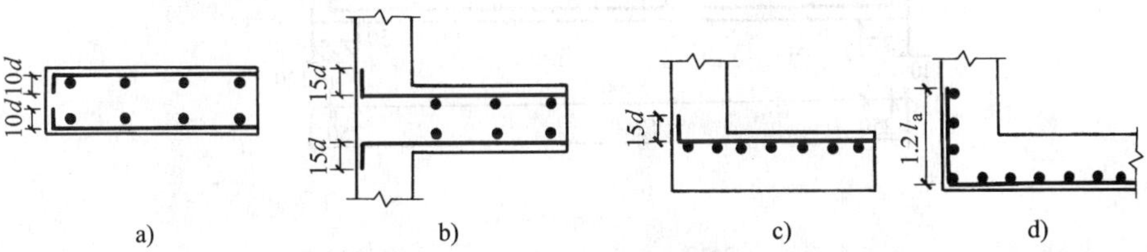

图8-5　钢筋混凝土墙平面分布筋构造

注：b)、c)、d)图中钢筋未全画出，以便图示清楚。

3）柱箍筋通高布置。梁箍筋自距梁边50mm处开始布置，如图8-6a所示，次梁自距主梁边50mm处开始布置，如图8-6b所示。

4）有梁板中平行于梁的板筋，自距梁边50mm开始布置。如图8-7所示。

5）梁上部构造负筋的分布钢筋，自距梁边50mm开始布置，如图8-8所示。

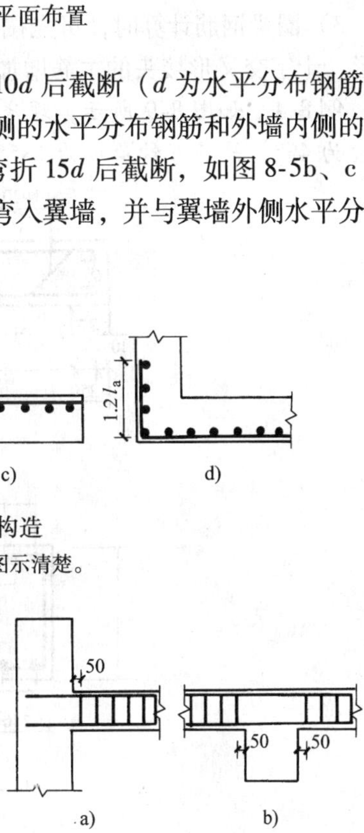

图8-6　梁与柱、次梁与主梁交接箍筋始布点

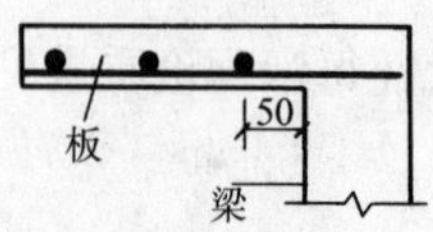

图 8-7 梁与板交接板筋始布点

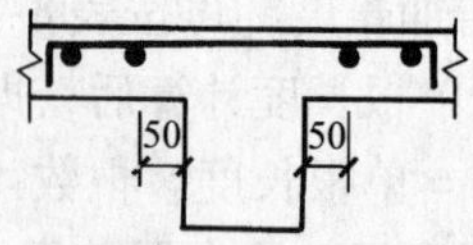

图 8-8 梁上负筋的分布筋始布点

4. 钢筋工程量计算时应注意的问题

1）钢筋工程量计算应根据设计施工图进行。有些构造钢筋在设计施工图中省略（未画出），或只作文字说明，或指出按某标准图集施工，有时连文字说明也未注写，而这些钢筋是在施工时必不可少的，在编制造价时应注意。主要有：

① 底板双层配置钢筋时的架立筋（又称马凳筋或铁马）。

② 板周边上层负筋的分布钢筋。

③ 柱与砌体墙、构造柱与砌体墙、后砌隔墙与先砌墙等之间的拉结钢筋（又称锚拉筋）。

④ 预制板缝内及板头缝内的设计增加钢筋。

⑤ 其他设计或标准图集要求的构造钢筋。

2）采用标准图集的预制构件，其钢筋图示用量可直接查得。

3）圈梁钢筋计算时，可先按其长度乘以根数计算出主筋量，再分别计算出一个L形、T形、十字交叉形接头的主筋增加长度乘以各自的接头数。

例 8-1 如图 8-9 所示，现浇钢筋混凝土梁 10 根，试计算钢筋工程量。设②号筋弯起角度为 45°，箍筋弯钩角度为 135°/135°。主筋保护层为 25mm。

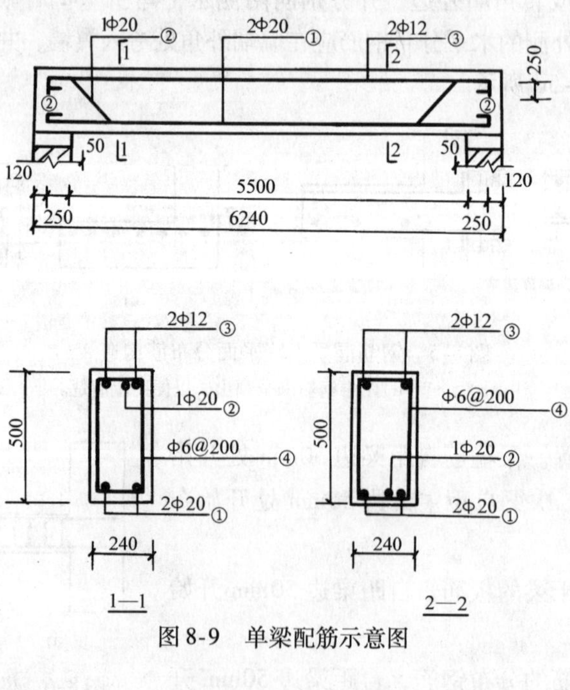

图 8-9 单梁配筋示意图

解：

（1）计算1根梁钢筋图示用量。

1) ①号钢筋（2ф20）：

单根长度＝(6.24－2×0.025＋2×6.25×0.02)m＝6.44m

总长度＝6.44m×2＝12.88m

理论质量＝12.88m×2.466kg/m＝31.76kg

2) ②号钢筋（1ф20）：

单根长度＝[6.24－2×0.025＋2×0.25＋2×0.414×(0.5－0.025－0.025)]m＝7.06m

理论质量＝7.06m×2.466kg/m＝17.41kg

3) ③号钢筋（2ф12）：

单根长度＝(6.24－2×0.025＋2×6.25×0.012)m＝6.34m

总长度＝6.34m×2＝12.68m

理论质量＝12.68m×0.888kg/m＝11.26kg

4) ④号钢筋（ф6）：

箍筋根数＝[(6.24－2×0.025)/0.2]＋1＝32

单根长度＝[(0.5＋0.24)×2－8×(0.025－0.006)＋2×12.89×0.006]m＝1.483m

总长度＝32×1.483m＝47.46m

理论质量＝47.46m×0.222kg/m＝10.54kg

(2) 10根梁钢筋工程量。

1) ф20（①、②号钢筋）：

工程量＝(31.76kg＋17.41kg)×10＝491.70kg＝0.492t

2) ф12（③号钢筋）：

工程量＝11.26kg×10＝112.60kg＝0.113t

3) ф6（④号钢筋）：

工程量＝10.54kg×10＝105.40kg＝0.105t

五、钢筋接头

钢筋电渣压力焊接接头、锥螺纹接头、电弧焊接接头等均按设计要求需要配制的数量计算。计算方法如下：

1) 设计要求柱子主筋、剪力墙竖向钢筋采用机械接头的，可按建筑物层数计算接头数量。

2) 设计要求梁、板水平钢筋采用机械接头的，非盘元钢筋按每8m计算1个接头。

3) 凡计算钢筋接头的，均不再计算钢筋搭接长度。

4) 焊接封闭箍筋按设计要求需要配制的数量计算。

5) 冷挤压套筒连接、墩粗螺纹普通型、变径型机械连接接头均执行锥螺纹接头子目。

第三节 现浇混凝土工程

现浇混凝土工程包括基础、柱、梁、墙、板、楼梯、后浇带及其他构件。

一般情况下，现浇混凝土工程量除另有规定外，均按设计图示尺寸以“m^3”计算。不扣除构件内钢筋、预埋铁件及墙、板中0.3m² 以内孔洞所占体积；面积超过0.3m² 的孔洞，其混凝土体积应予扣除，但留孔所需工料不另增加。

在采用定额计价时，需注意以下几个方面的问题：

（1）现浇混凝土项目定额中不包括模板费用，模板应另列项目计算。

（2）除外购商品构件外，现浇混凝土构件内的钢筋、螺栓、铁件均应单独列项计算。

（3）现浇混凝土定额子目中采用的是常用强度等级、石子种类和粒径，如与设计不符时，可以调整；如采用现场搅拌混凝土，需按定额中相应子目计算搅拌加工费；如采用商品混凝土，可直接换算混凝土单价。当商品混凝土单价中不包括运输费时，需另列项目计算商品混凝土场外运输费。

（4）使用非商品混凝土需泵送时，除混凝土配合比和单价可按定额附录中泵送混凝土配合比调整外，另计算泵送增加费。商品混凝土出厂价格如包括泵送费用，不得再重复计算泵送费。

下面分别讲述现浇混凝土基础、柱、梁、板、墙等的工程量计算。

一、现浇混凝土基础

现浇混凝土基础一般都放置钢筋，其具有承载力大，整体性好，坚固、耐久、不怕水等优点。结构复杂、地下水位高及高层建筑等工程中，经常采用这种基础。

常见的现浇混凝土基础有：独立基础、杯形基础、带形基础、满堂基础、箱形基础、桩承台、设备基础等。

现浇混凝土基础垫层与基础工程量，均按设计图示尺寸以体积计算，不扣除构件内钢筋、铁件、螺栓等所占体积。

1. 带形基础

带形基础又称条形基础，其外形呈长条状，断面形式一般有梯形、阶梯形和矩形等，常用于房屋上部荷载较大、地基承载能力较差的混合结构房屋墙下基础，如图8-10所示。

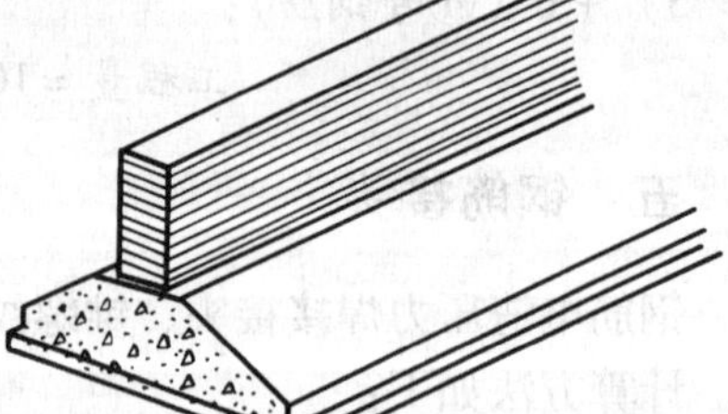

图8-10 带形基础

（1）有梁式、无梁式带形基础的区分 混凝土带形基础一般分为有梁式带形基础和无梁式带形基础。有梁式带形基础与无梁式带形基础，主要是根据带形基础的几何形状来区别的。

区分两者的判断方法是：

1）凡带形基础上部有梁的几何特征，无论是否配有钢筋、也无论配筋形式如何，均属于有梁式带形混凝土基础，如图8-11所示。

2）凡带形基础上部没有梁的几何特征，均属于无梁式带形混凝土基础，如图8-12所示。

（2）工程量计算 具体如下。

1）计算公式为：

$$V = FL + V_{T}$$

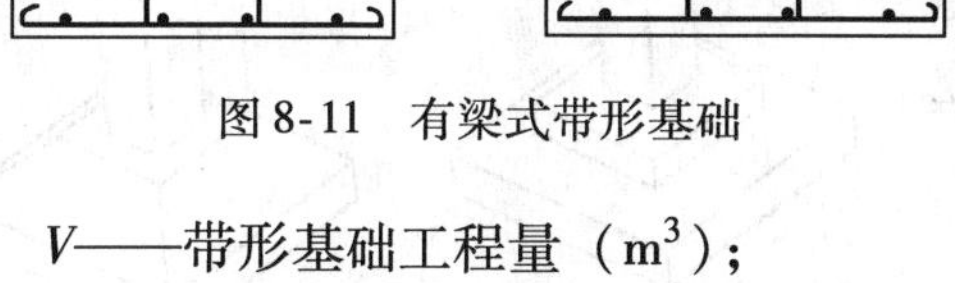

图 8-11　有梁式带形基础

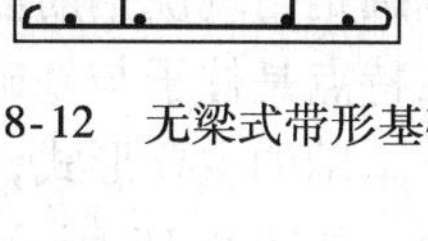

图 8-12　无梁式带形基础

式中　V——带形基础工程量（m^3）；

F——带形基础断面面积（m^2）；

L——带形基础长度（m）；

V_T——T 形接头的搭接部分体积（m^3）。

2）基础长度确定。

① 外墙基础长度：按外墙带形基础中心线长度。

② 内墙基础长度：按内墙带形基础净长线长度（见图 8-13）。

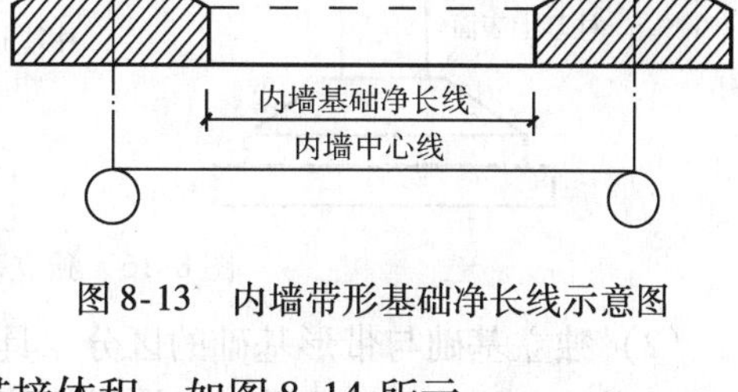

图 8-13　内墙带形基础净长线示意图

3）T 形接头搭接部分体积。

T 形搭接部分是指带形基础的丁字相连处和十字相连处，既没有计入外墙带形基础工程量内又没有计入内墙带形基础工程量内的那一部分搭接体积，如图 8-14 所示。

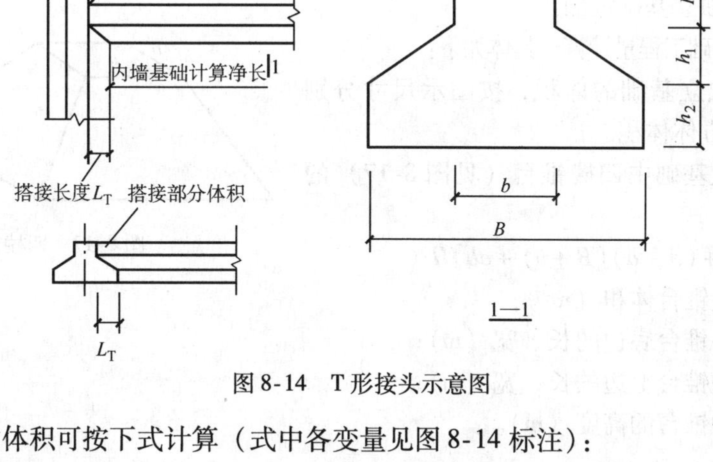

图 8-14　T 形接头示意图

T 形接头的体积可按下式计算（式中各变量见图 8-14 标注）：

$$V_T = V_1 + V_2 + V_3$$

$$V_1 = bHL_T$$

$$V_2 = bh_1 L_T/2$$

$$V_3 = \frac{2}{3} \times [h_1 (B-b)/4] L_T$$

或

$$V_T = bHL_T + (2b+B) h_1 L_T/6$$

（3）注意事项　有梁式带形基础的梁高与梁宽之比在 4∶1 以内的按有梁式带形基础计算；

超过4∶1时，上部的梁套用现浇混凝土墙定额子目，下部的梁套用无梁式带形基础子目。

2. 独立基础

独立基础是指现浇钢筋混凝土柱下的单独基础。其施工特点是柱子与基础整浇为一体。独立基础是柱子基础的主要形式，按其形式可分为阶梯形和坡形，如图8-15所示。

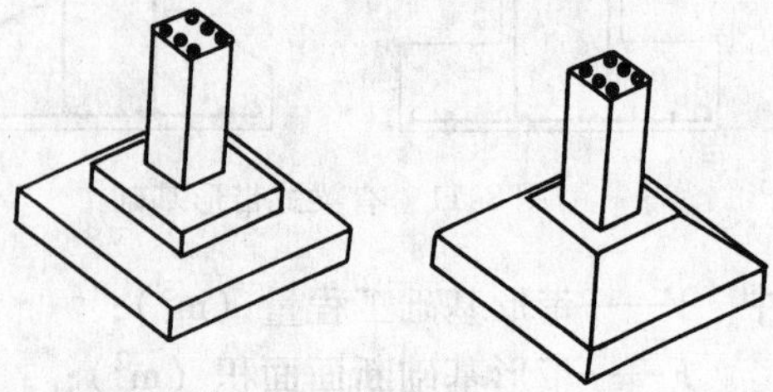

图8-15 独立基础

（1）独立基础与柱子的划分　独立基础与柱子的划分，以柱基上表面为分界线，以下为独立基础。图8-16是三种独立基础与柱子的划分示意图。

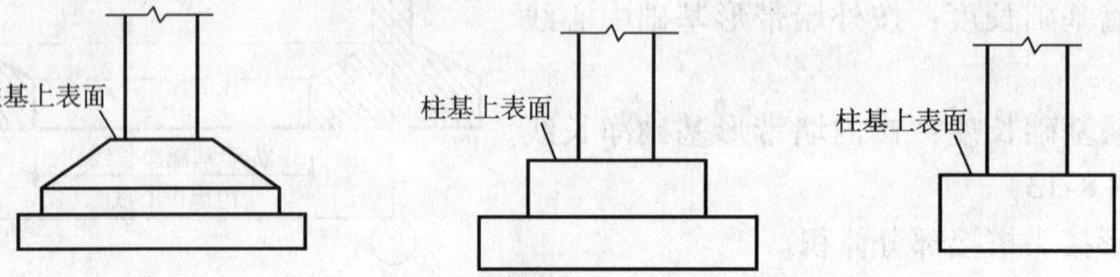

图8-16 独立基础与柱子划分示意图

（2）独立基础与带形基础的区分　具体如下：

1）当一个基础上只承受一根柱子的荷载时，按独立基础计算。

2）相邻两个独立柱独立基础之间用小于柱基宽度的带形基础连接时，柱基按独立基础计算，两个独立柱基之间的带形基础仍执行带形基础定额子目；若此带形基础与柱基础等宽，则全部执行独立基础定额。

（3）独立基础工程量计算　具体如下：

1）阶梯形独立基础的体积，按图示尺寸分别计算出每阶的立方体体积。

2）坡形独立基础中四棱锥台（见图8-17）的体积计算公式为：

图8-17 四棱台

$$V=[AB+(A+a)(B+b)+ab]H/6$$

式中　V——四棱锥台体积（m^3）；

A、B——四棱锥台底边的长、宽（m）；

a、b——四棱锥台上边的长、宽（m）；

H——四棱锥台的高度（m）。

3. 杯形基础

杯形基础是指预制钢筋混凝土柱下的现浇单独基础，它是一般预制装配式单层和多层工业厂房常用的基础形式。其施工特点是，现浇单独基础时，将基础的顶部做成杯口，待其达到规定强度后，再将预制钢筋混凝土柱插入杯口内，最后灌注细石混凝土使柱与基础连成整体。杯形基础按其形式可分为阶梯形和锥形，如图8-18a所示，一般以锥形居多，其中锥形又可分为一般锥形和高脖锥形，如图8-18b所示。对于高脖杯形基础，定额中规定当脖高大于1m时，应分别执行杯形基础、柱的相应定额子目。

杯形基础工程量计算分阶梯形和锥形两种。

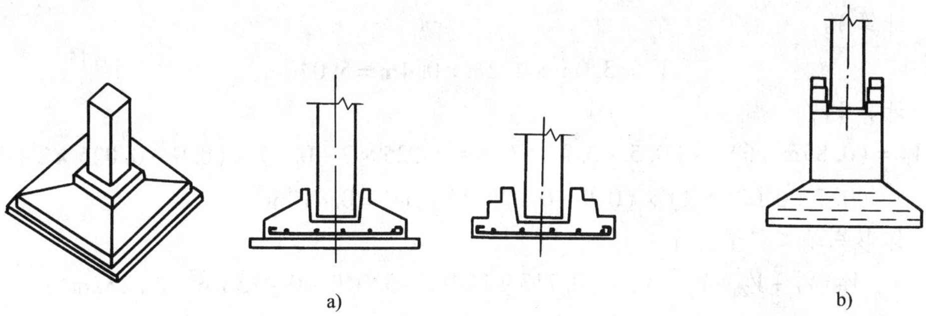

图 8-18　杯形基础示意图

1）阶梯形杯形基础工程量。

工程量 = 外形体积 - 杯芯体积

外形体积可分阶按图示尺寸计算，计算时不考虑杯芯，杯芯体积按四棱锥台计算公式计算。

2）锥形杯形基础工程量。

工程量 = 底座体积 + 四棱台体积 + 脖口体积 - 杯芯体积

四棱台体积的计算同独立基础。四棱台、脖口体积计算时，不考虑杯芯。

例 8-2　某车间杯形基础，共 20 个，如图 8-19 所示，混凝土强度等级 C20（40），试计算定额综合单价合计。

解：(1) 杯形基础工程量。

杯形基础的工程量，由脖口部分（V_1）、四棱台部分（V_2）、基底部分（V_3）、再扣除杯芯部分（V_4）组成。即杯形基础工程量 $V = V_1 + V_2 + V_3 - V_4$。

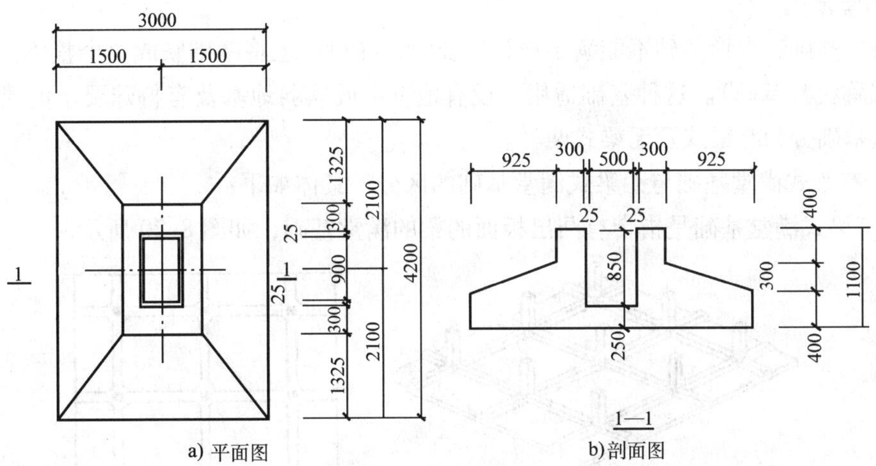

图 8-19　杯形基础

1）计算 V_1：

V_1 = (0.3×2+0.025×2+0.5) m×(0.3×2+0.025×2+0.9) m×0.4m

$=0.713\text{m}^3$

2）计算 V_2：

$V_2 = 0.3\text{m} \times [3.0\times4.2 + (3.0+1.15)\times(4.2+1.55) + 1.15\times1.55]\text{m}^2 \div 6$

$=1.912\text{m}^3$

3）计算 V_3：

$$V_3 = 3.0\text{m} \times 4.2\text{m} \times 0.4\text{m} = 5.040\text{m}^3$$

4）计算 V_4：

$$V_4 = (0.85\text{m} \div 6) \times [0.5 \times 0.9 + (0.5 + 0.025 \times 2 + 0.5) \times (0.9 + 0.025 \times 2 + 0.9) + (0.5 + 0.025 \times 2) \times (0.9 + 0.025 \times 2)]\text{m}^2 = 0.413\text{m}^3$$

5）杯形基础工程量：

$$V = V_1 + V_2 + V_3 - V_4 = (0.713 + 1.912 + 5.040 - 0.413)\text{m}^3 = 7.252\text{m}^3$$

杯形基础的工程量为每个 7.252m^3，20 个杯形基础工程量为 $7.252\text{m}^3 \times 20 = 145.04\text{m}^3$。

(2)定额综合单价合计。

1）根据条件查得原定额子目（综合单价为 2421.89 元/10m^3），该定额子目中混凝土强度等级为 C15（40）。

2）进行定额子目换算：单价换入 C20（40），查得单价是 170.97 元/m^3，定额含量为 $10.15\text{m}^3/10\text{m}^3$；换出 C15（40），查得单价是 160.79 元/m^3。利用换算公式：

$$换后综合单价 = 子目原综合单价 + （换入材料单价 - 换出材料单价）\times \frac{换出材料}{定额含量}$$

得到

$$换后综合单价 = 2421.89\ 元/10\text{m}^3 + (170.97 - 160.79)\ 元/\text{m}^3 \times 10.15\text{m}^3/10\text{m}^3 = 2525.22\ 元/10\text{m}^3$$

（3）定额综合单价合计。

$$定额综合单价合计 = 工程量 \times 综合单价 = 145.04\text{m}^3 \times 2525.22\ 元/10\text{m}^3 = 36625.79\ 元$$

4. 满堂基础

当独立基础、带形基础不能满足设计需要时，在设计上将基础联成一个整体，称为满堂基础（又称筏片基础）。这种基础适用于设有地下室或软弱地基及有特殊要求的建筑，定额中把满堂基础分为有梁式及无梁式两种。

（1）有梁式满堂基础与无梁式满堂基础的区分　具体如下：

1）有梁式满堂基础是指带有凸出板面的梁的满堂基础，如图 8-20 所示。

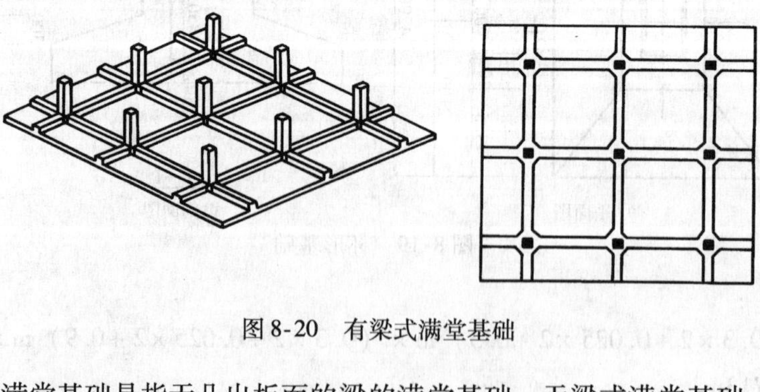

图 8-20　有梁式满堂基础

2）无梁式满堂基础是指无凸出板面的梁的满堂基础。无梁式满堂基础，形似倒置的无梁楼盖。但应注意，带有镶入板内暗梁的满堂基础，不属于有梁式满堂基础，应划入无梁式满堂基础内。

3）满堂基础底面向下加深的梁或承台，可分别按带形基础或独立承台计算。即满堂基础底板仍执行无梁式满堂基础，其向下凸出部分执行带形基础或独立桩承台。

4）满堂基础顶面仅局部设梁的（主轴线设梁不足1/3者）不能视为有梁式满堂基础，应执行无梁式满堂基础子目。梁部分按基础梁计算。

（2）工程量计算　具体如下。

1）有梁式满堂基础：按图示尺寸梁板体积之和，以“m^3”计算。

有梁式满堂基础与柱子的划分：柱高应从柱基的上表面计算。即以梁的上表面为分界线，梁的体积并入有梁式满堂基础，不能从底板的上表面开始计算柱高。

2）无梁式满堂基础：按图示尺寸，以“m^3”计算。边肋体积并入基础工程量内计算。

无梁式满堂基础与柱子的划分：无梁式满堂基础以板的上表面为分界线，柱高从底板的上表面开始计算，柱墩体积并入柱内计算。

5. 箱形基础

箱形基础是指由顶板、底板及纵横墙板（包括镶入钢筋混凝土墙板中的柱）连成整体的基础，如图8-21所示。箱形基础具有较好的整体刚度，多用于天然地基上中高层建筑的基础，有抗震、人防及地下室要求的高层建筑也多采用箱形基础。

箱形基础应分别按满堂基础底板、柱、梁、墙、顶板分别列项，执行相应定额子目。

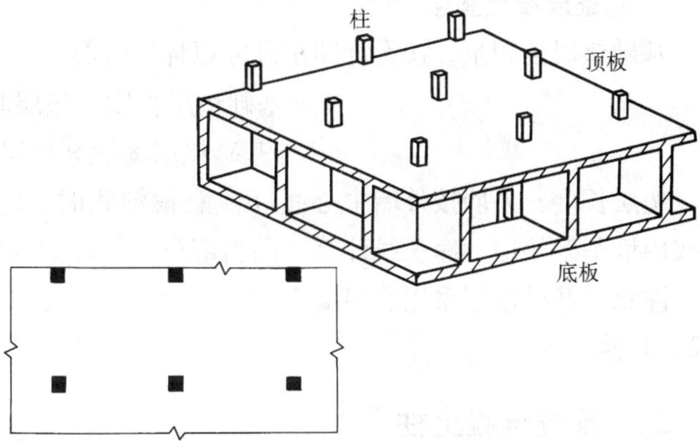

图8-21　箱形基础

（1）底板　底板无论有无内外纵横隔墙及底板内有无暗梁，均按底板面积乘以底板厚度以“m^3”计算，执行满堂基础定额子目。

（2）墙　内外墙在工程量计算时，应扣除门窗洞口及$0.3m^2$以上的孔洞体积，但留孔所需工料不另增加。镶入钢筋混凝土墙中的圈梁、过梁、柱及外墙八字角处加厚部分体积并入墙体工程量内计算，执行钢筋混凝土墙相应定额子目。

（3）柱　箱形基础内的柱，执行钢筋混凝土现浇柱相应定额子目。柱高按从底板上表面至顶板上表面计算。

（4）顶板　顶板应根据板的结构类型，按有梁板、平板或无梁板分别列项计算，即若板由主、次梁承重的，执行有梁板相应定额，主、次梁体积并入板工程量内计算；若板由钢筋混凝土墙承重，执行平板相应定额；若板不带梁，直接由柱头承重的执行无梁板相应定额，柱帽体积并入板工程量内计算。有多种板连接时，以墙的中心线为界，分别列项计算，执行相应定额子目。

（5）楼梯　箱形基础中的地下室楼梯，工程量计算规定和定额套用同现浇楼梯相应规定。

6. 桩承台

桩承台是在已打完的桩顶上，将桩顶部的混凝土剔凿掉，露出钢筋，浇灌混凝土使之与桩顶连成一体的钢筋混凝土基础，如图8-22所示。根据桩承台结构形式分为独立桩承台和带形桩承台两种。满堂桩承台执行满堂基础定额子目。

工程量计算按图示桩承台尺寸，以“m^3”计算。

7. 设备基础

为安装锅炉、机械或设备等所做的基础称为设备基础。一般情况下有毛石混凝土、混凝土两个定额子目。

设备基础工程量计算按图示尺寸，以“m^3”计算，不扣除螺栓套孔洞所占的体积。

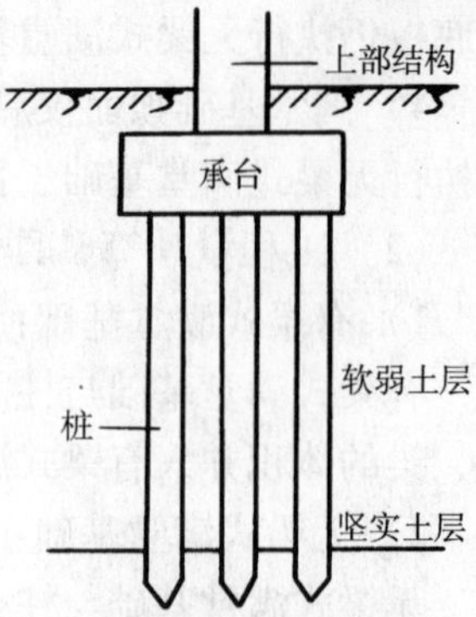

图8-22 桩承台

应注意：框架式设备基础定额未直接编列项目，计算时应分别按基础、柱、梁、板套用钢筋混凝土分部相应定额子目，不执行设备基础定额。楼层上的设备基础，包括块体在内，按有梁板定额项目计算。设备基础除块体以外，其他类型设备基础分别按基础、梁、柱、板、墙等有关规定计算，套用相应定额子目。

8. 基础混凝土垫层

基础垫层工程量，按设计图示尺寸以体积计算。

$$V = \text{基础垫层长度} \times \text{垫层断面积}$$

或

$$V = \text{基础垫层面积} \times \text{垫层厚度}$$

垫层长度：外墙按外墙中心线（注意偏轴线时，应把轴线移至中心线位置）长度；内墙按内墙基础垫层的净长线计算。凸出部分的体积并入工程量内。

注意：基础垫层采用非混凝土时，可执行装饰装修工程中相应定额子目，人工乘以系数1.2，其他不变。

二、现浇混凝土柱

1. 概述

现浇混凝土柱分为矩形柱、异形柱、圆形柱和构造柱四大类。

异形柱是指柱面有凹凸或竖向线脚的柱、截面为工形、十字形、T形或正五边至正七边形柱；七边以上的多边形柱可以视为圆柱；截面为L形或变截面的矩形柱（如底600mm×600mm，顶600mm×400mm）可按平均周长执行相应矩形柱子目。构造柱则是指设计要求先砌筑墙体、后浇筑混凝土的柱，而柱至少有一边以墙体为侧模板。

各肢截面高度与厚度之比的最大值不大于4的剪力墙按柱项目列项。

2. 柱工程量的计算

柱工程量按图示体积，以“m^3”计算。其体积按设计柱断面积乘以柱高计算。依附柱上的牛腿的体积并入柱身体积计算。

$$\text{柱工程量} = \text{设计断面积} \times \text{柱高}$$

（1）柱高的确定　如图8-23所示，具体规定如下：

1）有梁板的柱高，应自柱基（或楼板）上表面算至上层楼板上表面。

2）无梁板的柱高，应自柱基（或楼板）上表面算至柱帽下表面。

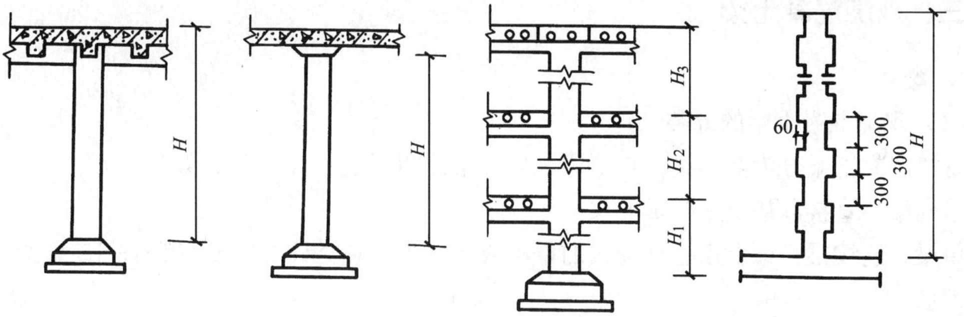

a) 有梁板　　b) 无梁板　　c) 框架柱　　d) 构造柱

图 8-23　柱高的确定

3）框架柱的柱高，有楼隔层者应自柱基上表面或楼板上表面至上一层的楼板上表面；无楼隔层者应自柱基上表面至柱顶高度计算。

4）构造柱的柱高，应自柱基（或地圈梁）上表面算至柱顶面；如需分层计算时，首层构造柱柱高应自柱基（或地圈梁）上表面算至上一层圈梁上表面，其他各层为各楼层上、下两道圈梁上表面之间的距离。若构造柱上、下与主、次梁连接则以上、下主次梁间净高计算柱高。

（2）断面面积的确定　具体如下：

1）矩形柱、圆形柱，均以图示断面尺寸计算断面面积。

2）构造柱按图示尺寸（包括与砖墙咬接部分在内）计算断面面积。

例 8-3　若图 8-23a 中，现浇柱断面尺寸为 400mm×600mm，柱高 5.6m，混凝土为 C20（40），试计算现浇混凝土定额综合单价合计。

解：柱子断面周长为 2m，因此，应执行矩形柱，断面周长 1.8m 以外的子目。查得该定额子目单价为 3132.42 元/10m^3。

现浇柱工程量 = 0.4m × 0.6m × 5.6m = 1.344m^3

现浇柱定额综合单价合计：1.344m^3 × 3132.42 元/10m^3 = 4209.97 元

例 8-4　试计算如图 8-24 所示混凝土构造柱体积。已知柱高为 2.9m，断面尺寸为 240mm × 360mm，与砖墙咬接尺寸为 60mm。

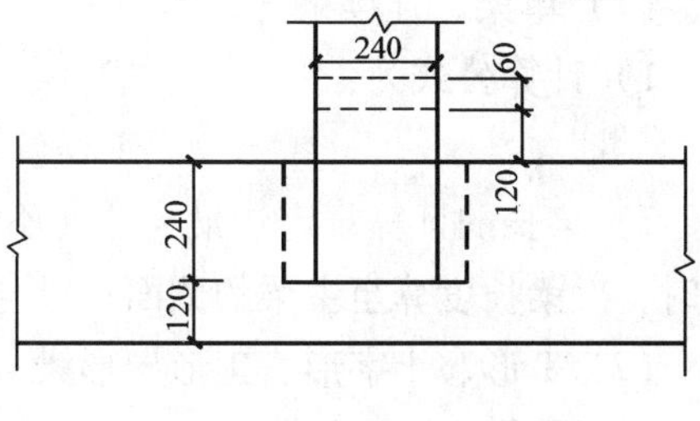

图 8-24　某工程构造柱示意图

解：设混凝土构造柱体积为 V，嵌入一砖墙内的构造柱体积为 V_1，嵌入一砖半墙内的构造柱体积为 V_2，则

$$V = V_1 + V_2$$

$$V_1 = (0.12 + 0.06/2)\ \mathrm{m} \times 0.24\mathrm{m} \times 2.90\mathrm{m} = 0.104\mathrm{m}^3$$

$$V_2 = (0.24 + (2 \times 0.06)/2)\mathrm{m} \times 0.24\mathrm{m} \times 2.90\mathrm{m} = 0.209\mathrm{m}^3$$

$$V = (0.104 + 0.209)\mathrm{m}^3 = 0.313\mathrm{m}^3$$

三、现浇混凝土梁

1. 概述

(1) 现浇混凝土梁的分类

现浇混凝土梁分为基础梁，矩形梁，异形梁，圈（过）梁、叠合梁等。

基础梁：直接以垫层为模板的梁。

单梁、连续梁：梁上没有现浇板的单梁或连续梁。独立柱之间悬空的基础连续梁可按矩形梁列项。

异形梁：梁截面为T形、十字形、工形，梁上没有现浇板的梁。

圈梁：以墙体为底模板浇筑的梁。包括以墙体为底模浇筑的框架梁、连系梁。

过梁：在墙体砌筑过程中，门窗洞口上同步浇筑的梁。

叠合梁：在预制梁上部预留一定高度，甩出钢筋，待楼板安装就位后加绑钢筋，再浇筑混凝土的梁。

(2) 执行定额注意事项

1) 现浇混凝土弧形梁或拱形梁，定额没有设立子目，可执行相关定额子目，在计算模板时按规定调整。

2) 变截面梁，可以视为异形梁。

3) 现浇混凝土单梁、连续梁、异形梁，若与楼板整浇一体时，单梁、连续梁、异形梁等不能单独列项计算，其体积并入现浇板工程量内，执行现浇有梁板定额子目。

4) 地圈梁、L形圈梁仍执行圈梁定额子目。

5) 框架梁、单梁凸出墙面的钢筋混凝土挑口（作装饰用)，凸出宽度在12cm以内者，挑出部分与梁合并，仍执行梁定额子目；宽度在12cm以上者，凸出墙外部分执行挑檐定额子目。

2. 工程量的计算

现浇梁按设计图示尺寸以体积计算。不扣除构件内钢筋、预埋铁件所占体积。伸入墙内的梁头、梁垫并入梁体积内。

(1) 单梁、连续梁　具体如下。

1) 计算公式为：

$$工程量 = 梁长 \times 设计断面面积$$

2) 梁长的计算规定：梁与柱（不包括构造柱）交接时，梁长算至柱侧面；主、次梁交接时，次梁长度算至主梁的侧面；梁与墙交接时，伸入墙内的梁头包括在梁的长度内计算。

(2) T形、十字形、工形异形梁　具体如下。

1) 计算公式为：

$$工程量 = 梁长 \times 设计断面面积$$

2) 梁长的计算规定，同单梁、连续梁。

(3) 变截面梁（异形梁）　如图8-25所示。

1) 计算公式为：

$$工程量 = L_2 b(h_1 + h_2)/2$$

式中　h_1、h_2——分别为变截面部分两头的高度(m)；

L_2——变截面部分的长度(m)；

b——变截面梁的宽度(m)。

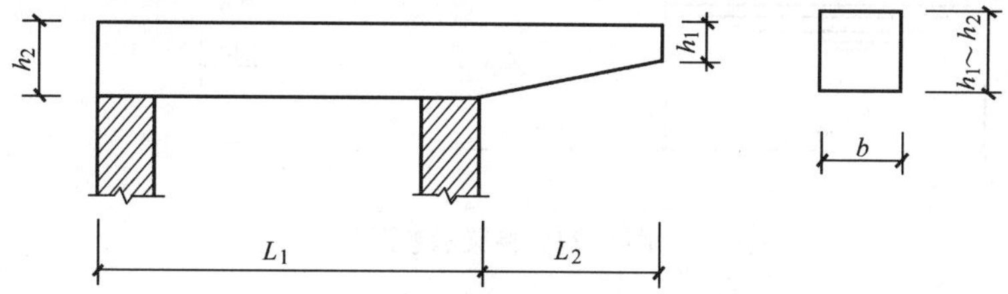

图 8-25　挑梁示意图

2）变截面梁梁长为变截面部分的长度。与变截面部分连接的梁，应根据其结构特征另列项目计算，套用相应的单梁、连续梁、圈（过）梁定额子目。若相连的为 T 形、十字形、工形梁时，则工程量合并计算，执行异形梁定额子目。

（4）圈（过）梁　具体如下。

1）计算公式为：

$$工程量 = 梁长 \times 设计断面面积$$

2）过梁长按图示长度计算。圈梁代过梁者，过梁部分应与圈梁部分分别列项，其过梁长度按门、窗洞口外围宽度两端共加 50cm 计算。

3）阳台、雨篷、挑梁等嵌入墙内的梁，按圈梁列项计算。

4）空门洞、空圈上的梁，应按过梁列项计算，不能按单梁列项计算。

5）圈（过）梁与主、次梁或柱（包括构造柱）交接者，圈（过）梁长度应算至主、次梁或柱的侧面。圈梁与现浇板整浇时，板算至圈梁侧面，圈梁部分仍应单独列项计算。

（5）叠合梁　如图 8-26a 所示，叠合梁工程量按设计图示的第二次浇筑部分的体积，以“m^3”计算。图 8-26b 所示为空心板端头后浇带，不能执行叠合梁定额。

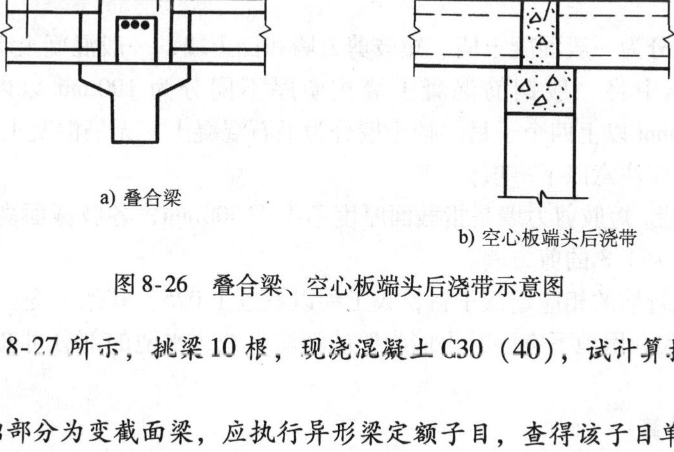

图 8-26　叠合梁、空心板端头后浇带示意图

例 8-5　如图 8-27 所示，挑梁 10 根，现浇混凝土 C30（40），试计算挑梁混凝土定额综合单价合计。

解：挑梁挑出部分为变截面梁，应执行异形梁定额子目，查得该子目单价为 2542.71 元/$10m^3$；压墙部分应执行圈梁定额子目，查得该子目单价为 3027.79 元/$10m^3$；分别列项计算。

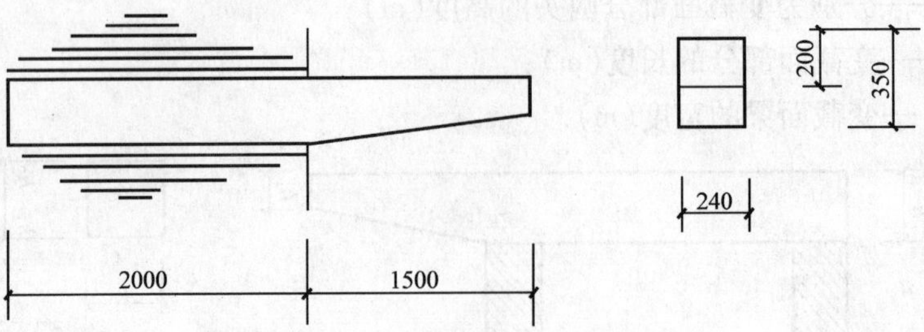

图8-27　挑梁示意图

某地区异形梁、圈梁定额子目中所含混凝土均为C20（40），单价是170.97元/m^3，含量10.15m^3/10m^3，设计挑梁混凝土为C30（40），单价是188.17元/m^3。因此，应对子目单价进行换算。

（1）挑梁挑出部分执行异形梁定额子目。

1）工程量 $=1.50m\times0.24m\times1/2\times(0.2+0.35)m\times10=0.99m^3$

2）换后综合单价 $=2542.71$ 元/10m^3 + (188.17 − 170.97) 元/m^3 × 10.15m^3/10m^3
$=2717.29$ 元/10m^3

3）挑梁挑出部分定额综合单价合计 $=2717.29$ 元/10m^3 × 0.99m^3 = 269.01 元

（2）挑梁压墙部分执行圈梁定额子目。

1）工程量 $=2.0m\times0.240m\times0.35m\times10=1.68m^3$

2）换后综合单价 $=3027.79$ 元/10m^3 + (188.17 − 170.97) 元/m^3 × 10.15m^3/10m^3
$=3202.37$ 元/10m^3

3）压墙部分定额综合单价合计 $=3202.37$ 元/10m^3 × 1.68m^3 = 538.00 元

（3）10根挑梁的定额综合单价合计。

10根挑梁定额综合单价合计 =(269.01 + 538.0)元 = 807.01 元

四、现浇混凝土墙

1. 概述

现浇混凝土墙分为一般混凝土墙、短肢剪力墙和挡土墙，一般混凝土墙包括直形墙、弧形墙。某地区定额中将一般钢筋混凝土墙按墙厚不同分为100mm以内、200mm以内、300mm以内及300mm以上四个子目，挡土墙分为毛石混凝土、无筋混凝土两个子目。

在使用定额时应注意以下事项：

1）短肢剪力墙。短肢剪力墙是指截面厚度不大于300mm，各肢截面高度与厚度之比的最大值大于4但不大于8的剪力墙。

短肢剪力墙执行墙的相应定额子目，人工乘以系数1.025，其他不变。

2）屋顶水池和利用地下室混凝土墙为壁的消防水池，水池的部分可套用构筑物中水池的定额子目。

2. 工程量的计算

各种墙体工程量，均按体积以“m^3”计算。应扣除门窗洞口面积及单个面积0.3m^2以上的孔洞面积所占的体积。墙垛及凸出墙面部分并入墙体体积内计算。墙身与框架柱连接时，墙长算至框架柱的侧面。

例 8-6　如图 8-28 所示，某写字楼全框架结构，现浇楼板。结构尺寸：框架柱为500mm×500mm，主梁（DL）为 400mm×700mm，连续梁（LL1、LL2）为 300mm×600mm，楼板厚 120mm。采用混凝土 C30（20），水泥 4.25 级。底层柱基顶面至楼板上表面 5.4m，层高 4.8m，2～8 层层高均为 3.3m。试计算框架柱和楼板的混凝土定额综合单价合计。

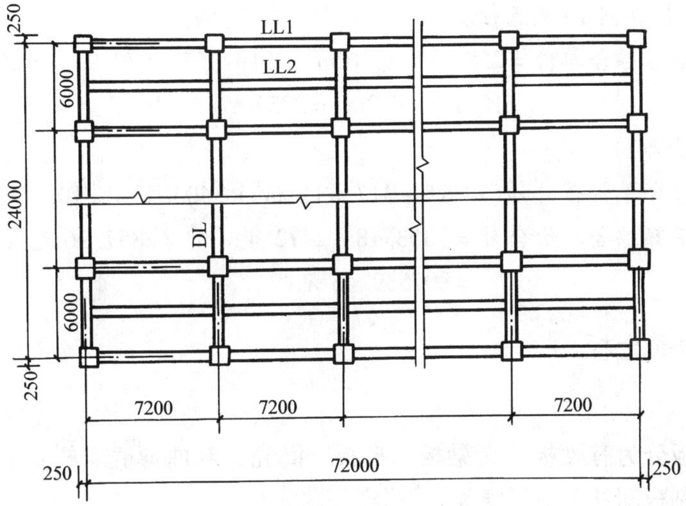

图 8-28　某框架结构示意图

解：(1) 工程量计算。

1）底层现浇柱工程量 $V_{柱1}$：

$$V_{柱1}=5.40\text{m}\times0.50\text{m}\times0.50\text{m}\times11\times5=74.25\text{m}^3$$

2）2～8 层现浇柱工程量 $V_{柱2}$：

$$V_{柱2}=3.3\text{m}\times0.5\text{m}\times0.5\text{m}\times11\times5\times7=317.63\text{m}^3$$

3）底层现浇有梁板工程量 V_{DL}、V_{LL1}、V_{LL2}、$V_{板}$：

$$V_{DL}=0.40\text{m}\times(0.7-0.12)\text{m}\times(24-0.50\times4)\text{m}\times11=56.14\text{m}^3$$

$$V_{LL1}=0.30\text{m}\times(0.60-0.12)\text{m}\times(72-0.50\times10)\text{m}\times5=48.24\text{m}^3$$

$$V_{LL2}=0.30\text{m}\times(0.60-0.12)\text{m}\times(72-0.40\times10)\text{m}\times4=39.17\text{m}^3$$

$$V_{板}=[24.5\times72.5\times0.12-0.50\times0.50\times0.12\times55-(7.2-0.5)\times0.1\times10\times2\times0.12-(6-0.5)\times0.05\times4\times2\times0.12]\text{m}^3=209.63\text{m}^3$$

4）底层有梁板工程量 V_1

$$V_1=V_{DL}+V_{LL1}+V_{LL2}+V_{板}=(56.14+48.24+39.17+209.63)\text{m}^3=353.18\text{m}^3$$

5）2～8 层现浇有梁板工程量 V_2

$$V_2=7V_1=7\times353.18\text{m}^3=2472.26\text{m}^3$$

(2) 某地区定额套用及单价换算。

1）现浇柱。现浇柱周长为 2m，以此查得对应定额子目综合单价为 3132.42 元/10m^3，其中混凝土强度为C20（40），定额含量$10.15m^3/10m^3$，单价为170.97元/m^3，与设计混凝土C30(20)(单价197.67元/m^3)不符，需对子目综合单价进行换算。

$$现浇柱换后综合单价=3132.42元/10m^3+(197.67-170.97)元/m^3\times10.15m^3/10m^3=3403.43元/10m^3$$

2）现浇有梁板。现浇有梁板板厚120mm，以此查得对应定额子目综合单价为2586.95元/$10m^3$，混凝土换算同1)现浇柱。

$$现浇有梁板换后综合单价=2586.95元/10m^3+(197.67-170.97)元/m^3\times10.15m^3/10m^3=2857.96元/10m^3$$

(3) 定额综合单价合计。

$$现浇柱定额综合单价合计=(74.25+317.63)m^3\times3403.43元/10m^3=133373.61元$$

$$现浇有梁板定额综合单价合计=(353.18+2472.4)m^3\times2857.96元/10m^3=807539.46元$$

五、现浇混凝土板

1. 概述

现浇混凝土板分为有梁板、无梁板、平板、筒壳、双曲薄壳、栏板、天沟挑檐板、雨篷、阳台板及预制板间补现浇板缝等。

1）有梁板：是指梁（包括主、次梁）与板整浇构成一体并至少有三边是以承重梁支承的板。

2）无梁板：是指不带梁而直接用柱头支承的板。

3）平板：是指无柱、梁支撑，而直接由墙（包括钢筋混凝土墙）承重的板。

4）筒壳：是指筒状薄壳屋盖。

5）双曲薄壳：是指筒壳以外的曲线形薄壳屋盖。

6）预制板间补现浇板缝：是指设计施工图中，预制空心板之间板缝宽度（指下口宽度）在2cm以上、15cm以内的现浇混凝土板带。

在使用定额时应注意以下几个方面的问题：

1）挑出墙面（外墙皮）长度在1.5m以上的现浇带梁大雨篷，执行有梁板定额子目。压入墙内部分，另列项目计算。

2）挑出墙面（外墙皮）长度1.5m以上的现浇带梁阳台，执行有梁板定额子目。压入墙内部分，另列项目计算。

3）柱支撑的现浇带梁阳台、雨篷，不论挑出长度多少，均执行有梁板定额子目。压入墙内部分，另列项目计算。

4）柱头支撑的无梁大雨篷，应执行无梁板定额子目。压入墙内部分，另列项目计算。

5）大坡现浇屋面有梁的板，执行有梁板定额子目；无梁的板执行平板定额子目。

6）在房屋开间上设置梁，而现浇板二边或三边由墙（包括钢筋混凝土墙）承重者，不能视为有梁板，执行平板定额子目，其工程量应分别按梁、板计算。

7）补现浇板缝宽度在15cm以上时，执行平板定额子目。板缝宽度在2cm以内者，其费用已包含在空心板安装中，不单独列项计算。

8）板与圈梁连接时，板算至圈梁的侧面。

9）板与挑檐天沟连接时，以墙外皮为分界线。

10）有多种板连接时，应以墙的中心线为分界线，分别列项计算。伸入墙内的板头，并入板内计算。

11）有梁板、平板及预制板之间补现浇板缝在具体应用时需根据板厚不同分别处理。

2. 工程量的计算

现浇板，按设计图示尺寸以体积计算。不扣除构件内钢筋、预埋铁件及单个面积0.3m^2以内的柱、垛以及孔洞所占的体积。压形钢板混凝土楼板扣除构件内压形钢板所占体积。各类板伸入墙内的板头并入板体积内计算。

1）有梁板工程量，按梁、板体积之和，以“m^3”计算。

2）无梁板工程量，按板和柱帽体积之和，以“m^3”计算。周边带围梁者，并入无梁板工程量内计算。

3）平板工程量，按板的体积，以“m^3”计算。

4）筒壳、双曲薄壳工程量，按图示尺寸，以“m^3”计算。薄壳板的肋、基梁并入薄壳体积内计算。

5）预制板间补现浇板缝工程量，按设计板缝宽度乘以板厚乘以板长，以“m^3”计算。

6）现浇挑檐、天沟板、雨篷、阳台板（包括遮阳板、空调机板）按设计图示尺寸以墙外部分体积计算，包括伸出墙外的牛腿和反挑檐的体积。伸入墙内的梁执行相应子目。

现浇挑檐、天沟板、雨篷、阳台与板（包括屋面板、楼板）连接时，以外墙外边线为分界线；与圈梁（包括其他梁）连接时，以梁外边线为分界线，外边线以外为挑檐、天沟、雨篷或阳台。

7）栏板按设计图示尺寸以体积计算，包括伸入墙内部分。楼梯栏板的长度，按设计图示长度。

8）现浇空心板工程量，按设计图示尺寸以“m^3”计算，空心部分体积应扣除。

3. 混凝土后浇带

钢筋混凝土主体与裙房之间不设置沉降缝，梁板钢筋连为一体，并同时施工。但在混凝土浇筑时按照设计施工图规定，主体与裙房连接的梁、板混凝土留置一定宽度不浇筑，待主体结构达到设计要求的高度后再浇筑。这部分最后浇筑的混凝土，由于是带状的，所以称为后浇带。设计上，其混凝土强度等级通常比原混凝土提高一级。

后浇带部分单独列项按设计图示尺寸以“m^3”计算。

六、现浇混凝土楼梯

1. 概述

现浇混凝土楼梯分为直形楼梯和弧形楼梯。

在使用定额时应注意，如果工程量计量单位为“m^2”，设计图示计算的混凝土用量与定额子目含量不同时，允许调整。

2. 工程量的计算

现浇混凝土楼梯按设计图示尺寸以水平投影面积计算。不扣除宽度小于500mm的楼梯井的面积，伸入墙内部分不计算。楼梯水平投影面积包括休息平台、平台梁、斜梁、楼梯板、踏步及楼梯与楼板连接的梁。当整体楼梯与现浇楼板无梯梁连接时，以楼梯的最后一个踏步边缘加300mm为界。

若楼梯与楼板相连时，其水平长度算至与楼板相连接的梁的外侧面，如图8-29所示。

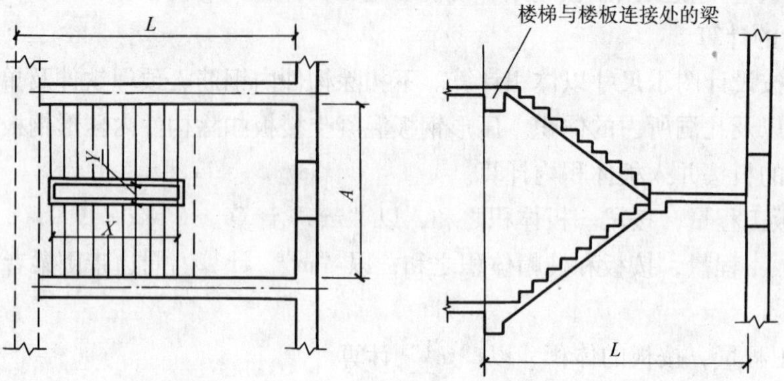

a) 平面图　　b) 剖面图

图8-29　楼梯计算示意图

计算公式为：

$$Y \leqslant 50\text{cm} \quad 投影面积 = AL$$
$$Y > 50\text{cm} \quad 投影面积 = AL - XY$$

式中　X——楼梯井长度；
　　Y——楼梯井宽度；
　　A——楼梯间净宽；
　　L——楼梯间长度。

现浇混凝土楼梯也可根据具体情况，选择按设计图示尺寸以m^3计算工程量。

3. 楼梯混凝土量差调整

当计量单位为“m^2”时，楼梯混凝土的设计图示用量与定额用量不同时，混凝土量允许调整，其他不变。

1）调整计算式为：

混凝土定额用量＝工程量×定额子目含量

混凝土预算用量＝混凝土设计图示用量×（1＋1.5%）

混凝土量差调整量＝预算用量－定额用量

混凝土量差调整值＝混凝土调整量×混凝土定额单价

式中，调整量若为正值，则表示定额用量不够，应予以调增；若为负值，则表示定额用量较多，应予以调减。

2）整体楼梯的混凝土设计图示用量，包括现浇休息平台、平台梁、斜梁、楼梯板、踏步及楼梯与楼板（或空心板）连接的梁等在内的外露及伸入墙内部分的图示混凝土量。

3）弧形楼梯的混凝土设计图示用量，为梯段的图示混凝土量（包括梯段边梁）。

七、其他现浇混凝土工程

1. 现浇混凝土台阶

现浇混凝土台阶工程量，应按其水平投影面积，以“m^2”计算，若台阶与平台连接时，其分界线为最上层踏步外沿加30cm计算，台阶也可按设计图示尺寸以“m^3”计算。

2. 现浇混凝土栏杆

1）现浇混凝土栏杆工程量，按设计图示净长度，以“延长米”计算。

2）楼梯、台阶的栏杆斜段长度，设计施工图无标注长度尺寸时，可按水平投影长度乘以系数1.15计算。

3. 现浇混凝土扶手

1）现浇混凝土扶手工程量，按设计图示中心线长度以“延长米”计算，也可按设计图示尺寸以“m^3”计算。

2）楼梯、台阶的扶手斜段长度，设计施工图无标注长度尺寸时，可按水平投影长度乘以系数1.15计算。

4. 现浇混凝土压顶

现浇混凝土压顶工程量，按设计图示尺寸，以“m^3”计算，也可按设计图示的中心线长度以“延长米”计算。

5. 现浇零星构件

1）现浇零星构件定额子目，适用于每件体积在0.1m^3以内，而定额未列项目的构件。

2）工程量，均按设计图示尺寸，以“m^3”计算。

第四节　预制混凝土工程

预制混凝土构件按其制作地点不同分为现场预制构件和外购构件两种。施工企业所属独立核算的加工厂生产的构件视为外购构件。

（1）预制构件就位运输　构件安装是按机械起吊中心回转半径15m以内的距离计算的，如构件就位距离超过15m时，可执行构件就位运输定额子目。

（2）构件安装和接头灌缝　构件安装和接头灌缝在预制构件定额子目内单列，可以相对独立使用。

1）定额中构件安装是按单机作业制定的，实际采用双机抬吊时，按相应定额子目中的安装人工及机械乘以系数1.20（包括影响涉及的构件）计算。吊装檐高20m以上屋面构件时，单机作业按相应定额中安装人工、机械费乘以系数1.30计算，双机抬吊时安装人、机费乘以系数1.50（使用塔吊者不乘系数）计算。

2）每一工作循环中，均包括机械的必要位移。

3）定额中安装机械是综合取定的，除本分部有特殊注明者外，无论机械种类、台班数量、台班价格均不得换算。

4）构件若需跨外安装时，安装部分的人工、机械乘以系数1.15。

5）定额子目工作内容不包括起重机械、运输机械行驶道路的修整、铺垫工作的人工、材料和机械。

6）构件单体质量超过40t时，可另行计算。

7）预制空心板的堵头费用已包括在相应定额子目内，不另计算。

8）因抗震设计要求，空心板端头留有80mm宽现浇混凝土增加的费用，应按空心板子目中的接头灌缝部分乘以系数1.2计算，不得再执行其他定额子目。

9）基础梁、单梁、板和零星构件安装需要焊接者，每$10m^3$构件按表8-9人、材、机数量增加费用。

表8-9 构件安装焊接增加人、材、机数量表

构件名称	增加人、材、机数量			
	焊工/工日	焊条/kg	垫铁/kg	交流焊机(32kV)/台班
基础梁	0.91	3.81		0.47
单梁	2.78	3.95	19.22	1.44
空心板、平板等	2.38	11.29	13.11	1.16
V形板	2.49	11.29	13.11	1.29
零星构件	2.89	15.31	26.43	1.50

一、现场预制混凝土构件

现场预制混凝土构件包括预制混凝土柱、梁、屋架及其他预制构件，定额子目中包括混凝土的制作费用及构件的安装费用。工作内容包括：混凝土构件现场浇捣、养护；构件加固、吊装、焊接固定，构件翻身就位，清理接头基层，安装、灌缝等。

执行定额应注意以下事项：

1）混凝土的强度等级，与定额不同时，允许换算。

2）混凝土使用的石子种类、粒径，与定额不同时，允许换算。

3）现场预制构件的模板费用应另列在措施项目中。

4）现场预制构件内的钢筋、螺栓、铁件均应按本分部中的项目单列。

5）现场预制构件内的混凝土如采用现场搅拌，应按相应定额子目计算现场搅拌加工费用；如使用商品混凝土，可将定额子目中的混凝土进行换算，另列项目计算商品混凝土的运输费。

二、外购构件

外购构件包括外购成品平板、架空隔热板、空心板、槽形板、肋形板、挑檐板、大型屋面板、墙板、V形板等。工作内容包括：购运商品板至现场，构件加固、吊装、焊接固定，清理接头基层、空心板堵头，安装、灌缝等。外购板安装定额子目中，预制构件单价中已包括构件的制作、运输费用，不再单独列项计算。

三、预制构件工程量计算

预制构件均按设计图示尺寸以体积计算。不扣除构件内钢筋、预埋铁件所占体积。相关规定如下：

1）预制板不扣除单个尺寸300mm×300mm以内的孔洞所占体积。应扣除空心板的孔洞所占的体积。

2）预制构件的施工损耗量已经包括在相应定额子目内，不得另行计算。定额子目内的损耗是按表8-10考虑的。

表8-10　预制钢筋混凝土构件施工损耗率表

构件名称	天窗架、端壁、支撑、檩条、小型构件、过梁	平板、空心板、槽板、大型屋面板、挑檐板、墙板等
损耗率（%）	1.5	1

3）预制水磨石窗台板及隔断已包括磨光打蜡；其安装铁件应按设计图计算，另套用铁件价格。

4）预制钢筋混凝土漏窗以体积计算，该体积可按墙面设计洞口外围尺寸的面积乘以平均厚度38mm计算。

5）预制支架按设计图示尺寸以实体积计算，包括支架各组成部分，如框架形及A形支架应将柱、梁的体积合并计算。支架带操作平台板的亦合并计算。支架基础另执行本分部的现浇基础相应定额子目。

6）宝瓶式栏杆安装按设计图示尺寸以长度计算。栏杆上部的混凝土扶手另执行相应定额子目。

7）井圈、井盖按设计图示尺寸以实体积计算，执行零星构件定额子目。

8）预制构件就位运输按施工组织设计中要求就位运输的构件制作工程量计算。

复　习　题

1. 现浇钢筋混凝土柱、梁、板、墙的工程量如何计算？
2. 现浇钢筋混凝土楼梯、阳台、雨篷、栏板、扶手的工程量如何计算？
3. 计算下列预应力空心板的制作、安装工程量。

YKB2753共50块，单块空心板混凝土净用量：0.0738m^3/块；

YKB3363共20块，单块空心板混凝土净用量：0.1098m^3/块。

4. 预制构件的工程量计算一般要列哪几项？为什么？

第九章

9

屋面及防水工程

屋面工程通常由采用不同材料做成的各种外形的屋面、屋面保温层、隔热层和屋面排水等四部分组成。屋面覆盖在房屋的最上层，直接与外界接触，其作用是抗雨、雪、风、雹等的侵袭，因此，屋面必须具有保温、隔热、防水等性能。

第一节　概　　述

一、屋面的分类

屋面一般按其坡度的不同分为坡屋面和平屋面两大类。根据屋面不同防水材料、排水坡度可分为瓦屋面、波形瓦屋面、混凝土构件防水屋面、金属铁皮屋面、油毡和现浇混凝土防水平屋面；根据使用功能可分为上人和不上人屋面。

二、屋面坡度的表示方法

1. 屋面坡度

屋面坡度（即屋面的倾斜程度），有三种表示方法，如图9-1所示：

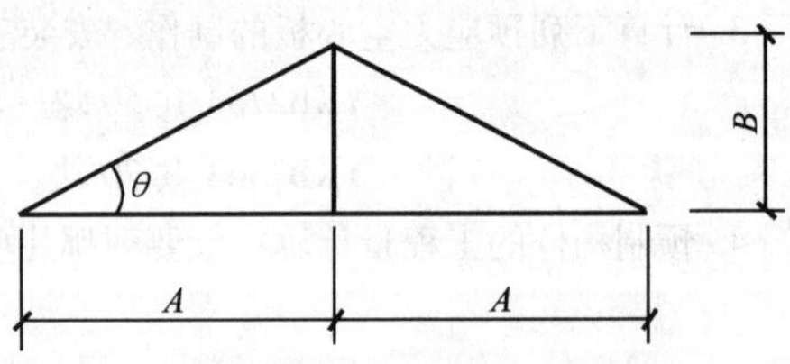

图9-1　屋面坡度的表示方法

1）用屋顶的高度与屋顶的跨度之比（简称高跨比）表示，即$B/2A$。

2）用屋顶的高度与屋顶的半跨之比（简称坡度）表示，即$i=B/A$。

3）用屋面的斜面与水平面的夹角θ表示。

2. 屋面坡度系数

由于屋面具有一定的坡度，因此屋面的实际面积与其水平投影面积不相等，为了便于计算，引进屋面坡度系数的概念。

（1）屋面坡度系数表　屋面坡度系数表见表9-1。

（2）利用屋面坡度系数计算工程量　如图9-2所示，计算公式为：

$$屋面实际面积=屋面水平投影面积\times C$$

$$一个斜脊长度=AD$$

表 9-1　屋面坡度系数表

坡　度			延迟系数 C	隅延迟系数 D	坡　度			延迟系数 C	隅延迟系数 D
坡度 B/A	高跨比 B/2A	角度 θ			坡度 B/A	高跨比 B/2A	角度 θ		
1.000	1/2	45°	1.4142	1.7321	0.400	1/5	21°48′	1.0770	1.4697
0.750		36°52′	1.2500	1.6008	0.350		19°17′	1.0594	1.4569
0.700		35°	1.2207	1.5779	0.300		16°42′	1.0440	1.4457
0.667	1/3	33°41′	1.2015	1.5620	0.250	1/8	14°02′	1.0308	1.4362
0.650		33°01′	1.1926	1.5564	0.200	1/10	11°19′	1.0198	1.4283
0.600		30°58′	1.6620	1.5362	0.150		8°32′	1.0112	1.4221
0.577		30°	1.1547	1.5270	0.125	1/16	7°08′	1.0078	1.4191
0.550		28°49′	1.1431	1.5170	0.100	1/20	5°42′	1.0050	1.4177
0.500	1/4	26°34′	1.1180	1.5000	0.083	1/24	4°45′	1.0035	1.4166
0.450		24°14′	1.0966	1.4839	0.067	1/30	3°49′	1.0022	1.4157

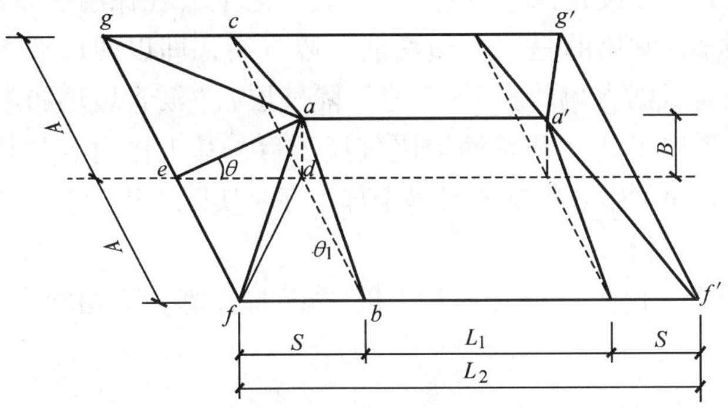

图 9-2　四坡屋面示意图

式中　C——屋面坡度延迟系数；

D——屋面坡度隅延迟系数；

A——屋面跨度的 1/2。

1）在计算屋面实际面积时，不论单坡、双坡、三坡、四坡或多坡屋面，均可利用公式计算。当各坡的坡度相同时，可以用整个屋面的水平投影面积乘以其坡度延迟系数计算。

2）在计算斜脊的长度时，当四坡斜脊的长度 $S=A$ 时，同样可利用上述公式计算。

3）表 9-1，列出了常用的屋面坡度延迟系数 C 及隅延迟系数 D，可直接查表应用。当各坡的坡度不同或当设计坡度表中查不到时，应利用以下公式计算相应的 C、D 值：

$$C=\frac{1}{\cos\theta}=\sqrt{1+\tan^2\theta}$$

$$D=\sqrt{2+\tan^2\theta}\text{ 或 }D=\sqrt{1+C^2}$$

第二节 平屋面

平屋面是指屋面排水坡度小于10%的屋面，为了满足防水、保温隔热等使用要求及施工要求，平屋面一般由结构层、找平层、隔热层、保温层、防水层及架空隔热层等构造层次组成。按其所用防水材料的不同，可分为刚性防水屋面和柔性防水屋面两大类。

一、结构层

屋面结构层即屋面的承重层，要求有较大的强度及刚度，以承担屋面各层次的自身质量及屋面受到的各种荷载。平屋面的结构层多采用钢筋混凝土梁板结构，以预制钢筋混凝土多孔板、槽形板、平板或现浇钢筋混凝土板支撑于屋面梁上或承重墙体上。在编制工程造价时，钢筋混凝土板、梁应按企业定额混凝土及钢筋混凝土工程的有关规定执行。

二、隔气层

隔气层又称蒸汽隔绝层，其作用是防止室内水蒸气渗入到屋面保温层中，而使其保温性能下降。隔气层的位置一般设在保温层之下，结构层之上（在保温层靠近室内一侧）。

隔气层的种类很多，常用的是“一毡两油”隔气层，即以两层沥青玛𤧛脂粘贴一层油毡。其他还有“刷沥青或沥青玛𤧛脂1~2遍”隔气层、“沥青玻璃布卷材”隔气层等。屋面工程企业定额中仅列出了“一毡两油”隔气层子目，其工作内容包括：清扫底层、刷冷底子油一道、熬制沥青玛𤧛脂、粘铺卷材等全部工序。实际工程中若采用其他形式，可按楼地面中相应防潮层子目执行。

隔气层工程量计算，按图示尺寸面积，以“m^2”计算。不扣除房上烟囱、风帽底座、风道等所占面积。

三、保温层

1. 保温层的种类

保温层是为了满足对屋面保温隔热性能的要求，而在屋面铺设的一定厚度的密度小、导热系数小的材料。

工程中常用的保温层有三类：①以炉（矿）渣、膨胀蛭石、珍珠岩等松散材料为集料，以水泥、石灰为胶结材料，按一定的比例及水灰比搅拌配制而成，铺设于屋面；②以膨胀蛭石、珍珠岩等松散材料干铺于屋面；③采用块状的保温材料，如加气混凝土块、水泥蛭石块等砌（粘）铺于屋面。

一般情况下保温层兼起找坡作用，常见的保温材料有泡沫混凝土块、加气混凝土块、水泥加气混凝土碎渣、石灰炉（矿）渣、水泥炉（矿）渣、水泥石灰炉（矿）渣、沥青玻璃棉毡、沥青珍珠岩块、沥青矿渣棉毡、水泥蛭石块、现浇水泥蛭石、沥青软木、干铺蛭石、干铺珍珠岩、现浇水泥珍珠岩、聚苯乙烯泡沫板等保温层子目，其中沥青软木保温子目，亦适用于铺在平面和立面的各种基层上。

保温层子目的工作内容包括：清扫底层、调制和铺设保温层材料以及养护等全部工序。

2. 保温层工程量的计算

按图示尺寸面积乘以平均厚度，以“m^3”计算。扣除面积 > 0.3m^2 孔洞所占部分的体积。

1）保温层厚度各处相等时，计算式如下：

平均厚度 = 设计厚度（铺设厚度）

2）保温层兼起找坡作用，最薄处厚度为零时，如图 9-3 所示，计算式如下：

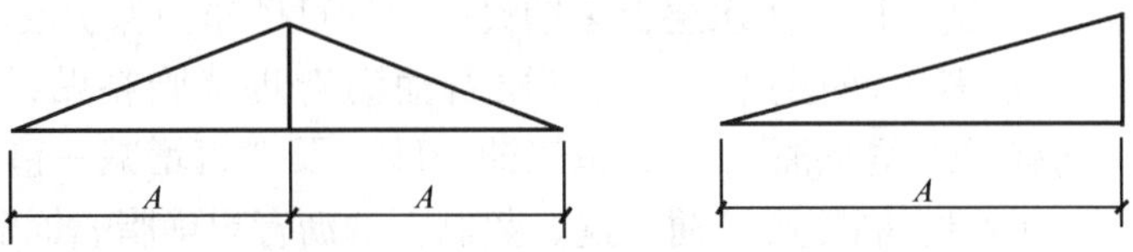

a) 双坡屋面　b) 单坡屋面

图 9-3　保温层最薄处厚度为零示意图

双坡屋面平均厚度 = (屋面坡度 × A) ÷ 2

单坡屋面平均厚度 = (屋面坡度 × A) ÷ 2

3）保温层兼找坡作用，最薄处厚度为 h 时，如图 9-4 所示，计算式如下：

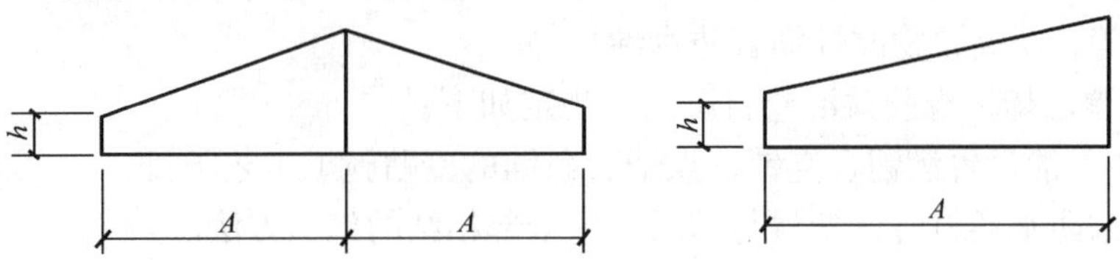

a) 双坡屋面　b) 单坡屋面

图 9-4　保温层最薄处厚度为 h 示意图

双坡屋面：平均厚度 = (屋面坡度 × A) ÷ 2 + h

单坡屋面：平均厚度 = (屋面坡度 × A) ÷ 2 + h

3. 计算保温层工程量时应注意的问题

1）若实际采用保温材料配合比与定额不同时，可以换算，但其他不变。

2）如设计屋面有干铺炉（矿）渣层次时，应按楼地面分部执行相应的定额子目。

3）设计采用不同厚度或品种的泡沫塑料板时，单价不变，价差可调整。设计采用聚醋酸乙烯胶粘剂粘贴时，应换算粘结剂价格，数量不变。

4）聚苯乙烯泡沫板子目也适用于做保护层时套用。

5）铺水泥聚苯乙烯泡沫颗粒板，可执行泡沫混凝土块定额子目，单价不变，价差调材差。

四、找平层

在卷材防水屋面中，为保证防水层的质量，防水层（隔气层）下面需要有一个平整而坚硬的底层，以便于铺贴防水层。找平层通常做在保温层（结构层）之上，用 1∶2.5～1∶3 水泥砂浆，厚度视保温层（结构层）的表面平整程度，一般在 15～25mm 之间，油毡卷材屋面也有采用沥青砂浆找平层的。

找平层的工程量按设计图示尺寸以面积计算，一般情况下等于屋面防水层（隔气层）

的面积。

五、防水层

1. 卷材防水屋面

卷材防水屋面常用的是油毡卷材防水屋面，采用油毡为主要防水材料，石油沥青玛琋脂为胶结材料，逐层铺贴，构成防水层，油毡铺贴层数一般为2~3层。防水层和底层（找平层）之间用冷底子油作为结合层，防水层上多铺设一层绿豆砂作为保护层。

在建筑工程中，通常多用两层油毡，以三层石油沥青玛琋脂粘贴，简称为“二毡三油”。某些定额中，列有“二毡三油”、“二毡三油一砂”及“每增减一毡一油”三个子目。其工程内容包括：清扫底层、刷冷底子油一遍、熬制石油沥青玛琋脂、铺贴油毡、撒砂等全部工序。编制造价时可根据工程设计要求的不同分别套用。

2. 新型卷材防水层

为改善油毡卷材防水屋面低温脆裂、高温流淌、抗老化性能差的缺点，提高防水工程的质量，近几年，出现了一些新型防水卷材。主要有四大类：①橡胶系列防水卷材，主要品种有三元乙丙橡胶卷材、聚氨酯橡胶卷材、丁基橡胶卷材等；②塑料系列防水卷材，主要品种有聚氯乙烯；③橡塑共混型防水卷材，主要品种有氯化聚乙烯—橡胶共混卷材、聚氯乙烯—橡胶共混卷材等；④高聚物改性沥青防水卷材等。

（1）氯化聚乙烯—橡胶共混卷材屋面 规定如下：

1）定额中一般设置满铺、空铺、点铺、条铺的冷贴施工工艺子目。

满铺：铺贴防水卷材时，卷材与基层采用全部粘结的施工方法。

空铺：铺贴防水卷材时，卷材与基层在周边一定宽度内粘结，其余部分不粘结的施工方法。

点铺：铺贴防水卷材时，卷材与基层采用点状粘结的施工方法。

条铺：铺贴防水卷材时，卷材与基层采用条状粘结的施工方法。

2）定额中，氯化聚乙烯—橡胶共混卷材是按1.2mm厚取定的。设计厚度不同时，按材差处理。

（2）聚氯乙烯防水卷材屋面 规定如下：

1）一般有铝压条空铺、粘贴两个定额子目。

2）铝压条空铺的施工工艺为：清理基层，花撒胶空铺卷材，射钉钉铝压条，射钉上嵌油膏收头。粘贴的施工工艺为：清理基层，涂刷改性沥青基层处理剂，改性沥青粘结剂粘贴聚氯乙烯防水卷材。

3）铝合金压条已按30mm×3mm规格综合在“铝压条空铺”子目内，不得另列项目计算。

（3）防水柔毡防水卷材屋面 具体如下：

1）定额中一般设置“二胶一毡一砂”热贴满铺的子目和每增加“一胶一毡”的辅助定额子目。工作内容包括：清理基层、熔化粘胶、涂刷粘胶、铺贴柔毡、收头、刷胶、铺撒白石子保护层。

2）应根据设计要求的防水柔毡层数分别列项计算。

3）防水柔毡取定厚度为1.5mm，设计不同时，按材差处理。

(4) SBC120 复合防水卷材屋面　规定如下：

1) SBC120 复合防水卷材是指聚乙烯丙纶复合防水卷材。

2) 定额中仅设置了冷贴满铺的定额子目。工作内容包括：找平层分格缝嵌油膏、刷聚氨酯涂膜附加层、用掺胶水泥浆贴卷材、做收头。

3) 定额中已包括找平层分格缝嵌油膏的工料，不另列项计算。

(5) 高聚物改性沥青防水卷材屋面　规定如下：

高聚物改性沥青防水卷材主要包括 SBS、APP、APAO、APO 等防水卷材。

高聚物改性沥青防水屋面，按施工工艺有热熔粘贴和冷粘贴两种，常用单层厚度为 3mm、4mm。

1) 冷粘贴施工。定额中分别设置了 3mm、4mm 厚高聚物改性沥青卷材防水屋面的满铺、条铺、点铺、空铺定额子目。工作内容包括：清理基层、刷基层处理剂、防水薄弱处贴 2mm 厚改性沥青卷材附加层、面层贴改性沥青卷材（热熔法接缝）、做收头。

2) 热溶粘贴施工。

定额中无热溶粘贴的单独子目，如设计要求热熔粘贴施工，可采用相应冷贴定额子目扣除改性沥青粘结剂，改性沥青处理剂用量调整为 40kg，石油液化气用量调整为 48kg，其他不变。

(6) 三元乙丙橡胶卷材屋面　定额中一般仅设置了满铺、空铺、点铺、条铺的冷贴施工工艺的定额子目。工作内容包括：清理基层、找平层分格缝嵌油膏、防水薄弱处刷聚氨酯涂膜附加层、刷基层处理剂、铺贴卷材，卷材接缝贴封口胶带、做收头。

找平层分格嵌缝已综合在子目内，不另列项计算。

3. 卷材防水屋面的工程量计算

(1) 工程量计算　屋面卷材防水、屋面涂膜防水及找平层均按设计图示尺寸以面积计算。

1) 平屋顶按水平投影面积计算；斜屋顶（不包括平屋顶找坡）按斜面积计算，斜面积的计算方法为水平投影面积乘以相应坡度系数。

2) 不扣除房上烟囱、风帽底座、风道、屋面小气窗和斜沟所占的面积。

3) 屋面的女儿墙、伸缩缝和天窗等处的弯起部分，按图示尺寸计算并入屋面工程量内。如设计图无规定时，伸缩缝、女儿墙的弯起部分可按 250mm 计算；天窗弯起部分可按 500mm 计算。

4) 卷材屋面的附加层、接缝、收头、找平层的嵌缝、冷底子油已计入定额内，不另计算。

5) 涂膜屋面的油膏嵌缝、玻璃布盖缝、屋面分格缝，按设计图示尺寸以长度计算。

(2) 应注意的问题　具体如下：

1) 屋面有挑檐时，应包括挑檐面积。

2) 屋面防水的石油沥青卷材子目中均包括了刷冷底子油一道。若设计规定不刷冷底子油时，按定额中地面涂膜防水子目，减去刷冷底子油的工料用量。油毡收头的材料，已包括在其他材料费内，不另计算。

3) 屋面工程中有单独刷冷底子油时，亦套用企业定额楼地面工程中相应的子目。

4) 企业定额中沥青玛瑞脂的用量，仅适用于室外昼夜平均气温在 +5℃ 以上的施工条件，低于此气温时，另行处理。

5）各类防水卷材的附加层、接缝、收头、冷底子油、基层处理剂等工料均已计入相应子目内，不另计算。

6）卷材子目中卷材厚度与设计厚度不符时，可按设计要求进行换算。

7）卷材防水层上有块料刚性面层保护层时，按楼地面工程中相应子目执行。

8）防水层表面设计要求刷丙烯酸涂料时，执行装饰工程中相应的子目。

4. 涂膜屋面

（1）聚氨酯涂膜屋面 具体如下：

1）定额中分别设置了二遍涂膜厚度 1mm 和 1.5mm、三遍涂膜厚度 2mm 的定额子目。工作内容包括：涂刷聚氨酯底胶、刷聚氨酯防水层二遍或三遍，防水薄弱处增刷一遍聚氨酯涂膜、撒细砂做保护层。

2）工程量计算同卷材屋面。

3）应注意的问题：

① 定额子目中均已包括聚氨酯底胶，防水薄弱处增刷一遍聚氨酯涂膜和撒砂保护层的工料，不另计算。

② 定额子目中，聚氨酯防水涂料按甲料：乙料 =1∶1.5 编制。

③ 如设计的聚氨酯涂膜厚度与定额不同时，每增减 0.1mm 厚，相应子目增减聚氨酯涂料 17.4kg、二甲苯 0.84kg，其他不变。

④ 设计要求细砂保护层上另做水泥砂浆或铺贴地面砖等刚性保护层时，应另列项目计算，执行楼地面相应定额子目。

（2）屋面板上满涂塑料油膏 具体如下：

1）定额中设置了屋面板上满涂塑料油膏 4mm 厚的定额子目。工作内容包括：油膏加热、屋面满涂油膏。定额子目中不包括板缝嵌塑料油膏，应另列项目计算。

2）工程量计算同卷材屋面。

（3）塑料油膏嵌缝 具体如下：

1）定额子目中分别设置了空心板和大型屋面板塑料油膏嵌缝的定额子目。工作内容包括：油膏加热、板缝嵌油膏。定额子目中，嵌缝取定纵缝断面，空心板 $7.5cm^2$、大型屋面板 $9cm^2$。若设计断面不同时，按纵缝断面比例调整人工、塑料油膏用量，其他不变。

2）工程量按设计嵌缝长度以“延长米”计算。

（4）氯丁沥青冷胶涂料屋面 具体如下：

1）定额中设置了“两布三涂”子目和“每增减一布、每增减一涂”的辅助定额子目。工作内容包括：清扫基层、涂刷底胶、做“一布一涂”附加层于防水薄弱处，以及冷胶贴玻璃纤维布、撒砂、压实修整等全过程。

2）工程量计算同卷材屋面。

3）应注意的问题：

①“两布三涂”中的“三涂”，是指涂料构成的防水涂层数，并非指涂刷遍数。“每一涂层”的涂刷遍数，由涂刷两遍到数遍不等。

② 应按设计规定的布层数及涂层数列项计算。

③ 设计要求细砂保护层上另做水泥砂浆或铺贴地面砖等刚性保护层时，应另列项目计

算，执行楼地面相应定额子目。

（5）镇水粉隔离层 具体如下：

1）镇水粉隔离层的做法是在硬基层、保温层或防水层上铺一定厚度的镇水粉，然后在镇水粉上铺隔离纸（牛皮纸），最后再做其他构造层次。

2）镇水粉隔离层企业定额子目是按10mm厚编制的。

3）工程量按设计铺设面积，以"m^2"计算。

5. 刚性防水屋面

（1）掺无机铝盐防水剂素浆及砂浆防水层屋面 具体如下：

1）定额中分别设置掺无机铝盐防水剂的素水泥浆和防水砂浆的两个子目。掺无机盐防水砂浆定额子目中，包括防水素水泥浆一道及20mm厚防水砂浆的工料。

2）工程量按设计要求敷设面积，以"m^2"计算。

（2）掺防水粉防水砂浆防水层屋面 具体如下：

1）掺防水粉防水砂浆防水层屋面定额子目，包括防水素水泥浆一道及20mm厚防水砂浆的工料。

2）工程量按设计要求敷设面积，以"m^2"计算。

（3）建筑油膏嵌缝和防水腻子嵌缝 具体如下：

1）定额中分别设置建筑油膏和防水腻子嵌缝两个子目。编制造价时，应按设计要求列项计算。

2）嵌缝工程量均按图示长度，以"延长米"计算。

六、架空隔热层及块料保护层

1. 架空隔热层

架空隔热层设于防水层之上，其作用是在屋面上形成一个空气层，以利于空气的流动，满足平屋面在炎热季节的隔热降温要求，同时对防水层亦起到一定的保护作用。

（1）架空隔热层的种类 架空隔热层的做法是在防水层上砌砖墩（一般高三皮砖），然后在砖墩上架铺隔热板，并以1:2水泥砂浆勾缝。定额在混凝土及钢筋混凝土工程中设置了架空隔热板安装子目。其工作内容包括：购运商品板至现场、砌砖墩、铺设面板、勾缝等全部工序。

（2）架空隔热层的工程量计算 具体如下：

1）架空隔热层的工程量按预制钢筋混凝土隔热板图示尺寸以体积计算。

2）架空隔热层定额子目中，预制钢筋混凝土板的取定规格尺寸为500mm×500mm×30mm，留缝宽度取定为10mm，若实际采用隔热板与取定规格不同时，允许换算。具体方法如下：

$$每块板（砖）铺设面积=（长+缝宽）×（宽+缝宽）$$

$$每100m^2净需板块数=100/每块板铺设面积$$

$$每100m^2净需板的体积=每100m^2净需板块数×厚度×长度×宽度$$

2. 块料保护层

对于上人屋面，为了方便人们在屋面上活动，同时保护防水层，一般不设架空隔热层，而是在防水层上衬铺块料面层。如预制混凝土板（块）块料面层、大阶砖块料面层等，造价中按楼地面分部相应子目执行，其工程量按实铺面积计算。

第三节 坡 屋 面

坡屋面是指屋面坡度大于1:10的屋面。坡屋面可做成单坡屋面、双坡屋面或四坡屋面等多种形式，常见的结构形式如图9-5、图9-6所示。根据使用材料的不同，坡屋面可分为瓦屋面和铁皮屋面。

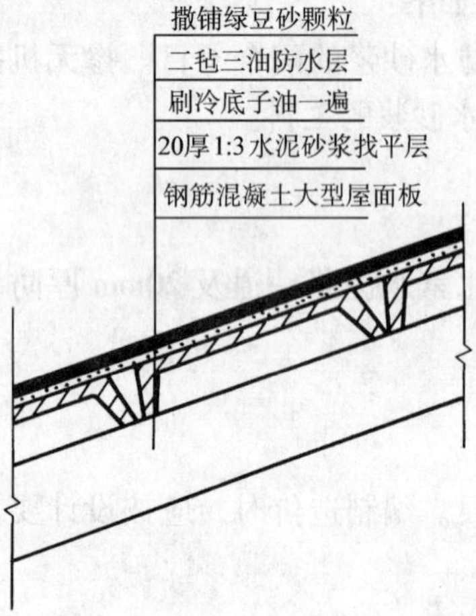

图9-5 钢筋混凝土结构坡屋面

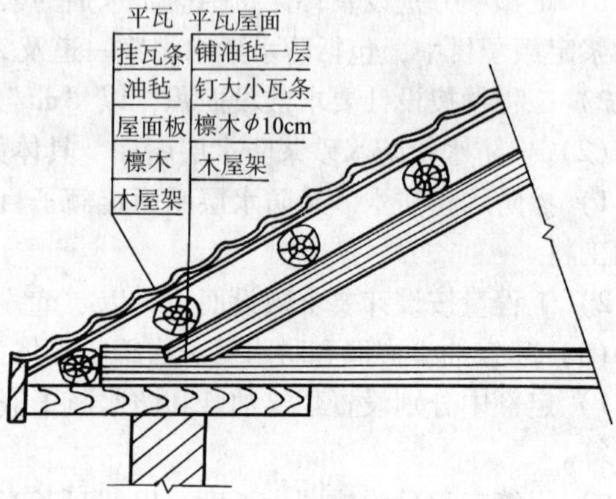

图9-6 木屋架的瓦屋面

一、瓦屋面

瓦屋面按照使用材料不同可分为水泥平瓦屋面、黏土平瓦屋面、小青瓦屋面、陶瓷波形装饰瓦屋面、筒板瓦屋面、小波石棉瓦屋面、大波石棉瓦屋面和玻璃钢瓦、琉璃瓦屋面等。由于各种屋面瓦的结构尺寸及设置部位的不同，各种瓦屋面的施工方法、搭接长度和材料用量的计算方法也有所不同。

1. 瓦屋面的施工及定额的分类

（1）平瓦屋面　平瓦屋面的主要材料为水泥平瓦和脊瓦、黏土平瓦和脊瓦。常用的规格是水泥平瓦385mm×235mm，黏土平瓦380mm×240mm，脊瓦皆为455mm×195mm。

平瓦屋面施工时，挂瓦的顺序应由每坡屋面的右下侧开始，由右向左、自下而上、左压右、上压下顺序铺设，上下行错开半块瓦。为了防止大风将瓦掀起，一般屋面坡度角大于35°时，檐口瓦要采取防风措施：用20号镀锌铁丝和1.5号铁钉与檐口挂瓦条拴牢。

屋脊上扣脊瓦，应在屋脊两端各先稳上一块脊瓦，拉好通线，由一端扣瓦，脊瓦应压在平瓦上边40mm，脊瓦间及脊瓦与平瓦间的搭接，均用1:2.5水泥砂浆勾缝。平瓦梢头抹灰宽度一般为120mm，砂浆厚度30mm，用1:2.5水泥砂浆将瓦封固。

定额中，平瓦屋面一般分为水泥瓦和黏土瓦两个子目，其中已包括铺瓦、调制砂浆、安脊瓦、脊瓦水泥砂浆勾缝及梢头抹灰封固等内容所需的工料。由于檐口防风措施只有当屋面坡度较大时才采用，故定额中未编入，实际发生时可按附注办理。

（2）小青瓦屋面　小青瓦屋面，又称蝴蝶瓦或土瓦。其规格长为200mm，宽为130～200mm，厚度为6～10mm。小青瓦的铺筑形式分为仰瓦屋面（也称单层瓦）、俯仰瓦屋面（也称阴阳瓦）。一般在雨雪量较小的地区，常采用仰瓦屋面，即屋面全部用仰瓦铺筑成行。仰瓦屋面又分为有灰梗仰瓦屋面和无灰梗仰瓦屋面两种做法。在两瓦间垄上用砂浆抹灰梗的称为有灰梗仰瓦屋面。此外，在雨、雪较大的地区，多采用俯仰瓦屋面，即在两行仰瓦之间的灰梗上再铺盖一行俯瓦。

小青瓦的搭接，即纵向上、下两块瓦的搭接，通常为瓦长的2/3，俗称“压七露三”、“压六露四”或“一搭三”（即瓦露面1/3的冷摊瓦施工做法），檐头瓦一般伸出檐口50mm。俯仰瓦的俯瓦搭盖仰瓦宽度每边为40～60mm。

大多数小青瓦定额子目中，一般已包括铺瓦、屋脊抹灰及梢头抹灰封固、俯瓦座灰等内容所需的工料。

（3）石棉瓦屋面　石棉瓦是由石棉纤维与水泥混合制成。石棉瓦按波距、波高不同，分为大波瓦、中波瓦、小波瓦三类。大波瓦的波距为166mm、波高50mm；中波瓦的波距为131mm、波高为33mm；小波瓦的波距为63mm、波高14～17mm。每一类石棉瓦的规格都有许多种，但常用的规格是2800mm×944mm×8mm（大波）、1800mm×745mm×6mm（中波）、1820mm×720mm×6mm（小波）。石棉脊瓦，亦分为大波、中波、小波三种脊瓦，但一般多采用大波脊瓦，其规格为850mm×（200×2）mm×8mm。

石棉瓦的铺设方法有切角法和不切角法两种。切角法是将上、下两排瓦对角搭接处各切去一角，使上、下和左、右的搭接缝都在一条线上，瓦受压时不易折断，切角的大小要根据石棉波瓦的搭接长度和宽度确定。不切角法，则需将上、下两排瓦的长边搭接缝错开，大波瓦、中波瓦至少应错开一个波，小波瓦至少应错开两个波，一般应错开半张瓦为宜，山墙处应按出檐宽度需将波边锯齐，如图9-7所示。

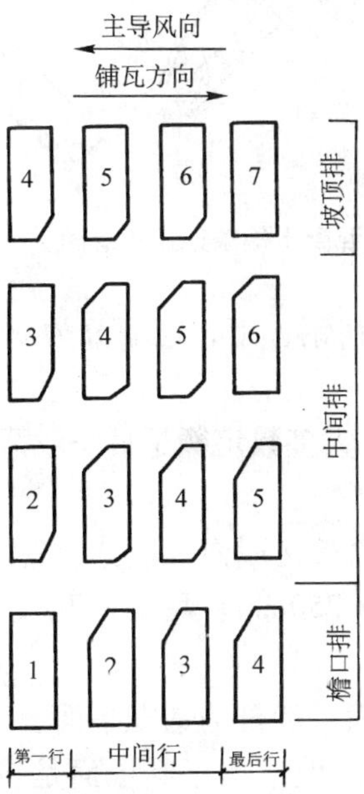

a）石棉瓦切角法铺瓦顺序图

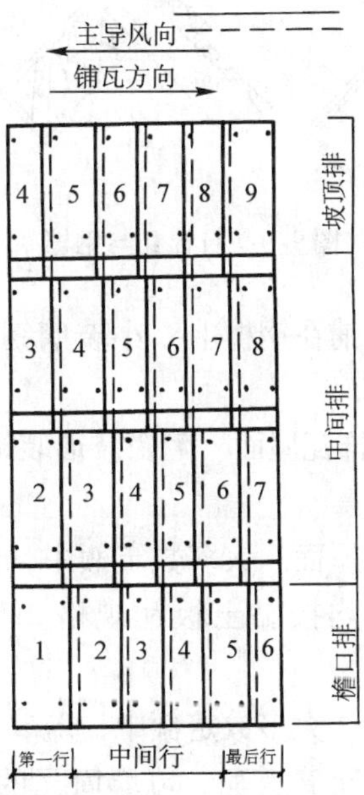

b）石棉瓦不切角法铺瓦顺序图

图9-7　石棉瓦的铺瓦顺序

定额中，石棉瓦一般分别按铺设在木檩上、钢檩上和混凝土檩上设置小波石棉瓦和大波石棉瓦的定额子目。

在木檩上铺设石棉瓦是采用带垫的镀锌螺钉与木檩固定。其做法为在石棉瓦上按选定位置，先行钻孔，孔的直径应较螺钉直径大 2~3mm，螺钉从瓦垄背上穿入，瓦的每边至少用 3 只螺钉固定，钉帽下套镀锌铁皮垫圈，并衬以毛毡或橡胶垫圈，如图 9-8 所示。

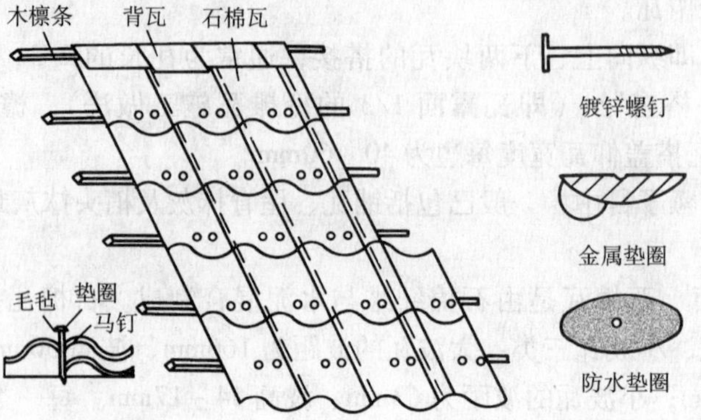

图 9-8 木檩铺设石棉油膏嵌缝构造形式

在钢檩上铺设石棉瓦，则采用 $\phi 6\times 600$mm 镀锌螺栓钩和 -3mm×12mm×300mm 镀锌扁钢钩进行固定。在钢筋混凝土檩上铺设石棉瓦，采用 $\phi 6\times 800$mm 镀锌螺栓钩和 -3mm×12mm×400mm 镀锌扁钢钩进行固定，如图 9-9 所示。

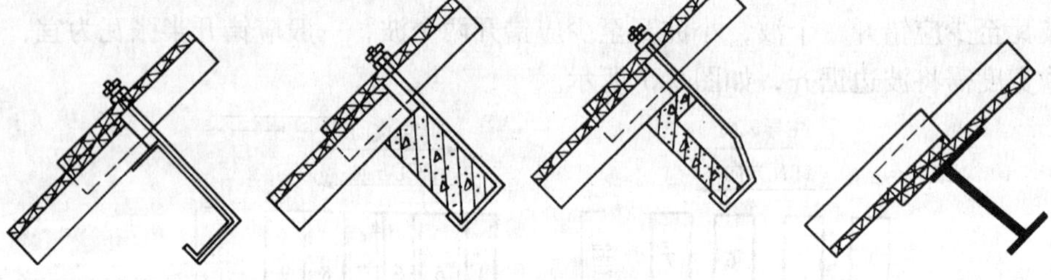

图 9-9 石棉瓦与钢檩条及钢筋混凝土檩条连接示意图

（4）小玻璃钢瓦铺在钢檩上 小玻璃钢瓦铺在钢檩上，定额分为双坡屋面和单坡或拱形屋面等子目。

（5）陶瓷波形装饰瓦屋面 陶瓷波形装饰瓦，大多数定额子目一般情况下是按 150mm×150mm 规格编制的。

（6）黏土筒板瓦屋面 大多数定额中，黏土筒板瓦屋面一般分为露面 10cm 和露面 8cm 两个子目。子目中，均按黏土板瓦规格 220mm×250mm、黏土筒瓦规格 200mm×120mm 编制。

（7）琉璃瓦屋面 大多数定额中，琉璃瓦屋面一般分为铺在亭面上和铺在屋面上两种。定额子目中，未给出琉璃板瓦、琉璃筒瓦的规格，但给出了其屋面是按盖 2/3、露 1/3 编制的。

琉璃瓦屋面定额中，一般未综合琉璃瓦檐、琉璃脊瓦的用量，若计算时，另列子目。

2. 瓦屋面工程量的计算

按设计图示尺寸以斜面积计算。不扣除房上烟囱、风帽底座、风道、屋面小气窗及斜沟等所占面积；屋面小气窗出檐与屋面重叠部分的面积亦不增加；但天窗出檐部分重叠的面积，应并入屋面工程量内计算。屋面斜面积可按屋面水平投影面积乘以屋面坡度延尺系数计算。

玻璃瓦脊、琉璃瓦檐工程量，均按图示尺寸，以"延长米"计算。

3. 应注意的问题 具体如下：

1）在计算瓦屋面工程量时，要注意瓦屋面与基层以挂瓦条为界，挂瓦条以下的做法执行相应的定额子目。

2）水泥瓦、黏土瓦定额是按在屋面板和椽子挂瓦条上铺设综合取定的。

3）水泥瓦、黏土瓦定额，均已包括脊瓦的铺设及脊瓦、梢头抹灰封固的工料，实际不同时，不得换算。

4）各种瓦的规格与定额不同时，瓦材数量可以换算，其他不变。

5）小波玻璃钢瓦的厚度与定额不同时，单价不变，价差在材差中调整。

6）小（大）波石棉瓦定额中，已包括檩条上钉镀锌瓦楞钉、镀锌螺栓钩或镀锌扁钢钩的工料。

7）玻璃瓦屋脊处的走兽、合角吻，另编补充定额子目。

二、铁皮屋面

1. 定额设置

定额中，铁皮屋面一般分为金属压型板屋面、轻质隔热彩钢夹心板屋面两种。

1）金属压型板屋面，定额中，按檩距不同分为檩距7.5m以内、6.0m以内、4.20m以内等子目。各子目中，均已综合考虑了中间固定架（WG-2）、端部固定架（WG-3）、檐口堵头板（WD-1）、屋脊堵头板（WD-2）、屋脊挡雨板（WD-3）、屋脊板（2mm厚）、檐口包角板（0.8mm厚）及安装所需的各种螺栓、铆钉、密封胶等材料，不另列项目计算。工作内容包括：构件由工地临时堆置场运至安装地点、构件变形修理、临时加固、吊装、就位、螺栓固定、焊接等全部操作过程。

2）轻质隔热彩钢夹芯板屋面，定额中按板厚分为40mm、50mm、75mm、100mm等子目。各子目中，均已综合考虑了彩钢隔热板、槽铝、工字铝、阴阳角铝、彩钢扣板、玻璃胶、零件等材料，不另列项目计算。工作内容包括：运输、弹线、选料、切割、安装等全部操作过程。

2. 工程量计算

铁皮屋面工程量计算规则同瓦屋面。

3. 应注意的问题

铁皮屋面子目包括的内容，与瓦屋面略有区别，应注意屋脊、檐口不另列项目计算。各子目包括的内容以外的构造层次，应另列项目计算。

第四节 屋面排水

一、屋面排水的方式

屋面排水是指通过屋面的导水装置，将屋面的雨、雪水迅速排出，避免产生屋面积水的措施。在建筑工程中，屋面排水分有组织排水和无组织排水两种方式。

1. 无组织排水

无组织排水又称自由落水，是将屋面板伸出墙外形成挑檐，屋面的雨水经挑檐自由下落。无组织排水易淋湿墙面及门窗，故仅适用于二、三层房屋或次要建筑，如图9-10所示。

2. 有组织排水

有组织排水是将屋面按不同坡向划分为若干排水区域，使雨水集中至屋面檐沟或天沟内，再经落水口、落水管等导水装置将雨水导至地面排水系统。又根据落水管在室内、室外，划分为内排水和外排水，如图9-11所示。

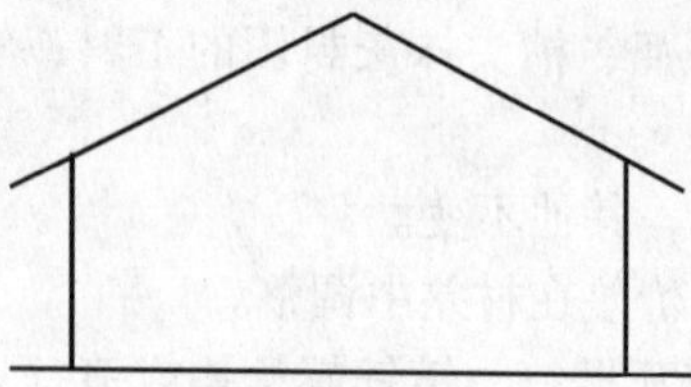

图9-10 无组织外排水

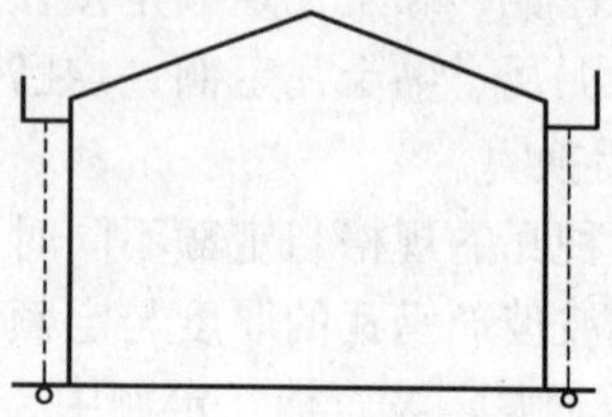

图9-11 有组织挑檐沟外排水

3. 导水装置

屋面排水的导水装置，按所用材料的不同，有铁皮制品排水、石棉水泥制品排水、铸铁制品排水、玻璃钢制品排水、硬聚氯乙烯（PVC）制品排水等。

二、屋面排水定额及工程量计算

屋面排水管，应根据项目特征（排水管品种、规格、品牌、颜色、接缝、嵌缝材料种类），以“m”为计量单位，工程量按图示尺寸以长度计算。如设计未标注尺寸，以檐口至设计室外散水上表面垂直距离计算。工程内容包括：排水管及配件安装、固定；雨水斗、雨水箅子安装；接缝、嵌缝。在编制工程报价时需要考虑若干因素，具体阐述如下。

1. 铁皮排水

（1）制作及配件组成 铁皮排水常采用24～28号镀锌铁皮制作（厚0.475～0.7mm），包括水落管、檐沟、水斗、雨水口、天沟、烟囱泛水、通气管泛水等多种铁皮排水配件。如图9-12所示。

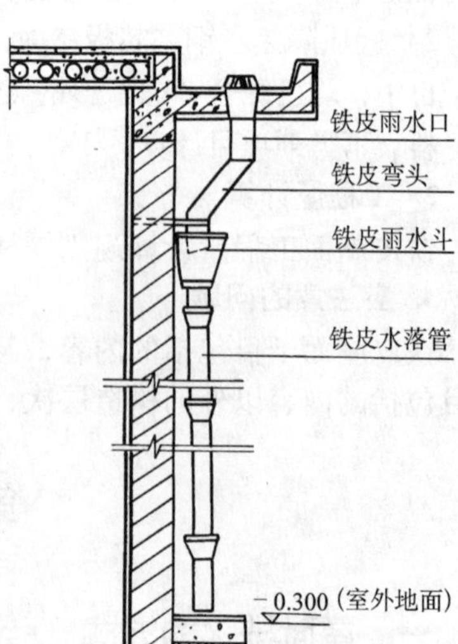

图9-12 室外排水系统

（2）定额设置 为便于计算，定额设置中除按现场制作安装列项外，还有按成品安装单独列项。现场制作安装的定额项目有水落管制作安装、天沟泛水制作安装、水斗制作安装；成品安装的项目有成品水落管安装、成品水斗安装。

（3）工程量计算规则 铁皮排水工程量，水落管按设计图示尺寸以长度计算；水斗按图示数量以“个”计算；天沟泛水按图示尺寸以“m^2”计算。

（4）铁皮排水制品及配件工程量计算中的注意事项具体如下：

1）如设计未注明水落管的长度，水落管的长度由水斗下口算至设计室外地坪的高度。

2）铁皮排水制作时，咬口和搭接部分不包括在相应定额项目中，不另计算。

3）斜天沟的长度按水平长度乘以坡屋面的隅延尺系数 D 计算。

4）卷材屋面的铁皮檐口滴水，按天沟泛水项目执行。

5）下水口（或弯头下水口）采用其他材料时，执行相应定额子目。

2. 铸铁制品排水

（1）分类　铸铁排水制品包括铸铁水落管、铸铁落水口、铸铁水斗及铸铁弯头落水口。

（2）定额设置　定额中，铸铁水落管一般按管径不同划分为不同的子目，工作内容包括：切管、埋置管卡、找正、安装水落管、合灰、捻口等全部工序；铸铁落水口和铸铁水斗按其落水口直径不同划分为不同的子目，工作内容包括：量尺、就位、找平、找正、制作加工垫铁或埋置管卡铁（水斗）、紧螺栓等全部工序。铸铁弯头落水口单独列项，弯头落水口处的铁箅子板及安装固定铁件，亦包括在定额内。

（3）工程量计算　铸铁排水的工程量，水落管按图示尺寸，以“延长米”计算，如设计未标注尺寸，以檐口至设计室外散水上表面垂直距离计算。铸铁落水口、铸铁水斗、铸铁弯头落水口，按“个”计算。

3. PVC、UPVC 制品排水

硬聚氯乙烯（PVC）排水制品包括：水落管、矩形水斗、圆形落水口、弯头、接头等。其中，水落管又分为矩形和圆形两种。

（1）PVC、UPVC 水落管　定额中，分别设置了矩形 110mm × 83mm 和圆形直径 150mm、直径 100mm 的 PVC 水落管子目。工作内容包括：放样、划线、截料、起线装套管、埋卡箍、安水落管、粘接、打墙眼、安卡钩、吊正找平、搬移梯子等全过程。

PVC、UPVC 水落管工程量，按图示尺寸长度，以“延长米”计算。

（2）PVC、UPVC 水斗　水斗工程量，按图示数量，以“个”计算。应注意，设计水落管直接与落水口相连接时，不得列项计算水斗。

（3）PVC 雨水口　定额中，分别设置了直径 150mm、直径 100mm 的雨水口定额子目。

PVC 雨水口工程量，按图示数量，以“个”计算。应注意，设计采用其他材质落水口时，执行相应材质定额子目。

（4）UPVC 弯头　一般情况下水落管、落水口、水斗定额子目中，均不包括弯头工料。设计需要弯头时，应另列项计算，执行相应直径（150mm、100mm）的弯头定额子目。

UPVC 弯头工程量，按图示数量，以“个”计算。

4. 阳台雨篷出水口

在阳台、雨篷混凝土施工时，同步埋设的短管出水口（又称水舌），工程量按“个”计算，执行相应定额子目。

例 9-1　某膜结构公共汽车等候车亭。业主要求每个公共汽车候车亭覆盖面积为 $45m^2$，共 15 个候车亭，覆盖总面积 $675m^2$，使用不锈钢支撑支架。

投标人根据业主要求进行设计并报价。（本例题中在计算过程中使用的人、材、机的单价及其含量，包括计算综合单价的各项计价比例，均系依据某地区定额查得。教学和实际工程中可根据使用情况换用。）

（1）加强型 PVC 膜布制作与安装。

1）人工费：20.46 元/m^2 ×675m^2 =13810.50 元

2）材料费：280.34 元/m^2 ×675m^2 =189229.50 元

3）机械费：8.75 元/m^2 ×675m^2 =5906.25 元

4）合计：(13810.50 +189229.50 +5906.25) 元 =208946.25 元

(2) 不锈钢支架、支撑、拉杆、法兰制作、安装（每个候车亭用不锈钢钢材 0.524t，15 个候车亭，不锈钢总量为 7.86t)。

1）人工费：962.14 元/t ×7.86t =7562.42 元

2）材料费：43056.74 元/t ×7.86t =338425.98 元

3）机械费：653.32 元/t ×7.86t =5135.10 元

4）合计：(7562.42 +338425.98 +5135.10) 元 =351123.50 元

(3) 钢丝绳（1.65t）制作、安装。

1）人工费：491.18 元/t ×1.65t =810.45 元

2）材料费：3245.61 元/t ×1.65t =5355.26 元

3）机械费：284.21 元/t ×1.65t =468.95 元

4）合计：(810.45 +5355.26 +468.95) 元 =6634.66 元

(4) 综合费用。

1）直接费合计：(208946.25 +351123.50 +6634.66) 元 =566704.41 元

2）管理费：直接费 ×12% =566704.41 元 ×12% =68004.53 元

3）利润：直接费 ×5% =566704.41 元 ×5% =28335.22 元

4）总计：(566704.41 +68004.53 +28335.22) 元 =663044.16 元

5）综合单价：663044.16 元 ÷675m^2 =982.29 元/m^2

(5) 现浇混凝土支架基础（每个候车亭基础为 0.27m^3，15 个候车亭共 4.05m^3)。

1）人工费：24.34 元/个 ×15 个 =365.10 元

2）材料费：282.03 元/m^3 ×4.05m^3 =1142.22 元

3）机械费：5.76 元/m^3 ×4.05m^3 =23.33 元

4）合计：(365.10 +1142.22 +23.33) 元 =1530.65 元

5）管理费：直接费 ×34% =1530.65 元 ×34% =520.42 元

6）利润：直接费 ×8% =1530.65 元 ×8% =122.45 元

7）总计：= (1530.65 +520.42 +122.45) 元 =2173.52 元

8）综合单价：2173.52 元 ÷4.05m^3 =536.67 元/m^3

(6) 报价列表（见表 9-2)。

表 9-2 分部分项工程量清单计价表

工程名称：某工程　　　　第 页 共 页

序号	项目编码	项目名称	计量单位	工程数量	金额/元	
					综合单价	合价
	010901005001	屋面及防水工程 膜结构屋面 膜布：加强型 PVC 膜布、白色 支柱：不锈钢支架支撑 钢丝绳：6 股 7 丝	m^2	675	982.29	663044.16
	010501002001	现浇钢筋混凝土基础 混凝土强度 C15	m^3	405	536.67	2173.52

复　习　题

1. 屋面坡度的表示方法有哪几种？

2. 屋面保温层的工程量如何计算？

3. 屋面架空隔热层工程量的计算方法是什么？

4. 如图 9-13 所示，计算该屋面工程的工程量及定额合计。

屋面做法：预制钢筋混凝土板（500mm × 500mm × 30mm）架空隔热层，两毡三油，刷冷底子油一道，15mm 厚 1:3 水泥砂浆找平层，20mm 厚 1:8 水泥炉渣找平，60mm 厚最薄处干铺炉渣 2% 找坡，刷冷底子油一道，热沥青玛蹄脂两道，20mm 厚 1:3 水泥砂浆找平，钢筋混凝土屋面板。

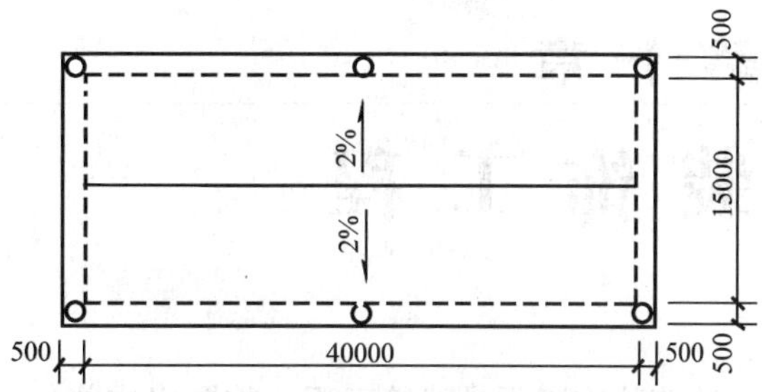

图 9-13　屋面平面图

第十章 装饰工程

10

建筑装饰工程是建筑工程的重要组成部分，因此建筑装饰工程造价既是建筑工程造价的重要组成部分，也是建筑工程造价文件的主要内容之一。目前，随着物质文化生活水平的提高，人们更注重改善自己的生活和工作环境，因而建筑装饰工程就从一般土建工程中的一个分部工程发展成为一个崭新的、具有单独的设计文件，能单独组织施工并可以单独进行核算的单位工程。

随着建筑装饰工程的日益增加，以及装饰标准的不断提高，人们不仅要讲求装饰的适用性和美观性，也注重装饰的经济性，同时为了进一步规范建筑装饰工程市场的价格行为，加强宏观调控，结合建筑装饰工程的特点，将建筑装饰工程作为一个独立的单位工程进行核算是必要的。

建筑装饰工程，无论是随着项目建设中工程结构施工完成后所进行的装饰施工（即前装饰），还是在前装饰已完工或尚未装饰情况下所进行的再设计再装饰（即后装饰），均需投入大量的人力和物力，因这些人力和物力消耗如何恰当地用货币的形式来加以体现，就是建筑装饰工程造价所要解决的问题；建筑装饰工程造价就是事先确定建设项目中建筑装饰工程从开工到竣工所需投入的活劳动和物化劳动的价值，及活劳动为社会新创造价值的经济技术文件，也就是确定建筑装饰工程造价的经济技术文件。

第一节　楼地面工程

一、概述

楼地面工程按所在部位可分为楼面和地面两种。

楼面是楼层的承重结构，一般由钢筋混凝土或木材构成，现在所说的楼面是指在钢筋混凝土楼板上所做的面层。一般来说它包括结合层（找平层）和面层两部分。

地面是指建筑物底层的地坪。为了使地面上的荷载均匀地传递到土层上，所以，地面的组成除了结合层（找平层）及面层之外，还有承受荷载的垫层（基层），其结构如图 10-1 所示。

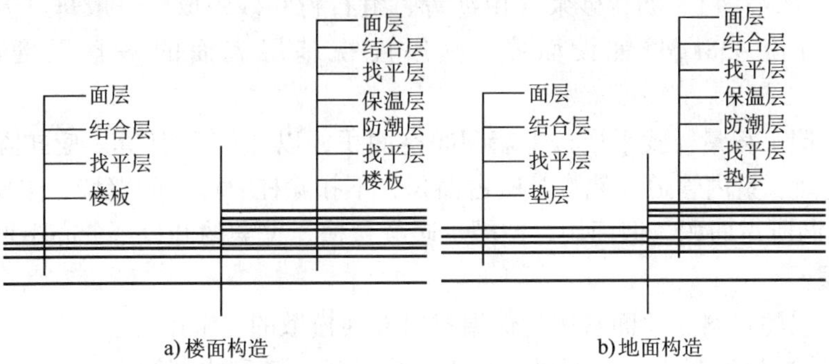

图 10-1 楼地面工程结构层次

二、楼地面

1. 垫层

(1) 地面垫层材料 地面垫层按材料性能可分为刚性和非刚性两种。刚性一般为混凝土，非刚性垫层材料一般有素土、砂石、炉渣（矿渣）、毛石、碎（砾）石、碎砖、级配砂石等做法。

1）混凝土垫层：一般采用强度等级 C5 ~ C20 混凝土，厚度为 50 ~ 100mm。

2）素土垫层：室内回填土夯实。

3）灰土垫层：通常用生石灰和黏土的拌和料进行铺设，常用的配合比有 2∶8 或 3∶7，厚度不小于 100mm。

4）级配砂石垫层：砂夹石作为垫层材料，可以用砾石、碎石（40mm 以上），厚度不小于 100mm。

5）砂垫层：以砂作为垫层材料，厚度不小于 60mm。

6）毛石垫层：以毛石作为垫层材料，分干铺和灌浆两种做法。

7）碎砖垫层：分干铺和灌浆两种做法。

8）碎砖三合土垫层：石灰、碎砖、砂加水拌和后，经浇捣、夯实而成。配合比为 1∶3∶6或 1∶4∶8。

9）碎（砾）石垫层：用碎（砾）石铺设而成，其厚度不小于 60mm，分干铺和灌浆两种情况。

10）炉渣（矿渣）垫层：可分为炉渣垫层（干铺）、水泥石灰炉渣垫层、水泥炉渣和石灰炉渣四种做法。

(2) 地面垫层工程量 地面垫层按设计图示尺寸以体积计算。应扣除凸出地面的构筑物、设备基础、室内管道、地沟等所占体积，不扣除间壁墙和面积在 0.3m^2 以内的柱、垛、附墙烟囱及孔洞所占体积。

2. 找平层

(1) 找平层的位置和材料 找平层一般使用在保温层或粗糙的结构层表面，填平孔眼、表面抹平，以使面层和基层很好地结合。

找平层可以用水泥砂浆（常用 1∶3）、细石混凝土（一般用于找坡要求的地面找平层，常用的配合比为1∶2∶4）、沥青砂浆（由沥青、滑石粉和砂组成，一般每立方米砂中掺入沥青235kg、滑石粉 438kg）铺设而成，其厚度视基层表面的平整程度而定，一般为20～30mm。

（2）找平层工程量 找平层按主墙间净空面积，以“m^2”计算。应扣除凸出地面的构筑物、设备基础、室内管道、地沟等所占面积，不扣除柱、垛、间壁墙、附墙烟囱及面积在0.3m^2以内孔洞所占面积，但门洞、空圈、暖气包槽、壁龛的开口部分亦不增加。

3. 保温层

（1）保温层的材料 地面常用的保温材料多为松散的。常用的有：

1）炉（矿）渣混凝土：由水泥、石灰、炉（矿）渣和水拌和而成。

2）石灰炉渣：用石灰和炉渣拌和而成。配合比常为1∶3或1∶4。

3）蛭石：一种类似云母的矿石，经高温焙烧，体积膨胀，成为一种质轻的高效保温材料，全称叫膨胀蛭石。蛭石保温浆是由水泥和蛭石加水拌成的。

4）泡沫混凝土：由水泥、泡沫剂（松香、水胶、火碱和水制成）搅拌而成，保温效果较好。

5）膨胀珍珠岩：简称珍珠岩，是一种矿石。珍珠岩破碎后经高温焙烧体积膨胀，成为内部具有多孔结构的白色颗粒，是一种高效保温材料。珍珠岩保温浆是由水泥和珍珠岩加水拌和而成的。

6）加气混凝土：又叫多孔混凝土。由水泥、细砂、铝粉、NaOH溶液及水配成，保温效果较好。

（2）保温层工程量 楼地面保温层按设计图示尺寸以面积计算。扣除面积0.3m^2以上柱、垛、孔洞等所占面积。门洞、空圈、暖气包槽、壁龛的开口部分不增加面积。根据各地定额的不同要求，也可以用体积为计量单位。

4. 防潮层

（1）防潮层的材料 对于较潮湿的房间和地下室的地面应做防潮层。防潮层的做法有以下几种：

1）防水砂浆防潮层：在水泥砂浆中掺入占水泥质量3%或5%的防水剂（粉）。

2）水泥砂浆五层做法防潮层：用水泥浆和水泥砂浆交错涂抹而成，共五遍。

3）涂冷底子油：将石油沥青或煤沥青溶于汽油、煤油或苯等溶剂中，涂刷于水泥砂浆或混凝土表面，起防潮作用。

4）刷热沥青：一般刷一遍，也可增刷一至两遍。

5）刷沥青玛琋脂：在沥青中掺入滑石粉和石棉粉拌和而成的黏稠液体或固体（又叫沥青胶），具有粘结、防水、防腐的作用。

6）卷材防潮层：以沥青（或沥青胶）和油毡做防水材料。它的施工顺序为：在找平层上先涂刷一层沥青或沥青胶，然后铺油毡，再刷一层沥青或沥青胶。这叫一毡二油做法。根据设计要求，如需再铺一层油毡，就需再涂刷一层沥青或沥青胶，这叫二毡三油做法。同理，也可做成三毡四油等。

卷材防潮层的卷材，除油毡外还有麻布、玻璃布等。玻璃布指用普通玻璃塑料或其他人工合成物质制成的布。

（2）防潮层工程量 楼地面防潮层工程量按主墙间的净空面积计算，扣除凸出地面的构筑物、设备基础等所占面积，不扣除间壁墙及单个面积 0.3m² 以内的柱、垛、烟囱和孔洞所占面积。楼地面防潮反边高度≤300mm 算做地面防潮，反边高度＞300mm 按墙面防潮计算。

5. 面层

面层分为整体面层、块料面层、橡塑面层及其他材料面层。

（1）整体面层　具体如下。

1）水泥砂浆面层。一般用 1∶2 或 1∶2.5 的水泥砂浆铺设，经拍实、提浆、压光而成。

当用混凝土做垫层又做面层时，亦可采用“随打随抹”的办法。即在混凝土浇灌好后，经找平、捣实、提浆，随即撒上干水泥并抹光。现浇钢筋混凝土楼板层的楼面也有采用这种方法施工的。

2）细石混凝土面层。一般采用 C7.5～C20 混凝土浇筑，然后找平、提浆、抹光。

3）现浇水磨石面层。用水泥白石子浆铺筑，白石子又叫米石、色石渣，是用方解石、花岗石破碎成粒而成的，按粒径分为特大八厘、大八厘、中八厘和小八厘，规格要求比较严格。特大八厘又叫大二分，粒径约为 20mm；一分半：粒径为 15mm；大八厘：粒径为 8mm；中八厘：粒径为 6mm；小八厘：粒径为 4mm；米粒石：粒径为 2～6mm。

在铺设水磨石面层前，先用 1∶3 水泥砂浆做找平层，并在找平层上嵌玻璃条或金属条，将面层分成方格，然后铺水泥石子浆，铺平压实后，再提浆抹平，待其凝结到一定程度后，用金刚石加水磨光，在磨光的地面上可擦草酸、打蜡，以保护面层和增加光泽。

水磨石面层可分为普通水磨石、彩色水磨石和高级水磨石三种。

① 普通水磨石楼地面。又叫本色水磨石楼地面，简称水磨石楼地面。其面层磨光采用“两浆三磨”，即补两次白水泥浆，打磨三次。定额中水磨石楼地面分带嵌条和不带嵌条两个项目，嵌条又分为玻璃嵌条和金属嵌条两种。

② 彩色水磨石楼地面。又叫水磨石楼地面分格调色，即用白水泥配以彩色石子做成。它与普通水磨石楼地面的区别在于使用的水泥石子浆不同，彩色水磨石楼地面使用的是水泥彩色石子浆，而普通水磨石楼地面使用的是水泥白石子浆，除此之外，其他的都相同。

③ 彩色镜面水磨石楼地面。即高级水磨石楼地面，面层磨光采用“五浆六磨”，即补五次白水泥浆打磨六次。

4）菱苦土。主要以菱苦土（主要成分为氯化镁）和锯末为原料，按 1∶0.7～4 比例配合，用密度为 1.14～1.24g/cm³ 的氯化镁溶液调剂，并根据需要，掺入适量石屑、石英砂和滑石粉等。

5）剁假石。又叫斩假石、剁斧石，指将掺有小石子及颜料的水泥砂浆涂抹在混凝土墙、砖墙、柱面或地面上，经抹压达到表面平整，待硬化后再斩凿，使之成为石料式样。

6）彩色水泥及彩色聚氨酯。它们都是在地面基层上涂刷涂料而成的。彩色水泥是用 107 胶、水泥和颜料调剂而成的涂料。彩色聚氨酯地面是具有多功能的弹性地面，具有耐磨、耐压、美观、耐酸、耐碱、阻燃等多种功能。

7）整体面层工程量计算　整体面层按设计图示尺寸以面积计算。应扣除凸出地面构筑物、设备基础、室内铁道、地沟等所占面积，不扣除柱、垛、间壁墙、及 0.3m² 以内的柱、垛、附墙烟囱及孔洞所占面积。门洞、空圈、暖气包槽、壁龛的开口部分不增加面积。

（2）块料面层　块料面层是指采用一定规格的块状材料，用相应的胶结料或粘结剂铺砌而成。这种面层的优点是施工方便、外形美观、清洁卫生、不起灰、抗老化。

1）预制水磨石面层。预制水磨石板是以水泥和大理石粒为主要原料，掺入适量颜料和钢丝加强筋网，经成形、养护、研磨、抛光等加工而成的人造石材。它具有施工方便、价格低、美观适用、强度较高等优点。

2）彩釉砖、水泥花砖与缸砖面层。

① 彩釉砖是彩色釉面陶瓷墙地砖的简称，是一种建筑陶瓷地砖，它具有色泽柔和、美观光滑、耐酸耐碱、抗腐蚀、易清洗、施工简便等优点，在装饰工程中得到广泛的应用。

② 水泥花砖面层，又叫花阶砖。它只适用于楼地面及台阶等部位。

缸砖，又叫地砖或铺地砖。它是用湿黏土成形入窑焙烧而成的。常用的规格有200mm×200mm、250mm×250mm，颜色有棕红色、青灰色等，砖面画有九个或十六个方格以防滑。一般只用于人行便道或庭院通道。100mm×100mm×8mm、150mm×150mm×10mm的小规格红地砖，常称为防滑砖，质坚体轻，耐压耐磨，有防潮作用，最适用于厨房、浴厕的楼地面使用。

3）大理石面层。大理石面层分为天然大理石和人造大理石两种。造价定额中并没有按此分类。

① 天然大理石具有组织细密、质地坚实、色彩鲜艳、抗压性强、吸水率低等优点。但它的化学稳定性较差，不耐酸，易受含酸和盐类物质的腐蚀，故不适用于室外装饰工程。

② 人造大理石是以大理石碎料、石英砂、石粉等为骨料，以合成树脂、聚酯或水泥等为粘结剂掺入适量颜料拌和后经加压浇注、打磨抛光、切割加工而成的板材，可制成各种色彩和花纹，具有色泽均匀、结构紧密、耐磨耐水、耐寒耐热、耐酸耐碱等优点，但在色彩和纹理上不及天然石材柔和自然。

4）花岗岩楼地面。花岗岩板材具有结构致密、质地坚硬、抗压强度大、耐磨性能好、吸水率低、抗冻性强，抗酸碱腐蚀性能强、抗风化性能好、耐用年限长等优点，故广泛用于室内外装饰。

花岗石板材根据加工情况不同，分为以下四种类型：

① 剁斧板材：荒料经剁斧加工，表面粗糙，具有规则的条状斧纹。

② 机刨板材：荒料经机械加工，表面平整，具有平行的机械刨纹。

③ 粗磨板材：荒料经机械粗磨，表面平整光滑，但无光泽。

④ 磨光板材：将粗磨板材再行细磨加工和抛光，使其表面光亮平滑，色彩鲜明。

定额中没有区分光面和麻面，均采用统一的定额子目，由此我们可以注意到，在编制造价时应注意板材类型的价格换算。

5）镭射玻璃楼地面。镭射玻璃地砖抗老化、抗冲击，其耐磨性、硬度指标等优于大理石，与高档花岗石相仿，但安装成本较低。其价格相当于中档花岗石板，而效果则优于花岗石，因此，多在高档宾馆等高级建筑中应用。

6）块料面层工程量 块料面层工程量按设计图示尺寸以面积计算。门洞、空圈、暖气包槽、壁龛的开口部分并入相应的工程量内。

（3）橡塑面层 橡塑面层包括橡胶面层和塑料面层。

1）橡胶板及卷材。橡胶板及卷材是用天然橡胶、合成橡胶和其他成分的高分子材料所制成，是无毒无害的环保材料，其优点是环保、防滑、阻燃、耐磨、吸声、抗静电、易清洁。

2）塑料板及卷材。塑料板及卷材是用PVC塑料和其他塑料，再加一些添加剂，通过热挤压法生产的一种地面的层装饰材料，其优点是质轻耐磨、隔声隔热、耐腐蚀、易清洁、行走舒适、色泽鲜艳等。

3）橡塑面层工程量。橡塑面层工程量按设计图示尺寸以面积计算。门洞、空圈、暖气包槽、壁龛的开口部分并入相应的工程量内。

（4）其他材料面层 其他材料面层包括竹木地板、防静电地板、地毯楼地面等。

1）木板（条）面层。木板条楼地面一般采用厚15～20mm、宽50～150mm、长400mm以上的刨光条板，铺在宽40～60mm、厚25～40mm的木楞上，或者铺钉在厚22～25mm的毛地板上（毛地板又铺钉在木楞上），然后经刨光打磨光洁而成。

木楞之间的空间可铺填炉渣或石灰炉渣，以利用隔声、隔热。木楞与木楞本身用横撑或剪刀撑连接起来，以加强所有木楞的整体性。木楞与基层之间，用8号铁丝与预埋在基层上的铁件绑扎牢固。

面层条板的拼缝可采用平口缝或企口缝。平口缝施工简便，但整体性差，企口缝施工费工费时，但整体性强。

毛板地面及木楞表面，均应涂刷冷底子油进行防腐处理。

2）拼花木楼面。拼花板是用厚8～23mm、宽23～50mm、长115～300mm的窄木条，用胶粘剂拼成席纹花或人字纹图案，经刨平磨光而成。这种面层可事先拼成方形块料，也可现场按图拼接，其面板可直接粘贴在水泥基面上，也可铺粘在毛地板上，操作灵活，图案多样，得到广泛使用，如图10-2所示。

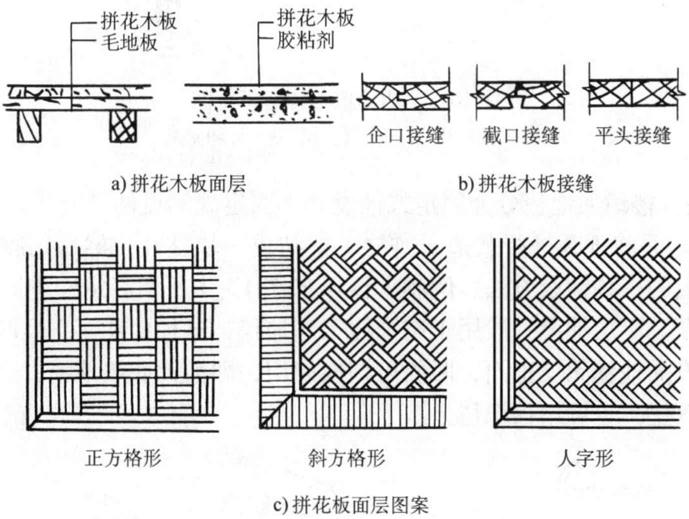

图10-2 硬木拼花木地板示意图

3）复合木地板。复合木地板又称强化地板，是采用一层或多层未用纸浸渍热固性氨基树脂，铺装在刨花板、高密度纤维板等人造板基材表面，背面加平衡层、正面加耐磨层，经热压成型的地板。复合木地板的施工程序为：水泥砂浆找平后，铺设复合木地板防潮垫，然后再铺设复合木地板。为了使用美观，对于走廊、过道等部位，应顺着行走的方向铺设，而室内房间，宜顺着光线铺设。

4）竹地板。竹地板是一种较高档次的装饰材料、被广泛应用于住宅、写字楼、宾馆及部分娱乐、运动场所，深得人们的喜爱。相对于木地板，竹地板的款式较简单，一种像传统的木地板一样，做成纵向纹路的长条，另一种做成各种斜纹拼花的方形格。其安装方式有悬浮式和固定式。悬浮式的施工程序与复合木地板的施工程序基本相同；固定式的施工程序为：先将龙骨固定于找平后的水泥地上，将胶合板铺设在龙骨上并固定，然后将竹地板铺装在胶合板上。

5）防静电楼地板。防静电楼地板又叫抗静电活动地板，它由基材和贴面材料组成，基材有钢基、铝基、复合基、刨花板基、硫酸钙基等，贴面材料有三聚氰胺、PVC、防静电瓷砖等。防静电楼地板要配以专制钢梁、橡胶垫条和可调金属支架而成。它具有抗静电、耐老化、耐磨耐烫、下部串通、高低可调、装拆方便、脚感舒适等特点，适用于电子计算机房、通信中心、程控机房、实验室、电化教室等，如图10-3所示。

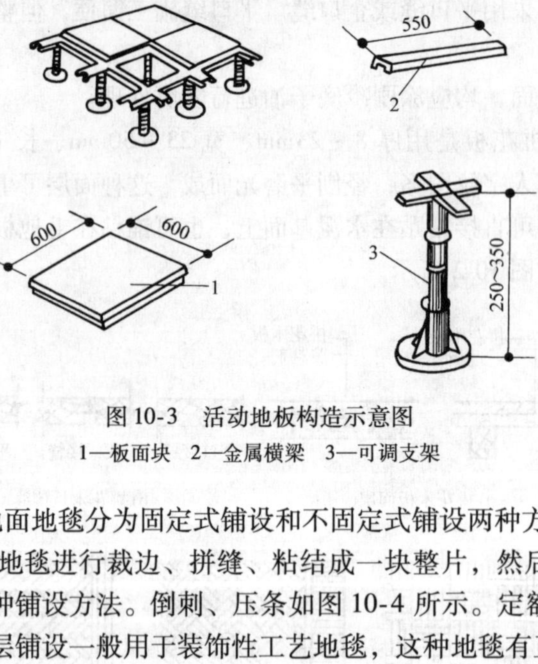

图10-3 活动地板构造示意图

1—板面块 2—金属横梁 3—可调支架

6）地毯面层。楼地面地毯分为固定式铺设和不固定式铺设两种方式。

① 固定式铺设是将地毯进行裁边、拼缝、粘结成一块整片，然后用胶粘剂或倒刺卡条固定在地面基层上的一种铺设方法。倒刺、压条如图10-4所示。定额中固定式铺设地毯分为单层和双层两项。单层铺设一般用于装饰性工艺地毯，这种地毯有正反两面，反面一般加有衬底。双层铺设的地毯无反正面，两面可调换使用，即为无底垫地毯，这种地毯需要另铺垫料，可用塑料胶垫，也可用棉织毡垫。

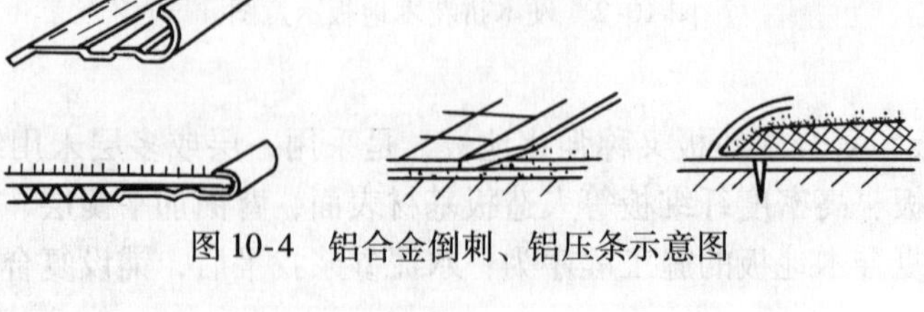

图10-4 铝合金倒刺、铝压条示意图

② 不固定式（活动式）铺设即为一般摊铺，它是将地毯平铺浮搁在地面上，不作任何固定处理。如楼梯地毯。

楼梯地毯分满铺与不满铺两种方式。满铺地毯是指从楼梯段最顶级铺到楼梯段最底级，整个楼梯都铺设地毯。有底衬的地毯不带胶垫，无底衬的地毯应另铺胶垫。不满铺地毯是指分散分块铺设，一般多用于楼梯水平面部分，踏步立面不铺。

7）其他材料工程量计算　其他材料面层按图示尺寸以面积计算，门洞、空圈、暖气包槽和壁龛开口部分并入相应的工程量内计算。

（5）踢脚线工程量计算　踢脚线按设计图示长度乘以高度以面积计算。

（6）楼梯装饰工程量计算　各种楼梯面层按设计图示尺寸以楼梯（包括踏步、休息平台及500mm以内的楼梯井）水平投影面积计算。楼梯与楼地面相连时，算至梯口梁内侧边沿；无梯口梁者，算至最上一层踏步边沿加300mm。

三、变形缝

当建筑物的长度超过规定，平面图形有曲折变化或同一建筑物个别部分的高度或荷载有很大差别时，建筑构件会因温度变化、地基的不均匀沉陷或地震等原因而产生变形，引起建筑物发生裂缝或破坏。为了预防和避免这种裂缝的产生，在设计和施工时必须将过长的或有层数不同部位的建筑，用垂直的缝区分成几个单独部分，使各部分能独立地变形，这种将建筑物垂直分开的缝称为变形缝。变形缝因功能的不同可分为温度伸缩缝、沉降缝和抗震缝三种。

1. 温度伸缩缝

由于自然界冬、夏季之间温度变化的影响引起建筑物物件因热胀冷缩产生内应力，而使结构产生裂缝或破坏，为了防止这种裂缝和破坏的发生，应设置伸缩缝。

伸缩缝是将基础以上的建筑构件，如墙、楼层、屋顶等分成两个独立部分，并在两个部分之间留出不大的缝隙（一般为20～40mm）。伸缩缝两侧的建筑沿墙的长度方向可做水平伸缩，基础部分不必分开，因为受温度变化较小。

2. 沉降缝

沉降缝的设置是为了防止建筑物的各部分由于不均匀沉降而引起的破坏，凡属下列情况均需设置沉降缝：

1）建造在不同的地基土壤上的建筑物，在建筑物的不同地基之间。

2）当建筑物部分的基础底部压力值有很大差异时。

3）当同一建筑物的相邻部分高度相差两层以上或部分高度差超过10m以上时。

4）原有建筑物和扩建建筑物之间。

5）当相邻的基础宽度和埋置深度相差悬殊时。

6）在平面形状较复杂的建筑中，为了避免不均匀沉降，应将建筑平面划分成几个长方形，在各个部分之间设置沉降缝。

沉降缝与伸缩缝最显著的区别在于沉降缝不但将墙、楼层、屋顶部分分开，而且其基础部分也必须分离，使建筑物两侧的建筑均成为独立单元，在垂直方向上可以自由沉陷，以减少对其相邻部分的影响。

沉降缝同时起伸缩缝的作用，所以，当建筑物既要做伸缩缝又要做沉降缝时，应尽可能将它们合并，但伸缩缝不能代替沉降缝，因为伸缩缝两侧建筑只能左右伸缩而不能自由沉降。

3. 抗震缝

1）建筑物处于下列情况下，需要设置抗震缝：

①建筑物立面高差在6m以上；②构造形式不同；③承重结构的材料不一样；④平面上尺寸不同时。

这是因为在上述情况下，建筑物一般在水平方向上具有不同的刚度，因此，这些建筑物在受地震影响下，将具有不同的振幅和振动周期，假如建筑物的各部分相互连接在一起，那么地震时，结合处可能发生裂缝、断裂现象。为了防止这种破坏的发生，在这些部分的结合处，应预先设置抗震缝，将建筑物不同刚度的部分互相分离。

2）抗震缝应沿建筑全高设置，将建筑分成若干相邻的体形简单、结构刚度均匀的独立单元，在平面复杂的建筑中，由于与振动方向有关的建筑各相连部分的刚度差别很大，因此，应将基础分开，此外，当抗震缝与沉降缝结合设置时，基础亦应分开。但在其他情况下，基础内可不设抗震缝。

3）抗震缝在墙身、楼层及屋顶部分的构造基本上和沉降缝的构造相同。

4）各种抗震缝的常用做法有以下种类：

① 油浸麻丝：伸缩缝内塞浸过沥青的麻丝。

② 油浸木丝板或刨花板：将板两面涂上沥青塞入缝内。

③ 沥青砂浆：将沥青砂浆拌和物热炒，拌匀后填在地面的伸缩缝内。

④ 玛瑞脂：将沥青胶灌入缝内。

⑤ 木板盖面：在变形缝处盖一块木板条。

⑥ 铁皮盖面：用24号或26号的镀锌铁皮或铝皮盖于缝处。

⑦ 止水带：防止地下水上升，有橡胶和塑料两种。

还有橡胶板盖缝、石灰麻刀等。

四、散水、坡道、台阶及零星装饰项目

1. 简介

（1）散水　又叫排水坡、护坡，指的是在建筑物四周所做的护坡，其作用是排泄屋面积水、保护建筑物四周地基土的稳定。定额中分混凝土一次抹光和平铺砖两个子目。

（2）坡道　指防滑坡道。因为室内地面均高出室外地面，为了便于车辆出入，需做成斜坡，坡度一般为1:5~1:10，面层上做成锯齿形以防滑，面层的这种做法叫做礓礤。

（3）台阶　在房屋的入口处，如果不是坡道就是台阶。

2. 工程量计算

1）散水、防滑坡道工程量按图示尺寸，以水平投影面积计算（不包括翼墙、花池等）。

2）各种台阶面层（包括踏步及最上一层踏步外沿加300mm）工程量按水平投影面积，以“m^2”计算。

3）零星装饰项目按设计图示尺寸以面积计算。

五、栏板（杆）、扶手、护栏

1. 简介

栏板（杆）扶手可分为以下几种。

1）楼梯玻璃栏板。楼梯玻璃栏板又称玻璃栏板或玻璃扶手，是用大块的透明安全玻璃做楼梯栏板，上面加扶手。扶手可用铝合金管、不锈钢管、黄铜管或高级硬木等材料制作。玻璃可为有机玻璃、钢化玻璃或茶色玻璃。定额中楼梯扶手的玻璃安装有半玻或全玻两种方式。

① 半玻是楼梯扶手，是玻璃上下透空，玻璃用卡槽安装在扶手立柱之间，或者直接安装在立柱的开槽中，并用玻璃胶固定。

② 全玻式楼梯扶手，是将玻璃下部固定在楼梯踏步地面上，上部与金属管材或硬木扶手连接。与金属管材的连接方式有三种：一是在管子下部开槽，将玻璃插入槽内；二是在管子下部安装U形卡槽，玻璃卡装在槽内；三是用玻璃胶直接将玻璃粘结于管子下部。玻璃下部，可用角钢将其卡住定位，然后在角钢与玻璃留出的间隙中嵌玻璃胶将玻璃固定。

2）楼梯栏杆。楼梯栏杆是指楼梯扶手与楼梯踏步之间的金属栏杆，金属栏杆之间可以镶玻璃也可以不镶玻璃。根据楼梯形式，楼梯栏杆扶手分为直线型、圆弧型和螺旋型三种，扶手下面的栏杆分为竖条式和其他两种。按照不同材料和造型，又分为直线型、铁花栏杆、车花木栏杆和不车花木栏杆等，如图10-5所示。

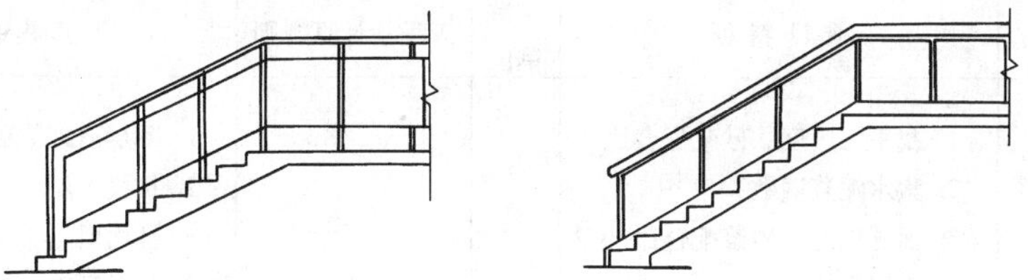

a) 金属栏杆、半玻栏杆

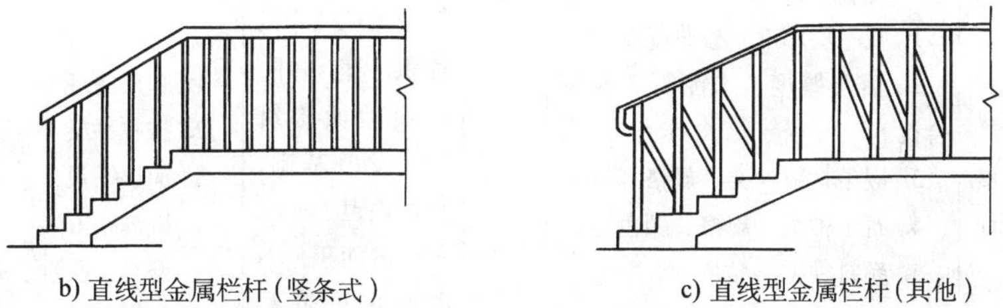

b) 直线型金属栏杆（竖条式）　　c) 直线型金属栏杆（其他）

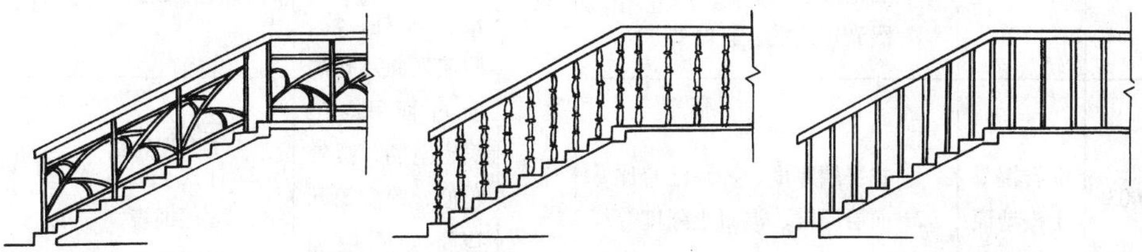

d) 铁花栏杆（钢材、型钢）　　e) 不车花木栏杆　　f) 车花木栏杆

图10-5　栏杆、栏板、扶手示意图

3）扶手。主要有楼梯扶手和靠墙扶手。

① 楼梯扶手按照材料分为不锈钢扶手、硬木扶手、钢管扶手、铜管扶手、塑料扶手和大理石扶手等。按照造型又分为直线型、圆弧型和螺旋型三种。

② 靠墙扶手是指扶手固定在墙上，扶手下面没有栏杆或栏板。按照材料不同分为不锈

钢管、铝合金管、铜管、塑料管、钢管和硬木扶手。靠墙扶手一般都是直线型。

4）装饰护栏。护栏一般是为了防止人们随意进入某规定区间而设置的隔离设施，如道路护栏、草地护栏、门窗护栏等。定额中主要编制的是门窗护栏，用小型铝合金或不锈钢管材制作，护栏上可以制作一些图案起装饰作用，故称作装饰护栏。

2. 工程量计算

1）扶手、栏杆、栏板、工程量按设计图示尺寸以扶手中心线长度（包括弯头长度）计算。

2）防滑条按楼梯踏步两端距离减300mm，以“延长米”计算。

六、工程量清单条件下的项目设置及工程量计算

按照（GB 50854—2013）《房屋建筑与装饰工程工程量计算规范》的规定，其项目设置及工程量计算和定额会有所不同，编制清单报价时必须要注意其中的区别。

例如，整体面层，工程量清单项目设置及工程量计算规则，应按表10-1的规定执行；块料面层，工程量清单项目设置及工程量计算规则应按表10-2的规定执行。

表10-1 整体面层清单工程量计算规则（部分）

<table>
<tr><th>项目编码</th><th>项目名称</th><th>项目特征</th><th>计量单位</th><th>工程量计算规则</th><th>工程内容</th></tr>
<tr><td>011101001</td><td>水泥砂浆楼地面</td><td>1. 找平层厚度、砂浆配合比
2. 素水泥浆遍数
3. 面层厚度、砂浆配合比
4. 面层做法要求</td><td rowspan="4">m^2</td><td rowspan="4">按图示尺寸以面积计算。扣除凸出地面构筑物、设备基础、室内铁道、地沟等所占面积，不扣除间壁墙及≤$0.3m^2$柱、垛、附墙烟囱及孔洞所占面积。门洞、空圈、暖气包槽、壁龛的开口部分不增加面积</td><td>1. 基层清理
2. 抹找平层
3. 抹面层
4. 材料运输</td></tr>
<tr><td>011101002</td><td>现浇水磨石楼地面</td><td>1. 找平层厚度、砂浆配合比
2. 面层厚度、水泥石子浆配合比
3. 嵌条材料种类、规格
4. 石子种类、规格、颜色
5. 颜料种类、颜色
6. 图案要求
7. 磨光、酸洗、打蜡要求</td><td>1. 基层清理
2. 抹找平层
3. 面层铺设
4. 嵌缝条安装
5. 磨光、酸洗、打蜡
6. 材料运输</td></tr>
<tr><td>011101003</td><td>细石混凝土楼地面</td><td>1. 找平层厚度、砂浆配合比
2. 面层厚度、混凝土强度等级</td><td>1. 基层清理
2. 抹找平层
3. 面层铺设
4. 材料运输</td></tr>
<tr><td>011101004</td><td>菱苦土楼地面</td><td>1. 找平层厚度、砂浆配合比
2. 面层厚度
3. 打蜡要求</td><td>1. 基层清理
2. 抹找平层
3. 面层铺设
4. 打蜡
5. 材料运输</td></tr>
</table>

表 10-2 块料面层清单工程量计算规则（部分）

项目编码	项目名称	项 目 特 征	计量单位	工程量计算规则	工 程 内 容
011102001	石材楼地面	1. 找平层厚度、砂浆配合比 2. 结合层厚度、砂浆配合比 3. 面层材料品种、规格、品牌、颜色 4. 嵌缝材料种类 5. 防护层材料种类 6. 酸洗、打蜡要求	m^2	按图示尺寸以面积计算。门洞、空圈、暖气包槽、壁龛的开口部分并入相应的工程量内	1. 基层清理 2. 抹找平层 3. 面层铺设、磨边 4. 嵌缝 5. 刷防护材料 6. 酸洗、打蜡 7. 材料运输
011102003	块料楼地面				

例 10-1 如图 10-6 所示，某办公楼二层房间（不包括卫生间）及走廊地面整体面层工程。1:2.5 水泥砂浆面层厚 25mm，素水泥浆一道；1:3 水泥砂浆找平层厚 30mm；水泥砂浆踢脚线高 150mm。外墙为 37 墙（偏轴），内墙为 24 墙（中轴），计算相关项目的工程量。

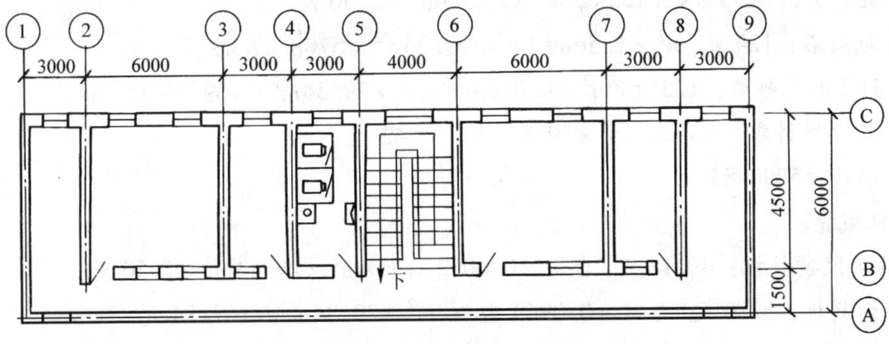

图 10-6 某办公楼二层示意图

解：（1）相关工程量。

1）外墙外边线：$L_{外} = (3 \times 9 \times 2 + 4 + 6)\text{m} \times 2 + 0.25\text{m} \times 8 = 130\text{m}$

2）外墙中心线：$L_{中} = L_{外} - 4 \times 0.37 = (76 - 4 \times 0.37)\text{m} = 74.52\text{m}$

3）内墙净长线：$L_{内} = (4.5 - 0.12)\text{m} \times 4 + 21 + (4.5 - 0.12 \times 2)\text{m} \times 3 = 51.3\text{m}$

4）二层建筑面积：$S_2 = 31.5\text{m} \times 6.5\text{m} = 204.75\text{m}^2$

5）卫生间净面积：$S_{卫生间} = (3 - 0.12 \times 2)\text{m} \times (4.5 - 0.12 \times 2)\text{m} = 11.76\text{m}^2$

6）二楼楼梯间所占面积：$S_{楼梯间} = (4 - 0.12 \times 2)\text{m} \times 4.5\text{m} = 16.92\text{m}^2$

（2）30mm 厚 1:3 水泥砂浆找平层工程量。

$$S_{找平层} = S_2 - S_{卫生间} - S_{楼梯间} = (204.75 - 11.76 - 16.92)\text{m}^2 = 176.07\text{m}^2$$

（3）25mm 厚 1:2.5 水泥砂浆整体面层工程量。

$$S_{整体面层} = S_{找平层} = 176.07\text{m}^2$$

(4) 150mm 高水泥砂浆踢脚线工程量。

$$S_{踢脚线}=[L_{中}-4\times0.37+L_{内}\times2-0.24\times10-(3-0.24+4.5-0.24)\times 2-(4-0.24+4.5\times2)]\text{m}\times0.15\text{m}$$

$$=[74.52-4\times0.37+51.3\times2-0.24\times10-(3-0.24+4.5-0.24)\times 2-(4-0.24+4.5)\times2]\text{ m}\times0.15\text{m}$$

$$=14.27\text{m}^2$$

例 10-2 业主根据设计施工图计算一台阶水平投影面积（不包括最后一步踏步300mm）为 29.34m^2，台阶长度为 32.6m，宽度为 300mm，高度为 150mm，80mm 厚混凝土 C10 基层，体积 6.06m^3，100mm 厚 3:7 灰土垫层，体积 3.59m^3，面层为芝麻白花岗岩，板厚 25mm。试用工程量清单报价法计算报价。（本例题中在计算过程中使用的人、材、机的单价及其含量，包括计算综合单价的各项计价比例，均系依据某定额查得。教学和实际工程中可根据使用情况换用。）

解：(1) 花岗石面层（25mm 厚）。

1) 人工费。

25 元/工日 ×0.56 工日/m^2 ×29.34m^2 =410.76 元

2) 材料费。

白水泥：0.55 元/kg ×0.155kg/m^2 ×29.34m^2 =2.50 元

花岗石：124 元/m^2 ×1.56m^2/m^2 ×29.34m^2 =5708.27 元

1:3 水泥砂浆：125 元/m^3 ×0.0299m^3/m^2 ×29.34m^2 =109.66 元

其他材料费：2.4 元/m^2 ×29.34m^2 =70.42 元

小计：5890.85 元

3) 机械费。

200L 灰浆搅拌机：49.18 元/台班 ×0.0052 台班/m^2 ×29.34m^2 =7.50 元

切割机：52.0 元/台班 ×0.0969 台班/m^2 ×29.34m^2 =147.84 元

小计：(7.50 +147.84) 元 =155.34 元

4) 合计。

(410.76 +5890.85 +155.34) 元 =6456.95 元

(2) 基层（80mm 厚，混凝土 C10）。

1) 人工费。

32.27 元/m^3 ×6.06m^3 =195.56 元

2) 材料费。

151.30 元/m^3 ×6.06m^3 =916.88 元

3) 机械费。

15.61 元/m^3 ×6.06m^3 =94.60 元

4) 合计。

(195.56 +916.88 +94.60) 元 =1207.04 元

(3) 100mm 厚三七灰土垫层。

1）人工费。

22.73 元/m^3 ×3.59m^3 =81.60 元

2）材料费。

22.37 元/m^3 ×3.59m^3 =80.31 元

3）机械费。

1.78 元/m^3 ×3.59m^3 =6.39 元

4）合计。

(81.60 +80.31 +6.39)元 =168.30 元

（4）花岗岩踢脚板（25mm 厚）。

1）人工费。

2.81 元/m ×32.6m =91.61 元

2）材料费。

14.16 元/m ×32.6m =461.65 元

3）机械费。

1.42 元/m ×32.6m =46.29 元

4）合计。

(91.61 +461.65 +46.29)元 =599.55 元

（5）综合。

1）直接费合计。

(6456.95 +1207.04 +168.30 +599.55)元 =8431.84 元

2）管理费。

直接费 ×34% =8431.84 元 ×34% =2866.83 元

3）利润。

直接费 ×8% =8431.84 元 ×8% =674.55 元

4）总计。

(8431.84 +2866.83 +674.55)元 =11973.22 元

5）综合单价。

11973.22 元 ÷29.34m^2 =408.09 元/m^2

（6）将相关计算结果列为清单，见表 10-3、表 10-4。

表 10-3 分部分项工程量清单与计价表

工程名称：某工程　　　　第　页　共　页

序号	项目编码	项目名称	项目特征描述	计量单位	工程数量	金额/元	
						综合单价	合　价
	011107001001	石材台阶面	芝麻白花岗岩 25mm 厚 粘结层水泥砂浆 1:3 基层 80mm 厚、混凝土 C10 3:7 灰土垫层 100mm 厚	m^3	29.34	408.09	11973.22

表10-4 分部分项工程量清单综合单价计算表

工程名称：某工程 计量单位：m^2

项目编码：020108001001 工程数量：29.34

项目名称：花岗岩台阶 综合单价：408.09 元/m^2

序号	定额编号	工程内容	单位	数量	其中/元					
					人工费	材料费	机械费	管理费	利润	小计
		花岗岩台阶								
	企1—034	25mm厚面层芝麻白花岗石	m^2	1.000	14.00	200.78	5.29	74.82	17.61	312.5
	企1—7	80mm厚混凝土C10基层	m^3	0.207	6.67	31.25	3.22	13.99	3.29	58.42
	企1—1	100mm厚3:7灰土垫层	m^3	0.122	2.78	2.74	0.22	1.95	0.46	8.15
	企1—174	25mm厚芝麻白花岗石踢脚板	m^2	1.111	3.12	15.73	1.58	6.95	1.63	29.01
		合 计			26.57	250.5	10.31	97.71	22.99	408.09

第二节 墙柱面装饰工程

一、概述

墙柱面装饰工程是在墙柱结构上进行表层装饰的工程，分为内墙面装饰工程和外墙面装饰工程。主要是指抹灰、油漆、喷漆、喷塑、裱糊、镶贴、幕墙等工程，除非有特殊说明，其工程量一般情况下按其图示尺寸相应面积，以“m^2”计算。

1. 抹灰工程

（1）抹灰种类 建筑工程的抹灰工程主要是保护墙身不受风、雨、湿气的侵蚀，增强墙身的耐久性，提高建筑美观，改善室内的清洁卫生条件。抹灰工程按抹灰部位不同可分为墙面抹灰、柱面抹灰和零星抹灰。按使用材料和装饰效果可分为一般抹灰和装饰抹灰。一般抹灰包括石灰砂浆、水泥砂浆、混合砂浆、聚合物水泥砂浆、麻刀石灰浆、石膏灰浆等，装饰抹灰包括水刷石、斩假石、干粘石、假面砖、水磨石等。

为了保证抹灰表面平整，避免裂缝、脱落、便于操作，抹灰一般要分层施工。各层所使用的砂浆也不相同。

1）石灰砂浆。

① 抹石灰砂浆分普通、中级、高级抹灰，其标准如下：

普通抹灰：一遍底层、一遍面层。

中级抹灰：一遍底层、一遍中层、一遍面层。

高级抹灰：一遍底层、一遍中层、二遍面层。

② 各层使用砂浆种类。

底层砂浆种类可以是石灰砂浆、石灰草筋浆、石灰麻刀浆、混合砂浆。

中层砂浆种类可以是石灰砂浆、石灰麻刀浆、混合砂浆等。

面层砂浆种类可以是纸筋灰浆或石膏浆。

2）水泥砂浆。即底层采用水泥砂浆或混合砂浆，中层和面层为水泥砂浆的抹灰种类。

3）混合砂浆。即底、面层均采用混合砂浆抹灰的种类。

4）其他砂浆。包括石膏砂浆、TG胶砂浆、水泥珍珠岩砂浆及石英砂浆搓砂墙面等。

5）水刷石。用1∶2.5水泥砂浆找平，上抹1∶1.5～1∶2水泥白石子浆，待达到一定强度后，用人工或机械将表面的浮水泥浆刷掉，使白石子外露1mm左右。

6）干粘石。用1∶2.5水泥砂浆找平，上抹水泥浆2～3mm，再将洗净的白石子粘上。

7）斩假石。用1∶2.5水泥砂浆找平，上抹1∶1.5水泥白石子浆（或1∶1.25水泥石屑浆），待达到一定强度后，用斧沿垂直方向斩剁修整。

8）水磨石。用1∶3水泥砂浆找平，上抹1∶1.5～2.5水泥白石子浆，待达到一定强度后，用人工或机械磨光，然后清洗、打蜡、擦光。

9）拉毛。拉毛分为石灰浆拉毛和水泥浆拉毛两种。

① 水泥浆拉毛：用水泥石灰砂浆找平，上抹1∶1∶2水泥石灰砂浆，随即用棕刷蘸上砂浆往墙上垂直拍拉，或用铁抹子贴在墙面上立即抽回，如此往复抽拉，就可在表面拉出像山峰形的水泥毛刺儿。

② 石灰浆拉毛：也是用水泥石灰砂浆找平，再用麻刀石灰浆罩面拉毛。

（2）墙面抹灰工程的工程量计算　墙面抹灰按设计图示尺寸以面积计算。扣除墙裙、门窗洞口及单个0.3m^{2}以外的孔洞面积，不扣除踢脚线、挂镜线和墙与构件交接处的面积，门窗洞口和孔洞的侧壁和顶面不增加面积。

梁垛、附墙柱、烟囱并入相应的墙面面积内。

1）内墙面抹灰的长度，以主墙间的图示净长尺寸计算。其高度确定如下：

① 无墙裙的，其高度按室内地面或楼面至天棚底面之间距离计算。

② 有墙裙的，其高度按墙裙顶至天棚底面之间距离计算。

③ 有吊顶天棚抹灰，高度算至天棚底。

2）内墙裙抹灰面积按内墙净长乘以高度计算；应扣除门窗洞口和空圈所占的面积，门窗洞口和空圈的侧壁面积不另增加，墙垛、附墙烟囱侧壁面积并入墙裙抹灰面积内计算。

3）外墙抹灰面积，按外墙垂直投影面积计算。

4）外墙裙抹灰面积按其长度乘高度计算。飘窗凸出外墙面增加的抹灰并入外墙工程量内。

（3）柱（梁）面抹灰工程量计算　具体如下。

1）柱面抹灰工程量按设计图示柱断面周长乘高度以面积计算。

2）梁面抹灰工程量按设计图示果断面周长乘以长度以面积计算。

（4）零星抹灰工程量计算　零星抹灰是指墙、柱（梁）面0.5m^{2}以内的少量分散的抹灰，其工程量按设计图示尺寸以面积计算。

2. 镶贴块料面层

镶贴块料面层按镶贴的部位不同分为镶贴墙面、镶贴柱（梁）面、零星镶贴面等。

镶贴块料面层就是将各种块体饰面材料用粘结剂，依照设计图镶贴在各种基层上，用于镶贴的块体饰面材料很多，主要有大理石、花岗石、各种面砖及陶瓷锦砖等，所用粘结剂主要有水泥浆、聚酯类水泥浆及各种特殊胶粘剂等。

（1）大理石板材面层　大理石板材是由大理石岩经开采、机械加工而成的建筑装饰材料，应用极为广泛。大理石有各种颜色，但硬度不大，抗风化性差，主要用于室内装修。

1）挂贴大理石板。

挂贴法又称镶贴法，先在墙柱基面上预埋铁件，固定钢筋网，同时在石板的上下部位钻孔打眼，穿上铜丝与钢筋网扎结。用木楔调节石板与基面之间的缝宽，待一排石板的石面调整平整并固定好后，用1∶2或1∶2.5水泥砂浆分层灌缝，待面层全部挂贴完成后，用白水泥浆嵌缝，最后洁面、打蜡、上光，如图10-7所示。

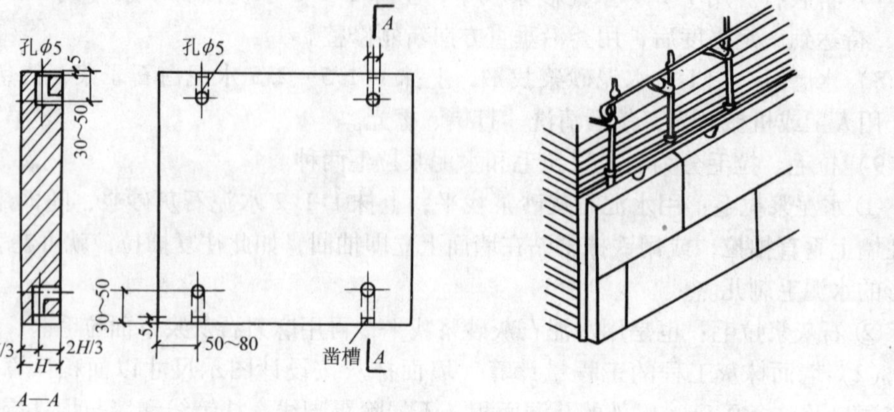

图10-7 挂贴大理石板施工工艺示意图

2）粘贴大理石板。粘贴法是在清洁基面后用1∶3水泥砂浆打底，然后抹1∶2.5水泥砂浆中层，再用粘结剂涂刷大理石背面，按设计分块要求将其镶贴到砂浆面上，整平洁面，最后用白水泥嵌缝，去污、打蜡、抛光。

3）干挂大理石板。干挂法不用水泥砂浆，而是在基层墙面上按设计要求设置膨胀螺栓，将不锈钢角钢固定在基面上，然后用不锈钢连接螺栓和插棍将打有孔洞的石板和角钢连接起来进行固定，整平面板后，洁面、嵌缝、抛光即成。这种方法多用于大型板材。

（2）花岗石面层　由花岗岩经开采、加工而成的装饰材料。由于其耐冻性、耐磨性均较好，具有良好的抗风化性能，因此，常用于建筑物的勒脚及墙身部位，磨光的花岗石板材常用于室内外墙面、地面的装饰。

将花岗岩板固定在墙壁上的方法有三种：粘贴法、干挂法、挂贴法。

（3）建筑陶瓷　凡用于装饰墙面、铺设地面、安装上下水管、装备卫生间等的各种陶瓷材料与制品，均称为建筑陶瓷。常用的有以下几种：

1）瓷砖。适用于建筑物室内装饰的薄型精陶制品。常用于室内墙面，主要用于浴室、厨房、实验室、医院、精密仪器车间等的墙面及工作台、墙裙等处，也可用来砌筑水池、水槽、卫生设施等。它是用颜色洁白的瓷土或耐火黏土经焙烧而成的，表面光洁平整，不易沾污，耐水性、耐湿性好。

2）陶瓷锦砖。又叫马赛克、纸皮砖。主要用于墙面及地面。品种有挂釉和不挂釉两种。目前常用不挂釉产品。这种砖质地坚硬、经久耐用、色泽多样、耐酸、耐碱、耐火、耐磨、不渗水、易清洗。陶瓷锦砖是由不同形状小块，拼成一定要求的图案，单块尺寸有矩形、方形、菱形、不规则多边形等。

陶瓷锦砖的镶贴主要是将其用水泥浆粘贴在水泥砂浆找平层上。其操作工艺如下：检查基层有无尺寸偏差、预留洞及预埋件的位置是否正确；修补和处理基层；抹砂浆找平层；放线；刮素水泥浆、镶贴、撕纸、擦缝、清理。

3）面砖。采用品质均匀而耐火度较高的黏土制成，砖的表面有平滑的、粗糙的、有带线条或图案的、正面有上釉的与不上釉的，背面多带有凹凸不平的条纹，便于与砂浆牢固粘贴。常用于大型公共建筑，如展览馆、宾馆、饭店、影剧院及商店等饰面。

墙面贴块料面层工程量均按图示尺寸以实贴面积计算。

墙裙以高度在1500mm以内为准，超过1500mm时按墙面计算，高度低于300mm以内时，按踢脚板计算。

（4）镶贴块料面层工程量计算　墙、柱（梁）镶贴块料、零星镶贴块料均按设计图示尺寸以镶贴表面积计算。干挂石材的钢骨架按设计图示尺寸以质量计算。

3. 饰面、隔墙

饰面是指在墙、柱（梁）结构面上，用金属或木质材料做骨架或基层，在骨架或基层上安装用装饰面板所形成的装饰面层。墙、柱（梁）饰面的主要材料可分为：①玻璃类材料：镜面玻璃、镭射玻璃、有机玻璃；②金属、半金属类材料：彩色钢板、镀锌薄铁板、铝塑板、不锈钢板、铝合金板；③木材类：硬木条板；④人造板材类：石膏板、胶合板、矿棉板、塑料板等；⑤其他类：织锦缎、人造革、化纤毯、竹片、柚木皮等。

（1）不锈钢饰面　不锈钢饰面是指将不锈钢板研压、抛光、蚀刻而成的装饰薄板。根据其反光率的大小分为镜面板、亚光板和浮雕板三种。

1）圆柱不锈钢饰面。

① 木龙骨圆柱。这种圆柱是用不易变形的杉方木做成柱骨架，用三合板做柱面基层，整平光面后，在其上安装不锈钢面板。

② 钢龙骨圆柱。它是用∟63×40×4角钢做立杆，用━30×4扁钢做横撑，焊接成圆形骨架，将不锈钢饰面板用螺钉与其连接而成。

2）方柱圆形面不锈钢饰面。以木龙骨做柱芯，再与其上用支撑和龙骨固定为圆柱面而成。如图10-8所示。

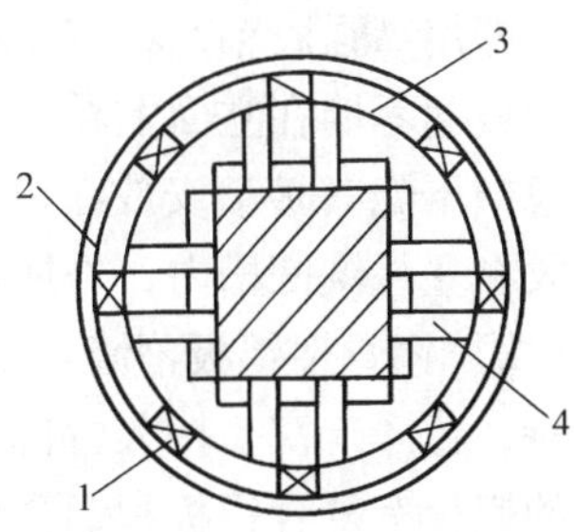

图10-8　方柱圆形面不锈钢饰面
1—竖向龙骨　2—不锈钢板
3—横向龙骨　4—支撑

（2）硬木板条墙面、硬木条吸音墙面及石膏板隔声墙面　具体如下。

1）硬木板条墙面。它是以硬木薄板作为饰面板镶拼而成的墙面。

2）硬木条吸声墙面。硬木条吸音墙面也称为灰板条钢板网隔声墙面，它是用宽度为20～40mm、厚度为5～10mm的木板条间隔8～12mm铺钉在木龙骨上（内衬油毡和玻璃棉），然后将钢板网片铺钉在木板条上，经整平固紧后抹1∶1∶4混合砂浆。

3）石膏板隔声墙面。石膏板隔声墙面实际上是一种镶嵌石膏板的墙面，它是在基层墙（一般为砖墙）面上剔洞埋木砖，按照石膏板宽做成木框架与木砖连接，然后在木框架上嵌以石膏板钉上木压条而成。

（3）丝绒饰面与胶合板饰面　具体如下。

1）丝绒饰面。丝绒饰面是指用纺织物品（平绒、墙毡等）包饰的墙面。它是在基层墙面上预埋木砖，经粘贴油毡防潮处理后钉上木骨架，在骨架上满铺胶合板并嵌好拼接缝，然后用压条包铺好丝绒布而成。

2）胶合板饰面墙。胶合板饰面墙是轻质薄层木饰面板的一种最简单的墙面装饰。它是在基层墙面上剔洞埋木砖，粘贴油毡，装钉木骨架，铺钉胶合板，并安装压顶条和踢脚板而成。

（4）镜面玻璃和镭射玻璃墙面　镜面玻璃和镭射玻璃可安装在木基层面上或者粘贴在砂浆层面上。

1）木基层安装法。它是在砖基层上剔洞埋木砖，粘贴油毡，安装木骨架，钉装胶合板，然后用不锈钢压条将玻璃饰面钉压在木骨架上，并用玻璃胶嵌缝收边而成的。

2）砂浆面粘贴法。它是将基面打扫干净后，涂刷107胶素水泥浆一道，接着抹20mm厚1∶2.5水泥砂浆罩面；待水泥砂浆罩面干燥后，用双面强力弹性胶带将玻璃饰面沿周边粘贴到砂浆面上，随即将铝合金压条涂上XY—508胶紧压住饰面边框，使之粘贴在砂浆面上，并在交角处铺钉钢钉以加强紧固。

（5）饰面工程量计算　墙饰面工程量按设计图示净长乘以高度以面积计算。扣除门窗洞口及单个0.3m^2以上的孔洞所占面积。柱（梁）饰面按设计图示饰面外围尺寸以面积计算。柱帽、柱墩并入相应柱饰面工程量内。

4. 幕墙

幕墙是指由面板与支承结构体系（支承装置与支承结构）组成的建筑外围护墙或装饰性结构。幕墙可分为带骨架幕墙和全玻璃（无框玻璃）幕墙。面板材料通常采用玻璃和金属板材。

（1）带骨架幕墙　分铝合金骨架和钢骨架等不同种类。

1）铝合金骨架玻璃幕墙。以铝合金型材为骨架的玻璃幕墙按外观形式可分为明框式、隐框式和半隐框式三种。明框式是指玻璃安装好后，骨架外露；隐框式指玻璃直接与骨架连结，即用高强胶粘剂将玻璃粘到铝合金封框上，而不是镶嵌在凹槽内，骨架不外露，这种类型的玻璃幕墙在立面上看不见骨架和窗框，使玻璃幕墙外观更显得简洁、明快；半隐框式分竖隐横不隐（玻璃安放在横档的玻璃镶嵌槽内，槽外加铝合金压板）和横隐竖不隐（玻璃安放在立柱镶嵌槽内，外加铝合金压板）。

2）钢骨架铝板幕墙。以型材为骨架，在骨架上安装铝板形成铝板幕墙。铝板幕墙质感独特，色泽丰富、持久，自重轻，外观形状多样化，而且维护成本低，深受用户的喜爱。常用的铝板有复合铝板和铝合金单板。

3）带骨架幕墙工程量计算。其幕墙工程量按设计图示框外围尺寸以面积计算。与幕墙同材质的窗所占面积不扣除。幕墙钢骨架应另列项目计算。

（2）全玻璃幕墙　全玻璃幕墙是指由玻璃肋和玻璃面板构成的玻璃幕墙。全玻璃幕墙是随着玻璃生产技术的提高和产品的多样化而诞生的，它为建筑物添加了奇特、透明、晶莹的外观效果。全玻璃幕墙根据安装方式分为：落地式（玻璃受托于下支架上）、吊挂式（用吊挂装置悬吊起玻璃）、后支承式（玻璃肋支承于玻璃后部）等。

全玻璃幕墙工程量按设计图示尺寸以面积计算。带肋全玻璃幕墙按展开面积计算。

5. 隔断

隔断是指不承受荷载，只用于分隔室内房间的不到顶的间壁墙。隔断按材料可分为木隔断、金属隔断、玻璃隔断、塑料隔断等。

隔断工程量按设计图示框外围尺寸以面积计算。不扣除单个 $0.3m^2$ 以内孔洞所占面积；浴厕门的材质与隔断相同时，门的面积并入隔断面积内。如果是成品隔断，也可以按设计间的数量以“间”计算。

此外，还有镁铝曲板柱面、电化铝板和铝合金装饰板墙面、石膏板隔墙以及玻璃砖隔断等。

二、墙面抹灰工程工程量清单及计算示例

1. 墙面抹灰工程是清单设置及工程量计算规则

工程量清单项目设置及工程量计算规则，应按表 10-5 的规定执行。

表 10-5　墙面抹灰清单工程量计算规则

项目编码	项目名称	项目特征	计量单位	工程量计算规则	工程内容
011201001	墙面一般抹灰	1. 墙体类型 2. 底层厚度、砂浆配合比 3. 面层厚度、砂浆配合比 4. 装饰面材料种类 5. 分格缝宽度、材料种类	m^2	按图示尺寸以面积计算。扣除墙裙、门窗洞口及单个 $0.3m^2$ 以外的孔洞面积，不扣除踢脚线、挂镜线和墙与构件交接处的面积，门窗洞口和孔洞的侧壁及顶面不增加面积。附墙柱、梁、垛、烟囱侧壁并入相应的墙面面积内计算。 1. 外墙抹灰面积按外墙垂直投影面积计算 2. 外墙裙抹灰面积按其长度乘以高度计算 3. 内墙抹灰面积按主墙间的净长乘以高度计算： （1）无墙裙的，高度按室内楼地面至天棚底面计算 （2）有墙裙的，高度按墙裙顶至天棚底面计算 （3）有吊顶天棚抹灰，高度算至天棚底 4. 内墙裙抹灰面按内墙净长乘以高度计算	1. 基层清理 2. 砂浆制作、运输 3. 底层抹灰 4. 抹面层 5. 抹装饰面 6. 勾分格缝
011201002	墙面装饰抹灰	1. 墙体类型 2. 底层厚度、砂浆配合比 3. 面层厚度、砂浆配合比 4. 装饰面材料种类 5. 分格缝宽度、材料种类			
011201003	墙面勾缝	1. 墙体类型 2. 勾缝类型 3. 勾缝材料种类			1. 基层清理 2. 砂浆制作、运输 3. 勾缝

2. 实例应用

例 10-3　某工程如图 10-9、图 10-10、图 10-11 所示，计算内、外墙抹灰工程量。已知，内墙做法：15mm 厚 1:1:6 混合砂浆底层，5mm 厚 1:1:4 混合砂浆面层。

外墙裙做法：14mm 厚 1:3 水泥砂浆底层，6mm 厚 1:2.5 水泥砂浆面层。

外墙身做法：12mm 厚 1:3 水泥砂浆底层，10mm 厚 1:1.5 水泥白石子浆水刷石。

解：（1）相关工程量计算。

1）外墙中心线：$L_{中}$ =（3×3+4）m×2 =26m

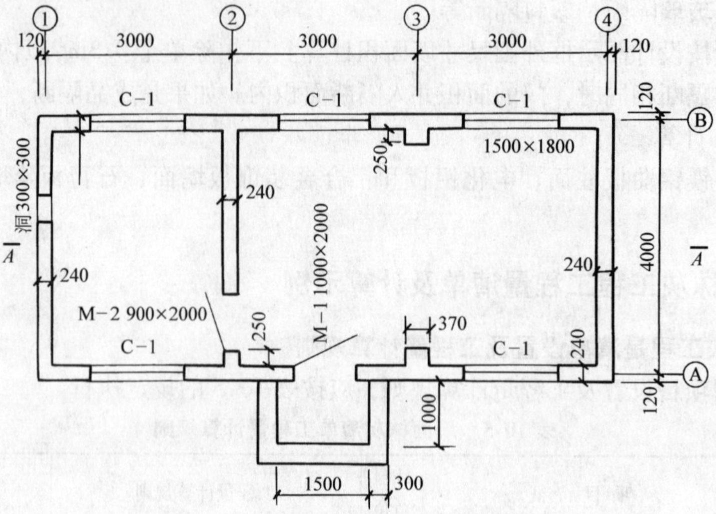

图 10-9 某工程建筑平面图

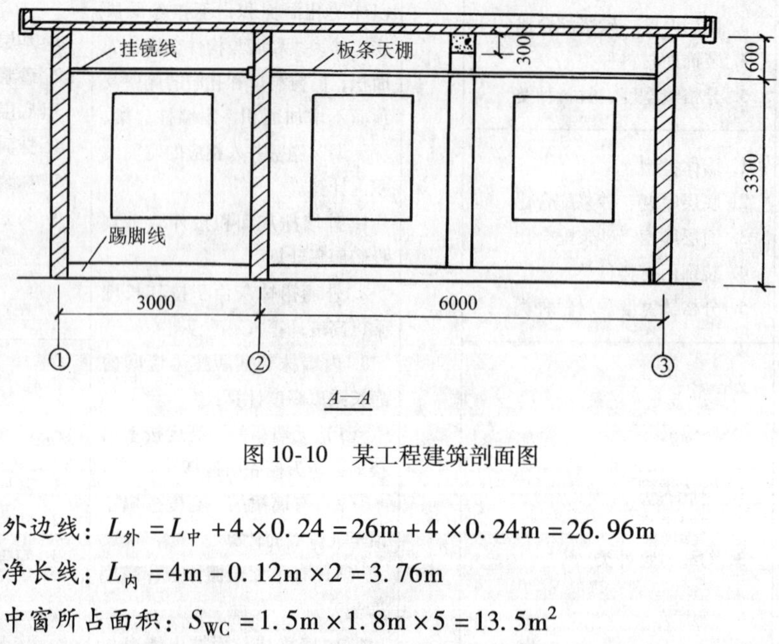

图 10-10 某工程建筑剖面图

2）外墙外边线：$L_{外} = L_{中} + 4 \times 0.24 = 26\text{m} + 4 \times 0.24\text{m} = 26.96\text{m}$

3）内墙净长线：$L_{内} = 4\text{m} - 0.12\text{m} \times 2 = 3.76\text{m}$

4）外墙中窗所占面积：$S_{WC} = 1.5\text{m} \times 1.8\text{m} \times 5 = 13.5\text{m}^2$

5）外墙中门所占面积：$S_{WM} = 1\text{m} \times 2\text{m} \times 1 = 2\text{m}^2$

6）内墙中门所占面积：$S_{NM} = 0.9\text{m} \times 2\text{m} \times 1 = 1.8\text{m}^2$

(2) 内墙抹灰面积计算。

内墙抹灰面积：$S_{NQ} = [(26 - 4 \times 0.24) - 0.24 \times 2 + 0.25 \times 4]\text{m} \times 3.9\text{m} - (13.5 - 2 - 1.8)\text{m} \times 2\text{m} = 80.58\text{m}^2$

(3) 外墙裙抹灰工程量。

外墙裙面积：$S_{QQ} = 26.96\text{m} \times 1.2\text{m} - 1.0\text{m} \times (1.2 - 0.15 \times 2)\text{m} - (1.0 + 0.25 \times 2)\text{m} \times 0.15\text{m} - (1.0 + 0.25 \times 2 + 0.3 \times 2)\text{m} \times 0.15\text{m} = 30.91\text{m}^2$

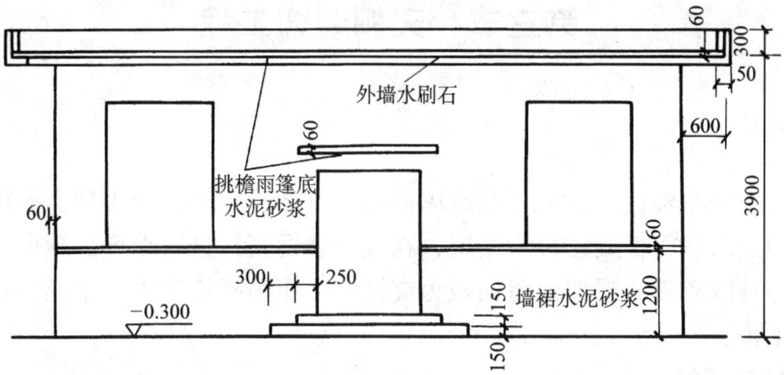

图 10-11 某工程建筑立面图

(4) 外墙身水刷石工程量。

外墙身面积：$S_{QS} = 26.96\text{m} \times (3.9 - 1.2)\text{m} - 13.5\text{m}^2 - 0.9\text{m} \times (2 - 1.2)\text{m} \times 1 = 58.57\text{m}^2$

(5) 将计算结果列为清单，见表 10-6。

表 10-6 分部分项工程量清单与计价表

工程名称：某工程　　　　标段：　　　　第　页　共　页

序号	项目编码	项目名称	项目特征描述	计量单位	工程量	金额/元		
						综合单价	合价	其中：暂估价
1	011201001001	内墙面一般抹灰	1. 标准机砖墙体 2. 底层 15mm 厚，1:1:6 混合砂浆 3. 面层 5mm 厚，1:1:4 混合砂浆	m^2	80.58			
2	011201001002	外墙裙一般抹灰	1. 标准机砖墙体 2. 底层 14mm 厚，1:3 水泥砂浆 3. 面层 6mm 厚，1:2.5 水泥砂浆	m^2	30.91			
3	011201002001	外墙面装饰抹灰	1. 标准机砖墙体 2. 底层 12mm 厚，1:3 水泥砂浆 3. 面层 10mm 厚，1:1.5 水泥白石子浆	m^2	58.57			
⋮								
本页小计								
合计								

第三节 天棚装饰工程

一、概述

天棚装饰工程是在楼板、屋架下弦或屋面板的下面进行的装饰工程。天棚装饰工程一般分为两种。一种是以屋面板或楼板为基层，在其下表面直接进行涂饰、抹面或裱糊的天棚装饰工程。另一种是以楼板、屋架或屋面板为支撑点，用吊杆连接大、小龙骨再镶贴各种饰面板的天棚装饰工程。

1. 天棚装饰工程的分类

（1）按造型划分 天棚按照其造型可划分为平面天棚、跌级天棚和艺术造型天棚。

1）平面天棚。天棚标高在同一平面者为平面天棚。

2）跌级式天棚。天棚面层不在同一标高者为跌级式天棚。跌级天棚通常可做成天井式和凹槽式两种。如图10-12所示。

3）艺术造型天棚。指那些带有弧线或造型复杂的天棚，如锯齿形天棚、阶梯形天棚、吊挂式天棚、藻井式天棚等，如图10-13所示。

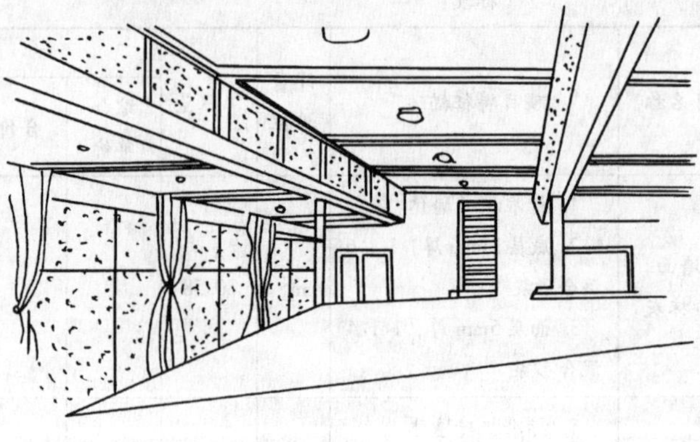

图10-12 跌级式天棚示意图

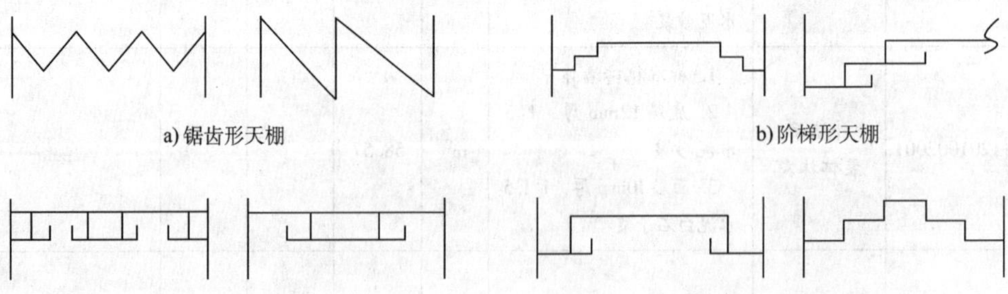

图10-13 艺术造型天棚断面示意图

（2）按装饰材料分类　天棚装饰工程材料的种类很多，按天棚装饰工程的施工方法和结构不同，可分为抹灰材料、涂刷材料、裱糊材料和吊顶天棚材料，如图10-14所示。

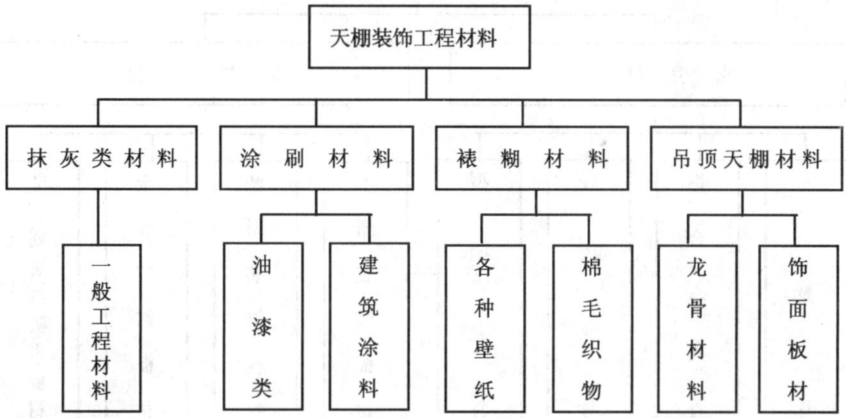

图10-14　天棚装饰材料分类

（3）按结构形式及施工工艺进行划分　具体如下。

1）无吊顶天棚装饰工程。分为以下四种：

① 光面天棚装饰工程。可在结构上抹灰或不抹灰，表面涂刷石灰浆天棚、大白浆天棚、色浆天棚、可赛银浆天棚、油漆天棚、涂料天棚等装饰工程。

② 毛面天棚装饰工程。喷涂膨胀珍珠岩涂料天棚、彩砂天棚、毛面顶棚涂料天棚等装饰工程。

③ 裱糊壁纸天棚装饰工程。裱糊各种壁纸天棚、锦缎和高级织物天棚等装饰工程。

④ 铺贴装饰板天棚装饰工程。铺贴石膏板天棚、钙塑板天棚等装饰工程。

2）有吊顶天棚装饰工程。吊顶天棚是利用楼板或屋架等结构为支撑点，吊挂各种龙骨，在龙骨上镶铺装饰面板或装饰面层，而形成的装饰天棚。吊顶天棚一般由龙骨和装饰板材两部分组成。按材料不同，龙骨又分为木龙骨、铝合金龙骨、轻钢龙骨、型钢龙骨等；装饰板材又分为木质装饰板材、塑料装饰板材、金属装饰板材、非金属装饰吸声板材等。如图10-15所示。

2. 吊顶天棚构造简介

（1）圆木天棚龙骨　圆木天棚龙骨又称对剖圆木楞，是将圆木剖成对半形作为主龙骨，将小方木作为次龙骨钉固在其下而成。根据支撑方式的不同，分为主龙骨搁在砖墙上和吊在梁(板)下两种方式。定额中分为单层楞和双层楞两种形式。其中，双层楞又按着面板规格划分为300mm×300mm、450mm×450mm、600mm×600mm，以及600mm×600mm以上几个档次。单层楞是指大龙骨下面不设小方木次龙骨；双层楞是指大龙骨下面根据面板规格设置小方木龙骨，龙骨间距应与面板规格相适应。

（2）方木天棚龙骨　方木天棚龙骨又称天棚方木楞，采用锯材作为主次龙骨。可做成平面、迭级和艺术造型等形式。平面式龙骨又有采用单层木楞和双层木楞两种安装方式。单层木楞是指大龙骨和中龙骨的底面处在同一水平面上的一种结构，双层木楞是指在大龙骨的下面钉有一层中小龙骨的一种结构形式。一般双层结构能够载重，可以上人。

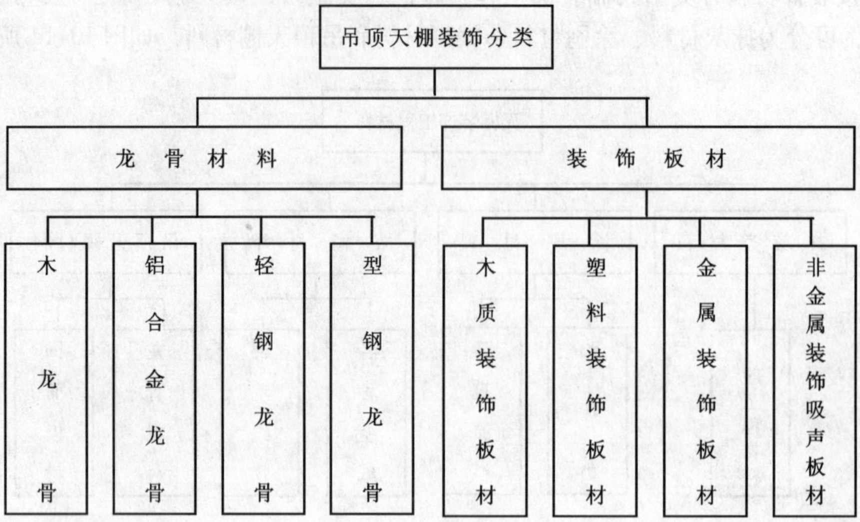

图 10-15　吊顶天棚装饰分类

（3）轻钢龙骨　轻钢龙骨是采用冷轧薄钢板或镀锌铁板，经剪裁冷弯辊轧而成。根据连接面板的龙骨的断面形状，分为U型和T型龙骨，它们由主龙骨（大龙骨）、中小龙骨（次龙骨）和各种连接件等组成，适用于施工现场装配。如图10-16所示。

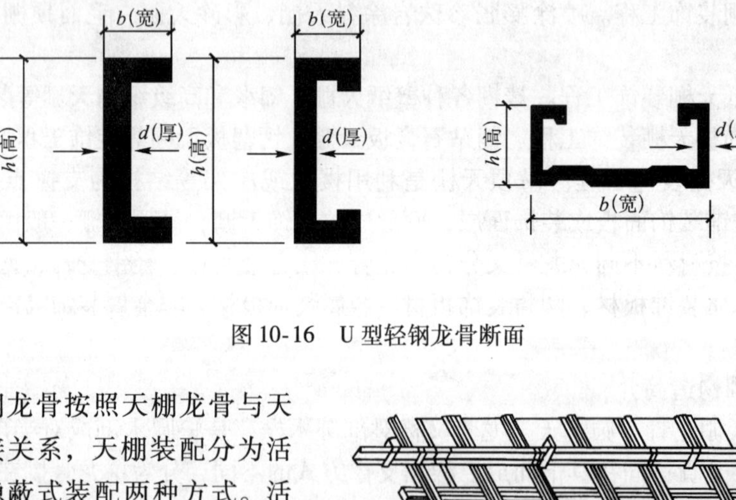

图 10-16　U型轻钢龙骨断面

U型轻钢龙骨按照天棚龙骨与天棚面板的连接关系，天棚装配分为活动式装配和隐蔽式装配两种方式。活动式装配又叫浮搁式、嵌入式，是将面板直接浮搁在次龙骨上，龙骨底缘外露，这样更换面板方便。隐蔽式装配是将面板装配在次龙骨底缘下边，使面板包住龙骨，这样天棚面层平整一致。U型轻钢龙骨适于隐蔽式装配。如图10-17所示。

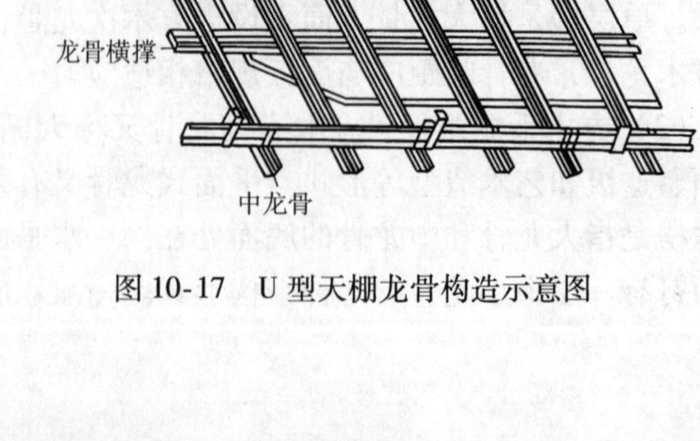

图 10-17　U型天棚龙骨构造示意图

定额中U型轻钢龙骨还分为上人型天棚和不上人型天棚两种。在设计中有的已作说明，有的未作说明。凡上人型天棚，主龙骨断面尺寸大，如 h = 60mm，吊筋一般为全预埋或预埋铁件焊接。凡不上人型天棚，主龙骨断面尺寸小，如 h = 38 ~ 45mm，吊筋一般为射钉固定或钻孔预埋。

（4）T型铝合金天棚龙骨　T型铝合金天棚龙骨与轻钢龙骨相比较，质地更轻，耐腐蚀性能更好。T型铝合金天棚龙骨适于活动式装配面板，可直接将面板搁置在⊥型中小龙骨的翼缘上。中小龙骨表面经处理后，光泽明亮，不易生锈，使天棚表面形成整齐的条格分块线条而增添装饰效果。

T型铝合金天棚的大龙骨断面，同U型轻钢天棚大龙骨的断面一样，两者与吊杆连接的方式和吊挂件形式也基本相同。

（5）铝合金方板天棚龙骨　铝合金方板天棚龙骨是专门为铝合金“方形饰面板”配套的龙骨，它包括T型断面龙骨（正T型用于嵌入式，倒T型用于浮搁式）和Π型断面龙骨(有的称为格栅龙骨、轻方板天棚龙骨)。常用配套铝合金板规格为500mm×500mm、600mm×600mm。铝合金方板龙骨与装配式T型铝合金龙骨相比较，质地更轻、装饰效果更好，并具有立体造型感等特点。

（6）铝合金条板天棚龙骨　铝合金条板天棚龙骨是采用1mm厚铝合金板，经冷弯、辊轧、阳极而成的。它与专用铝合金饰面板配套使用。其龙骨断面为Π型，其褶边形状根据吊板方式分开敞式和封闭式两种。开敞式与封闭式的区别在面板，开敞式采用开敞式铝合金条板，条板与条板之间有缝隙。封闭式采用封闭式铝合金条板，条板之间没有缝隙，如图10-18所示。

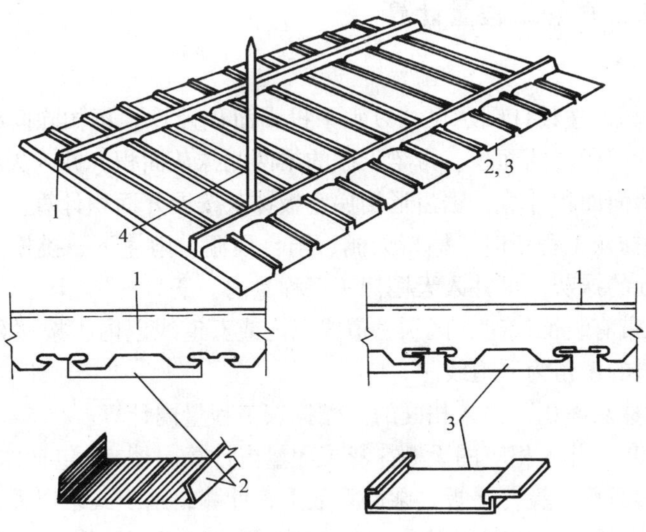

图10-18　铝合金条板天棚示意图

1—铝合金条板龙骨　2—长5 ~ 8m开敞式铝合金条板

3—长5 ~ 8m封闭式铝合金条板　4—吊筋

定额中把这种天棚龙骨分为中型和轻型两种类型。中型天棚龙骨承载能力稍大些，垂直吊筋采用ф8mm钢筋，轻型天棚垂直吊筋采用ф6mm钢筋。

（7）铝合金格片式天棚龙骨 铝合金格片式天棚龙骨也是用薄型铝合金板经冷轧弯制而成，是专与叶片式天棚饰板配套的一种龙骨。因此这种天棚又叫窗叶式天棚，或假格栅天棚。龙骨断面为Π型，褶边轧成三角形缺口卡槽，供卡装叶片用，如图10-19所示。

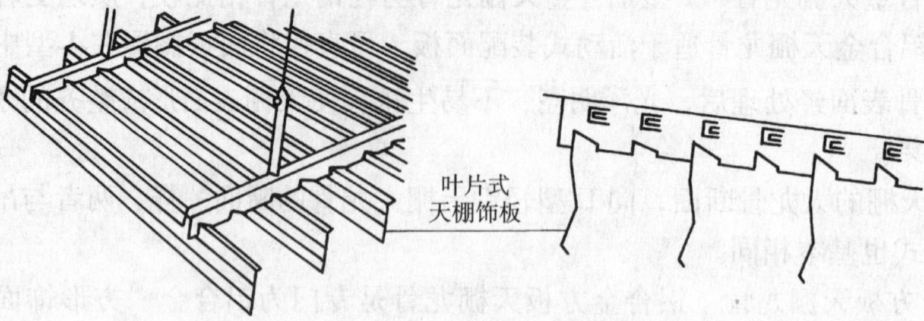

图10-19 铝合金格片式天棚

（8）天棚面层饰面 天棚面层饰面是与天棚龙骨架相配套，处于天棚安装的最后一个部位，一般称为天棚板。由于新材料、新工艺的不断出现，饰面板的类型很多，主要有板条天棚面层、胶合板、木丝板和刨花木屑板天棚面层、吸声板天棚面层、埃特板与玻璃纤维天棚饰面、塑料天棚饰面、钢板网和铝板网天棚饰面、铝塑板与钙塑板天棚饰面、矿棉板与石膏板天棚饰面、不锈钢板及镜面玻璃天棚饰面、镜面玲珑胶板天棚饰面、宝丽板及柚木夹板天棚饰面、铝合金条板与铝合金方板天棚饰面、铝栅假天棚等。

二、天棚装饰工程的工程量计算

1. 抹灰天棚

1）天棚抹灰面积，按设计图示尺寸以水平投影面积计算。不扣除间壁墙、垛、柱、附墙烟囱、检查口和管道所占的面积。带梁天棚的梁两侧抹灰面积，并入天棚抹灰面积内；板式楼梯底面抹灰按斜面面积计算，锯齿形楼梯底板抹灰按展开面积计算。

2）在计算天棚抹灰工程量时，檐口天棚、阳台顶棚、雨篷下、挑檐下、飘窗下、空调板下、遮阳板下等处的抹灰，可并入天棚抹灰工程量内。

3）天棚抹灰如带有装饰线时，区别三道线以内或五道线以内，按“延长米”计算，线角的道数以一个突出的棱角为一道线。

4）檐口天棚的抹灰面积，并入相同的天棚抹灰工程量内计算。

5）楼梯底面抹灰，并入相应的天棚抹灰工程量内计算。楼梯(包括休息平台)底面积的工程量按其水平投影面积计算，平板式乘以系数1.3计算，踏步式乘以系数1.8计算。

6）阳台、雨篷、挑檐下抹灰工程量，均按其水平投影面积计算。

7）天棚中的折线、灯槽线、圆弧形线、拱形线等艺术形式的抹灰，按展开面积计算。

2. 吊顶天棚

吊顶天棚工程量按设计图示尺寸以水平投影面积计算。天棚面中的灯槽及跌级、锯齿型、吊挂式、藻井式天棚面积不展开计算。

不扣除间壁墙、检查口、附墙烟囱、附墙垛和管道所占面积，但应扣除0.3m^{2}以上的孔洞、独立柱、灯槽及与天棚相连的窗帘盒所占的面积。

3. 定额中的相关规定

1）天棚抹灰砂浆种类、配合比、厚度定额是根据现行规范、标准设计图集综合确定的，如与设计的砂浆种类、配合比及厚度不同时，可以进行调整。

2）天棚抹灰项目中已包括小圆角（天棚灰线）的工料，如有起凹凸线者，另按凸出的线条道数计算装饰线费用。装饰线是指凸出抹灰面所起的线脚，每凸出一个棱角为一道灰线，檐口滴水槽不作为凸出抹灰面线脚。

3）吊顶天棚中龙骨的种类、间距、规格和基层、面层材料的型号、规格是按常用材料和常用做法考虑的，如设计要求不同时，材料可以调整，但人工、机械不变。若龙骨需要进行特殊加工（如煨曲线等）其加工费用应另行计算。

4）天棚面层在同一标高者或者标高差在200mm以内为平面天棚，天棚面层不在同一标高者且标高差在200mm以上者为跌级天棚。

5）曲面造型的天棚执行跌级式天棚。

6）轻钢龙骨、铝合金龙骨项目中为双层结构（即中、小龙骨紧贴大龙骨底面吊挂），如为单层结构时（大、中龙骨底面在同一水平上），仍执行相应子目，但应扣除该子目中的小龙骨及相应的配件，且人工乘以以下系数：平面天棚0.83，跌级天棚0.85。

7）龙骨、基层、面层的防火处理，应另列项目计算。

8）天棚检查孔子目用于包括已经施工完成的天棚需增开的检查孔。灯孔用于设计要求需在天棚施工时设置的灯孔。

三、天棚装饰工程量清单计价示例

1. 天棚抹灰工程量清单设置及工程量计算规则

工程量清单项目设置及工程量计算规则，应按表10-7的规定执行。

表10-7 天棚抹灰清单工程量计算规则

项目编码	项目名称	项目特征	计量单位	工程量计算规则	工程内容
011301001	天棚抹灰	1. 基层类型 2. 抹灰厚度、材料种类 3. 砂浆配合比	m^2	按图示尺寸以水平投影面积计算。不扣除间壁墙、垛、柱、附墙烟囱、检查口和管道所占的面积，带梁天棚的梁两面抹灰面积并入天棚面积内，板式楼梯底面按斜面积计算，锯齿形楼梯底板抹灰按展开面积计算	1. 基层清理 2. 底层抹灰 3. 抹面层

2. 实例应用

例10-4 某工程主墙间净空面积4m×6m，圆木主龙骨ϕ100mm，两端搁置在砖墙上，龙骨间距@450mm，次龙骨为毛料小方50mm×60mm，长向、短向龙骨间距@450mm，垫枕木规格为木砖120mm×120mm×60mm，求该天棚对剖圆木楞龙骨的定额综合单价合计。

解：查某定额子目，基价为42.91元/m^2，定额中松木圆木含量0.0127m^3/m^2，单价为1194.43元/m^3，松木锯材含量为0.0132m^3/m^2，单价为1450.00元/m^3。根据定额的有关规定，设计与定额中的含量不同时，可以换算，因此，必须计算设计中的每平方米的含量。

(1) 天棚面积。

$S = 4m \times 6m = 24m^2$

(2) 主龙骨含量。

1) 主龙骨的长度：$L_{主} = 4m + 0.12m \times 2$(伸入墙内) $+ 0.05m$(后备长度) $= 4.29m$

因主龙骨搁置在墙上，只考虑一端的后备长度。

2) 主龙骨的根数：$N_{主} = (6 \div 0.45 + 1)$根 $= 14$ 根

3) 设计原木含量$V_{木}$：

查木材材积表，尾$\phi 100mm$，长度 4.29m 的材积为 $0.04935m^3$。

$V_{圆木} = 0.04935m^3 \div 2 \times 14 \div 24m^2 \times 1.05$(木材损耗率为 5%) $= 0.0151m^3/m^2$

(3) 次龙骨含量。

1) $L_{长} = 6m + 0.05m \times 2 = 6.1m$

2) $N_{长} = (4 \div 0.45 + 1)$根 $= 10$ 根

3) $L_{短} = 4m + 0.05m \times 2 = 4.1m$

4) $N_{长} = (6 \div 0.45 + 1)$根 $= 15$ 根

5) 垫枕木数量 $= (14 \times 2)$块 $= 28$ 块

6) 设计锯材含量 $V_{锯材}$：

$V_{锯材} = [(6.1 \times 8 + 4.1 \times 15) \times 0.05 \times 0.06 + 28 \times 0.12 \times 0.12 \times 0.06]m^3 \times 1.05 \div 24m^2 + 0.01$(检查孔综合取定值) $= 0.0255m^3/m^2$

通过上述计算可以看出，设计含量与定额含量不同，应予以换算。

(4) 换算后单价。

换算后单价 $= 42.91$ 元$/m^2 + (0.0151m^3/m^2 - 0.0127m^3/m^2) \times 1194.43$ 元$/m^3 + (0.0255m^3/m^2 - 0.0132m^3/m^2) \times 1450.00$ 元$/m^3 = 63.61$ 元$/m^2$

(5) 定额综合单价合计。

企业定额合计 $= 63.61$ 元$/m^2 \times 24m^2 = 1527$ 元

第四节 门 窗 工 程

门窗工程是建筑物的主要组成部分，按其制作材料不同可分为木门窗、金属门窗、塑料门窗。

一、概述

1. 普通木门窗

(1) 镶板门　镶板门是指门扇由骨架和门芯板组成的木门。门芯板可为木板、胶合板、硬质纤维板、塑料板、玻璃等。门芯板为玻璃时，则为玻璃门。门芯为纱或百叶时，则为纱门或百叶门。也可以根据需要，部分采用玻璃、纱或百叶，如上部玻璃、下部百叶组合等方式。

(2) 胶合板门　胶合板门也称夹板门，指中间为轻型骨架，一般用厚 32 ~ 35mm、宽 34 ~ 60mm 的方木做框，内为格形肋条。门扇上也可做小玻璃窗和百叶窗。

(3) 普通木窗 普通木窗按开启方式可分为平开窗、推拉窗、固定窗、悬窗等，最常用的普通木窗是平开窗。普通木窗按立面形式可分为单层玻璃窗、双层玻璃窗、一玻一纱木窗、百叶窗等。

2. 铝合金门窗

铝合金门窗是采用铝合金型材作为框架，中间镶嵌玻璃而成的门窗。铝合金型材规格很多，不同的规格将影响到工程造价的高低。

(1) 铝合金门 包括以下几种：

1) 铝合金地弹门。地弹门是弹簧门的一种，弹簧门为开启后会自动关闭的门。弹簧门一般装有弹簧铰链(合页)，常用的弹簧铰链有单面弹簧、双面弹簧和地弹簧。单(双)面弹簧铰链装在门侧边；地弹簧安装在门扇边梃下方的地面内。门扇下方安装弹簧框架，内有座套，套在底板的地轴上。在门扇上部也安装有定轴和定轴套板，门扇可绕轴转动。当门扇开启角度小于90°时，可使门保持不关闭。地弹门根据其组扇形式的不同分为单扇、双扇、四扇、双扇全玻等形式，可带有侧亮和上亮。上亮指的是门上面的玻璃窗；侧亮指双扇门两边不能开启的固定玻璃门扇。如图10-20所示。

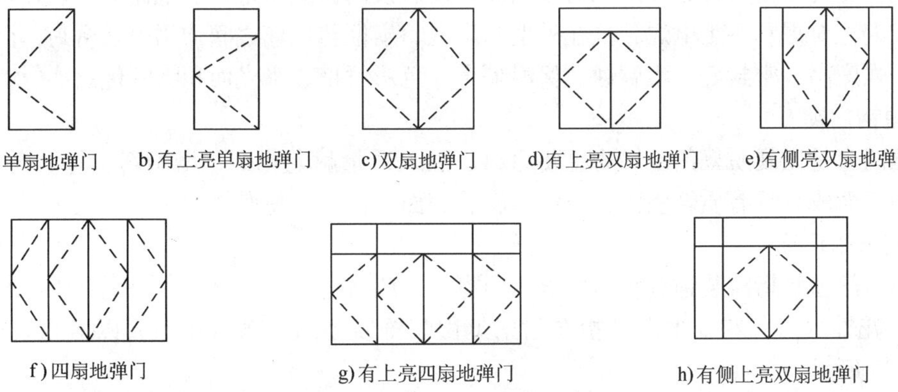

图10-20 铝合金地弹门立面示意图

2) 铝合金推拉门。铝合金推拉门分为四扇无上亮、四扇带上亮、双扇无上亮、双扇带上亮四种形式。如图10-21所示。

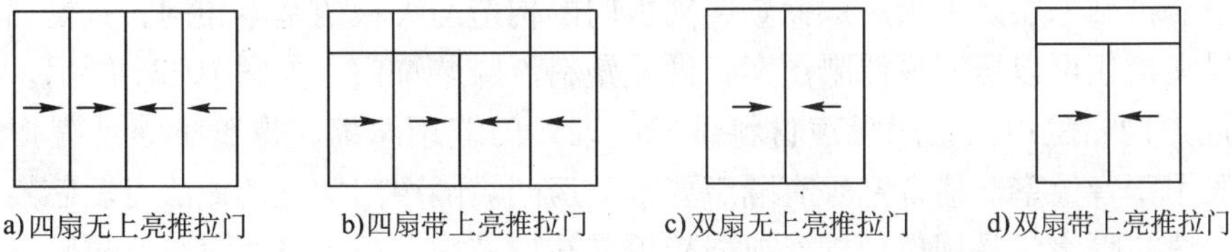

图10-21 铝合金推拉门立面示意图

3) 平开门。平开门分为单扇平开门(带上亮或不带上亮)、双扇平开门(带上亮或不带上亮或带顶窗)等形式。如图10-22所示。

(2) 铝合金窗 铝合金窗按照组扇形式分为单扇平开窗(无上亮、带上亮、带顶窗)、双扇平开窗(无上亮、带上亮、带顶窗)、双(三、四)扇推拉窗(不带亮、带亮)、固定窗等。

铝合金窗的型号按窗框厚度尺寸确定，目前用得较多的有40系列(包括38系列)、50

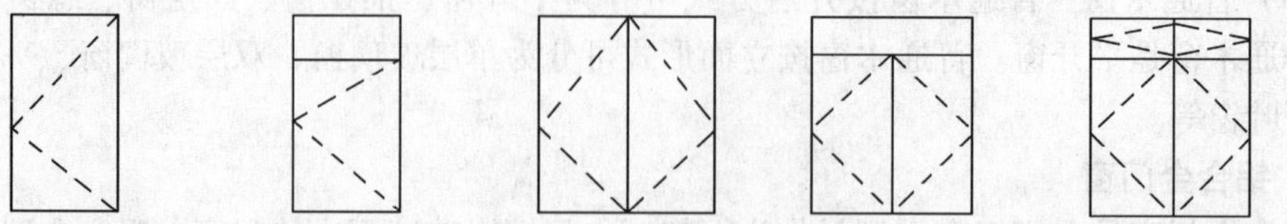

a)无上亮单扇平开门　b)有上亮单扇平开门　c)无上亮双扇平开门　d)有上亮双扇平开门　e)带顶窗双扇平开门

图 10-22 铝合金平开门立面示意图

系列、55 系列、60 系列、70 系列和 90 系列推拉窗，例如，60TL 表示 60 系列的推拉窗。所谓某系列是指虽然门窗的边框、边梃、横框、冒头等的断面形式有所不同，但框料铝合金型材总厚(高)度按照一个标准尺寸定型生产而成为一个系列，在这个标准尺寸控制下，根据使用部位不同，有不同的断面形式。

3. 彩板组角钢门窗

彩板组角钢门窗是将镀锌钢板轧制成 0.7~1mm 厚钢板，表面经脱脂化学处理后涂敷各种防腐蚀涂层和装饰面漆成为彩色涂层钢板，再用这些涂层钢板经辊压、轧制或冷弯等工艺，制成各种门窗型材和各种形式的接插件，而后按门窗规格组合装配而成。它以螺钉连接工艺取代闪光对焊和手工电焊，且在外框与扇框、扇框与玻璃之间均用胶条密封，因此具有质量轻、强度高、密封好、耐腐蚀、保温隔声、色彩鲜艳、采光面积大等优点。

4. 塑钢门窗

塑钢门窗是以硬质聚氯乙烯为主要原料，加入适量耐老化剂、增塑剂、稳定剂等助剂，经专门加工而成。具有质轻坚固、防湿耐腐、表面光洁、不易燃烧等优点。

5. 装饰木门窗

装饰木门窗是指对装饰有较高要求的门窗，一般造价较高。

(1) 花饰木门　花饰木门是指在门扇上由装饰线条组成各种图案，以增强装饰效果。如图 10-23 所示。

(2) 夹板实心门　夹板实心门是指中间由厚细木板实拼代替方木龙骨架，细木板面贴柚木等。

(3) 双面夹板门、双面防火板门和双面塑料夹板门　这三种门均属于夹板门，其中间骨架构造是相同的，主要不同在于面板。双面夹板门的面板是三层胶合板，而双面防火板门则在胶合板外再贴一层防火板。双面塑料夹板门的构造与夹板门基本相同，只是面板为塑面夹板。塑料夹板还可以压制成浮雕图案，做成塑料浮雕装饰门，如图 10-24 所示。

(4) 隔声门　隔声门是用吸声材料做成门扇，门缝用海绵、橡胶条等具有弹性的材料封严，一般用于音像室、播音室等有隔声要求的房间。隔声门常见的做法有填芯隔声门和外包隔声门，填芯隔声门是用玻璃棉丝或岩棉填充在门芯内，门扇缝用海绵、橡胶条封严。外包隔声门是在门扇外面包一层人造革(或真皮)，人造革内填塞海绵，并将通长的人造革压条用泡钉钉牢，四周缝隙用海绵、橡胶条封严。

(5) 灯光木漏窗　灯光木漏窗属于异型木窗。其构造如图 10-25 所示。窗安装在墙上，窗的深度与墙基本相同，窗的顶部与底部镶钉五层胶合板和 24 号镀锌铁皮，并安装照明灯。窗的两侧安装玻璃，玻璃可用普通玻璃、压花玻璃或乳白玻璃等。窗的外形有方形、多角形、圆形、半圆形、云花型等，因为窗的深度及外形不同，所以耗用工料也不相同。如图

10-25 所示。

图 10-23 花饰木门示意图

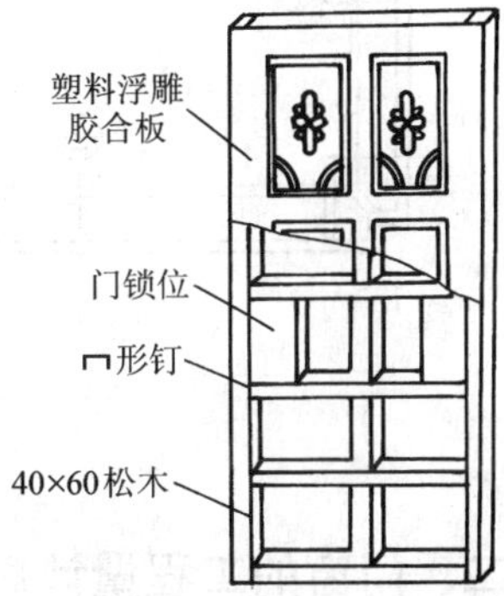

图 10-24 塑料浮雕门示意图

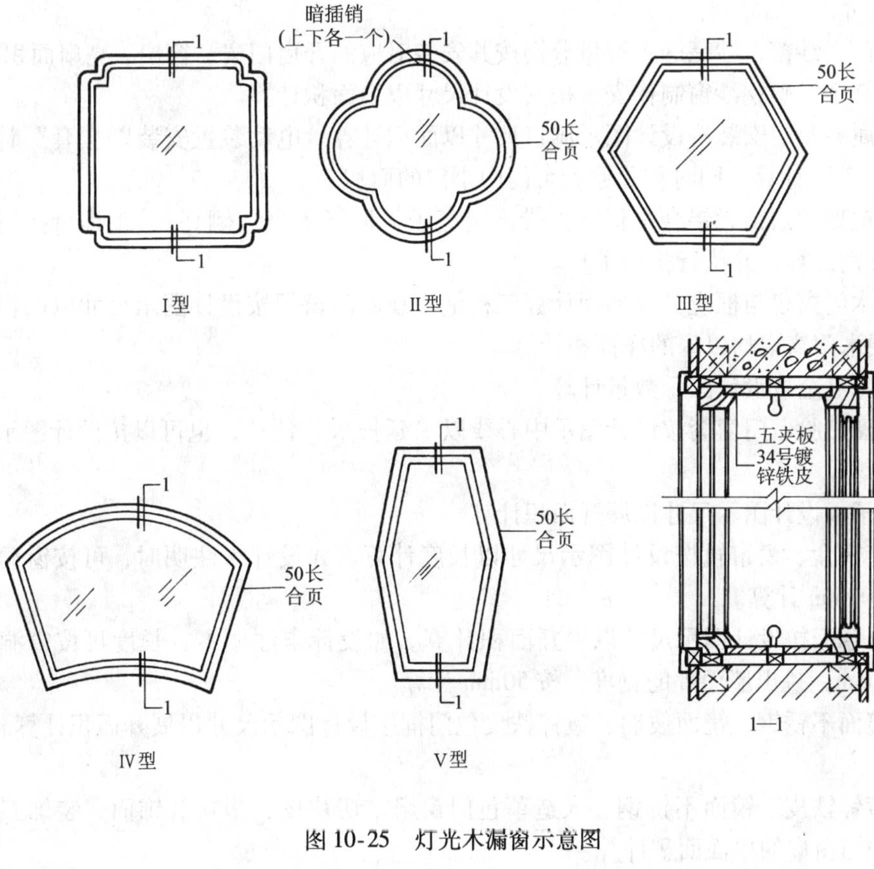

图 10-25 灯光木漏窗示意图

（6）木漏窗 木漏窗也是一种异型木窗。它是安装在墙上用硬木厚板制成的透空窗，主要起装饰作用。根据设计需要，漏窗制成多种装饰图案，木漏窗深度与墙厚相同。如图 10-26 所示。

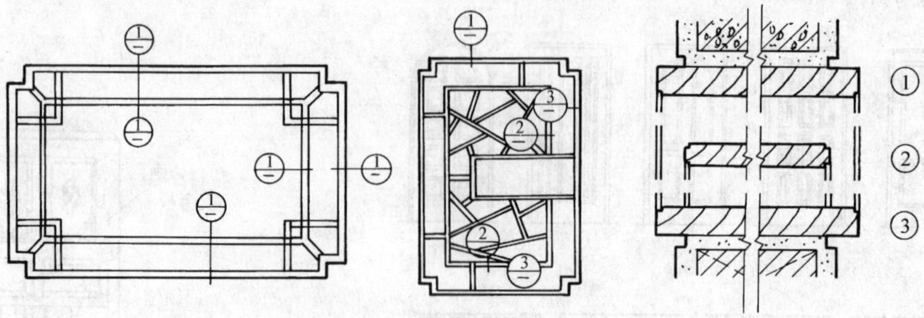

图10-26 木漏窗示意图

二、门窗的工程量计算

1）各类门、窗工程量除特别规定者外，均按设计图示尺寸以门、窗洞口面积计算，也可根据具体情况，按设计图示数量以“樘”计算。以“樘”为计量单位时，项目特征必须描述洞口尺寸。

2）纱门、纱窗、纱亮的工程量分别按其安装对应的开启门扇、窗扇、亮扇面积计算。

3）铝合金、塑钢纱窗制作安装按其设计尺寸以扇面积计算。

4）金属卷闸门安装按设计图示洞口尺寸以面积计算。电动装置安装以“套”计算，小门安装以“个”计算，同时扣除原卷帘门中小门的面积。

5）无框玻璃门指无铝合金框，如带固定亮子无框（上亮、侧亮），工程量按门及亮子洞口面积分别计算，并执行相应子目。

6）硬木门窗扇与框应分别列项计算工程量：硬木门窗框按设计图示尺寸以门窗洞口面积计算；硬木门窗扇均以扇的净面积计算。

7）特殊五金按设计图示数量计算。

8）门窗贴脸、门窗套按设计图示中心线以“延长米”计算，也可以按设计图示尺寸以展开面积计算。

9）筒子板设计图示尺寸以展开面积计算。

10）窗帘盒、窗帘轨按设计图示尺寸以长度计算。如设计未注明时，可按窗洞口宽度两边共加300mm计算。

11）窗台板按设计图示尺寸以展开面积计算。如设计未注明者，长度可按窗洞口宽两边共加100mm，挑出墙面外的宽度，按50mm计算。

12）镜面不锈钢、镜面玻璃、镀锌铁皮包门框按设计图示尺寸以展开面积计算。（不计咬口面积）

13）镀锌铁皮、镜面不锈钢、人造革包门窗扇，切片皮、塑料装饰面、装饰三合板贴门扇面均按门窗扇的单面面积计算。

14）镀锌铁皮包木材面设计图示尺寸以展开面积计算。

15）挂镜线按设计图示长度计算。挂镜点按图示数量计算。

三、定额中的相关规定

1）定额中（除注明者外）木材树种均以一、二类木种为准，如采用三、四类时，分别乘以下列系数：相应子目中的木门窗制作人工和机械乘以系数1.3；木门窗安装人工和机械乘以系数1.16。

2）木门窗、木饰面子目采用的木材均为板方综合规格木材，子目中已考虑了施工损耗、木材的干燥费用及干燥损耗（7%）。凡注明允许换算木材用量时，所增减的木材用量均应计入施工损耗、木材的干燥费用及干燥损耗（7%）。

3）定额子目中所注明的木材断面或厚度均以毛料为准。如设计图注明的断面或厚度为净料时，应增加刨光损耗。木材单面刨光增加3mm；两面刨光增加5mm。凡设计规定的木材断面或厚度与本分部不符时，可按断面比例换算木材用量。

4）木门分为普通成品木门和豪华成品木门。普通木门子目内容，由外购普通成品门扇、现场框和亮制作、安装三部分组成。豪华成品木门子目内容，由外购豪华成品门扇、筒子板框现场制作安装、门扇安装三部分组成。外购成品木门扇的取定单价与施工合同约定价格不同时，可以调整。

5）普通成品木门子目是按单层门、框料断面$58cm^2$考虑的，框料断面如与设计不同时，可以调整，其他不变。

6）成品金属门窗安装子目，均是以外购成品现场安装编制的。成品门窗供应价格应包括门窗框扇制作安装费、玻璃和五金配件及安装费、现场安装固定人工费、供应地至现场的运杂费、采购保管费等。安装子目中的人工仅为周边塞口和清扫的人工。

7）无框玻璃门安装子目不包括五金，五金可按设计要求另列项目计算。

8）木门窗子目已包括了普通的小五金费用，特殊拉手、弹簧合页、门锁等可单列项目计算。

9）镀锌铁皮、镜面不锈钢、人造革包门窗扇，切片皮、塑料装饰面、装饰三合板贴门扇面均按双面考虑，如设计为单面包、贴时，相应定额子目乘以系数0.67。

四、实例应用

例10-5 某工程装饰木门，共30樘。框工程量为210m，扇面积为$75m^2$，框料断面尺寸为80mm×100mm。门扇做法为烘干木材骨架、细木工板基层、红榉木夹板基层。求该装饰木门制作安装费用。

解：（1）实木门框制作安装。

根据有关规定查得相关的定额子目，单价为16.44元/m，定额内烘干木材消耗量为$0.0066m^3/m$，单价为1767.78元/m^3。

1）考虑刨光厚度和损耗后，设计木材消耗量$=((0.08+0.03)\times(0.1+0.05)\times1\times1.05)m^3/m=0.01733m^3/m$

由于设计木材消耗量与定额消耗量不同，定额需要进行换算。

2）换后基价$=16.44$元/m$+(0.01733m^3/m-0.0066m^3/m)\times1767.78$元/$m^3=35.40$元/m

费用合计$=210m\times35.40$元/m$=7434$元

（2）装饰门扇木骨架制作。

查得相关定额子目单价为 79.84 元/m^2

费用合计 =75m^2 ×79.84 元/m^2 =738 元

(3) 装饰门扇基层制作。

查得相关定额子目单价为 57.34 元/m^2

费用合计 =75m^2 ×57.34 元/m^2 =4301 元

(4) 装饰门扇装饰面层(红榉夹板)。

查得相关定额子目单价为 52.19 元/m^2

费用合计 =75m^2 ×52.19 元/m^2 =3914 元

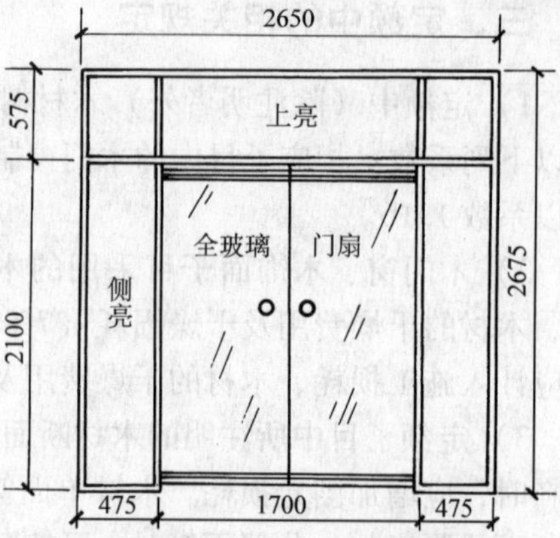

图 10-27 铝合金地弹门

例 10-6 如图 10-27 所示，某工程铝合金地弹门 3 樘，镶 6mm 厚平板玻璃，求其定额综合单价合计。

解：该铝合金地弹门属于带侧上亮双扇地弹门。

1) 工程量计算按洞口面积计算：

工程量 =2.65m ×2.675m ×3 =21.266m^2

2) 执行相关定额子目，综合单价为 189.22 元/m^2。定额综合单价合计 =21.266m^2 ×189.22 元/m^2 =4024 元

第五节 油漆、涂料、裱糊工程

一、概述

常用的有油漆材料、喷涂材料、裱糊材料。

1. 油漆材料

(1) 油脂漆类　该类油漆是以天然植物油、动物油等为主要成膜物质的一种底子涂料。靠空气中的氧化作用结膜干燥，故干燥速度慢，不耐酸、碱和有机溶剂，耐磨性也差。

(2) 天然树脂漆类　该类油漆是以天然树脂为主要成膜物质的一种普通树脂漆。该类油漆的品种中有脂胶清漆、各色脂胶、无光、半无光调和漆、大漆(生漆)、脂胶地板漆和脂胶防锈漆等。

(3) 酚醛树脂清漆　该类油漆是以甲酚类和醛类缩合而成的酚醛树脂，加入有机溶剂等物质组成的，具有良好的耐水、耐气候和耐腐蚀性。

(4) 醇酸树脂漆类　该类油漆是以醇酸树脂为主要成膜物质的一种树脂类油漆，具有优良的耐久、耐气候性和保光性、耐汽油性。刷、喷、涂均可。品种有醇酸清漆、醇酸酯胶调和漆、醇酸磁漆、红丹醇酸防锈漆等。

(5) 硝基漆类　该类油漆是以硝基纤维素加合成树脂、增塑剂、有机溶液等配制而成的，具有干燥迅速、耐久性、耐磨性好等特点。品种有硝基清漆(腊克)、硝基磁漆等。

(6) 丙烯酸树脂漆　该类油漆是以丙烯酸酯为主要原料制成的漆类，分为溶剂型、水溶型、乳胶型三种，具有保光、保色、装饰性好、用途广泛等特点。品种有丙烯酸清漆、丙烯酸木器漆、各色丙烯酸磁漆等。

2. 喷涂材料

(1) 刷浆材料　刷浆材料基本上可分为胶凝材料、胶料及颜料三部分。

1）胶凝材料：主要有大白粉（白垩粉）、可赛银（酪素涂料）、干墙粉、熟石灰、水泥等。

2）胶料：刷浆所用的胶料品种很多，常用的有龙须菜、牛皮胶、107 胶、乳胶、羧甲基纤维素等。

3）颜料：根据装饰效果的需要，可以在浆液中掺入适量的颜料配制成所需要的色浆，常用的涂料颜色有白色、乳白色、乳黄色、浅绿色、浅蓝色等。

（2）涂料　近年来随着建筑业发展的需求，建筑涂料的新品种越来越多，涂料的性质、用途也各有差异，并且在实际应用中取得了良好的技术经济效果。其中常用的有：

1）内墙涂料：主要品种有 106 涂料、803 涂料、改进型 107 耐擦洗内墙涂料、FN—841 涂料、206 内墙涂料（氯—偏乳液内墙涂料）、过氯乙烯内墙涂料等。

2）外墙涂料：主要品种有 JGY822 无机外墙涂料、104 外墙涂料、乳液涂料（丙烯酸乳液涂料、乙丙乳液厚质涂料、氯—醋—丙共聚乳液涂料、彩砂涂料）、苯乙烯外墙涂料、彩色滩涂涂料等。

3. 裱糊材料

裱糊包括在墙面、柱面及天棚面裱贴墙纸或墙布。定额分为墙纸、金属墙纸和织锦缎墙布三类。

（1）墙纸　墙纸又叫壁纸，有纸质壁纸和塑料壁纸两大类。纸质型壁纸透气、吸声性能好；塑料型壁纸光滑、耐擦洗。

（2）金属墙纸　金属墙纸是用金属薄箔（一般为铝箔），经表面化学处理后进行彩色印刷，并涂以保护膜，然后与防水纸粘贴、压合、分卷而成。它具有表面光洁、耐水耐磨、不发斑、不变色、图案清晰、色泽高雅等优点。

（3）织锦缎墙布　织锦缎墙布是用棉、毛、麻、丝等天然纤维或玻璃纤维制成的各种粗细纱或织物，经不同纺纱编制工艺和花色捻线加工，再与防水防潮纸粘贴复合而成。它具有耐老化、无静电、不反光、透气性能好等特点。

二、常见油漆、涂料、裱糊工艺简介

1. 底油一遍、刮腻子、调和漆二遍的木材面油漆

（1）底油　刷底油的作用是防止木材受潮、增强防腐能力、加深与后道工序黏结性。底油是由清油和油漆溶剂油配置而成的。

（2）腻子　腻子是平整基体表面、增强基层对油漆的附着力、机械强度和耐老化性能的一道底层。故一般称刮腻子为“打底”“打底子”“刮灰”“打底灰”等，这是决定油漆质量好坏的一道重要工序。

腻子的种类应根据基层和油漆的性质不同而配套调制。刮腻子的操作一般分 2 ~ 3 次，油漆等级越高，刮腻子次数越多。第一遍刮腻子称为“嵌腻子”或“嵌补腻子”，主要是嵌补基层的洞眼、裂缝和缺损处使之平整，待干燥后经砂纸磨平刮第二遍。第二遍刮腻子称为“批腻子”或“满批腻子”，即对基层表面进行全面批刮；待其干燥磨平后即可刷涂底漆，也称头道漆；待漆干燥后用细砂纸磨平，此时个别地方出现的缺损，需再补一次腻子，此称为“找补腻子”。

（3）调和漆　调和漆是油性调和漆的简称。一般刷涂两遍，较高级的刷涂三遍。头道漆采用无光调和漆，第二遍面漆采用调和漆。底油一遍、刮腻子、调和漆两遍的操作统称为“三遍成活”，属于普通等级。

2. 润粉、刮腻子、调和漆二遍、磁漆一遍的木材面油漆

（1）润粉 在建筑装饰工程中，普通等级木材面油漆的头道工序多采用刷底油一遍，但为了提高油漆的质量，增强头道工序的效果，则采用润粉工艺。

润粉是以大白粉为主要原料，掺入调剂液调制成浆糊状物体，用棉纱团或麻丝团（而不是用漆刷）蘸这种糊状物来回多次揩擦木材表面，将其棕眼擦平的工艺。此工艺比刷底油效果更好，但较刷底油麻烦。

润粉根据掺入的调剂液种类不同，分为油粉和水粉。油粉是用大白粉掺入清油、熟桐油和溶剂油调制而成的。水粉是在大白粉中掺入水胶（如骨胶、鱼胶等）及颜料粉等制成的。

（2）磁漆 磁漆也是一种调和漆，它的全称为“磁性调和漆”。它也是以干性植物油为主要原料，但在基料中要加入树脂，然后同调和漆一样，加入着色颜料和体质颜料、溶剂及催干剂等调配而成。由于它具有一种瓷釉般的光泽，故简称为磁漆，以便与调和漆相区别。常见的磁漆有酯胶磁漆、酚醛磁漆、醇酸磁漆等。

3. 刷底油、油色、清漆二遍的木材面油漆

（1）油色 油色是一种既能显示木材面纹理，又能使木材面底色一致的一种自配油漆，它介于厚漆与清油之间。因厚漆涂刷在木材面上能遮盖木材表面纹理，而清油是一种透明的调和漆，它只能稀释厚漆而不改变油漆的性质，所以也可以说油色是一种带颜色的透明油漆。

油色主要用于透明木材表面木纹的清漆面油漆工艺中，很少用于色面漆工艺。

（2）清漆 一般清漆由主要成膜物质（如油料、树脂等）、次要成膜物质（如着色颜料、体质颜料、防锈颜料等）和辅助成膜物质（如稀释溶剂、催干剂等）三部分组成。

在油漆中没有加入颜料的透明液体成为清漆，而在油脂清漆中加入着色颜料和体质颜料即成为调和漆。

清漆与清油有所不同，清漆属于漆类，前面多冠以主要原料名称，如酚醛清漆、醇酸清漆、硝基清漆等，多用于油漆的表层。而清油属于油类，故又称为调漆油或鱼油，多作为刷底漆或调漆用。

4. 润粉、刮腻子、漆片、硝基清漆、磨退出亮木材面油漆

（1）漆片及漆片腻子 在硝基清漆工艺中，润粉后的一道工序就是涂刷泡力水，也称为“刷理漆片、虫胶清漆或虫胶液”。漆片又称“虫胶片”。虫胶是热带地区的一种虫胶虫，在幼虫时期新陈代谢所分泌的胶质（积累在树枝上）。取其分泌物经过洗涤、磨碎、除渣、溶化、去色、沉淀、烘干等工艺制成薄片，即为虫胶片。将虫胶片掺入酒精中溶解即为泡力水，又叫“虫胶漆”“洋干漆”等。漆片腻子是用虫胶漆和石膏粉调配而成的。它具有良好的干燥性和较强的黏结度，使填补处无腻子痕迹且易于打磨。

（2）硝基清漆 硝基清漆是硝基漆类的一种。硝基漆分为磁漆与清漆两大类，加入颜料经加工而成的称为磁漆，未加入颜料的称为清漆，或称“腊克”。硝基漆具有漆膜坚硬、丰满耐磨、光泽好、成膜快、易于抛光擦蜡、修补的面漆不留痕迹等特点，是较高级的一种油漆。

（3）磨退出亮 磨退出亮是硝基清漆工艺中的最后一道工序，它由水磨、抛光擦蜡、涂擦上光剂等三步做法组成。

1）水磨。水磨是先用湿毛巾在漆膜面上湿擦一遍，并随之打一遍肥皂，使表面形成肥皂水溶液，然后用400~500号水砂纸打磨，使漆膜表面无浮光、无小麻点、平整光亮。

2）抛光擦蜡。抛光是指用棉球浸蘸抛光膏溶液，涂敷于漆膜表面上。擦蜡时手捏此棉球用力揩擦，通过棉球中的抛光膏溶液和摩擦的热量，将漆膜面抛磨出光，最后用干棉纱擦去雾光。

3）涂擦上光剂。上光剂即为上光蜡。涂擦上光剂是指把上光剂均匀涂抹于漆膜面上，并用干棉纱反复摩擦，使漆膜面上的白雾光消除，呈现出光泽如镜的效果。

5. 木地板油漆

地板漆是一种专用漆，品种很多，有高、中、低档次之分。

高档地板漆多为日本产的水晶漆和国产聚酯漆；中档地板漆为聚氨酯漆（如聚氨基甲酸酯漆）；低档地板漆有酚醛清漆、醇酸清漆、酯胶地板漆等。

6. 抹灰面乳胶漆

乳胶漆是抹灰面最常用、施工最方便、价格最适宜的一种油漆。

常用的乳胶漆有聚醋酸乙烯乳胶漆、丙烯酸乳胶漆、丁苯乳胶漆和有机乳化漆等。

7. 抹灰面过氯乙烯漆

过氯乙烯漆是由底漆、磁漆和清漆为一组配套使用的。底漆附着力好，清漆做面漆防腐蚀性能强，磁漆做中间层，能使底漆与面漆很好的结合。

8. 喷塑及彩砂、砂胶喷涂

（1）喷塑　喷塑从广义上说也是一种喷涂，只是它的操作工艺与用料与喷涂有所不同。它的涂层由底层、中间层和面层等三部分组成。

1）底层是涂层与基层之间的结合层，起封底作用，借以防止硬化后的水泥砂浆抹灰层中可溶性盐渗出而破坏面层，这一道工序称为刷底油（或底漆）。

2）中间层是主体层，为一种大小颗粒的厚涂层，分为平面喷涂和花点喷涂，花点喷涂又有大、中、小三个档次，即企业定额中的大压花、中压花和幼点。大、中、小喷点用喷枪的喷嘴直径控制。定额规定：“点面积在 1.2cm^2 以上的为大压花；点面积在 1 ~ 1.2cm^2 的为中压花；点面积在 1cm^2 以下的为幼点或中点。”在罩面漆之前，当喷点为固结的情况下，用圆辊将喷点压平，使其形成自然花形。

3）面层是指罩面漆，一般都要喷涂两遍以上的罩面漆，企业定额中有一塑三油，一塑即中间厚涂层；三油即底漆和两道罩面漆。

（2）彩砂喷涂　彩砂喷涂是一种粗骨料涂料，用空气压缩机喷枪喷涂于基面上，一般涂料都存有装饰质感差、易褪色变色、耐久性不够理想等问题。而彩砂中的粗骨料是经高温焙烧而成的一种着色骨料，不变色，不褪色。几种不同色彩骨料的配合可取得良好的耐久性和类似天然石料的丰富色彩与质感。彩砂涂料中的胶结材料为耐水性、耐候性好的合成树脂液，从根本上解决了一般涂料中颜填料的褪色问题。

彩砂喷涂要求基面平整，达到普通抹灰标准即可。若基面不平整时（如混凝土墙面），需用 107 胶水泥腻子找平，新抹水泥砂浆面 3 ~ 7 天后可开始喷涂。彩砂涂料市场上有成品供应。

（3）砂胶涂料　砂胶涂料是以合成树脂乳液为成膜物质，加入普通石英砂或彩色砂子等制成的，具有无毒、无味、干燥快、抗老化、粘结力强等优点，一般用 4 ~ 6mm 口径喷枪喷涂。市场上有成品供应。

砂胶涂料与彩砂涂料均属于粗骨料喷涂涂料，但彩砂涂料的档次高于砂胶涂料。

9. 裱糊

壁纸裱糊施工程序包括：基层处理、墙面划准线、裁纸、润纸、刷胶、裱糊、修整七项。

（1）基层处理 包括清扫、填补缝隙、磨砂纸、接缝处糊条（石膏板或木料面）、刮腻子、磨平、刷涂料（木料板面）或底胶一遍（抹灰面、混凝土面或石膏板面）。

（2）墙面划准线 墙面弹水平线及垂直线，使壁纸贴粘后花纹、图案、线条连贯、一致。

（3）裁纸 根据壁纸规格及墙面尺寸统筹规划、裁纸编号，以便按顺序粘贴。

（4）润纸 不同的壁纸、壁布对润纸的反应不一样，有的反应比较明显，如纸基塑料壁纸，遇水膨胀，干后收缩，经浸泡湿润后（要抖掉多余的水），可防止裱糊后的壁纸出现气泡、皱褶等质量通病。对于遇水无伸缩性的壁纸，则无需润纸。

（5）刷胶 对于不同的壁纸，刷胶方式也不相同。对于带背胶壁纸，壁纸背面及墙面不用刷胶结材料；塑料壁纸、纺织纤维壁纸，在壁纸背面和基面都要刷胶粘剂，基面刷胶宽度比壁纸宽3cm；锦缎在裱糊前应在背面衬糊一层宣纸。

（6）裱糊 裱糊时，先垂直面，后水平面，先保证垂直，后对花拼接。对于有图案的壁纸，裱糊采用对接法，拼接时先对图案后拼缝，从上至下图案吻合后再用刮板刮胶、赶实、擦净多于胶液，这种做法叫对花裱糊。

（7）修整 壁纸上墙后，如局部不符合质量要求，应及时采取补救措施。

三、油漆、涂料、裱糊工程量的计算

1. 油漆工程工程量计算

（1）木门窗油漆工程量 各种木门窗油漆按设计图示洞口尺寸以面积计算，也可以按设计图示数量以“樘”计算。木门油漆应区分木大门、单层木门、双层（一玻一纱）木门、双层（单裁口）木门、全玻自由门、半玻自由门、装饰门及有框门或无框门等项目，分别列项计算。木窗油漆应区分单层木窗、双层（一玻一纱）木窗、双层框扇（单裁口）木窗、双层框三层（二玻一纱）木窗、单层组合窗、双层组合窗、木百叶窗、木推拉窗等项目，分别列项计算。有些地区的定额中是按单层木门窗油漆确定子目单价的，如果遇到非单层木门窗油漆时，可通过调整系数对单价进行调整，以适用于不同的情况。表10-8、10-9是某地区定额中木门窗油漆单价调整系数表。

表10-8 木门油漆单价调整系数表

项目名称	调整系数	工程量计算方法
单层木门	1.00	按设计图示尺寸以单面洞口面积计算
双层（一玻一纱）木门	1.36	
双层（单裁口）木门	2.00	
全玻门	0.83	
半玻门	0.93	
半百叶门	1.30	
厂库房大门	1.10	
无框装饰门、成品门扇	1.10	按设计图示尺寸以门扇面积计算

（2）金属门窗油漆工程量 各种金属门窗油漆按设计图示洞口尺寸以面积计算，也可以按设计图示数量樘计算。金属门油漆应区分平开门、推拉门、钢制防火门等项目，分别列项计算。金属窗油漆应区分平开窗、推拉窗、固定窗、组合窗、金属隔栅窗等项目，分别列项计算。有些地区的定额中是按单层金属门窗油漆确定子目单价的，如果遇到非单层金属门

窗油漆时，可通过调整系数对单价进行调整，以适用于不同的情况。表10-10是某地区定额中金属门窗油漆单价调整系数表。

表10-9 木窗油漆单价调整系数表

项目名称	调整系数	工程量计算方法
单层玻璃窗	1.00	按设计图示尺寸以单面洞口面积计算
双层（一玻一纱）窗	1.36	
双层窗	2.00	
三层（二玻一纱）窗	2.60	
单层组合窗	0.83	
双层组合窗	1.13	
木百叶窗	1.50	

表10-10 金属门窗油漆单价调整系数表

项目名称	调整系数	工程量计算方法
单层钢门窗	1.00	按设计图示尺寸以单面洞口面积计算
双层（一玻一纱）钢门窗	1.48	
钢百叶钢门窗	2.74	
半截百叶钢门窗	2.22	
满钢门或包铁皮门	1.63	
钢折叠门	2.30	
射线防护门	2.96	按设计图示尺寸以框（扇）外围面积计算
厂库房平开、推拉门	1.70	
钢丝网大门	0.81	

（3）木材面、木扶手、其他板条、线条油漆工程量　木材面、木扶手、其他板条、线条油漆工程量计算方法及某地区定额中单价调整系数见表10-11、表10-12。

表10-11 木材面油漆工程量计算方法及单价调整系数表

项目名称	调整系数	工程量计算方法
木板、胶合板、纤维板天棚、檐口	1.00	按设计图示尺寸以面积计算
清水板条天棚、檐口	1.20	
木方格吊顶天棚	1.30	
带木线的板饰面（墙裙、柱面）	1.07	
窗台板、门窗套（筒子板）	1.10	
屋面板（带檩条）	1.11	按设计图示尺寸以斜面积计算
暖气罩	1.28	按设计图示尺寸以单面外围面积计算
木间壁、木隔断	1.90	
玻璃间壁露明墙筋	1.65	
木格栅、木栏杆（带扶手）	1.82	
木屋架	1.79	按设计的跨度×中高×1/2计算
衣柜、壁柜	1.05	按设计图示尺寸以油漆部分展开面积计算
零星木装修	1.15	

表10-12 木扶手、其他板条、线条油漆工程量计算方法及单价调整系数表

项目名称	调整系数	工程量计算方法
木扶手（不带托板）	1.00	按设计图示尺寸以长度计算
木扶手（带托板）	2.60	
窗帘盒	2.04	
封檐板、顺水板	1.74	
挂衣板、黑板框	0.52	
挂镜线、窗帘棍、单独木线（宽度60mm内）	0.50	
挂镜线、窗帘棍、单独木线（宽度60~100mm）	0.65	

（4）金属面油漆工程量 金属面油漆工程量计算方法及某地区定额中单价调整系数见表10-13。

表10-13 金属面油漆工程量计算方法及单价调整系数表

项目名称	调整系数	工程量计算方法
钢屋架、天窗架、挡风架、屋架梁、支撑、檩条	1.00	按设计图示尺寸以质量计算
墙架（空腹式）	0.50	
墙架（格板式）	0.82	
钢柱、吊车梁、花式梁柱、空花构件	0.63	
钢操作台、走台、制动梁、钢梁车挡	0.71	
钢栅栏门、栏杆、窗栅	1.71	
尺寸以铸铁花式栏杆、铸铁花片	1.90	
钢爬梯	1.18	
轻型钢屋架	1.42	
踏步式钢扶梯	1.05	
零星铁件	1.32	

（5）抹灰面油漆工程量 抹灰面油漆工程量计算方法及某地区定额中单价调整系数见表10-14。

表10-14 抹灰面油漆工程量计算方法及单价调整系数表

项目名称	调整系数	工程量计算方法
墙、柱、天棚平面	1.00	按设计图示尺寸以面积计算
槽形板底、混凝土折板	1.30	
有梁板底	1.10	
密肋、井字梁板底	1.50	
混凝土平板式楼梯底	1.30	按设计图示尺寸以水平投影面积计算

抹灰线条油漆工程量按设计图示尺寸以长度计算。

2. 涂料工程工程量计算

墙面、天棚面喷刷涂料工程量按设计图示尺寸以面积计算；空花格、栏杆喷刷涂料工程量按设计图示尺寸以单面外围面积计算；线条刷涂料工程量按设计图示尺寸以长度计算；金属构件刷防火涂料工程量按设计展开面积以“m^2”计算，也可按设计图示尺寸以质量“t”计算；木材构件喷刷防火涂料工程量按设计图示尺寸以面积计算。

3. 裱糊工程工程量计算

墙纸裱糊和织锦缎裱糊均按设计图示尺寸以面积计算。

第六节 其他装饰工程

其他装饰工程是指与建筑装饰工程相关的招牌、美术字、装饰条、室内零星装饰和营业装饰性柜类等。

1. 平面招牌

平面招牌指安装在门前墙面上的附贴式招牌。招牌是单片形，分木结构和钢结构两种。其中每一种又分为一般和复杂两种类型。一般型是指正立面平正无凸出面，复杂型是指正立面有凸起或造型。

2. 箱式和竖式招牌箱

箱式和竖式招牌箱是指长方形六面体结构的招牌，离开地面有一定距离，用支撑与墙体固定。定额中分为平面招牌和箱式招牌两项。

1）平面招牌基层按设计图示尺寸以正立面边框外围面积计算，复杂型的凹凸造型部分亦不增减。

2）生根于雨篷、檐口或阳台的立式招牌基层，套用平面招牌复杂子目计算，应按展开面积计算。

3）箱式招牌和竖式标箱的基层，按外围体积计算。凸出箱外的灯饰、店徽及其他艺术装潢等另行计算。

4）招牌的面层按展开面积，以“m^2”计算。

3. 装饰线条

装饰线条有木装饰条、金属装饰条、石材装饰线、木压条、石膏装饰线、金属压条，以及木装饰压角条等。

（1）木装饰条　主要用在装饰画、镜框的压边线、墙面腰线、柱顶和柱脚等部位。其断面形状比较复杂，线面多样，由外凸式、内凹式、凹凸结合式，嵌槽式等。企业定额中按木装饰条造型线角道数分为三道线内和三道线外两类，每类又按木装饰条宽度分25mm以内和25mm以外两种，如图10-28所示。

（2）压条　压条是用在各种交接面（平接面、相交面、对接面等）沿接口的压板线条。实际工作中有木压条、塑料条和金属条三种，如图10-29所示。

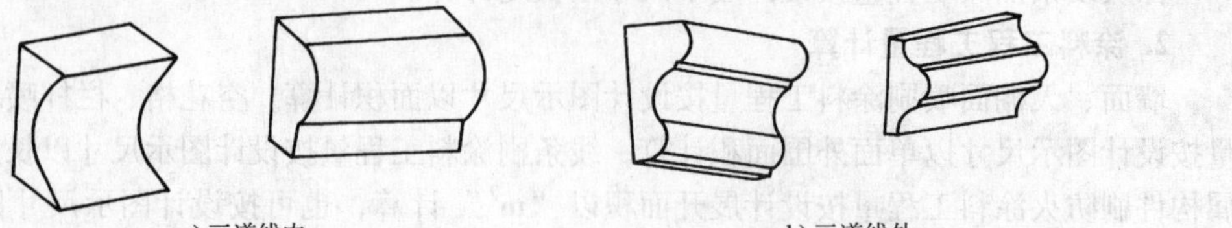

a) 三道线内　　b) 三道线外

图 10-28　木装饰条示意图

(3) 金属装饰条　金属装饰线用于装饰面的压边线、收口线，以及装饰画、装饰镜面的框边线，也可用在广告牌、灯光箱、显示牌上做边框或框架。金属装饰线条按材料分为铝合金线条、铜线条和不锈钢线条。断面形状有直角形和槽口形。

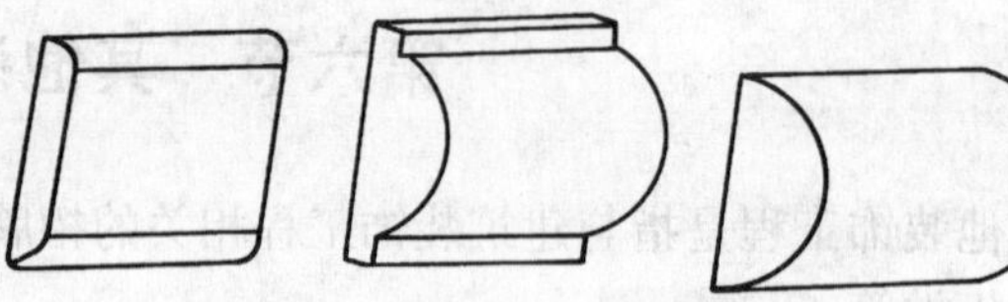

图 10-29　木压条示意图

压条和装饰条的区别在于：

1）压条用于平接面、相交面、对接面的衔接口处；装饰条用于分界面、层次面及封口处。

2）压条断面小，外形简单；装饰条断面比压条大，外形较复杂，装饰效果较好。

3）压条的主要作用是遮盖接缝，并使饰面平整；装饰条主要作用是使饰面美观，增加装饰效果。

(4) 木装饰压角线　木装饰压角线主要用于转角部位，造型一般比装饰线条更复杂，在转角部位的装饰线条都可按压角线处理。按尺寸分为小压角线和大压角线两类。凡压角线的高、宽尺寸在 40mm 以内者，列入小压角线；凡压角线的高宽尺寸有一边超过 40mm 以上者，列入大压角线，如图 10-30 所示。

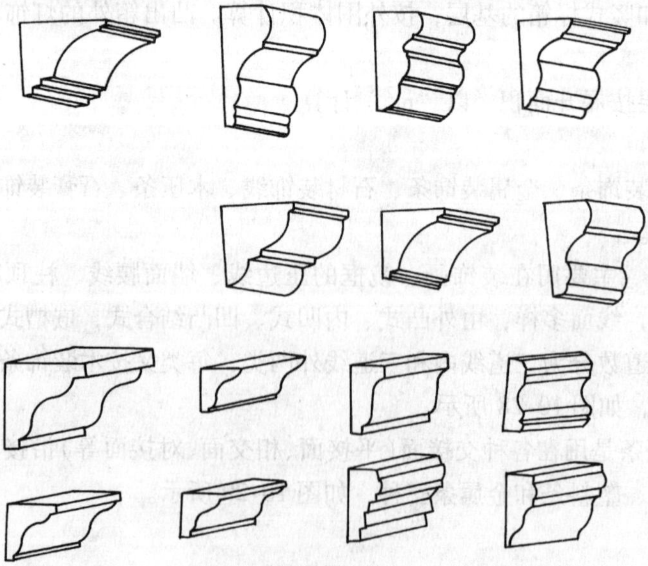

图 10-30　压角线示意图

压条、装饰线条按设计图示尺寸以长度计算。

4. 挂镜线、挂镜点

挂镜线又叫“画镜线”，一般安装在墙壁与窗顶或门顶平齐的水平位置，用来挂镜框和图片、字画等，上部留槽，用以固定吊钩。挂镜线可用金属、木材、塑料制作。挂镜点的功能和挂镜线相同，只是外形为点状，如图 10-31 所示。

5. 暖气罩

定额中暖气罩按不同材料和不同做法分别列项。按照材料可分为柚木板、塑面板、胶合板、铝合金、穿孔钢板五种。按照制作方式分为挂板式暖气罩、明式暖气罩和平墙式暖气罩三种。

（1）挂板式暖气罩　制作立面板，用铁件挂于暖气片或暖气管上，如图 10-32a 所示。

（2）明式暖气罩　罩在凸出墙面的暖气片上，由立面板、侧面板和顶板组成，如图 10-32b 所示。

（3）平墙式暖气罩　封住安放暖气壁龛的挡板。暖气罩挡板安装后大致与墙面平齐，如图 10-32c 所示。

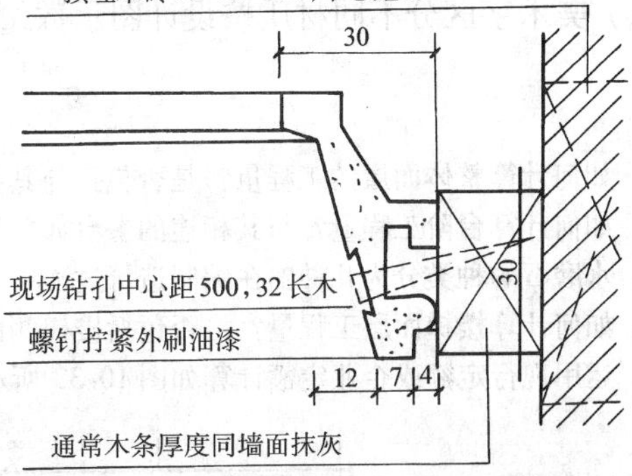

a) 挂镜线

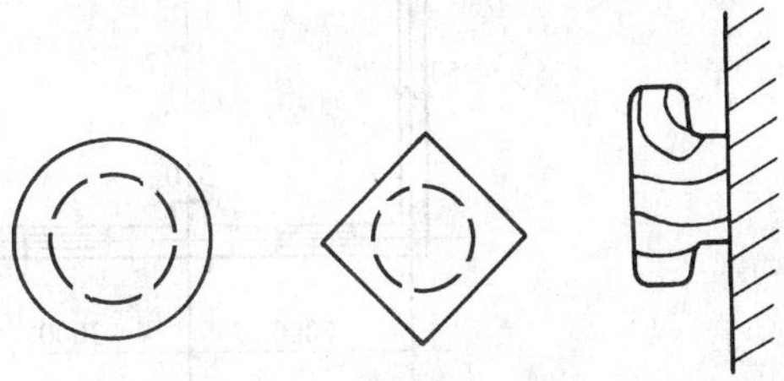
b) 挂镜点

图 10-31　挂镜线、挂镜点示意图

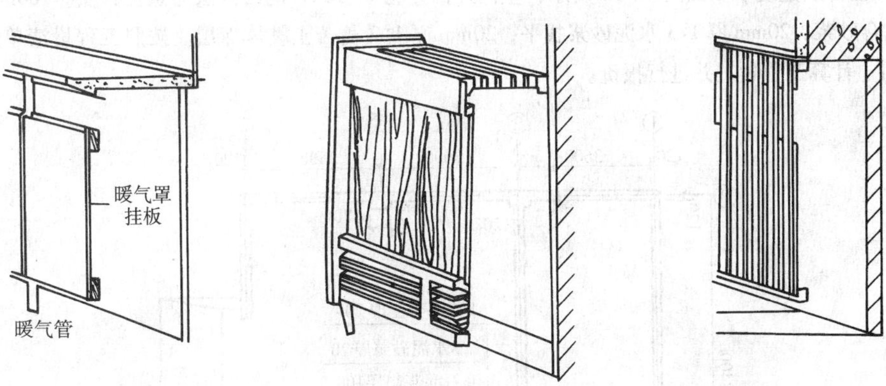

a) 挂板式　　b) 明式　　c) 平墙式

图 10-32　暖气罩示意图

暖气罩（包括脚的高度在内）按边框外围尺寸垂直投影面积计算。

6. 其他

1）洗漱台区分单双孔，分别按设计图示数量计算。

2）毛巾杆、帘子杆、浴缸拉手、毛巾环、毛巾架均按设计图示数量计算。

3）镜面玻璃按设计图示尺寸以边框外围面积计算。

4）雨篷吊挂饰面按设计图示尺寸以水平投影面积计算。

5）透光彩按设计图示的正立面投影面积计算。

6）美术字区分不同材质按设计图示数量以“个”计算。

复 习 题

1. 如何计算整体面层的工程量？是否包括与其相连的踢脚线？
2. 如何计算台阶工程量？与其相连的平台如何计算工程量？台阶与平台如何划分？
3. 水磨石的种类分为几种？在编制造价过程中有什么不同？
4. 如何计算楼梯面层工程量？是否包括楼梯侧面及底面面层工程量？
5. 运用现行定额或企业定额计算如图10-33所示的地面工程定额费用。

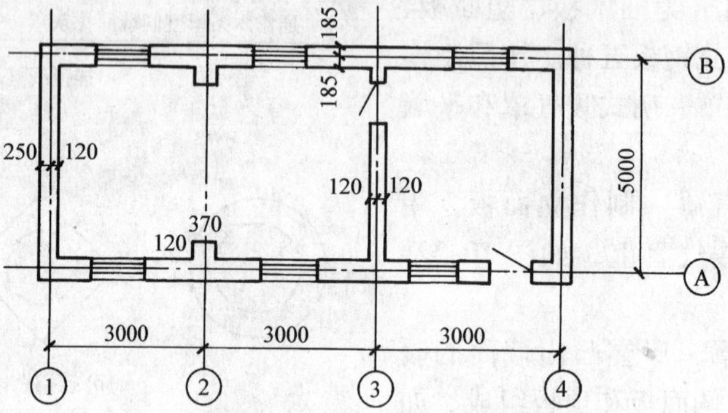

图10-33 某工程建筑平面图

地面做法：100mm厚2:8灰土垫层，60mm厚C10素混凝土垫层，20mm厚1:2.5水泥砂浆抹面层，墙基防潮层用1:2水泥砂浆掺5%防水粉，房间内做200mm高踢脚线，25mm厚1:2.5水泥砂浆打底抹面层。室内外高差为0.3m。

6. 某工程首层建筑平面如图10-34所示，室内外高差为0.45m，地面做法为素土夯实，100mm厚毛石灌M2.5混合砂浆，20mm厚1:3水泥砂浆找平，20mm厚1:2菱苦土整体面层。按照工程量清单规范列出编号、项目、计算工程量，并进行报价。

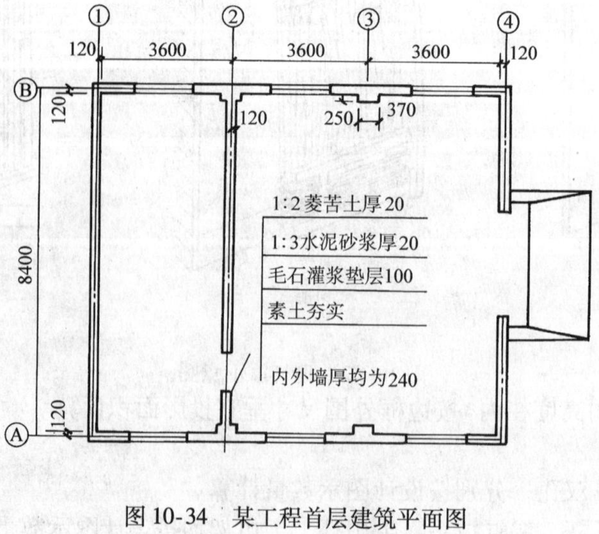

图10-34 某工程首层建筑平面图

7. 某四层办公楼，不上人屋面，计算如图 10-35、图 10-36 所示的楼梯水磨石面层、铁栏杆木扶手工程量。

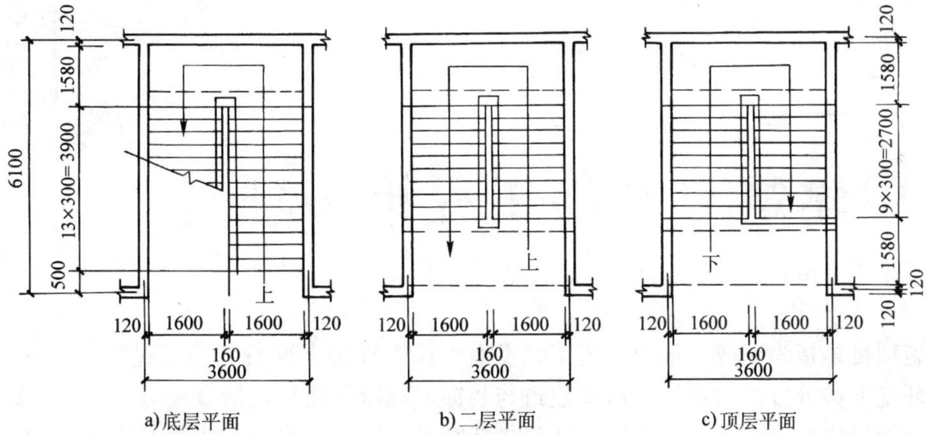

图 10-35 某办公楼楼梯平面

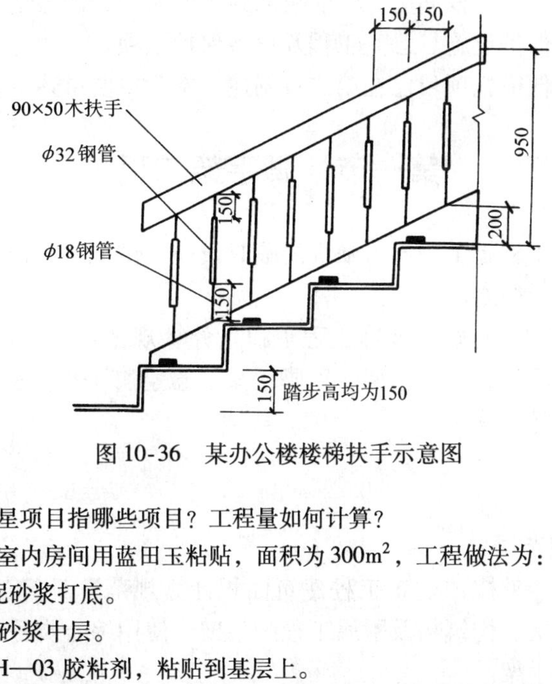

图 10-36 某办公楼楼梯扶手示意图

8. 镶贴块料面层的零星项目指哪些项目？工程量如何计算？

9. 某工程砖混结构，室内房间用蓝田玉粘贴，面积为 300m^2，工程做法为：

（1）15mm 厚 1∶3 水泥砂浆打底。

（2）8mm 厚 1∶2 水泥砂浆中层。

（3）大理石背面抹 AH—03 胶粘剂，粘贴到基层上。

（4）白水泥嵌缝、去污、打蜡、抛光。根据现行本地区定额求其工程造价（注意设计与定额材料种类和消耗量的不同）。

10. 某工程墙面规格为 15m×3m，墙面装饰做法如下：

（1）砖墙面上埋置木砖 120mm×120mm×60mm，@400mm。

（2）满铺油毡一层（防潮）。

（3）钉 20mm×30mm 方木龙骨架，纵横间距 400mm。

（4）骨架上满铺三合板一层。

（5）用木压条包铺丝绒布。

根据现行本地区定额编制该工程综合单价合计。

第十一章 11

房屋建筑与装饰工程措施项目

措施项目是指为完成工程项目施工，发生于该工程施工准备和施工过程中技术、生活、安全、环境保护等方面的项目。房屋建筑与装饰工程措施项目包括专业措施项目、安全文明施工及其他措施项目两类。专业措施项目包括脚手架工程、混凝土模板及支架（撑）、垂直运输、超高施工增加、大型机械设备进出场及安拆、施工排降水六项；安全文明施工及其他措施项目包括安全文明施工、夜间施工、非夜间施工照明、二次搬运、冬雨期施工、地上地下设施及建筑物的临时保护设施、已完工程及设备保护七项。

安全文明施工及其他措施项目已在第二章阐述，本章主要讲述专业措施项目。

第一节　脚手架工程

脚手架是建筑安装工程施工中不可缺少的临时设施，供工人操作、堆置建筑材料，以及作为建筑材料的运输通道等之用。

GB 50854—2013《房屋建筑与装饰工程工程量计算规范》中，脚手架工程共设置 8 个清单项目，包括综合脚手架、外脚手架、里脚手架、悬空脚手架、挑脚手架、满堂脚手架、整体提升架和外装饰吊篮。

一、综合脚手架

1. 综合脚手架适用范围

综合脚手架适用于能够按“建筑工程建筑面积计算规范”计算建筑面积的建筑工程脚手架。不适用于房屋加层、构筑物及附属工程脚手架。使用综合脚手架时，不再使用外脚手架、里脚手架等单项脚手架。

综合脚手架已综合考虑了施工主体、一般装饰和外墙抹灰脚手架。一般装饰是指室内墙面、天棚的水泥砂浆、混合砂浆抹灰或粘贴块料。外墙抹灰是指外墙面的水泥砂浆、混合砂浆抹灰、节能保温层、粘贴块料。

同一建筑物有不同檐高时，按建筑物竖向切面分别计算建筑面积，套用相应定额子目。

2. 综合脚手架工程量计算

综合脚手架按建筑面积计算。同一建筑物檐高不同时，应按不同檐高分别列编清单项目。在进行综合单价计算时，还可根据地区定额中相应项目区分地下室、单层、多（高）层分别列项。

3. 综合脚手架工作内容

综合脚手架工作内容包括场内、场外材料搬运，搭、拆脚手架、斜道、上料平台，安全网的铺设，选择附墙点与主体连接，测试电动装置、安全锁等，拆除脚手架后材料的堆放。

二、单项脚手架

除综合脚手架外，GB 50854—2013《房屋建筑与装饰工程工程量计算规范》中其余7项脚手架项目均属单项脚手架。

1. 单项脚手架适用范围

单项脚手架适用于不能按“建筑工程建筑面积计算规范”计算建筑面积的建筑工程脚手架，如屋顶混凝土花架的梁、板、柱均可按单项脚手架的规定计算脚手架。

2. 单项脚手架工程量计算

1）里、外脚手架工程量。根据搭设方式、搭设高度、脚手架材质，按所服务对象的垂直投影面积计算。

2）悬空脚手架工程量。根据搭设方式、悬挑宽度、脚手架材质，按搭设的水平投影面积计算。

3）挑脚手架工程量。根据搭设方式、悬挑宽度、脚手架材质，按搭设长度乘以搭设层数以“延长米”计算。

4）满堂脚手架工程量。根据搭设方式、搭设高度、脚手架材质，按搭设的水平投影面积计算。

以上几项单项脚手架的工作内容包括场内、场外材料搬运，搭、拆脚手架、斜道、上料平台，安全网的铺设，拆除脚手架后材料的堆放。

5）整体提升架工程量。根据搭设方式及启动装置、搭设高度，按所服务对象的垂直投影面积计算。其工作内容包括场内、场外材料搬运，选择附墙点与主体连接，搭、拆脚手架、斜道、上料平台，安全网的铺设，测试电动装置、安全锁等，拆除脚手架后材料的堆放。

应注意整体提升架项目已包括2m高的防护架体设施。

6）外装饰吊篮工程量。根据升降方式及启动装置、搭设高度及吊篮型号，按所服务对象的垂直投影面积计算。其工作内容包括场内、场外材料搬运，吊篮的安装，测试电动装置、安全锁、平衡控制器等，吊篮的拆卸。

第二节 混凝土模板及支架（撑）

混凝土模板工程，可由招标人根据工程实际情况确定是包括在混凝土工程项目中，还是在措施项目中单列。如单列混凝土模板工程，应按GB 50854—2013《房屋建筑与装饰工程工程量计算规范》中混凝土模板及支架（撑）的项目，按工程量清单编制要求列项计算。

一、混凝土模板及支架（撑）工程量计算

1. 混凝土基础、梁、板、柱、墙模板及支架（撑）工程量

混凝土基础、梁、板、柱、墙模板及支架（撑）工程量按模板与现浇混凝土构件的接

触面积计算。

1）现浇钢筋混凝土墙、板单孔面积 0.3m^2 以内的孔洞不予扣除，洞侧壁模板亦不增加；单孔面积 0.3m^2 以上时应予扣除，洞侧壁模板面积并入墙、板工程量内计算。

2）现浇框架分别按梁、板、柱有关规定计算；附墙柱、暗梁、暗柱并入墙内工程量内计算。

3）柱、梁、墙、板相互连接的重叠部分，均不计算模板面积。

4）构造柱按图示外露部分计算模板面积。

2. 天沟、檐沟模板及支架（撑）工程量

天沟、檐沟模板及支架（撑）工程量按模板与现浇混凝土构件的接触面积计算。

3. 雨篷、悬挑板、阳台板模板及支架（撑）工程量

雨篷、悬挑板、阳台板模板及支架（撑）工程量按图示外挑部分尺寸的水平投影面积计算，挑出墙外的悬臂梁及板边不另计算。

4. 楼梯模板及支架（撑）工程量

按楼梯（包括休息平台、平台梁、斜梁和楼层板的连接梁）的水平投影面积计算，不扣除宽度 500mm 以内的楼梯井所占面积，楼梯踏步、踏步板、平台梁等侧面模板不另计算，伸入墙内部分亦不增加。

5. 其他现浇构件模板及支架（撑）工程量

其他现浇构件模板及支架（撑）工程量按模板与现浇混凝土构件的接触面积计算。

在计算混凝土模板及支架（撑）工程量计算时应注意以下问题：

1）原槽浇灌的混凝土基础、垫层，不计算模板。

2）混凝土模板及支架（撑）项目，只适用于以“m^2”计量，按模板与混凝土构件的接触面积计算。以“m^3”计量的模板及支架（撑），按混凝土及钢筋混凝土实体项目执行，其综合单价中应包含模板及支架（撑）。

3）采用清水模板时，应在特征中注明。

4）若现浇混凝土梁、板支撑高度超过 3.6m 时，项目特征应描述支撑高度。

二、混凝土模板及支架（撑）工程量清单项目工作内容

混凝土模板及支架（撑）工程量清单项目工作内容包括模板制作，模板安装、拆除、整理堆放及场内外运输，清理模板粘结物及模内杂物、刷隔离剂等。

第三节 垂直运输及超高施工增加

一、垂直运输

垂直运输指施工工程在合理工期内所需垂直运输机械。垂直运输费指现场所用材料、机具从地面运至相应高度以及职工人员上下工作面等所发生的运输费用。垂直运输费包括单位工程在合理工期内完成全部工程项目所需的垂直运输机械费，不包括机械的场外往返运输，一次安装、拆除及路基铺垫和轨道铺拆等的费用。

1. 垂直运输工程量计算

建筑物垂直运输工程量，区分不同建筑物类型、结构形式、檐口高度及层数以建筑面积计算或按施工工期日历天数计算。同一建筑物有不同檐高时，按建筑物的不同檐高做纵向分割，分别计算建筑面积，以不同檐高分别编码列项。

建筑物的檐口高度是指设计室外地坪至檐口滴水的高度（平屋顶是指屋面板底高度），凸出主体建筑物屋顶的电梯机房、楼梯出口间、水箱间、瞭望塔、排烟机房等不计入檐口高度之内。

2. 垂直运输工程量清单项目工作内容

垂直运输工程量清单项目工作内容包括垂直运输机械的固定装置、基础制作与安装，行走式垂直运输机械轨道的铺设、拆除、摊销。

二、超高施工增加

单层建筑物檐口高度超过20m，多层建筑物超过6层时，可按超高部分的建筑面积计算超高施工增加。

1. 超高施工增加工程量计算

超高施工增加工程量，根据建筑物建筑类型及结构形式，建筑物檐口高度、层数，按单层建筑物檐口高度超过20m，多层建筑物超过6层部分的超高部分的建筑面积计算。

在计算工程量时应注意：①计算建筑物层数时，地下室不计入层数；②同一建筑物有不同檐高时，可按不同高度的建筑面积分别计算建筑面积，以不同檐高分别编码列项。

2. 超高施工增加工程量清单项目工作内容

超高施工增加工程量清单项目工作内容包括建筑物超高引起的人工工效降低以及由于人工工效降低引起的机械降效；高层施工用水加压水泵的安装、拆除及工作台班；通信联络设备的使用及摊销。

第四节　大型机械设备进出场及安拆

大型机械设备进出场及安拆，是指机械整体或分体自停放场地运至施工现场，或由一个施工地点运至另一个施工地点，所发生的机械进出场运输及转移以及机械在施工现场进行安装、拆卸、试运转费和安装所需的辅助设施等。

一、大型机械设备进出场及安拆工程量计算

大型机械设备进出场及安拆工程量按使用机械设备的数量以“台次”计算。

大型机械设备进出场是指不能或不允许自行行走的施工机械或施工设备，整体或分体自停放地点运至施工现场或由一施工地点运至另一施工地点的运输、装卸、辅助材料及架线工作。其工程量计算应根据各地区的定额子目设置情况列项目计算。

在计算大型机械设备安拆工程量时，应根据各地定额对大型机械的划分进行列项，定额中凡列有大型机械安装拆卸费子目者，可列项计算其大型机械安装拆卸费。否则，均不能另列项目计算。如某地区的定额中分别设置了塔式起重机、自升式塔吊㊀、柴油打桩机、静力

㊀ “塔吊”的规范用法为“塔式起重机”，此处引用定额用语。

压桩机、施工电梯、潜水钻孔机、喷粉桩钻机、深层搅拌钻机、混凝土搅拌站等机械的安装拆卸费子目。每台大型机械安装、拆卸一次，为一个台次。

二、大型机械设备进出场及安拆费用计算注意事项

大型机械设备进出场及安拆项目费用包括以下两部分内容：

1）大型机械设备进出场费。大型机械设备进出场包括施工机械设备整体或分体自停放场地运至施工现场，或由一个施工地点运至另一个施工地点，所发生的装卸、运输、辅助材料等费用。

2）大型机械设备安拆费。大型机械设备安拆费包括施工机械、设备在施工现场进行安装、拆卸所需的人工费、材料费、机械费、试运转费和机械辅助设施的折旧、搭设、拆除等费用。

第五节 施工排水、降水

一、施工排水

施工排水是指地表水的排出、基坑开挖时采用集水坑集水及抽排水、施工中由于不可抗力因素引起的基坑内雨水或污水的排水等。

施工排水的施工内容包括排水管道的安装、维修，拆除及场内搬运等。施工排水用的临时排水沟及排水设施的安砌、维修、拆除等，此项应包括在安全文明施工费中。

二、施工降水

施工降水是指当建筑物的基础埋置深度在地下水位以下时，为保证土方施工的顺利进行，将地下水位降到基础埋置深度以下采取的措施。其降水除集水坑降水外，一般采用井点降水。井点类型主要有轻型井点、大口径井点、水泥管井井点等。

施工降水的施工内容包括成井、井管安装、拆除，降水设备的安拆及维护，抽水以及人工值守等。

三、施工排水、降水工程量计算

施工排水、降水工程设置成井和排水降水2项工程量清单项目。

1）成井工程量根据成井方式、地层情况、成井直径、井（滤）管类型、井（滤）管直径等情况，按设计图示尺寸以钻孔深度以“m”为单位计算。

2）排降水工程量根据排降水机械规格型号、排降水管规格，按排水、降水日历天数以“昼夜”为单位计算。

复 习 题

1. 什么是建筑工程措施项目费？措施项目费包括哪些内容？
2. 什么是综合脚手架？其使用范围是什么？
3. 什么是垂直运输费？其工程量如何计算？
4. 混凝土模板及支架费怎么计算？

第十二章 施工图预算

12

第一节 施工图预算的编制

施工图预算，是在施工图设计完成后、工程开工前或招投标阶段，根据已批准的施工图，按照国家或地区现行的定额、费用标准、材料价格等有关规定，进行套算和汇总的关于单位工程或单项工程造价的技术经济文件。

对于承包商而言，施工图预算造价相当于生产厂的产品价格，即可以理解为建筑产品的价格。我们知道，建筑产品具有位置的固定性、单件性、价值量大等区别于其他产品的特殊性，也正是由于建筑产品的这些特殊性，决定着建筑产品价格不同于其他产品价格，建筑产品不可能像其他产品一样只需编制一种价格。而是根据不同的条件和有关文件的要求(招标文件)，按不同工程分别计算分部分项工程量和逐项套用定额，然后累计计算出直接费，并据以计算其他费用，汇总出单位工程或单项工程造价，同时应进行工料分析。

一、施工图预算编制的作用

1）施工图预算是确定建筑安装工程造价的基本文件，是加强施工管理，实行经济核算的基础。建筑安装企业是进行独立核算的经济核算单位，实行经济核算是企业管理的根本原则之一。企业要在市场经济的大环境下求生存、求发展，必须努力降低产品消耗，降低成本，增加盈利。施工图预算决定着建筑安装企业的收入水平，企业必须以它作为尺度来考核自己的经营成果。

2）施工图预算是当前普遍推行的建筑安装工程招标投标中计算标底的主要依据文件。

3）施工图预算是建筑安装企业承包计价的依据。

4）施工图预算是甲、乙双方办理工程结算和工程决算的依据。

二、施工图预算的编制依据

编制施工图预算，主要依据下列技术文件、资料及有关规定：

1）本地区建筑和装饰工程预算定额或定额。

2）本地区《统一施工机械台班单价》。

3）国家、省、市颁发的与定额相应配套执行的全部文件、规定。

4）单位工程全套施工图(包括设计说明)、工程招标文件、招标答疑或施工图会审记录。

5）现场地质勘探报告。

6）已批准的施工组织设计或施工方案。

7）施工图中引用的有关标准图集。

8）甲、乙双方签订的工程合同或协议，以及双方商定的有关需要引入预算的特殊问题及其处理方法的签证。

9）其他工具性资料、手册，如材料分析手册、五金手册等。

三、施工图预算书的内容

1. 封面

主要填写：业主单位名称，工程名称，建筑面积，工程结构，层数，檐高，工程总造价，单方造价，编制单位名称，编制人员及其证章，审核人员及其证章，编制单位盖章，编制日期等内容。

2. 编制说明

编制说明主要是文字说明，内容包括：工程概况，编制依据、范围，有关未定事项、遗留事项的处理方法，特殊项目的计算措施，在预算书表格中无法反映出来的问题，以及其他必须说明的情况等。

编写编制说明的目的，是为了使他人更好地了解预算书的全貌及编制过程，以弥补数字不能显示的问题。

3. 工程造价计算总表

工程造价计算总表，是按照工程造价计算程序计算的，内容包括：定额直接费、措施费（包括施工技术措施费、施工组织措施费）、差价、间接费利润、其他费用、税金等，最终构成工程造价。

4. 措施费分项表

措施费包括施工技术措施费和施工组织措施费两大部分，每一部分又由若干项费用组成。在措施费分项表中应填写各项的费用数额。

1）施工技术措施费包括：施工排水、降水费，现浇混凝土及预制构件模板使用费、垂直运输费、脚手架使用费、现浇混凝土泵送费、大型机械进出场及安拆费等费用。承包商可参照定额的相关子目，结合工程情况、施工方案、承包商的技术装备等因素自主报价。

2）施工组织措施费包括：现场安全文明施工措施费、材料二次搬运费、夜间施工增加费，冬、雨期施工增加费。承包商可根据工程情况、施工方案、市场因素等，在确保工程质量、合理工期和不低于成本的前提下，参照文件规定的计算方法自主浮动报价。

5. 差价计算表

差价，包括人工费差价、材料费差价、机械费差价等。

6. 工程预算表

根据工程量计算表提供的分项工程量，套用相应定额，计算各分项定额合计。

7. 工程量计算表

根据施工图、工程量计算规则、定额总说明、分部说明及有关资料，按定额分部分项的要求计算各分项工程量的数量大小。

8. 材料分析、汇总表

1）单位工程定额材料用量分析表、汇总表。根据工程量计算表提供的各分项工程量和定额项目表中各主要材料的相应子目含量，分别计算出各分项主要材料定额用量，然后进行分页汇总合计，最后再将各页合计进行汇总，填制汇总表。

2）单位工程施工图材料用量分析表、汇总表。根据施工图标示的尺寸、数量、品种、规格，分别计算全套施工图中各构件的各主要材料的施工图净用量，然后进行汇总，得出施工图净总用量，再乘以定额规定的损耗率，得出施工图总耗用量。

以上所述1~6项为单位工程预算书的全部提交内容，7、8项为预算编制方的内部存档备查资料。

四、施工图预算的编制程序

建筑工程施工图预算的编制程序，一般按下列步骤进行。

1. 熟悉施工图、参加施工图会审、解决疑难问题

（1）熟悉施工图　施工图不仅是建筑施工的依据，而且也是编制施工图预算的重要基础资料。施工图上所表示或说明的工程构造、材料做法、材料品种及其规格、设计尺寸等设计要求，为编制施工图预算、结合定额确定分项工程项目、选择套用定额子目、取定尺寸和计算各项工程量提供了重要数据。因此，在编制施工图预算之前，必须对施工图进行全面细致的学习和审查，以免在选用定额子目和工程量计算上发生错误。

熟悉施工图时，要重点检查是否齐全，设计要求采用的标准图集是否具备，图示尺寸是否有误，建筑施工图、结构施工图、细部大样图之间是否相符。总之，对设计施工图和说明的要求要完全看懂，从而掌握设计意图。在熟悉施工图的过程中，要随时将发现的问题作书面记录，以便将来施工图会审（亦称设计交底）时提出解决。

在熟悉施工图的过程中，遇有施工图的规定要求与定额内容不符时（如材料品种、规格等或定额缺项的情况），应根据定额准予换算调整或补充的分项工程规定，详细记录下来，以便编制施工图预算时进行换算调整或补充。

对施工图的熟悉和审核，一般的顺序和要求如下：

1）总平面图。了解新建工程位置、坐标，标高、等高线、地上地下障碍物、地形地貌等情况。

2）基础平面图。可以提供基础工程做法、基础槽底标高、计算尺寸、管道及盖板的布置等情况，同时要了解节点大样、首层平面图柱列轴线、基础、墙身、楼梯基础等各部位尺寸。

3）结构施工图。包括各层平面图、节点大样、结构部件模板配筋图等。要结合建筑平面、剖面图，对结构尺寸、总长度、分段长度、总高度、分层高度、大样详图、节点标高、构件规格和数量等数据，进行校对。有关构件间的标高和尺寸必须交圈对口，以免发生差错。

4）建筑施工图。包括各层平面图、立面图、剖面图、楼梯详图、特殊房间布置等。要核对其室内开间、进深、高度、檐高、屋面泛水坡度、建筑配件细部等尺寸有无矛盾，要逐层核对。各种变形缝的做法要求，尤其是特殊项目的特殊要求，如防水、吸声、采光、遮光、各种高级装饰、防火(防烟)、各种自控装置等，都要了解其具体做法、设计要求和材料供应方式，以便结合定额规定，考虑材料预算价格和单位估价表的补充，以免在编制预算中遗漏。

对木门窗、木装修项目，要根据建筑平面、立面图和大样详图核对门窗樘数、标准图代号、面积尺寸、玻璃、铁纱、油漆等要求，以及压缝条、贴脸、挂镜线、门窗套、墙裙、护墙板、吊顶、特殊五金、木地板及其防潮、防水、填充材料等做法及尺寸有无差错，非标准门窗有无详图，尤其是高级装修，如铝合金制品、中空玻璃、高级面板装饰等做法及其材料供应方式，都要记录下来，以便向设计单位和业主了解情况、解决问题。

总之，对施工图的学习和审核，应该将结构图、建筑图、大样详图，以及所采用的标准图、材料做法等资料结合起来，相互对照，进行熟悉。通过学习，要求达到对该项建筑物的全部构造、构件联结、材料做法、装饰要求及特殊装饰等，都有一个清晰的认识，把设计意图形成立体概念，为编制施工图预算创造条件。

（2）参加施工图会审或招标答疑，解决疑难问题 对于设计单位提供的施工图，一般都由业主组织设计单位和承包商进行认真细致的审查，这种共同审查施工图的方法，称为施工图会审(亦称技术交底)，招投标过程中则需要进行招标答疑。

在施工图会审会上，除由设计单位介绍施工图的主要特点和施工要求，以及某些特殊材料、需要安装的设备和它们的规格、型号要求外，还要回答和解决承包商和业主针对施工图所提出的问题，对原施工图作出必要的修改、补充或说明，必要时设计单位应进行修改或补图。最后，将需要修改、补充或说明的内容整理打印成文，经三方会签，称为施工图会审记录，作为设计文件的一部分在施工时一并执行。

预算编制人员应积极参加施工图会审，将熟悉施工图过程中发现的问题提出来，请设计单位解答，对理解设计意图、准确编制施工图预算有很大帮助，特别是在遇到定额缺项时，帮助更大。

2. 了解和掌握地质勘探报告、已批准的施工组织设计或施工方案中的有关问题

一个单位工程有了施工图，就有了施工的依据。但是这个单位工程采取什么方法和选择哪些机械施工，则是由施工组织设计或施工方案确定的。并且，这些确定的结果对于某些工程细目的预算价格有着直接的影响。所以，在编制施工图预算前，对于该项工程的施工组织设计或施工方案的有关内容必须了解和掌握。

经批准同意后的施工组织设计或施工方案，方可作为施工图预算编制的依据资料。施工组织设计或施工方案的内容较多，主要是施工方法的确定、施工机械的选择、施工顺序的安排和流水施工的组织等。以下是与编制施工图预算有关的几项内容：

（1）施工方法 应结合定额重点了解和掌握对预算价格有影响的有关内容。如土方工程的施工，有人工挖土方和机械挖土方两种方法。由于定额规定的两者放坡系数和预算单价不同，其结果工程量和最终预算价值也不同；又如钢筋混凝土工程中，某些构件既可预制又可现浇，其预算编制方法不同，最终，预算价值也不同等，因此编制预算特别是招投标过程中需要选择正确的施工方法，并根据施工方法和定额确定合理的造价。

（2）施工机械的选择 有些施工机械对施工图预算的编制也有直接影响，亦应结合定额重点了解和掌握对预算价格有影响的有关内容。如挖运土方工程，选用人工装土自卸汽车运土或装载机装土、自卸汽车运土，其预算单价不同，最终预算价值也不同；即便确定了机械的类型，其台数和挖土斗容量不同，相应的场外运输费用也不同，最终预算价值也不同。

（3）运距远近　应结合定额重点了解和掌握运距远近对预算价格有影响的有关内容。如挖、填土方的运距，商品混凝土和金属结构构件运进施工现场的运距等。

（4）其他　还应结合定额重点了解和掌握施工组织设计或施工方案、地质勘探报告中，其他对预算价格有影响的有关内容。如土壤类别、地下水位的降水深度、土壤中含砾石的比例等。

3. 确定并准备有关定额、文件、规定及有关标准图集、资料

编制施工图预算，必须按照各个单位工程的工程性质确定并准备适用的定额、文件、规定及有关的标准图集、资料。

要想做到准确套用定额，首先，必须熟悉并掌握定额；其次，确定工程性质（即新建、扩建、改建、翻修）。根据工程性质结合有关定额适用范围的划分，按施工合同中有关条款的规定套用承包商和业主双方同意的定额。若施工合同中没有明确规定，则应与业主联系并征得同意后，再套用某种定额来编制施工图预算，以免事后业主不同意所套用的定额而使该预算无效。

至于一个单位工程怎样套用定额，则要根据具体情况决定。值得注意的是，由于定额缺项，按照有关定额规定，某些子项可以套用其他指定定额，即有时必须同时使用若干定额才能完成一份完整的施工图预算。

4. 计算工程量

工程量计算，必须根据设计图、施工图会审记录及地质勘探报告、施工组织设计的有关内容，按照定额的项目划分、工程量计算规则、总说明、分说明、附注及计量单位的规定，对每个分部分项工程的工程量进行具体计算。

工程量计算是编制预算工作的第一阶段，也是预算编制工作中一项最繁冗、细致的重要环节。在整个编制工作中，有80%以上的工作时间是消耗在工程量计算阶段内，而且工程造价的准确与否，关键在于工程量的计算是否准确、项目是否齐全，有无遗漏和错误。

为了做到计算准确、便于复核，应按一定的方法步骤计算工程量。

（1）工程量计算必须遵循的原则　主要包括：

1）口径必须一致。计算工程量时，根据施工图及有关资料列出的工程子目的口径（即工程子目所包括的工作内容和范围），必须与定额中相应工程子目的口径相一致，只有口径一致，才能准确地套用定额。例如，金属结构定额中，大多数定额项目均已包括刷一遍防锈漆的工料，计算工程量列工程细目时，也应包括这些内容，不应另列项目重复计算；反之，木结构分部定额中铁栏杆带木扶手子目，没有包括刷防锈漆的工料，那么在计算这部分工程量时，就应另列项目计算。

为了确保口径一致，在工程量计算时，除必须熟悉施工图和有关资料外，还必须熟悉定额中每个工程细目所包括的工作内容和范围。

2）计量单位必须一致。计算工程量时，根据施工图和有关资料列出的工程子目的计量单位，必须与定额中相应工程子目的计量单位相一致。只有计量单位一致，才能准确地套用定额。例如，定额中的计量单位，有些是 m^3、$10m^3$、$100m^3$、$1000m^3$；有些是 $10m^2$、$100m^2$、$1000m^2$；有些是10延长米、100延长米；有些是10个、t、10t、套等，并且有时在定额子目中互相交错出现，这些都应注意和分清，以免由于计量单位搞错而影响计算工程量的准确性。

3）计算规则必须一致。计算工程量，必须与定额中规定的工程量计算规则（或工程量计算方法）相一致。只有计算规则相一致，才能符合工程预算的要求。例如，砌砖工程中，一砖半墙的厚度，无论施工图中所标出的尺寸是“360mm”还是“370mm”，均应按定额规定的“365mm”计算；又如，土方工程是否需要放坡以及放坡多少，都应按照定额中的有关计算规则计算，而不应按实际放坡情况计算。

（2）工程量计算的质量要求　主要包括：

1）计算工程量所取定的尺寸和计量单位要符合定额的规定，计算公式要正确，取定尺寸来源要注明部位或轴线，并加注必要的文字说明。

2）计算底稿要整齐，数字要清楚，数值要准确，切忌草率零乱、辨认不清。工程量计算结果均按定额对数值精确度的有关要求保留小数位。计算底稿用铅笔书写，只能涂改，不许眷抄。

预算的质量要求是“不重不漏、计算准确”。即预算的编制质量，一方面体现在分项要正确，不重项不漏项，另一方面体现在工程量的计算要严格按规定计算准确，不重算不漏算。

（3）计算工程量的一般顺序　计算工程量时，应首先根据施工图和有关资料列出本工程的分部工程和分项工程细目（这对初学编制工程预算的人员尤为重要）；然后按照施工图的具体情况，循着一定的顺序，逐项计算。遇有未预料的项目，要随时补充调整；对定额缺项需要补充换算的项目，应以必要的文字加以注明，以便另做补充定额或换算。

计算工程量的顺序要合理，尽量一数多用，避免重复计算或漏算。一般计算顺序如下：

1）按施工顺序，从底到顶顺序列项计算。即先计算建筑面积，再计算基础、结构。屋面、装饰（先室内后室外），最后计算室外台阶、散水、管沟、构筑物等。

2）结合施工图，结构分层计算，内装修分层、分房间计算，外装修分立面计算。

3）按定额分部顺序计算：土方工程→打桩工程→砖石工程→脚手架工程等。

建筑和装饰工程量计算时，一般在列出的工程细目的基础上先计算门、窗和钢筋混凝土构件的工程量，以便计算它们所在的砌体工程量时，将其一次性扣除。

（4）计算工程量的一般方法　为了防止漏算和重复计算，对于同一分项内容，一般有以下几种计算方法：

1）垂直关系。先基础、再底层、后顶层，顺序计算同一内容。

2）平面关系。具体为：

① 按顺时针方向计算。从施工图左上角开始，按顺时针方向逐步计算。但计算基础和墙体，还要先外墙、后内墙，分别计算。

② 按先外后内、先横后竖、先上后下、先左后右顺序计算。土方工程、砌砖石基础、砌砖墙和门窗过梁等，都可以采用这种顺序进行计算。

③ 按结构构件编号顺序计算。如门窗、钢筋混凝土构件等，都可以采用这种顺序进行计算。

（5）计算工程量的步骤　列出计算式→进行计算→调整计量单位。

工程细目列出后，按选定的计算顺序和方法，按自然单位（即 m、m^2、m^3、个、kg 等）列出工程量计算式，并标注数据来源部位和必要的文字说明等。对于后面将要利用的中间数据，可分别列式计算，然后再汇总；或仅列一个算式，但标出相应的中间结果。计算工程量的过程，同时也是复核和检查已列出的工程细目的过程，因此，如果发现原列出的工程细目与施工图有不相符的地方，应进行增减或调整。

计算式全部列出后，应对取定数据进行一次复核，核定无误后，就可按照顺序逐式计算，并将各计算结果进行汇总计算，结果的精度要求按定额的要求保留小数位，并将工程量填入“数量”栏内。

为了便于预算表的编制，应将每一工程量的套用定额编号标注在工程量细目的前面，并将需要换算的依据标注在工程量计算式的前面；需要另做补充定额的，也应标注说明。

另外，在计算工程量时，将遇到的问题(指已经解决和尚未解决的问题,如土方取定运距、预算书中不包括的内容等)记录于工程量计算表的封面，以便解决和编写预算编制说明。

5. 定额换算计算

如果施工图中某工程细目所使用的建筑材料品种、规格或配合比等，与定额中相应工程细目的规定不同，而在定额中又规定允许换算时，则必须经过换算才能确定该工程细目的定额。

为了便于复核和检查，定额换算计算应在工程量计算前进行。定额换算计算，应根据工程量计算表中标注的说明，按照定额及有关文件的规定，对定额进行相应的换算计算。

在定额换算计算时，应标明换算依据，列式进行定额换算的计算。若定额换算导致允许量差或价差调整材料的定额含量发生变化时，则还应在定额换算计算表中标明换算后相应材料的定额含量，如木门窗断面换算导致定额木材含量发生变化。

6. 一次性补充定额计算

对于定额中缺项的工程细目，应以承包商为主，会同业主，根据施工图的要求，按照国家现行的技术规范、操作规程和质量标准，提出工料分析，制定一次性补充定额，报当地工程造价管理部门审核批准后执行。

应注意，有些情况下的定额缺项，可近似套用有关定额，或近似套用有关定额后再另作适当调整，不需要或不允许另编一次性补充定额。至于什么情况下另编一次性补充定额、什么情况下近似套用，应由当地工程造价管理部门确定。所以，在预算编制中遇有定额缺项时，应加强与当地工程造价管理部门的联系，以便准确处理。

7. 单位工程定额材料用量分析、汇总计算

(1) 材料分析　材料分析是指根据各分项工程量和定额中所列主要材料品种的子目含量，算出各分项所需的主要材料数量，然后进行汇总——计算出单位工程所需的各种主要材料总数量的工作。

材料按照其预算属性可分为两大类：第一类需进行量差或价差调整的材料；第二类是不需要进行量差及价差调整的材料。从预算的角度讲，第一类材料必须进行材料分析，才能进行相应的调整，而第二类材料无需进行材料分析。从承包商内部的角度讲，由于承包商内部编制材料计划的依据主要是工程预算中的材料分析，所以，承包商一般对第二类材料也进行材料分析。下面主要介绍第一类材料的分析方法。应注意，需进行量差或价差调整的材料品种，应以配套文件的相应规定为准。

材料分析可采用表格计算法进行。按照预算表列项计算的顺序，逐项对照相应定额材料栏目中有无第一类材料消耗。对于有第一类材料消耗的分项，先将分项名称、预算表计算序号、定额编号、工程量的数量、单位定额材料含量填于表中，然后再用工程量乘以定额材料含量，计算其分项内各种材料耗用量。对每页的同一种材料耗用量应填写小计。

材料定额耗用量 = 分项工程量 × 定额材料含量

在进行材料逐项分析时，要细心做好过录分项工程量的数量，字迹要清楚，单位要统一（包括工程量的数量单位与定额单位的统一、各分项之间同一种材料的定额含量单位的统一）；取用的定额材料含量的数值要准确。定额换算导致定额含量发生变化时，应按定额换算计算表中调整后的定额含量计算。对于如混凝土、砂浆等半成品材料，可利用附录配合比表一次完成材料分析，也可以先分析出混凝土、砂浆等半成品材料的数量，然后再进行二次分析。

（2）材料汇总　在分项材料分析完成后，开始进行各分项工程耗用量的汇总工作。这是一项较为单纯的数字处理工作，一般采用过录汇总方法，即采用一个临时性数据过渡表，将每页各品种材料耗用量小计逐页过录集中起来，然后加以汇总计算，最后按顺序填制单位工程材料汇总表。

这项工作的主要环节是过录计算，应做到过录无误无漏、汇总计算正确，并应注意各页之间同一种材料品种耗用量的单位应统一。

定额用量分析、汇总时应注意以下几个问题：

1）钢筋分析。对于一个分项工程其分项定额子目表内的“钢筋Ⅰ级钢Φ10以内”“钢筋Ⅰ级钢Φ10以上”“钢筋Ⅱ级钢Φ10以上”三个分项定额含量应分别根据其定额含量进行普通钢筋分析。

2）定额项目表中，凡以铁件预算价格作为预算价的钢材，其定额耗用量应并入铁件汇总量内。

3）木材应按定额子目表中的类别进行定额耗用量汇总，然后再根据承包商和业主双方商定实际要采用的木材类别、等级确定其数量，最后计算出其数量。

对于定额规定施工图用量与定额用量不同时允许进行量差调整的材料，在编制预算表之前还应分析计算出其施工图耗用量。一般包括钢筋、预应力钢筋、冷拔钢丝、铁件四大类及其他定额规定允许量差调整的材料。

施工图用量的分析计算，应先根据施工图，按照本教材相关章节介绍的计算方法，计算出各构件中其施工图净用量，然后再进行分类汇总，最后再加上定额规定的损耗率，得到其施工图耗用量。

施工图耗用量 = 施工图净用量 ×（1 + 损耗率）

在进行施工图净用量分类汇总时，预埋铁件所耗用的钢板、型钢及钢筋等材料均应并入铁件类材料汇总量内；定额中按铁件预算价计算的钢材（如预埋吊钩、吊环），亦应并入铁件类材料汇总量内。

施工图净用量的汇总应先按钢筋、预应力钢筋、冷拔钢丝、铁件、钢板、型钢及其他材料类别，分别按不同规格材料进行汇总；再按量差调整的要求及价差调整的要求分别进行再汇总。钢筋、铁件、冷拔钢丝、预应力钢筋的量差调整分类要求是，不分材料规格、品种仅按四大类进行综合施工图耗用量汇总。价差调整的汇总项目划分要求是，按材料取定价的类别及每一类中不同规格材料的外购价不同划分汇总项目。

单位工程施工图材料用量分析、汇总计算的工作量较大，特别是根据用途不同，其汇总的分类方法不同，加大了汇总的难度和工作量。所以，在分析、汇总时更应细心认真，确保分析、汇总准确。

8. 套用定额、编制工程预算表

前面几项工作完成并经自己检查认为没有差错后，就可以进行套用定额、编制工程预算表的工作。

(1) 一般分项工程和换算分项工程价值的计算 主要是根据汇总后的各分项工程所属的定额子目，在工程预算表内填入相应的定额(包括补充定额)或从工程量计算表中抄录相应的换算后的定额及其工程量，然后一一计算出分项工程的定额合计，再将每页预算表的定额合计进行小计；最后再将每页的小计进行合计，汇总出单位工程的定额合计。

主要是先根据“单位工程企业定额材料用量汇总表”提供的企业定额耗用量和“单位工程施工图材料用量汇总表”提供的施工图耗用量计算出量差(或称调整量)，然后再套用单价计算量差调增或调减值，最后进行各量差调增和调减值的合计，得出总的量差调整值(调增或调减)。

$$量差调整量=施工图耗用量-定额耗用量$$

式中，量差调整量，正值表示施工图耗用量大于定额耗用量，应调增；负值表示施工图耗用量小于定额耗用量，应调减。

量差调整分两大部分分别制表进行计算。两大部分划分为钢筋、铁件、冷拔丝、预应力钢筋四项的量差调整，有专用的量差调整定额，故将这四项列为一个表，并已将定额编号、项目名称、单价等内容填好，只需按要求将定额耗用量、施工图耗用量、调整量、量差调整合价填入相应栏目内；对于钢筋、铁件、冷拔丝、预应力钢筋以外的其他允许量差调整的材料，由于具有特殊性且无专用量差调整企业定额，所以在量差调整计算表内除填写定额耗用量、施工图耗用量、调整量、材料名称外。尚需注明各量差调整材料所在预算分项执行的定额编号(简称,材料所在企业定额编号)、量差调整定额依据。另外，还应填写材料预算单价。

(2) 计价价值的计算 计价价值是指定额内无相应定额编号，而定额又规定了其价值的计算方法，不需另编补充定额的分项工程的合价计算。如门锁、铝踢脚板、自由门五金、预应力钢筋、人工时效费等。

9. 编制工程造价计算总表

前面各项工作完成后便可编制工程造价计算总表。编制工程造价计算总表，就是根据定额的规定填写和计算定额合计、措施费、差价、专项费用、利润、税金等，最后计算出单位工程的工程造价。

10. 复核

复核是指一个单位工程预算编制出来后，由有关人员对所编制预算进行一次检查核对，以便及时发现错误，提高工程预算的准确性。

复核可由专门人员负责进行，或由预算人员相互检查，或自我检查。

11. 填写编制说明、封面并装订、签章

(1) 填写编制说明 预算造价计算完成后，还应填写编制说明，以便各有关方面了解预算的编制依据和编制情况。单位工程预算编制说明，一般应包括编制依据、考虑和未考虑的问题等内容。

编制说明，主要是根据预算书内容，以文字记述或说明预算中用数字所不能表达或表达不清的情况和问题，作为备忘资料和以后应继续解决或落实问题的依据。

(2) 填写工程预算书封面　单位工程预算书封面，一般应包括工程名称、建筑面积、预算总造价、单方造价、编制单位和编制日期等内容。

(3) 装订、签章　把单位工程预算书的封面、编制说明、工程造价计算总表、工程预算表、价差调整计算表等内容，按顺序编排并装订成册。

已经编好的工程预算，编制人员、审核人员及有关负责人签字(或盖章)后，同时加盖企业公章，才算最后完成。

第二节　工程变更增减预算的编制

每个建筑物，由于各种原因，诸如设计修改、使用要求或地质问题等，在施工过程中都不可避免地要发生一些变更设计、工程增减的现象，而这些变更增减势必会引起工程预算的增减变化，有时还会造成延误工期、停工、积压材料和其他等一些经济损失。因此，凡在预算编制过程或施工过程中所发生的一切工程设计变更增减项目，事先经双方办好洽商协议文件后，承包商方可据此对变更增减项目进行施工，并修改原工程预算或编制增减预算。

工程变更增减预算的编制方法和它的主体单位工程预算的编制方法完全相同。各个单位工程增减预算要分开单独编制，不得混淆。

工程变更增减预算，应根据合同约定的方式和时间适时进行。

按照暂估价格编制的工程项目或通过工程洽商解决和确定的工程项目，在各该工程项目完成后，其实际价格的预算调整或费用增加，也可按照规定编制程序，以工程增减或预算进行结算。

增减预算所用的预算表格目前也不统一，大都是按照工程预算通常使用的各种预算表进行编制。也有一些承包商根据洽商记录自行制定增减预算专用表格，以简化手续。

复　习　题

1. 施工图预算的作用有哪些？
2. 施工图预算编制的依据有哪些？
3. 工程量计算应遵循的原则有哪些？
4. 选择一项分项工程，分析清单报价和定额报价的区别与联系。
5. 如何理解工程变更对造价影响？

附　　录

建筑工程施工图一套

一、设计说明：

1. 本住宅楼为二层砖混结构。其中墙体除注明者外均为240mm厚，轴线居中。

2. 耐久等级三级，耐火等级三级，建筑物抗震设计烈度为六度。

3. 该建筑物平面为一字形，总高为6.900m，总长20.840m，总宽8.340m，建筑面积367.620m^2。室内外高差750mm。本建筑以一层室内标高作为设计相对标高±0.000。

4. 各部位建筑做法如下：

（1）高聚物改性沥青卷材防水屋面：

35mm厚490mm×490mm，C20预制钢筋混凝土板(ф4钢筋双向中距150)，1∶2水泥砂浆填缝。

M2.5砂浆砌120mm×120mm三皮砖，双向中距500mm砖带端部砌240mm×120mm三皮砖。

4mm厚SBS改性沥青防水卷材。

刷基层处理剂一遍。

20mm厚1∶2.5水泥砂浆找平层。

20mm厚(最薄处)1∶8水泥加气混凝土碎渣，2%找坡。

干铺150mm厚加气混凝土砌块。

钢筋混凝土屋面板，表面清扫干净。

（2）一般房间水泥砂浆楼面：

20mm厚1∶2水泥砂浆抹面压光。

素水泥砂浆结合层一遍。

钢筋混凝土楼板。

（3）水泥砂浆厨房、卫生间楼面：

20mm厚1∶2水泥砂浆抹面压光。

素水泥浆结合层一遍。

60mm厚C20细石混凝土防水层0.5%～1%找坡，最薄处不小于30mm厚。

钢筋混凝土楼板。

（4）一般房间水泥砂浆地面：

20mm厚1∶2水泥砂浆抹面压光。

素水泥浆结合层一遍。

60mm厚C10混凝土。

素土夯实。

（5）水泥砂浆厨房、卫生间地面：

20mm 厚 1∶2 水泥砂浆抹面压光。

素水泥浆结合层一遍。

60mm 厚 C20 细石混凝土防水层 0.5% ~1% 找坡，最薄处不小于 30mm 厚

60mm 厚 C10 混凝土。

素土夯实。

（6）内墙面：

1）厨房、卫生间水泥砂浆墙面：

15mm 厚 1∶3 水泥砂浆。

5mm 厚 1∶2 水泥砂浆。

2）一般房间混合砂浆墙面：

15mm 厚 1∶1∶6 水泥石灰砂浆。

5mm 厚 1∶0.5∶3 水泥石灰砂浆。

（7）顶棚：

1）厨房、卫生间水泥砂浆顶棚：

钢筋混凝土板底面清理干净。

7mm 厚 1∶3 水泥砂浆。

5mm 厚 1∶2 水泥砂浆。

表面抹仿瓷涂料两遍。

2）一般房间混合砂浆顶棚：

钢筋混凝土板底面清理干净。

7mm 厚 1∶1∶4 水泥石灰砂浆。

5mm 厚 1∶0.5∶3 水泥石灰砂浆。

表面抹仿瓷涂料两遍。

（8）踢脚：

水泥砂浆踢脚(高 150mm)。

15mm 厚 1∶3 水泥砂浆

10mm 厚 1∶2 水泥砂浆抹面压光。

（9）油漆工程：

在木质基层上刮腻子，磨光，刷底油一遍，调和漆二遍。

在金属基层上除锈，刷防锈漆一遍，刮腻子，磨光，刷调和漆二遍。

5. 各部位建筑材料选用：

（1）基础：垫层采用三七灰土，砖基础及 ±0.000 以下墙体采用 MU10 红机砖，M5 水泥砂浆。

（2）±0.000 以上墙体采用 MU10 红机砖，M5 混合砂浆。

（3）所有钢筋混凝土构件均采用 C20 混凝土，钢筋均采用 HPB300。

6. 钢筋混凝土空心板、平板混凝土及钢筋用量

混凝土、钢筋用量表

板 型 号	混凝土用量（单块）/m^3	钢筋用量（单块）/kg	板 型 号	混凝土用量（单块）/m^3	钢筋用量（单块）/kg
YKB2751	0.098	2.932	YKB3961	0.169	8.094
YKB2761	0.117	3.770	YKB3951	0.142	6.787
YKB3051 YKB3052	0.109	3.256	YKB3962	0.169	9.905
			YKB3952	0.142	8.598
YKB3061 YKB3062	0.13	4.186	PB2162	0.097	6.293
			PB2152	0.080	5.226
YKB3361 YKB3362	0.143	5.113	PB1552	0.043	3.741
YKB3352	0.12	4.090			
YKB2662	0.117	3.770	PB1562	0.052	3.896

7. 地基土为黏土，地基承载力$f_k = 120kPa$。

8. 本工程圈梁满布，层层设置。构造柱纵筋伸入地圈梁底平弯300mm。外墙构造柱伸至女儿墙压顶，内墙伸至二层圈梁顶。

9. 图中(附录图1～附录图19)除标高以“m”为单位外，其余均以“mm”为单位。

10. 除图中所示图样及说明外，其他未尽事宜应按国家现行有关工程施工验收规范的规定执行。

二、门窗表

门　窗　表

门窗代号	洞口尺寸		数量		材　料	备　注
	宽	高	一层	二层		
C—1	1500	1500	0	1	铝合金(90系列)	无亮双扇推拉窗
C—2	1800	1700	6	6	铝合金(90系列)	有亮双扇推拉窗
C—3	1500	1700	2	2	铝合金(90系列)	有亮双扇推拉窗
C—4	900	1700	4	4	铝合金(90系列)	有亮双扇推拉窗
C—2A	1200	1700	2	2	铝合金(90系列)	有亮双扇推拉窗
M—1	900	2100	2	2	木材	无亮夹板木门
M—2	900	2100	6	6	木材	无亮夹板木门
M—3	700	2100	2	2	木材	无亮夹板木门
M—4	800	2100	2	2	木材	无亮夹板木门
M—5	900	2600	4	4	铝合金(90系列)	有亮铝合金平开门

注：窗玻璃厚度为5mm，选用平板玻璃；木门框料断面为105mm×55mm。

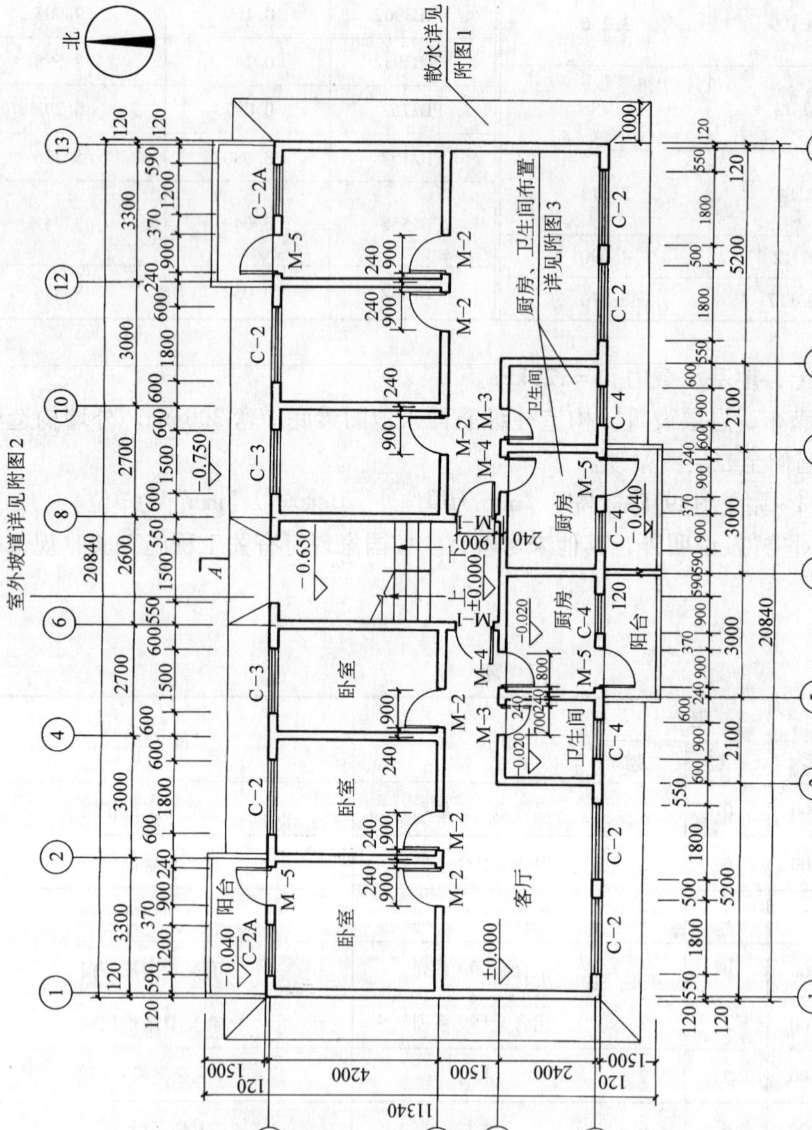
北
散水详见附图1
室外坡道详见附图2
厨房、卫生间布置详见附图3
卧室
客厅
厨房
卫生间
阳台
20840
11340

一层平面图

附录图 1

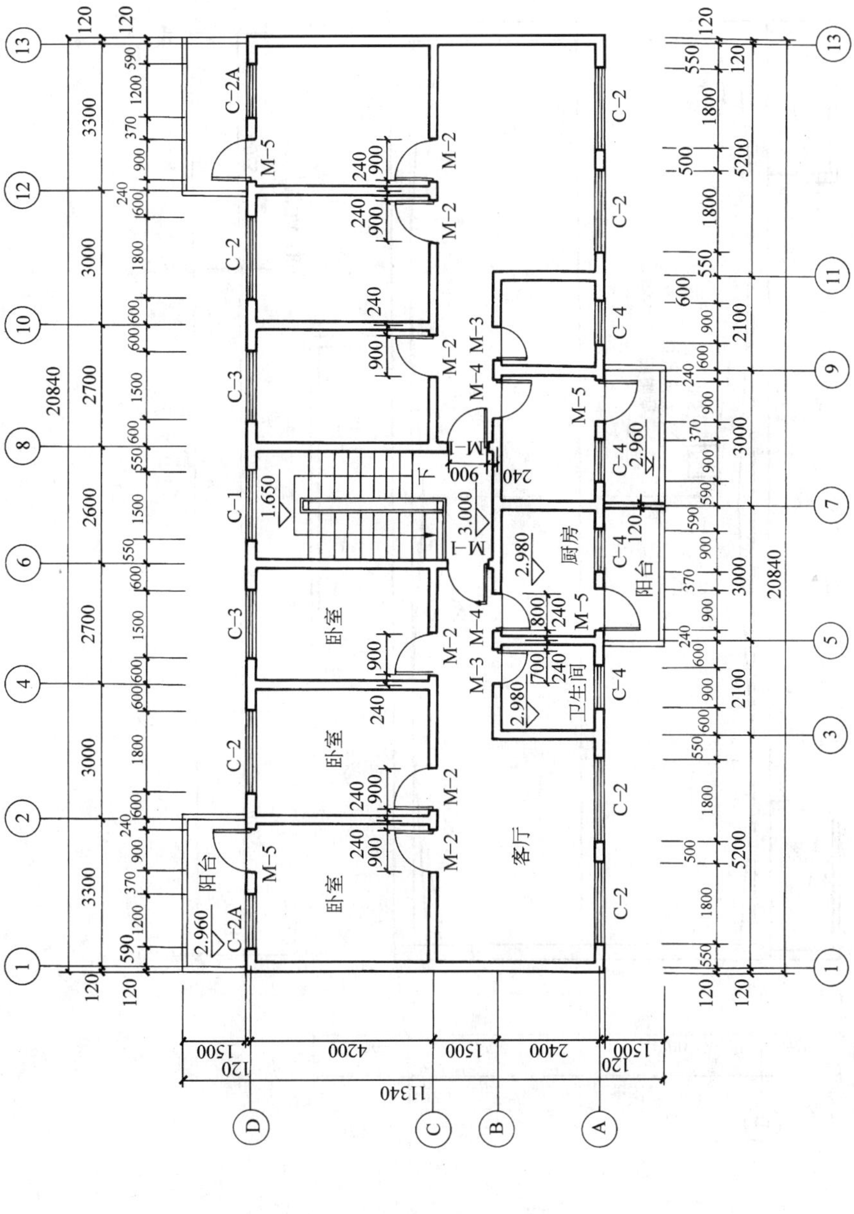

二层平面图

附录图 2

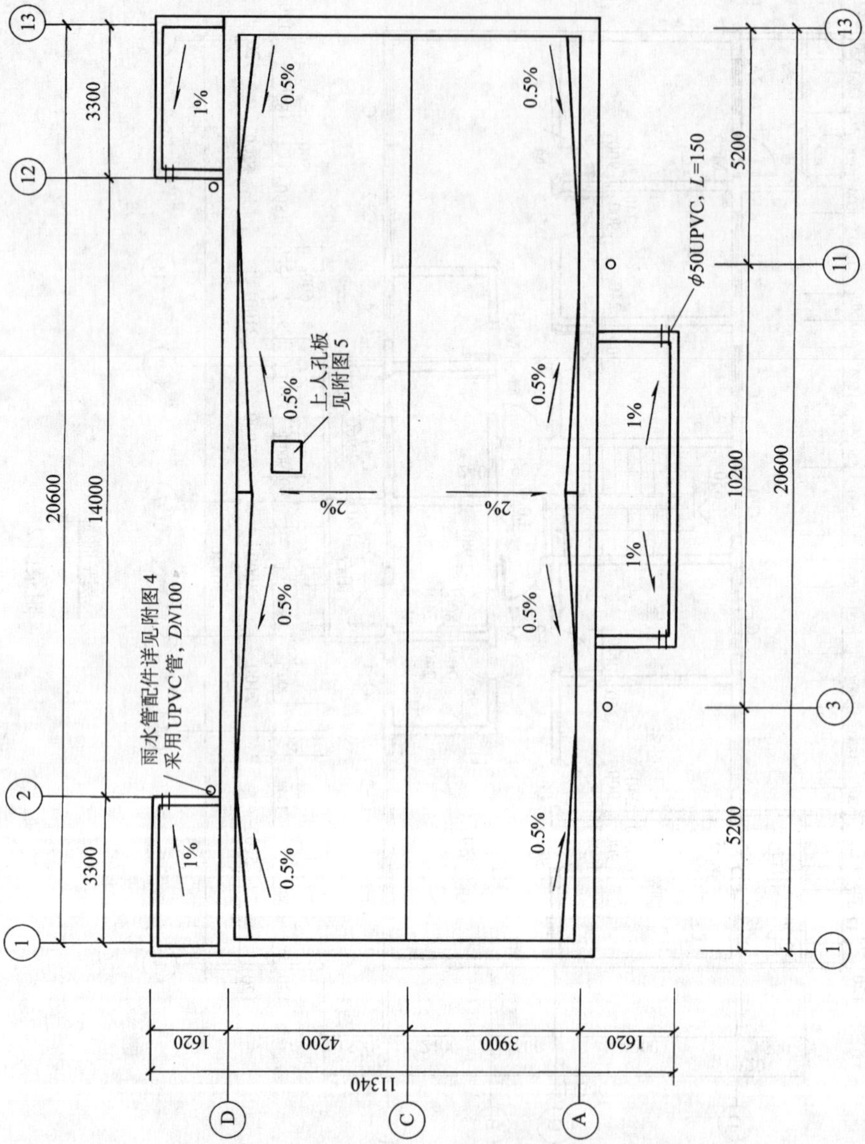
雨水管配件详见附图4
采用UPVC管，DN100
上人孔板
见附图5
φ50UPVC, L=150
0.5%
1%
2%
20600
14000
3300
5200
10200
11340
1620
4200
3900

屋顶平面图

附录图3

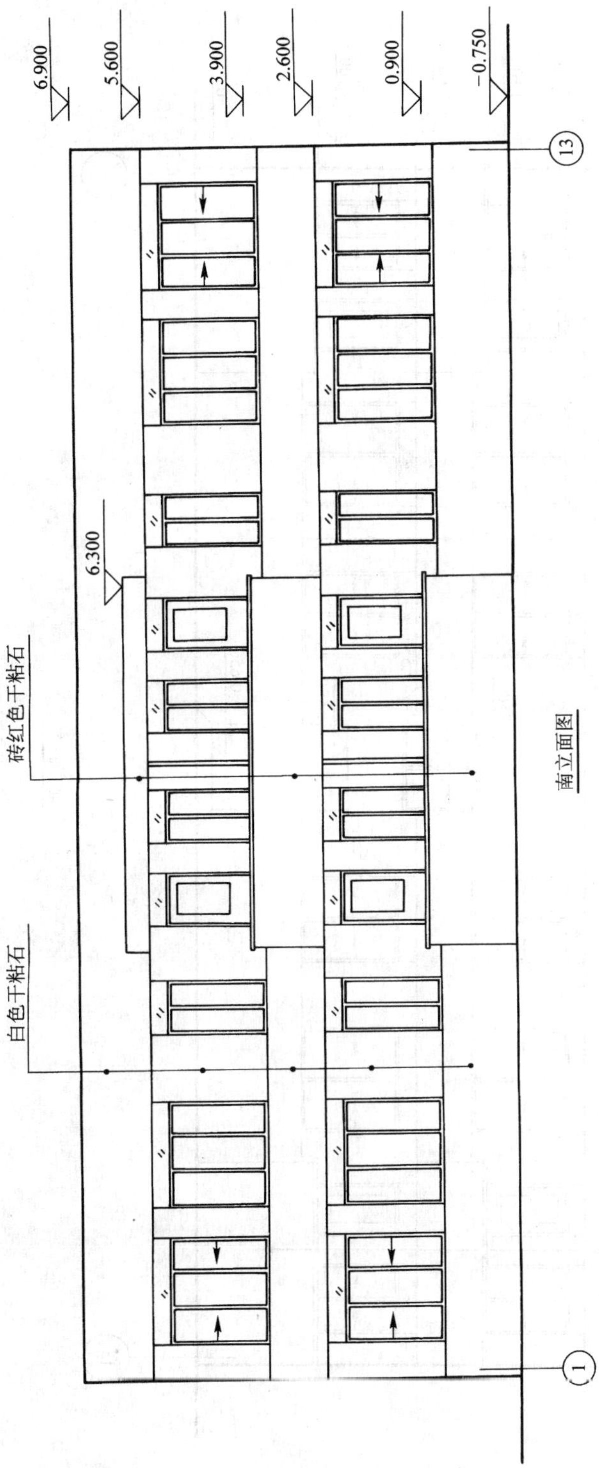

附录图 4

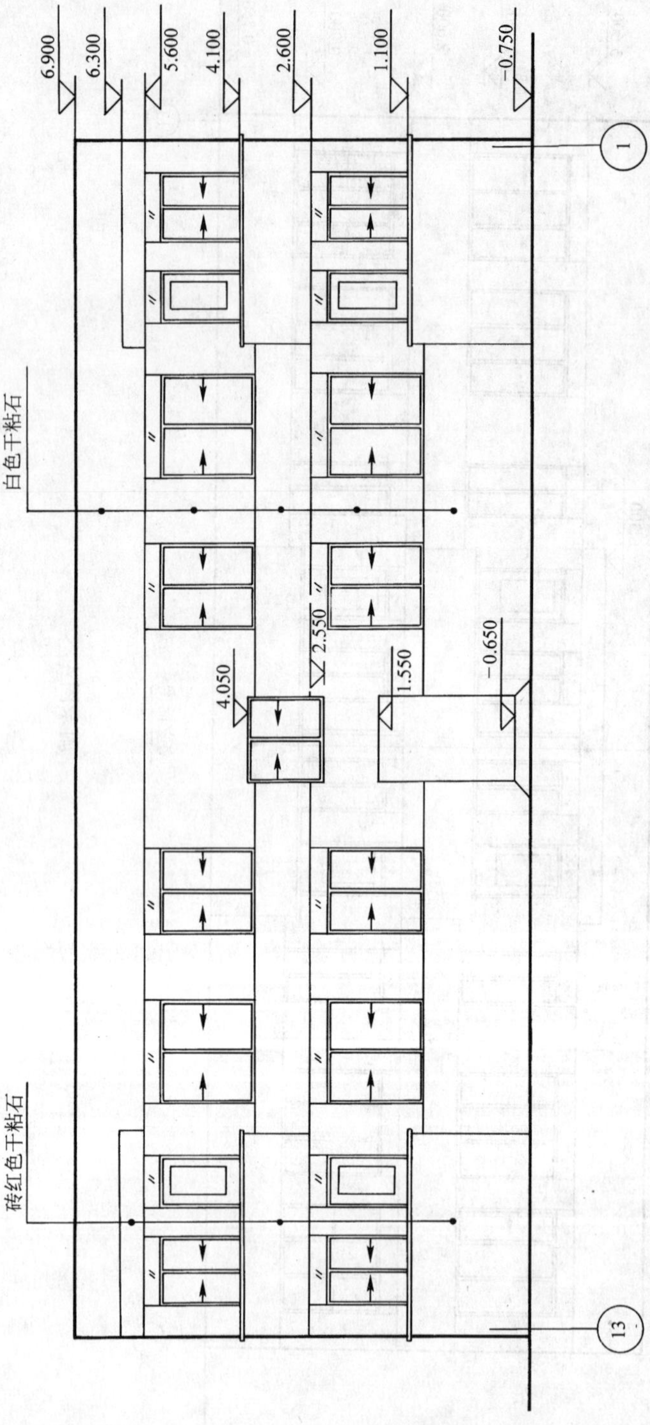
6.900
6.300
5.600
4.100
2.600
1.100
-0.750
白色干粘石
4.050
2.550
1.550
-0.650
砖红色干粘石
1
13

北立面图

附录图5

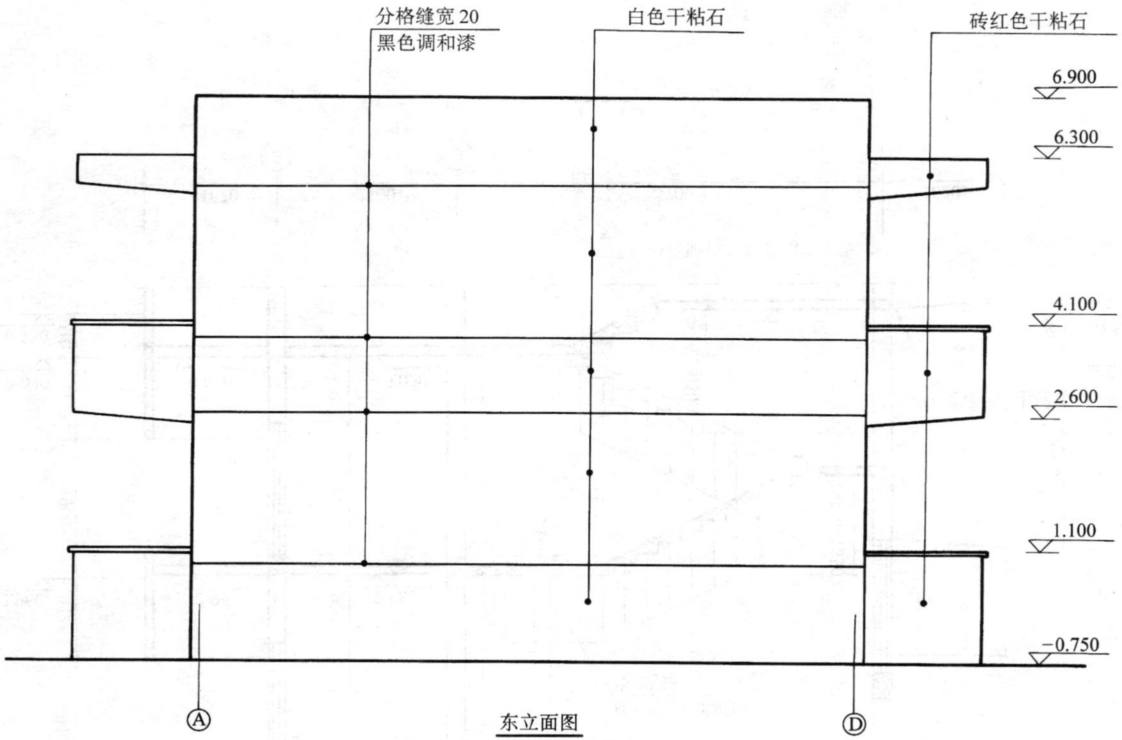

东立面图

（西立面图同东立面图）

附录图6

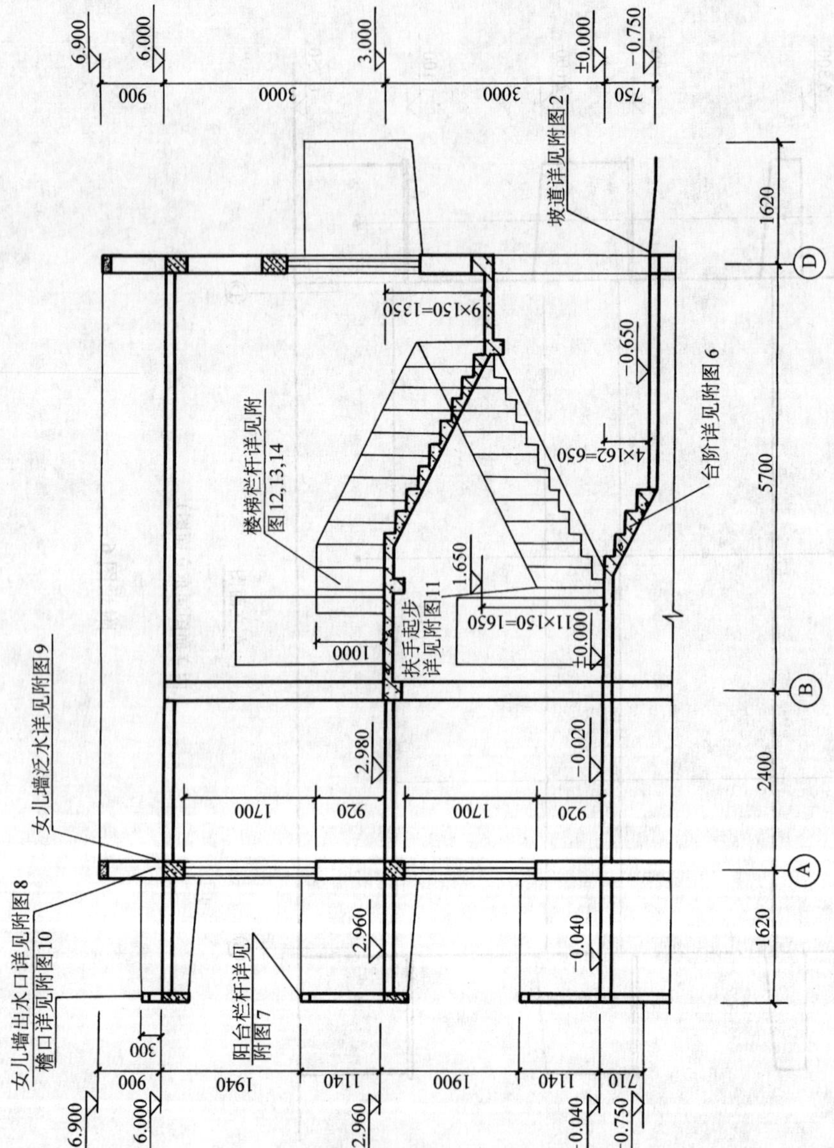
女儿墙泛水详见附图9
女儿墙出水口详见附图8
檐口详见附图10
阳台栏杆详见附图7
楼梯栏杆详见附图12,13,14
扶手起步详见附图11
台阶详见附图6
坡道详见附图2
9×150=1350
11×150=1650
4×162=650
6.900
6.000
3.000
2.980
2.960
1.650
±0.000
−0.020
−0.040
−0.650
−0.750
900
300
1940
1140
1900
710
3000
750
1700
920
1000
1620
2400
5700
A
B
D

A—A

附录图 7

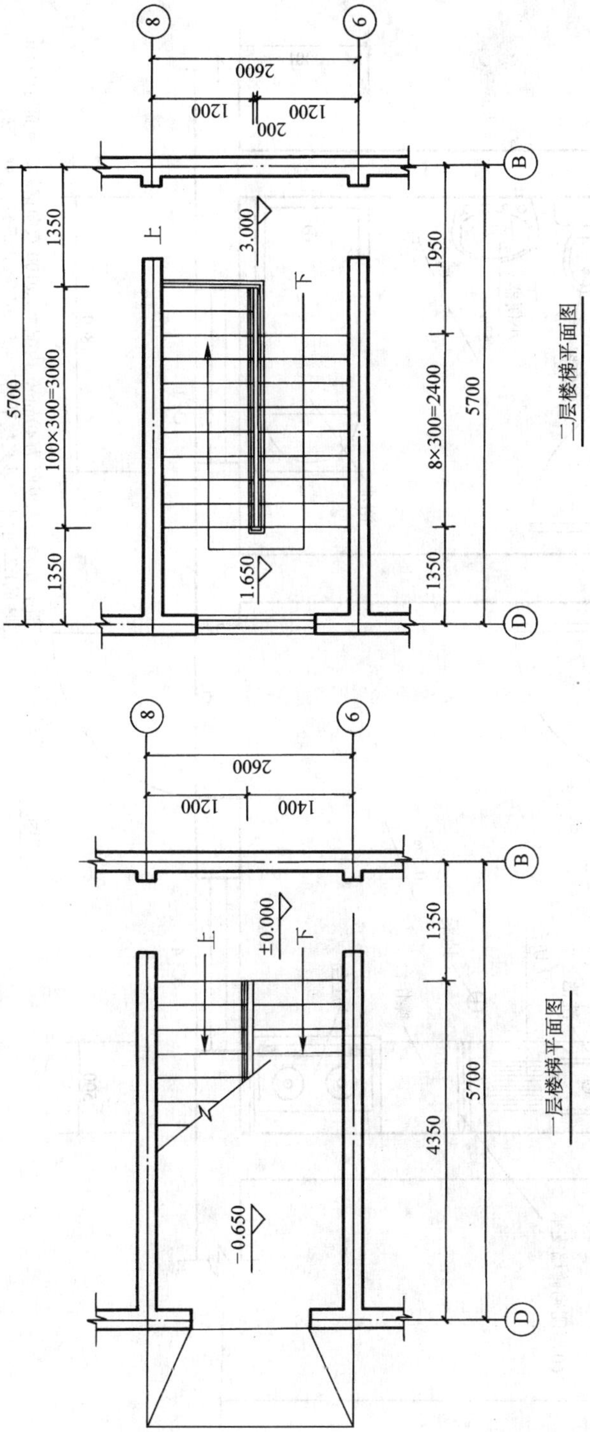
二层楼梯平面图
一层楼梯平面图
5700
1350
100×300=3000
1950
8×300=2400
4350
2600
1200
1400
200
3.000
1.650
±0.000
−0.650
上
下
B
D
6
8

附录图 8

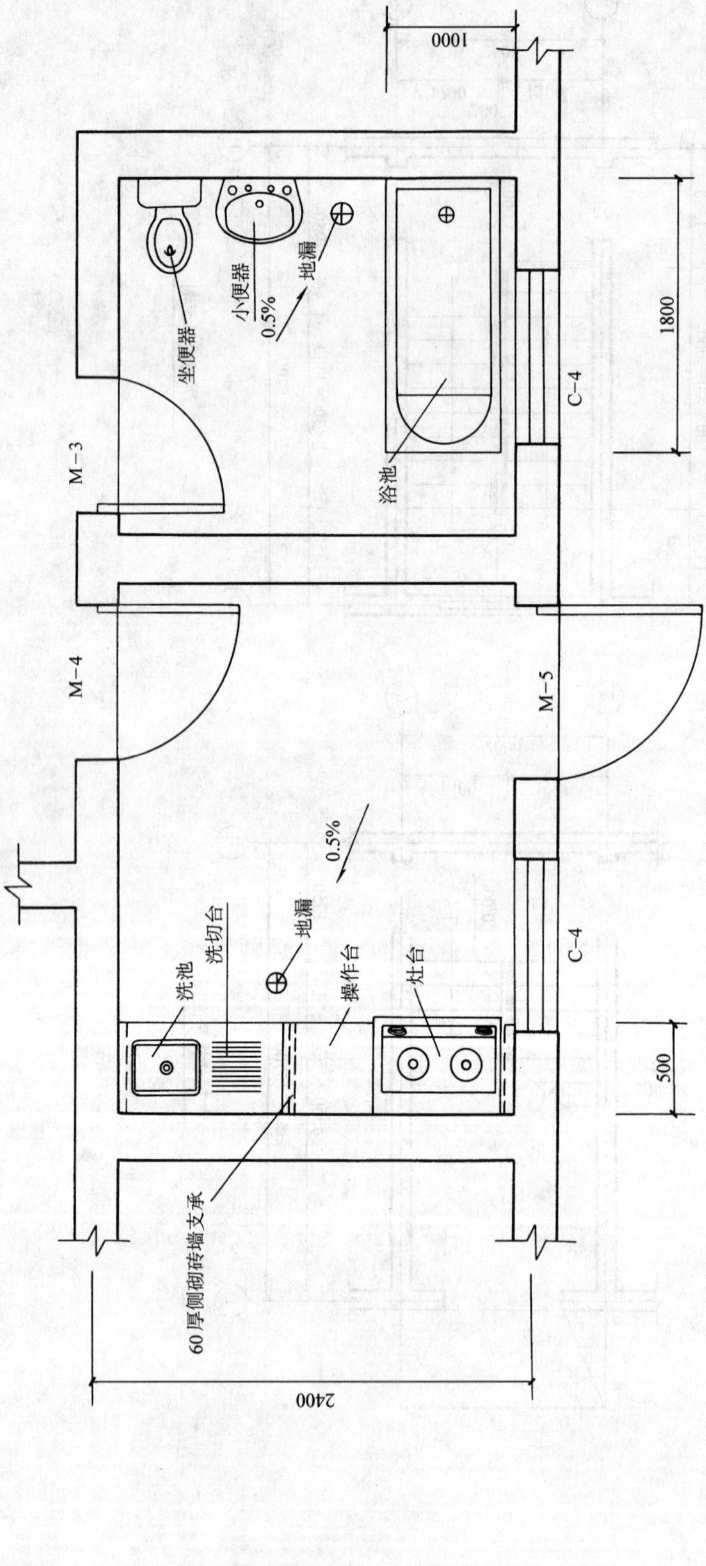

注：厨房支承板厚为40mm，内配中4@100双向钢筋，板面用15mm厚的1:2.5的水泥砂浆找平后，用5mm厚素水泥浆，贴白瓷砖

附图3

附录图 9

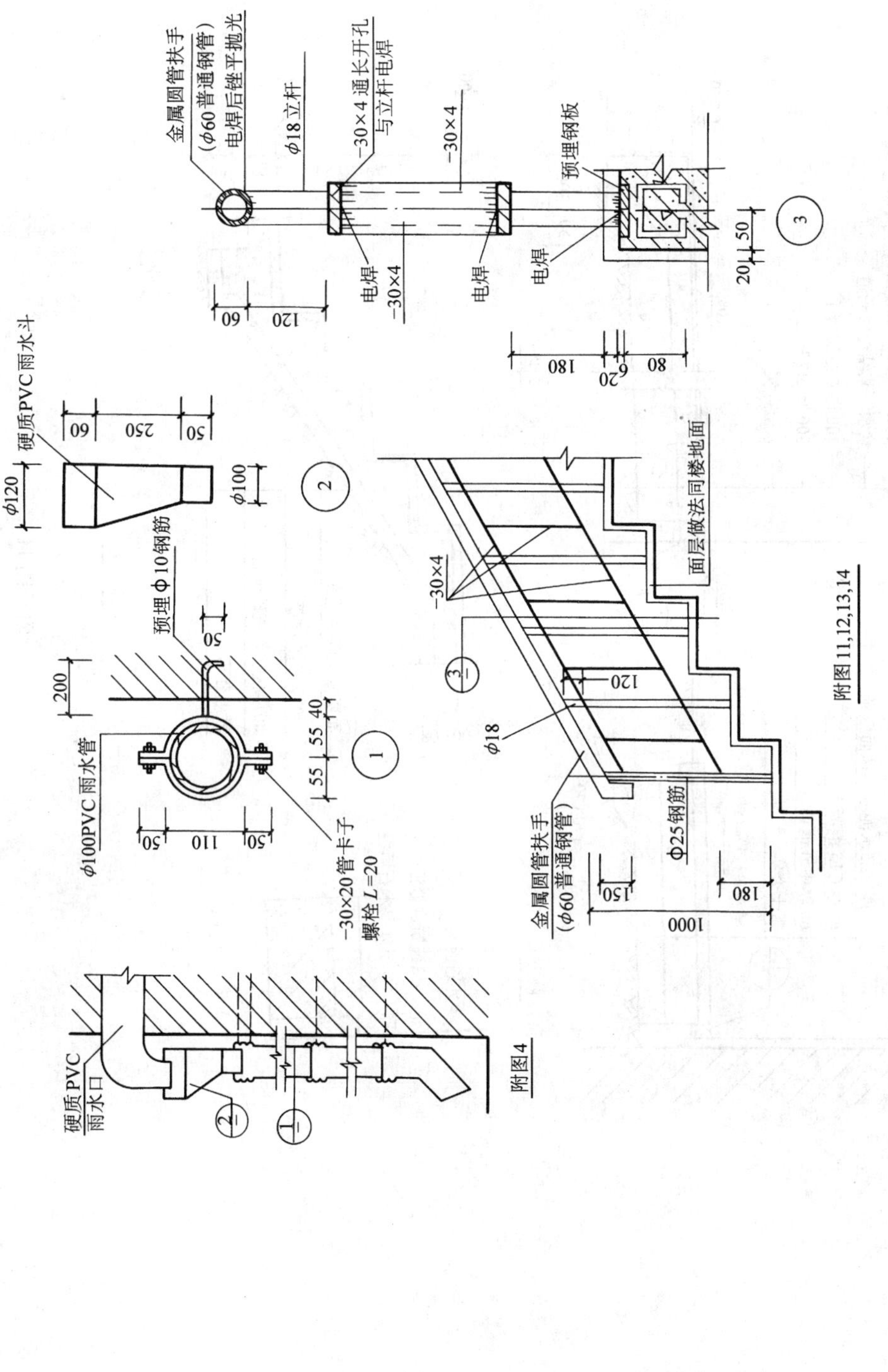
硬质PVC
雨水口
附图4
φ100PVC雨水管
−30×20管卡子
螺栓L=20
预埋Φ10钢筋
硬质PVC雨水斗
φ120
φ100
金属圆管扶手
（φ60普通钢管）
电焊后锉平抛光
φ18立杆
−30×4通长开孔
与立杆电焊
−30×4
电焊
预埋钢板
Φ25钢筋
面层做法同楼地面
φ18
附图11,12,13,14

附录图10

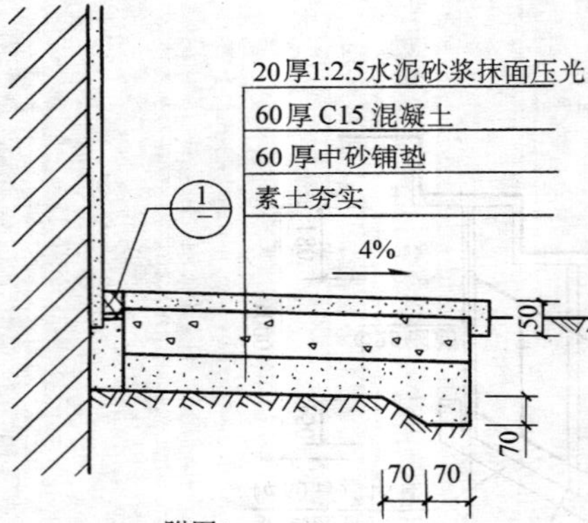

附图1

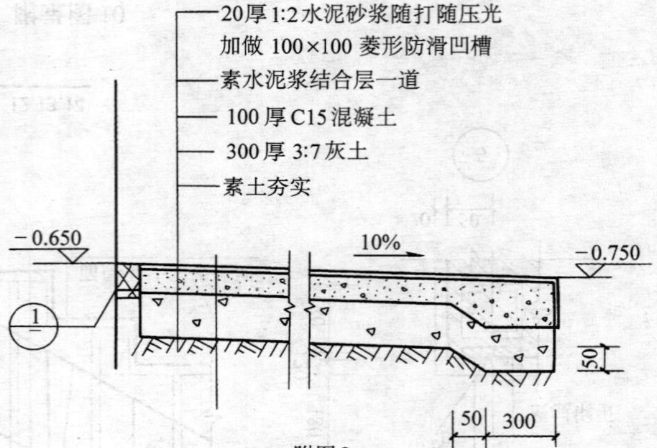

附图2

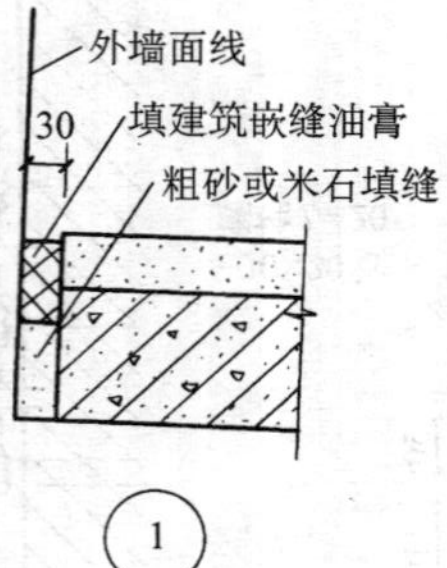

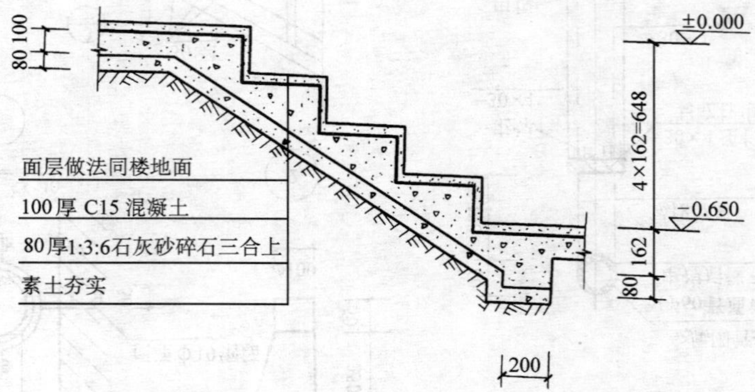

附图6

附录图 11

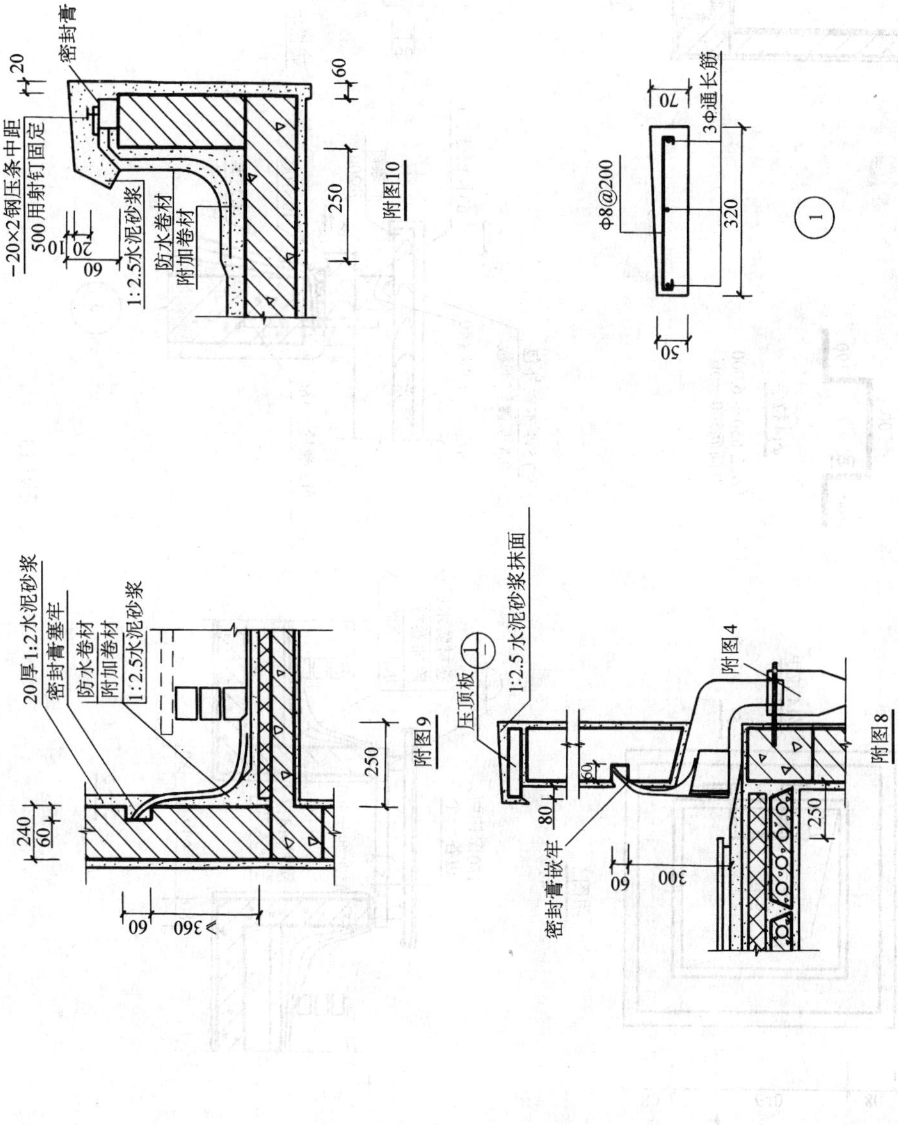
-20×2钢压条中距
500用射钉固定
密封膏
1:2.5水泥砂浆
防水卷材
附加卷材
20
60
250
附图10
Φ8@200
3Φ通长筋
70
320
50
①
20厚1:2水泥砂浆
密封膏塞牢
防水卷材
附加卷材
1:2.5水泥砂浆
240
60
≥360
250
附图9
压顶板
1:2.5水泥砂浆抹面
附图4
附图8
密封膏嵌牢
80
60
300
250

附录图 12

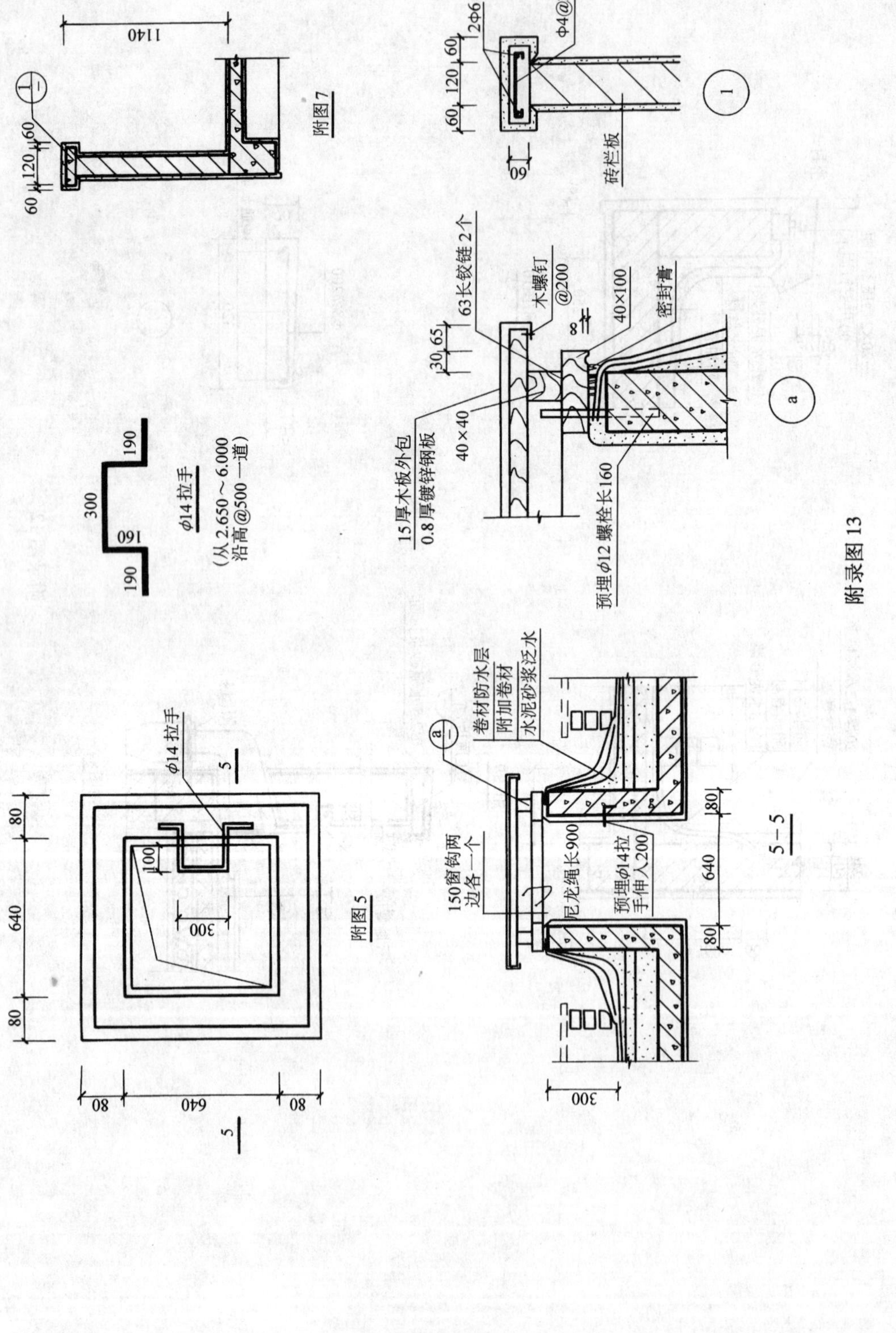
1140
60
120
60
附图7
2Φ6
Φ4@200
60
120
60
60
砖栏板
1
63长铰链2个
木螺钉
@200
40×100
密封膏
30
65
8
15厚木板外包
0.8厚镀锌钢板
40×40
预埋ϕ12螺栓长160
a
190
300
160
190
ϕ14拉手
(从2.650～6.000
沿高@500一道)
ϕ14拉手
5
5
80
640
80
100
300
80
640
80
附图5
a
卷材防水层
附加卷材
水泥砂浆泛水
150窗钩两
边各一个
尼龙绳长900
预埋ϕ14拉
手伸入200
80
640
80
300
5－5

附录图13

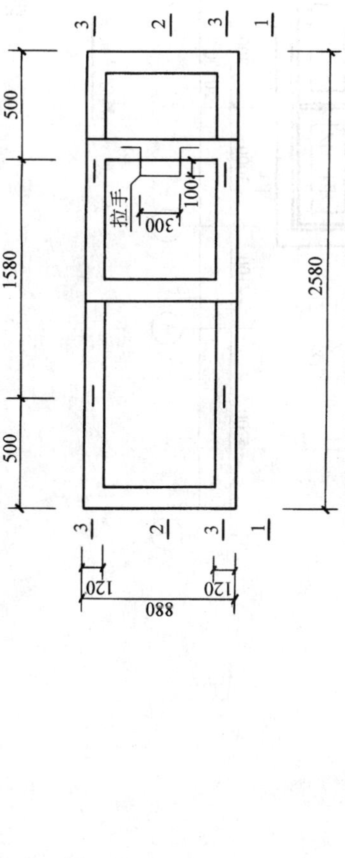
500
1580
500
2580
880
120
拉手
300
100
1
2
3

附图15

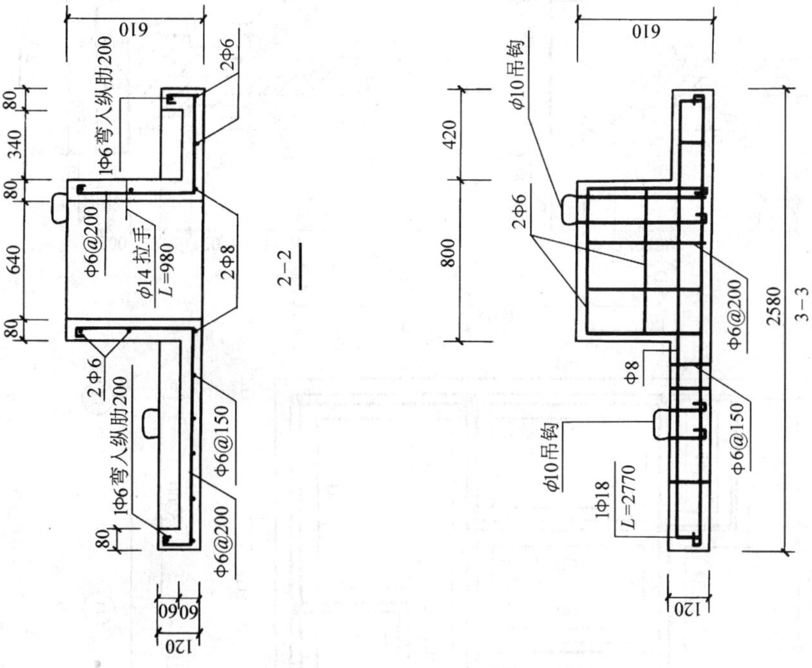
2-2
Φ6@200
ϕ14 拉手
L=980
2Φ8
2Φ6
1Φ6弯入纵肋200
Φ6@150
610
3-3
ϕ10吊钩
Φ6@200
Φ8
1Φ18
L=2770
2580
420
800

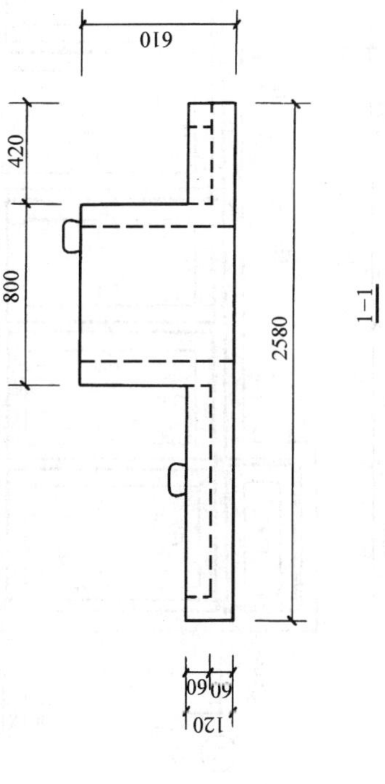
1-1

附录图14

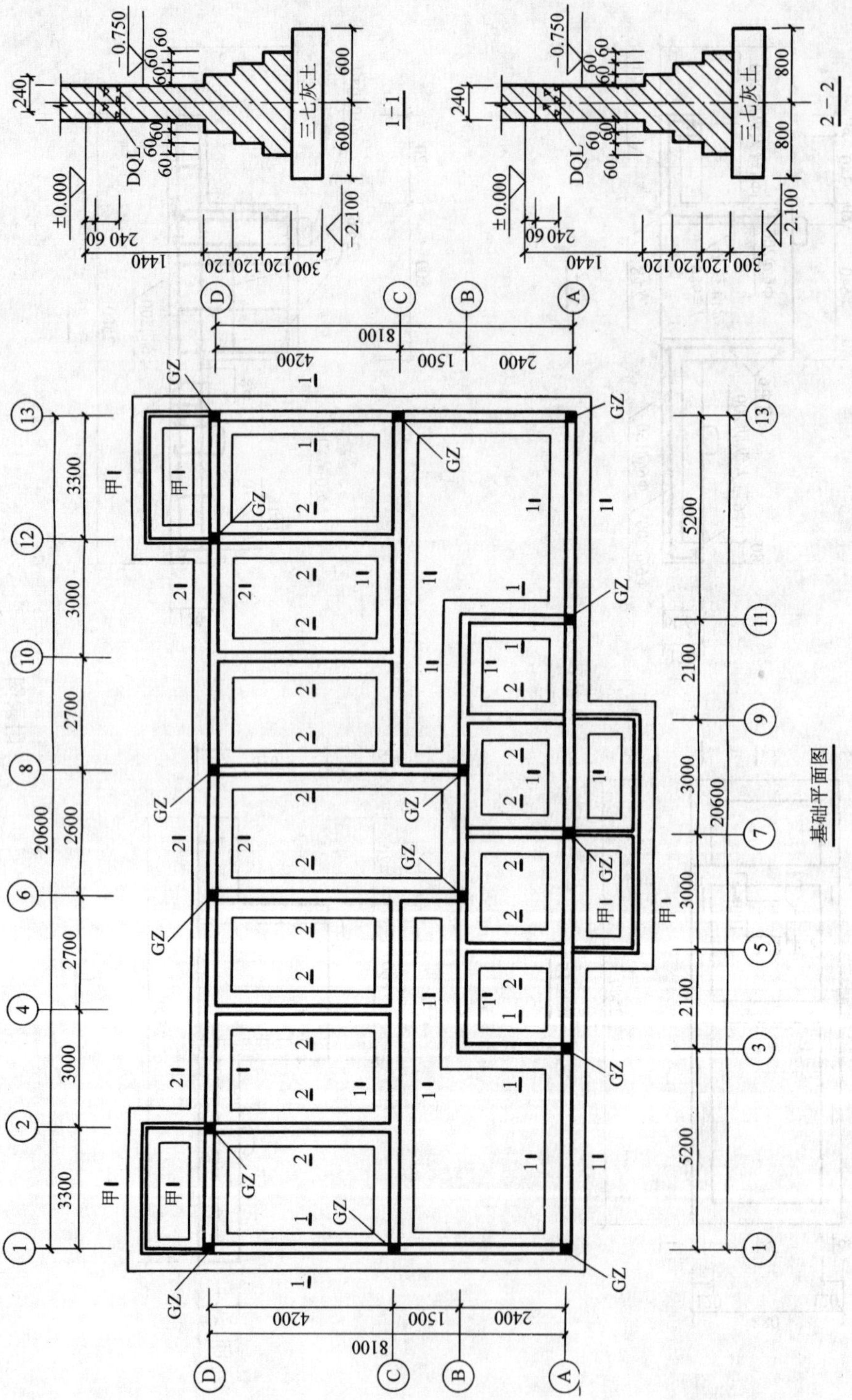

附录图15

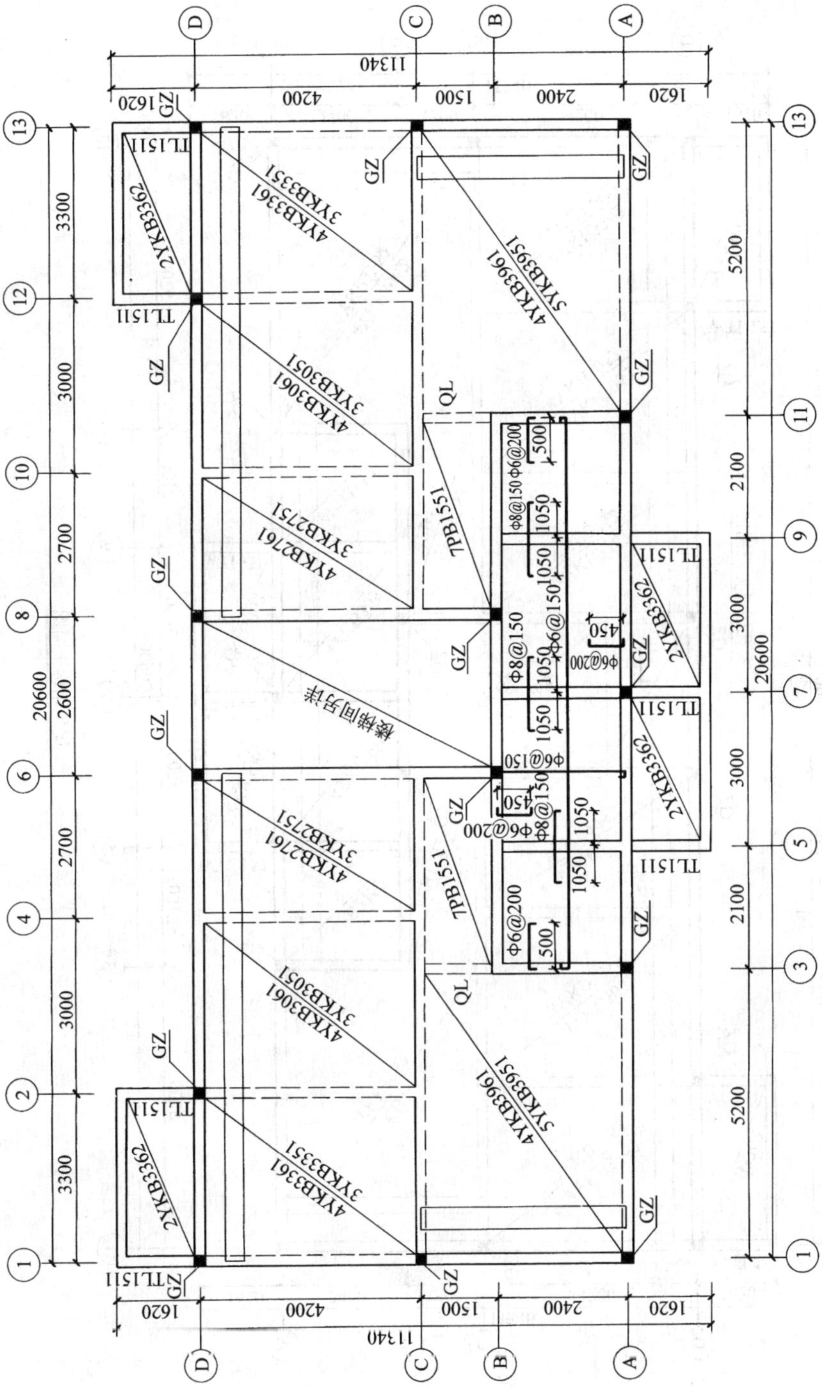

注：未注明的分布筋为Φ6@300

二层楼面结构平面图

板厚100

附录图16

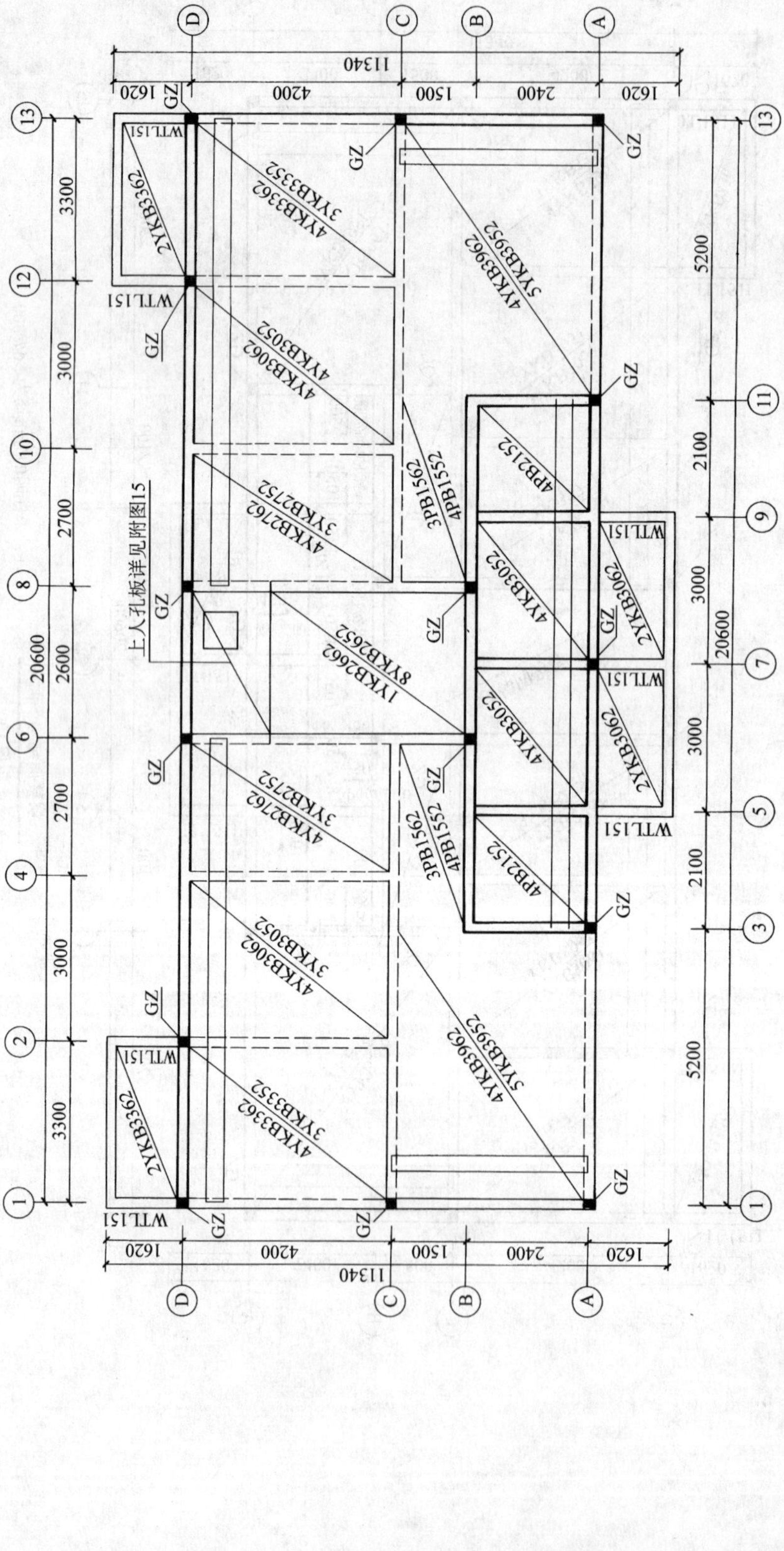

屋顶结构平面图

附录图17

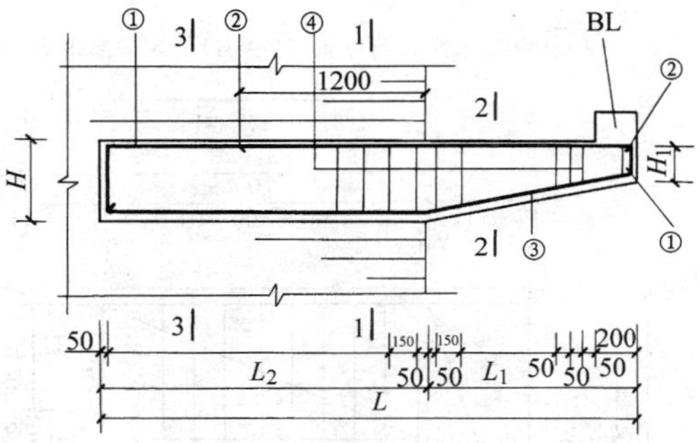

WTL151,TL1511

WTL151,TL1511 构件材料表

构件型号	几何尺寸/mm				钢筋		
	B	$\frac{H_1}{H}$	$\frac{L_1}{L_2}$	L	编号	直径/mm	根数
WTL151	240	$\frac{200}{300}$	$\frac{1500}{2400}$	3900	1	Φ16	2
					2	Φ16	2
					3	Φ12	2
					4	Φ6	17
TL1511	240	$\frac{200}{300}$	$\frac{1500}{2000}$	3500	1	Φ16	2
					2	Φ14	2
					3	Φ12	2
					4	Φ6	11

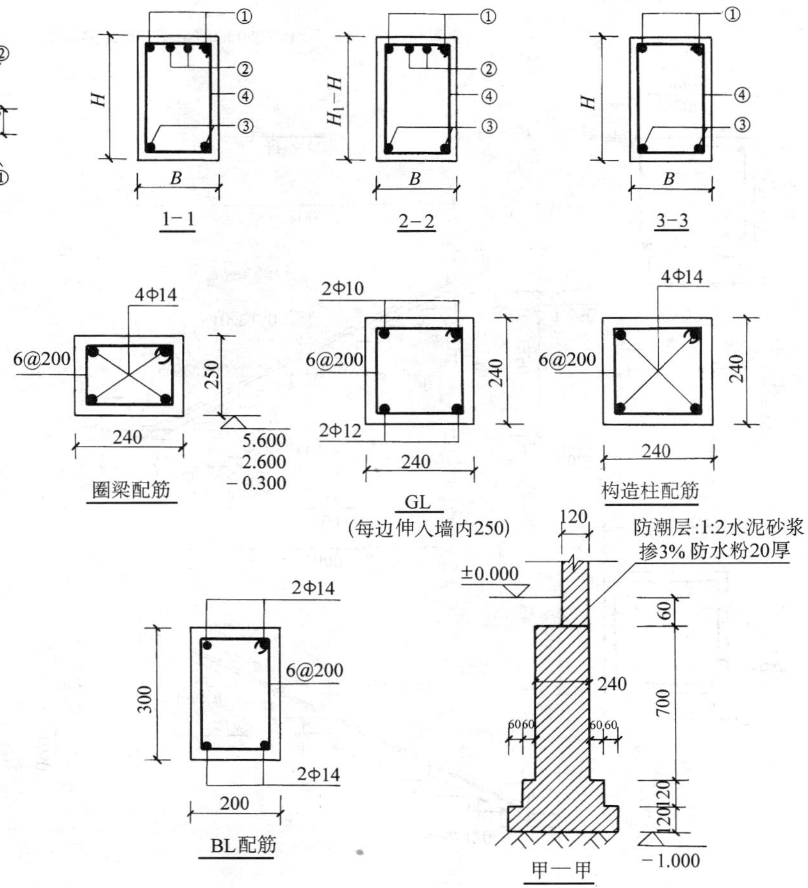

附录图 18

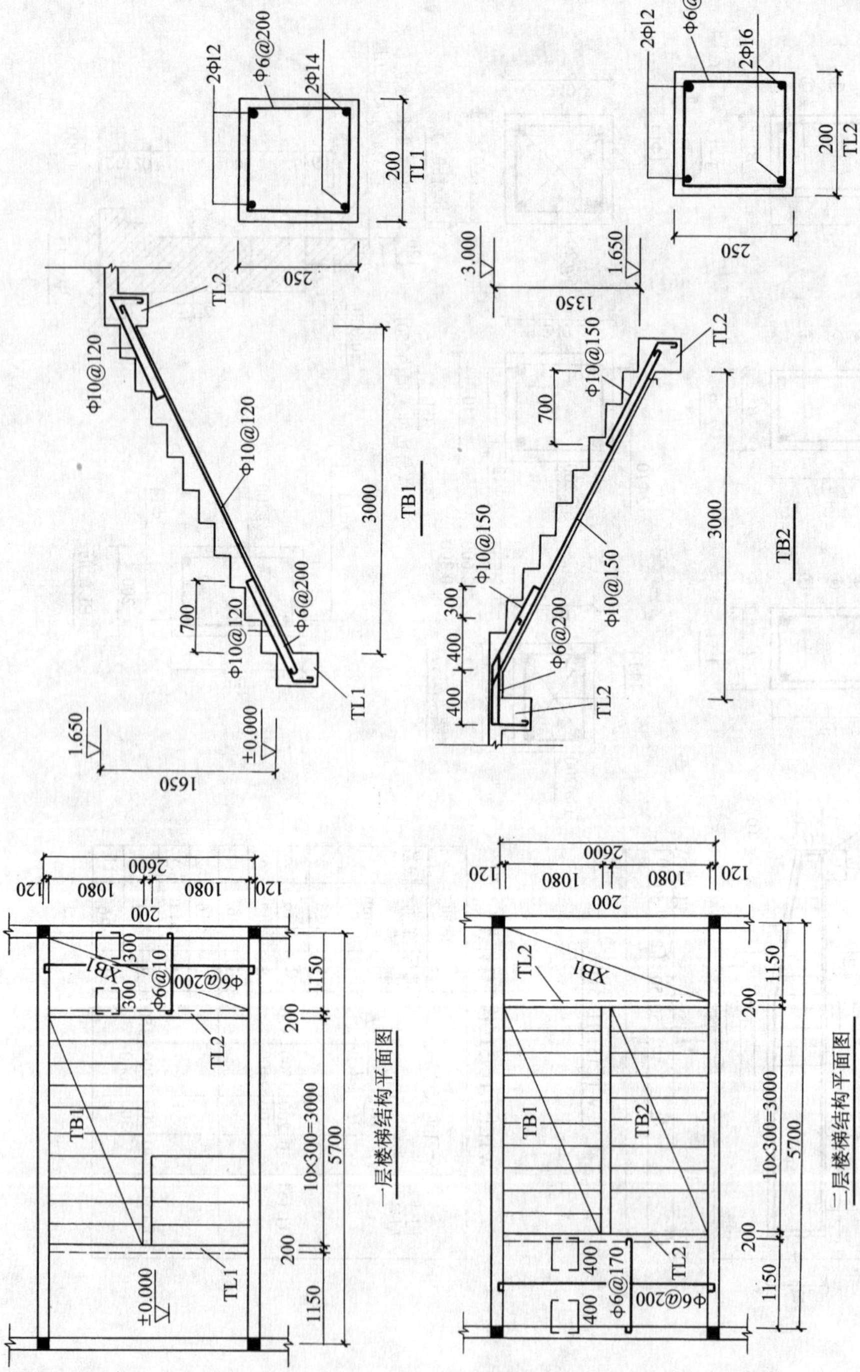

说明：踏步板厚度为110mm，平台板厚度为70mm

注：图中未注明的钢筋为Φ6@200

附录图 19

参考文献

[1] 闫瑾．建筑工程概预算［M］．武汉：武汉工业大学出版社，1999.
[2] 丛培凤，等．全国统一建筑工程基础定额应用百例图解［M］．济南：山东科学技术出版社，2002.
[3] 王文仲．建筑识图与构造［M］．北京：高等教育出版社，2003.
[4] 王远正，等．建筑识图与房屋构造［M］．重庆：重庆大学出版社，1996.
[5] 中华人民共和国建设部．《全国统一建筑工程基础定额》(土建)(GJD—101—1995)［S］．北京：中国计划出版社，1995.
[6] 全国造价工程师执业资格考试培训教材编审委员会．工程造价计价与控制［M］．北京：中国计划出版社，2009.
[7] 张国栋．全国统一建筑工程基础定额应用手册［M］．北京：中国建材工业出版社，2002.
[8] 孙震．建筑工程概预算与工程量清单计价［M］．北京：人民交通出版社，2003.
[9] 尹贻林．工程造价计价与控制［M］．北京：中国计划出版社，2003.
[10] 李慧民，贾宏俊．建设工程技术与计量［M］．北京：中国计划出版社，2003.
[11] 住房和建设部标准定额研究所．建设工程工程量清单计价规范［S］．北京：中国计划出版社，2013.
[12] 刘钦．工程造价控制［M］．北京：机械工业出版社，2010.
[13] 住房和城乡建设部标准定额研究所．房屋建筑与装饰工程工程量计算规范［S］．北京：中国计划出版社，2013.

信息反馈表

尊敬的老师：

您好！感谢您对机械工业出版社的支持和厚爱！为了进一步提高我社教材的出版质量，更好地为我国高等教育发展服务，欢迎您对我社的教材多提宝贵意见和建议。另外，如果您在教学中选用了《**建筑工程计量与计价 第2版**》（**刘钦 闫瑾 主编**），欢迎您提出修改建议和意见。索取课件的授课教师，请填写下面的信息，发送邮件即可。

一、基本信息

姓名：________ 性别：________ 职称：________ 职务：________

单位：________________

邮编：________ 地址：________________________________

任教课程：________________ 电话：______－______（H）______（O）

电子邮件：________________________ 手机：________

QQ：________________

二、您对本书的意见和建议

（欢迎您指出本书的疏误之处）

三、您对我们的其他意见和建议

请与我们联系：

100037　北京百万庄大街22号

机械工业出版社·高等教育分社　冷彬　收

Tel：010—88379720（O）

E－mail：myceladon@ yeah. net

http：//www. cmpedu. com（机械工业出版社·教材服务网）

http：//www. cmpbook. com（机械工业出版社·门户网）

http：//www. golden－book. com（中国科技金书网·机械工业出版社旗下网站）